食用菌多糖功能研究

冯翠萍 著

中国轻工业出版社

图书在版编目（CIP）数据

食用菌多糖功能研究 / 冯翠萍著. — 北京：中国轻
工业出版社，2024.4
ISBN 978-7-5184-4714-5

Ⅰ．①食… Ⅱ．①冯… Ⅲ．①食用菌—多糖—研究
Ⅳ．①S646

中国国家版本馆 CIP 数据核字（2023）第 244173 号

责任编辑：王庆霖

策划编辑：李亦兵　王庆霖　　责任终审：白　洁　　封面设计：锋尚设计
版式设计：砚祥志远　　　　　责任校对：吴大朋　　责任监印：张　可

出版发行：中国轻工业出版社（北京鲁谷东街 5 号，邮编：100040）
印　　刷：河北鑫兆源印刷有限公司
经　　销：各地新华书店
版　　次：2024 年 4 月第 1 版第 1 次印刷
开　　本：787×1092　1/16　印张：19.25
字　　数：430 千字
书　　号：ISBN 978-7-5184-4714-5　定价：148.00 元
邮购电话：010-85119873
发行电话：010-85119832　010-85119912
网　　址：http://www.chlip.com.cn
Email：club@chlip.com.cn

前言
PREFACE

食用菌是公认的健康食品，具有独特的香气和口感。我国作为最早栽培和利用食用菌的国家，食用菌资源非常丰富。食用菌中富含营养及功能性成分，其中多糖作为主要的功能性成分之一，可从子实体、菌丝体、菌糠或发酵液中分离得到。研究表明，食用菌多糖具有抗氧化、抗肿瘤、抗病毒、抗菌、抗炎、抗疲劳、调节免疫、降血糖、降血脂等生理功能。

食用菌多糖的生物活性与其结构密切相关，如单糖组成、糖苷键类型、相对分子质量不同，生物活性和作用机制会有一定的差异。

绣球菌（*Sparassis crispa*），又名绣球菇、绣球蕈，其孢子光滑无色，子实体肥大似绣球状。绣球菌肉质鲜嫩，含有丰富的矿物质、氨基酸、维生素等营养成分，蛋白质、脂肪、甘露醇含量分别为 15.58%、7.95%、12%，其最主要特点为 β-葡聚糖含量高达 39.3%~43.6%。姬松茸（*Agaricus blazei* Murrill）属担子菌亚门，层菌纲，伞菌目，蘑菇科，蘑菇属，与绣球菌同属于食药兼用型的珍稀食用菌，其口感脆嫩，具杏仁香味，姬松茸多糖是备受关注的有效成分之一。在目前大健康时代背景下，开发食用菌多糖作为功能食品原料具有重要的意义。食用菌山西省科技创新团队研究表明，绣球菌多糖具有抗氧化、调节免疫、调节神经、降血脂、调节肠道菌群及抑制结肠癌等作用。姬松茸多糖具有排铅、降血糖及增强免疫等作用，并且其对机体的其他生理调节功能，目前还在深入挖掘。

为了促进食用菌多糖的开发应用，作者对绣球菌多糖及姬松茸多糖的功能特性进行总结，出版专业著作《食用菌多糖功能研究》。本书共分为三章，第一章对食用菌多糖结构与功能研究进行综述；第二章和第三章基于作者多年的研究，分别对绣球菌多糖及姬松茸多糖的功能特性进行总结。本书可作为食用菌、食品行业、生物医药及化妆品等多个领域的技术人员和专家学者的参考用书。

在本书编写过程中，参考了国内外研究人员的相关著作及论文等研究资料（相同内容的表述可能存在差异），在此表示衷心感谢。

由于作者水平有限，书中不妥之处，敬请读者指正！

冯翠萍

2023 年 9 月

目 录
CONTENTS

第一章
食用菌多糖结构与功能研究

食用菌是可供食用的大型真菌，通称为蘑菇，多属担子菌亚门，少数属子囊菌亚门（Zhang et al. 2021；Ahmed et al. 2023），具有独特的香气和口感，是被公认的健康食品（Vetvicka et al. 2019；Pattanayak et al. 2019；Wang et al. 2014；Sun et al. 2020；Marçal et al. 2021）。我国是最早栽培和利用食用菌的国家，食用菌资源十分丰富（贺国强等，2022；Li and Xu 2022；Cao et al. 2023），有很多关于食用菌的记载，如《吕氏春秋·本味篇》中将香菇的美味描述为"味之美者，越骆之菌"；《齐民要术》《唐本草注》《种芝经》《四时纂要》中均记载了一些食用菌的栽培方法；《菌谱》《广菌谱》《吴蕈谱》《神农本草经》记述了许多种食用菌的形态及其生长特征。

多糖被认为是地球上形成的第一种生物聚合物（Tolstoguzov，2004；Mohamed et al. 2020），由糖苷键聚合而成，结构复杂且分子质量大，来源于植物、微生物细胞壁和动物细胞膜（Wang et al. 2023；Tudu and Samanta，2023；He et al. 2023），在生物体中发挥着信号传导、免疫调控和物质运输等作用（Zhao et al. 2016），多糖影响机体物质代谢和能量代谢，维持人体健康（Yang et al. 2019；Hamza et al. 2023）。食用菌中含有丰富的多糖，可从子实体、菌丝体、菌糠或发酵液中分离。食用菌多糖由醛基和酮基通过糖苷键连接，是具有天然生物活性的高分子聚合物（丛春鹏和弥春霞，2022；Zheng et al. 2014）。常见的食用菌多糖有香菇多糖、灵芝多糖、杏鲍菇多糖、姬松茸多糖、金针菇多糖、猴头菇多糖、蛹虫草多糖等，国内外学者通过大量研究，发现食用菌多糖具有抗氧化（Song et al. 2018；Purewal et al. 2022；Lin et al. 2016）、抗肿瘤（López-Legarda et al. 2021；Garcia et al. 2022）、抗病毒（Moussa et al. 2022；He et al. 2020）、抗菌（Krishnamoorthi et al. 2022）、抗炎（Song et al. 2020）、抗疲劳（Zhong et al. 2019）、调节免疫（Yin et al. 2021；Li et al. 2023；Barbosa and Junior，2021）、降血糖（魏奇等，2022；Jiao et al. 2023）、降血脂（Ge et al. 2022）等生理功能。不同食用菌来源的多糖结构和组成不同（聂少平等，2021），作为一种生物反应调节剂，食用菌多糖的生物活性与其结构密切相关，如单糖组成、糖苷键类型、相对分子质量不同，生物活性和作用机制会有一定的差异（Li et al. 2016；Feng et al. 2019；Chakraborty et al. 2019）。

第一节　食用菌多糖的结构特征

大多数食用菌多糖是 α-葡聚糖、β-葡聚糖或者混合 α，β-葡聚糖，以及由果糖、半乳糖、甘露糖等多种单糖组成的杂多糖。目前已报道的葡聚糖主要是（1→3）-β-D-葡聚糖、（1→6）-β-D-葡聚糖、混合（1→3）-α-D-葡聚糖和（1→6）-β-D-葡聚糖（Samanta et al. 2013；Maity et al. 2015；Jesus et al. 2018），其中，β-葡聚糖是食用菌中最广泛存在的功能多糖，其结构多为具有分支的β-（1→3）-D-葡聚糖（段亚宁等，2021）。不同食用菌多糖结构不完全相同，不同栽培方法和提取方法也会影响食用菌多糖的结构，目前关于食用菌多糖的结构特征如表1-1所示。

表1-1　　　　　　　　　　　　食用菌多糖结构特征

多糖种类	提取方式	组分名称	分子质量/kDa	结构	连接方式	参考文献
香菇多糖	微波辅助双水相萃取	PTP	120	Man：Rib：GluA：Glu：Gal：Ara：Fuc=8.22：1.33：1.14：72.50：12.71：0.52：3.60	β-葡聚糖苷键	Lin et al. 2019
		PBP	3.906	Man：Rib：Glu：Gal：Ara=10.46：10.31：71.26：3.44：4.54	吡喃糖环	
	超滤膜	LE-UF-1	136	Glu, Gal, Man	—	Tang et al. 2020
		LE-UF-2	14~61			
		LE-UF-3	14~35			
	水提醇沉	PS-I	179	D-Glu：D-Gal：D-Man：L-Fuc=4：4：1：1	主链3个（1→6）-α-D-吡喃半乳糖残基，2个（1→6）-β-D-吡喃葡萄糖残基，1个（1→4）-α-D-吡喃甘露糖残基和2个（1→3）-β-D-吡喃葡萄糖残基	Pattanayak et al. 2018
	碱提法	JLNT	605.4	—	主链（1→3）-β-D-葡聚糖，侧链（1→6）-β-D-葡萄糖	Zhang et al. 2015
杏鲍菇多糖	热水浸提法	H	—	Man：Glu：Gal：Xyl：Fuc=9.36：79.72：8.18：2.60：0.42	—	马高兴等，2022
	超声提取法	U	—	Man：Glu：Gal：Xyl：Fuc=8.60：80.90：7.41：2.68：0.57		

续表

多糖种类	提取方式	组分名称	分子质量/kDa	结构	连接方式	参考文献
杏鲍菇多糖	超声波辅助热水提取法	U+H	—	Man：Glu：Gal：Xyl：Fuc = 6.75：82.66：7.14：2.30：1.12	—	马高兴等，2022
	水提醇沉	PEPw	25	Ara：Man：Gal = 1.2：2.3：6.2	主链 1,6-半乳糖苷键；1,2,6-半乳糖苷键；1,4-甘露糖苷键 偶有端链与1,2,6-半乳糖残基 O-2 相连	Yang et al. 2013
	水提醇沉	PEPE-1	208	Man：D-Glu：D-Gal：D-Xyl = 8.01：74.82：11.14：1.24		Ma et al. 2014
		PEPE-2	12	D-Man：D-Glu：D-Gal = 5.23：86.74：5.12	—	
		PEPE-3	413	D-Man：D-Glu：D-Gal = 4.08：90.93：2.89		
	水提醇沉	WPEP-N-b	21.4	D-Gal：D-Man：3-O-Me-D-Gal：D-Glu = 43.8：39.3：11.7：9.20	主链（1→6）-α-D-半乳糖苷键和 3-O-Me-D-半乳糖苷键 侧链以单链 t-β-D-甘露糖苷键为主	Yan et al. 2019
	水提醇沉	EPA-1	99.7	D-Man：D-Glu：D-Gal = 2.20：1.00：3.20	（1→6）-半乳糖残基	Xu et al. 2016
金针菇多糖	超声提取法	FVRP	335.3	Xyl：Gal：Man：Fuc：Ara：Rha：Glu：GalA：GluA = 17.2：17.0：15.8：9.3：5.7：7.4：8.3：16.2：3.3	—	Liu et al. 2022
	水提醇沉	GNP	353	Glu：Man：Xyl = 3.5：0.8：1.4	主链（1→4）-α-糖苷键，支链（1→6）-α-糖苷键	Wu et al. 2010
	水提醇沉	FVPB2	15	D-Gal：D-Man：L-Fuc：D-Glu = 1.9：1.2：1：2.5	α-D-甘露糖苷键（1→；→3,4）-α-D-半乳糖苷键（1→；→6）-α-D-葡萄糖苷键（1→；α-L-海藻糖苷键（1→；→2）-α-D-半乳糖苷键-（1→；→3,6）-β-D-葡萄糖苷键-（1→	Wang et al. 2018

续表

多糖种类	提取方式	组分名称	分子质量/kDa	结构	连接方式	参考文献
双孢菇多糖	水提醇沉	ABP Ia	784	Rib：Rha：Ara：Xyl：Man：Glu：Gal = 2.08：4.61：2.45：22.25：36.45：89.22：1.55	1→2 和 1→4 糖苷键组成 α-吡喃多糖, 可能存在 1→3 糖苷键	Liu et al. 2020
	碱提	AIAPS	34.7	Fuc, Rib, Xyl, Man, Gal, Glu	—	Li et al. 2017
		AIAPS-1	53.2	Fuc：Rib：Xyl：Man：Gal：Glu = 16.5：1：7.9：10.5：57：45.1		
		AIAPS-2	25.3	Fuc：Rib：Xyl：Man：Gal：Glu = 3.3：1.1：1：16.6：9.9：14.3		
		AIAPS-3	79.6	Rib：Man：Gal：Glu = 1：1.7：8.5：24.3		
	水提醇沉	FPS	—	Glu：Man：Gal：Fuc：Ara：GlcA = 70.30：8.70：12.88：0.79：5.04：1.57	1-葡萄糖苷键; 1,4-葡萄糖苷键; 1,6-葡萄糖苷键; 1,3-半乳糖苷键和 1,3,6-甘露糖糖苷键	Liu et al. 2018
	碱提	双孢菇多糖	12.8	Fuc	主链（1→6）-α-D-半乳糖苷键	Román et al. 2016
姬松茸多糖	水提醇沉	WABM-A-a	360	Glu：Gal：GluA：Fuc = 69.2：24.3：4.3：2.2	—	Li et al. 2020
		WABM-A-b	10	Glu：GluA：Gal：Xyl：Fuc = 95.1：3.7：0.9：0.2：0.1	主链（1→6）-β-D-葡萄糖苷键 侧链（1→3）-葡萄糖苷键;（1→4）-葡萄糖苷键; T-葡萄糖苷键和（1→6）-半乳糖苷键	
	碱提	ABP-AW1	50	Gal：Glu：Fuc：Ara：Man = 29：20：6：2：2	主链（1→6）-β-D-半乳糖醛基、（1→6）-β-D-吡喃葡萄糖醛基和（1→3,6）-β-D-吡喃葡萄糖醛基	Liu and Sun, 2011

续表

多糖种类	提取方式	组分名称	分子质量/kDa	结构	连接方式	参考文献
木耳多糖	水提醇沉	CEPSN-1	4.6	Glu：Man：Gal：GluA = 98.90：0.11：0.38：0.61	主链（1→4）-α-D-葡萄糖残基（吡喃葡萄糖型）	Zhang et al. 2018
	水提醇沉	CEPSN-2	6.7	Glu：Man：Gal：Ara：Fuc：GluA：GalA = 97.56：0.14：1.04：0.11：0.45：0.50：0.20		
	水提醇沉	RPS	200	—	以葡萄糖为主的吡喃多糖	Zhang et al. 2021
	微波辅助提取	AAP	27.7	Glu：Gal：Man：Ara：Rha = 37.53：1：4.32：0.93：0.91	主链（1→3）糖苷键	Zeng et al. 2012
灵芝多糖	水提醇沉	GLPC2	20.56	Man：GluA：Glu：Gal：Xyl：Fuc = 5.9：9.0：80.4：1.8：1.8：0.9	D-葡萄糖苷键-（1→；→3）-D-葡萄糖苷键-（1→；→4）-D-葡萄糖苷键-（1→；→6）-D-葡萄糖苷键-（1→；→3,6）-D-葡萄糖苷键-（1→和→4）-D-吡喃式葡萄糖醛酸-（1→	Chen et al. 2022
	水提醇沉	GLP-1	107	—	→6）-β-D-葡萄糖苷键-（1→；→6）-α-D-葡萄糖苷键-（1→；→3）-β-D-葡萄糖苷键-（1→	Li et al. 2020
		GLP-2	19.5		→6）-β-D-葡萄糖苷键-（1→；→3）-β-D-葡萄糖苷键-（1→	
灰树花多糖	硫酸铵/乙醇双水相萃取法	CGFP	11430	Ara：Man：Glu：Gal = 1：1.4：6.0：1.2	吡喃糖环	Mao et al. 2022
		GFPA	2954	Ara：Man：Glu：Gal = 1.3：1.0：5.1：1.0		
	超临界CO_2技术	GFP	967	Glu：GalA：Man = 83.65：9.97：6.38	（1→4）-D-葡萄糖苷键；（1→4）-甘露糖苷键；T-D-葡萄糖苷键；T-D-半乳糖苷键和（1→6）-半乳糖苷键	Zhao et al. 2021

续表

多糖种类	提取方式	组分名称	分子质量/kDa	结构	连接方式	参考文献
灰树花多糖	碱提	GFPS	5420	Glu（99.7%）	（1→3）-β-D-葡聚糖每3个残基上有一个（1→6）-β-D-葡聚糖侧支	Cui et al. 2020
猴头菇多糖	水提醇沉	HEPW1	5.163	Fuc：Glu：Gal=6.13：72.28：21.59	—	Liao and Huang, 2019
	水提醇沉	HEP	43	Glu, Rha, Gal, Man, Fuc, Ara	→6）-β-D-葡萄糖苷键-（1→；→2）-α-L-鼠李糖苷键-（1→	Qin et al. 2020
	水提醇沉	HEFP-2b	32.52	Fuc：Gal：Glu：Man=11.81：22.82：44.28：21.09	主链→6）-α-D-葡萄糖苷键-（1→；→4）-β-D-半乳糖苷键-（1→；→3,6）-α-D-甘露糖苷键 侧链（1→，→6）-β-D-半乳糖苷键；（1→，→4）-α-D-甘露糖苷键	Liu et al. 2020
	热水浸提	HEP-1	2120	Fuc：Gal：Glu=0.331：2.884：1	HEP-1、HEP-2、HEP-3以（1→6）-α-D连接的半乳糖为主链，以（1→3）-β-D的葡萄糖重复单位为侧链 HEP-4以（1→3）-β-D连接的葡萄糖为主链，HEP-5以（1→4）-α连接的葡萄糖为主链，且均以（1→6）-α-D的葡萄糖为侧链	杨扬等, 2021
		HEP-2	927			
		HEP-3	110			
		HEP-4	19.9			
		HEP-5	109			
平菇多糖	水提醇沉	POP-W	3034	Man：Glu：Gal：Xyl=40.34：47.60：7.97：4.09	主链α-D-葡萄糖苷键（1→；→3,4）-α-D-葡萄糖苷键（1→；→3,4）-α-D-甘露糖苷键（1→；→3）-α-D-半乳糖苷键（1→；→4）-α-D-葡萄糖苷键（1→；→3）-α-D-葡萄糖苷键（1→；→2）-β-D-甘露糖苷键（1→；→4）-β-D-木糖苷键（1→	Wang et al. 2023
	水提醇沉	POPw	23	Glu：Gal：Man：Rha：Ara=52.3：25.8：10.0：6.1：5.2	—	Yang et al. 2012

续表

多糖种类	提取方式	组分名称	分子质量/kDa	结构	连接方式	参考文献
蛹虫草多糖	亚临界水萃取法	CMP-w1	366	D-Man：D-Glu：D-Gal = 2.84：1：1.29	1→，1→6,1→2,1→2,6 糖苷键 1→4 和 1→4,6 糖苷键	Luo et al. 2017
		CMP-s1	460	D-Man：D-Glu：D-Gal = 2.05：1：1.09	糖残基为 1→，1→6，1→2，1→2，6，1→4 和 1→4,6 键合	
	酸水解	LCMPs-II	28	Rha：Xyl：Glu = 1：2.19：6.73	(1→4)-α-D-葡萄糖苷键	Zhu et al. 2016
羊肚菌多糖	水提醇沉	MEP2	959	Glu：Gal：Man：GluA = 90.971：0.16：0.145：0.094	→4)-α-D-葡萄糖苷键-(1→	Teng et al. 2023
	水提醇沉	MSP-1	11.7	Man：Glu = 1.00：1.25	主链→4)-β-D-甘露糖苷键-(1→；→4)-β-D-葡萄糖苷键-(1→；→4)-α-D-葡萄糖苷键-(1→；→4,6)-α-D-葡萄糖苷键-(1→	Kuang et al. 2022
绣球菌多糖	超声辅助酶法	SCP-1	13.68	Glu：Gal：Fuc：Man = 52.10：31.10：15.04：1.76	(1→6)-α-D-半乳糖苷键；(1→6)-β-D-葡萄糖苷键；(1→3)-β-D-葡萄糖苷键；(1→2,6)-α-D-半乳糖苷键；(1→3,6)-β-D-葡萄糖苷键	Zhang et al. 2022
银耳多糖	酶法结合湿打法	TFP	5800	Man：Xyl：Fuc：Glu：GluA = 1.91：0.1：2.49：6.23：0.95	—	Yuan et al. 2022

注：Man——甘露糖；Rib——核糖；GluA——葡萄糖醛酸；Glu——葡萄糖；Gal——半乳糖；Ara——阿拉伯糖；Fuc——海藻糖；Xyl——木糖；Rha——鼠李糖；GalA——半乳糖醛酸。

第二节　食用菌多糖功能及其作用机理研究

一、食用菌多糖抗氧化及抗衰老活性

氧化与衰老是人体新陈代谢的结果，随着年龄增长，体内累积大量自由基导致炎症介质产生，从而引发机体衰老、自身免疫性疾病、心血管疾病和神经退行性疾病等与氧化应激相关的疾病。机体的抗氧化防御系统主要是提高过氧化氢酶（CAT）、谷胱甘肽过氧化物酶（GSH-Px）和超氧化物歧化酶（SOD）的活性，进而改善机体氧化应激反应。因此，

寻找有效清除自由基和提高抗氧化酶活性的物质来抵抗与氧化应激相关的疾病是研究的趋势之一。食用菌多糖因其带有丰富的抗氧化活性基团被视为天然抗氧化剂,可通过清除自由基和提高抗氧化酶活性来发挥抗氧化功能,以延缓机体内的各种生物膜被氧化,保护细胞免受氧化损伤,达到抗衰老和阻止脂质过氧化反应发生的作用(林桂兰等,2006)。不同来源多糖由于其组成、摩尔质量比以及相对分子质量等不同,对抗氧化活力产生的影响也不同。相关研究表明,银耳多糖具有清除超氧阴离子自由基(O_2^-·)和羟基自由基(·OH)的作用(Chen,2010);蛹虫草多糖对·OH、O_2^-·、2,2-联氮-二(3-2 基-苯并噻唑-6-磺酸)二铵盐($ABTS^+$·)和 1,1-二苯基-2-三硝基苯肼自由基(DPPH·)均有良好的清除作用(雷燕妮等,2022);金针菇多糖具有清除 DPPH·、·OH 和 O_2^-·的能力(Chen et al. 2019);前期研究发现,绣球菌多糖对 DPPH·、·OH 和 O_2^-·的清除率可达 85.63%、85.36%和 40.86%,并且具备一定的还原力(杨亚茹等,2019)。灵芝多糖 GLP_{L1}(5.2kDa)和 GLP_{L2}(15.4kDa)对·OH 的清除率分别为 78.3%和 53.6%,GLP_{L1} 清除自由基和螯合 Fe^{2+} 的能力更强,认为低分子质量多糖可能会提供更多的活性羟基(Liu et al. 2010)。平菇多糖对 DPPH·和 $ABTS^+$·清除率可得到类似结论,低分子质量多糖 POPH-2(398kDa)比高分子质量多糖 POPH-1(512kDa)清除率高 20.6%(刘宇等,2022),但并不是所有的结论都是如此,比如阿魏菇多糖由两种多糖组分 PFLP1 和 PFLP2 构成,相对分子质量分别为 9.9 和 10.3,组成为 L-鼠李糖、D-半乳糖、D-葡萄糖和 D-甘露糖(1:3.64:18.6:1.54)和 L-鼠李糖、D-葡萄糖、D-半乳糖、D-木糖和 D-甘露糖(1:6.76:4.28:1.08:0.65)。PFLP1 具有比较高的清除 DPPH·和 O_2^-·的活性,螯合 Fe^{2+} 的能力则较低;而 PFLP2 对·OH、DPPH·和 $ABTS^+$·清除活性较强(陈帅,2016)。

羊肚菌子实体杂多糖对·OH、DPPH·和 O_2^-·均有清除作用,并且可以降低丙二醛(MDA)含量,提高 SOD、CAT 和 GSH-Px 水平,保护斑马鱼胚胎免受氧化损伤(Cai et al. 2018);香菇多糖可提高脂多糖(LPS)诱导的牛乳腺上皮细胞 SOD 和总抗氧化能力(T-AOC)活性(Meng et al. 2022);杏鲍菇多糖可有效提高血液中 SOD、GSH-Px 和 CAT 三种主要抗氧化酶的活性(党杨,2020),提高脑、肝、肾组织中 GSH-Px、SOD 和 T-AOC 酶活性,降低 MDA 含量(Zhang et al. 2021);黑木耳多糖可降低小鼠血清 MDA 水平,提高肝脏和海马的 SOD、CAT、GSH-Px 以及 T-AOC 能力(Wang et al. 2022);桦褐孔菌多糖可显著降低 MDA 含量,抑制脂质过氧化(Zhang et al. 2013);灵芝多糖作用于胃癌大鼠,血清和胃组织 SOD、CAT、GSH-Px 水平均呈剂量依赖性提高(Pan et al. 2013)。

另有研究报道,复合多糖的抗氧化活性比单一多糖的抗氧化活性更好,如大球盖菇、金针菇、香菇多糖复配后,清除 DPPH·、·OH 的能力和还原力均优于单一品种的多糖(张博华等,2021)。猴头菇、杏鲍菇、香菇、平菇 4 种菌丝多糖复配后,清除 DPPH·能力和还原力均高于活性最强的猴头菇多糖,且复配比例不同,活性不同(张志超等,2018)。香菇、黑木耳、灰树花、姬松茸和蛹虫草 5 种食用菌多糖复合对 O_2^-·和·OH 的清除率比 5 种单一多糖均高，认为复配后产生了协同增效的作用（于冲等，2018）。

Jing et al.（2018）从茶树菇菌丝体中提取了两种多糖，并对半乳糖（D-Gal）诱导衰老小鼠的抗氧化活性和抗衰老活性进行研究，表明茶树菇多糖能较好地提高肝脏 SOD、CAT、GSH-Px 和 T-AOC 活性，抑制肝脏过氧化脂（LPO）和 MDA 含量，改善低密度脂蛋白胆固醇（LDL-C）、高密度脂蛋白胆固醇（HDL-C）、LDL-C/HDL-C、甘油三酯（TG）和总胆固醇（TC）水平。羟脯氨酸（HYP）检测结果表明，衰老小鼠的皮肤胶原蛋白可以得到一定维持。Li et al.（2018）研究表明，双孢蘑菇子实体多糖可通过提高血清酶活性、生化水平、脂质含量和抗氧化活性保护肝脏和肾脏。Ding et al.（2016）研究认为，双孢菇多糖可提高人胚胎肺成纤维细胞（HELF）的细胞活力，减少活性氧（ROS）的产生，可抑制叔丁基过氧化氢（t-BHP）诱导的氧化损伤，提高小鼠肝脏和血清中 SOD 和 CAT 活性，可作为一种有效的膳食补充剂，用于减缓衰老和预防与年龄相关的疾病。

二、食用菌多糖免疫调节及抗炎活性

免疫调控是机体免疫系统在免疫应答过程中所做出的生理性反馈，通过调控免疫细胞与受体分子之间的协同或拮抗作用，使免疫细胞处于活化或抑制状态，或者调控免疫系统与其他系统之间的相互作用，保证机体免疫功能的稳定。炎症是机体组织受损时所发生的一系列保护性应答，是机体稳态维持的调控手段之一（Newton and Dixit，2012），适度的炎症对机体有益，但有时候炎症也会影响机体的正常代谢过程，对人体自身组织进行攻击，发生组织炎症，导致免疫系统异常，人体免疫力下降（Cheng et al. 2016）。当机体免疫功能低下时，会使机体反复感染病原微生物，导致肿瘤细胞大量繁殖，癌症发病率升高。

近年来，食用菌多糖的免疫调节活性受到了广泛关注，其免疫调节及抗炎机制详见表 1-2。猴头菇多糖、香菇多糖、杏鲍菇多糖等均可以通过多个途径作用于免疫系统，如改善脏器指数，刺激机体各种免疫活性细胞的分化和增殖、促进各种受体分子的表达及抗体形成等，通过 TLR4/JNK 和 Akt/NF-κB、NKG2D 及其下游 DAP10/PI3K/ERK 等信号通路提高或促进 NK 细胞和巨噬细胞活性。免疫器官和组织作为机体免疫细胞分化、发育并发挥免疫作用的区域，在机体免疫过程中居首要地位。免疫细胞主要组成有淋巴细胞、造血干细胞和抗原提呈细胞等，它们相互协调作用，共同参与机体的固有免疫和适应性免疫。活化的 NK 细胞通过分泌 IFN-γ、TNF-α 等细胞因子发挥免疫调节作用。巨噬细胞能够通过细胞因子的分泌发挥免疫调节功能，参与机体炎症反应，杀伤清除病原体，有效防御由内源性或外源性病原体侵害而引起的组织炎症反应和损伤，成为机体防御病原微生物感染的第一道防线。食用菌多糖的抗炎作用主要是通过抑制趋化因子与黏附因子的表达、抑制关键酶的活性和调节细胞因子的产生来实现，还可以通过刺激 T 细胞增殖、激活巨噬细胞来提高免疫功能和抗感染能力。巨噬细胞作为非特异性免疫的重要参与者，在炎症过程中发挥着不可替代的作用，通过分泌炎症因子和抗原提呈来调节炎症过程。

表 1-2　　　　　　　　　　　食用菌多糖免疫调节及抗炎机制

多糖种类	提取方法	机制	参考文献
猴头菇多糖	水提醇沉（料液比—，温度 80℃，时间 3h）	脾脏、胸腺和肾脏器官指数提高，SOD、GSH-Px、CAT 活性增强，病理损伤减轻	Zhang et al. 2017
	水提醇沉（料液比 1:20，温度 100℃，时间 30min，3 次）	NO、IL-6 和 TNF-α 活性增强	Ren et al. 2017
	水提醇沉（料液比 1:16，温度 100℃，时间 4h，2 次）	SIgA 分泌增加，体液免疫、巨噬细胞吞噬作用和 NK 细胞活性增强	Sheng et al. 2017
	水提醇沉（料液比 1:20，温度 100℃，时间 2h，2 次）	巨噬细胞的吞噬能力增强，促进 CD40 和 CD86 表达	Liu et al. 2021
	水提醇沉（料液比—，温度 97℃，时间 4h）	MHC Ⅱ 和 CD80/86 表面抗原增加，促进 IL-2、IFN-γ 和 IL-10 分泌	Sheu et al. 2013
香菇多糖	酸水解（料液比—，温度 120℃，时间 4h）	脾脏、胸腺指数提高，促进淋巴细胞增殖，调节体内 CD4⁺ T/CD8⁺ T 数量	Wang et al. 2020
	水提醇沉（料液比 1:40，温度 80℃，时间 2h，2 次）	巨噬细胞吞噬能力提高，使巨噬细胞分泌 NO、TNF-α、IL-1β	刘苏等，2015
	热水浸提	促进 T 淋巴细胞增殖，IgG、IgM 水平提高，NK 细胞活性增强	Chen et al. 2020
	水提醇沉（料液比 1:30，温度 90℃，时间 3h，3 次）	促进 RAW 264.7 细胞增殖和吞噬，促进 NO、TNF-α、IL-6 和 IL-1β 分泌	Zhang et al. 2022
杏鲍菇多糖	微波辅助（料液比 1:80，功率 640W，时间 8min）	脾脏、胸腺质量增加，诱导 RAW 264.7 增殖	Fang et al. 2016
	碱提（料液比 1:20，温度 80℃，时间 3h，3 次）	增加脾淋巴细胞增殖、NK 细胞活性和腹腔吞噬细胞的吞噬能力，调节肠道菌群	Wang et al. 2022
	水提醇沉（料液比 1:25，温度 70℃，时间 140min）	肝脏、脾脏及胸腺等脏器指数提高，TNF-α、IFN-γ、IL-1、IL-2 及 IL-6 分泌增加	马高兴，2018
	水提醇沉（料液比 1:25，温度 70℃，时间 2h）	NO、PGE2、IL-1β、TNF-α 和 IL-6 分泌下降，抑制 RAW 264.7 巨噬细胞炎症反应	Ma et al. 2020

续表

多糖种类	提取方法	机制	参考文献
灵芝多糖	水提醇沉（料液比1:40，温度90℃，时间2h）	促进T、B淋巴细胞增殖，呈一定的剂量依赖性	Ying et al. 2020
	水提醇沉（料液比1:20，温度—，时间1h）	抑制B16-F10荷瘤小鼠肿瘤生长，促进ICAM-1表达，增强T淋巴细胞肿瘤浸润	许晓燕等，2021
	水提醇沉（料液比1:35，温度66℃，时间137min）	NK92细胞本身活性提高	Yang et al. 2019
	水提醇沉（料液比1:21，温度100℃，时间2h）	恢复溶血素及IFN-γ、IL-2、IgA、IgM水平，促进体外淋巴细胞IL-6、TNF-α mRNA表达	Yu et al. 2014
	水提醇沉（料液比1—，温度100℃，时间2h）	诱导IEC-6细胞增殖，抑制NO和促炎细胞因子如IL-6和IL-1β的过量产生	Wen et al. 2022
	水提醇沉（料液比1:40，温度100℃，时间2h，2次）	炎症因子IL-1β、TNF-α和IL-10表达下降，减轻炎症	Chen et al. 2023
虫草多糖	水提醇沉（料液比1:40，温度100℃，时间1h，2次）	诱导巨噬细胞产生IL-6和TNF-α	Zhang et al. 2021
	水提醇沉（料液比1:20，温度100℃，时间2h，3次）	促进TLR-2、TLR-4、TLR-6、p-IκB-α、NF-κB p65表达上调，改善肠道微生物群落多样性	Ying et al. 2020
	—	促进脾脏T、B淋巴细胞增殖，IL-2、IL-4、IFN-γ、IgG、IgM和IgA水平提高	Yu et al. 2022
姬松茸多糖	—	胸腺指数升高，改善小鼠细胞免疫、体液免疫和T淋巴细胞功能	马传贵等，2021
	水提醇沉（料液比1:40，温度80℃，时间2h）	RAW 264.7细胞中JNK、ERK和p38表达降低	Cheng et al. 2017
	水提醇沉（料液比1:40，温度90℃，时间3h）	促进巨噬细胞RAW 264.7增殖，iNOS和NO水平升高	云少君等，2015
羊肚菌多糖	水提醇沉（料液比1:20，温度—，时间2h）	增强RAW 264.7细胞吞噬能力，促进NO、TNF-α和IL6分泌	Wen et al. 2019
金针菇多糖	水提醇沉（料液比1:20，温度—，时间3h）	胸腺、脾脏指数提高，SOD、CAT和T-AOC活性增强，ACP、LDH活性增强，IL-2、IL-4水平升高，TNF-α、IL-6水平下降	Liang et al. 2022
	水提醇沉（料液比1:20，温度90℃，时间1h，3次）	促进B细胞增殖分泌IgG、IgM，激活B细胞释放IL-10	王慧敏等，2021

续表

多糖种类	提取方法	机制	参考文献
金针菇多糖	水提醇沉（料液比1∶20，温度90℃，时间1h，3次）	IFN-γ 和 TNF-α 分泌增加，促进巨噬细胞 RAW 264.7 释放 NO，增加 IL-1β、IL-6 和 TNF-α 分泌	刘肖肖等，2019
	超声波辅助（料液比1∶35，功率180W，时间40min）	增强 RAW 264.7 细胞活力和吞噬能力，降低 ROS 和 NO 含量	马升等，2022
广叶绣球菌多糖	水提醇沉（料液比—，温度65℃，时间2h）	脾脏和胸腺指数提高，脾脏淋巴细胞活性增强，白细胞总量上升，IgG 功能增强，TNF-α、IFN-γ 和 IL-1β mRNA 表达上升	Liu et al. 2016
	水提醇沉（料液比1∶40，温度75℃，时间2h）	促进 RAW 264.7 增殖，NO、TNF-α、IL-6 和 IFN-β 分泌及 TLR4 表达上升，TRAF6、IRF3、JNK、ERK 以及 p38 mRNA 和蛋白质水平升高	Qiao et al. 2022
	酶法辅助（料液比1∶40，温度40℃，时间3h）	促进 RAW 264.7 增殖，巨噬细胞吞噬能力提高，NO 分泌增加，TNF-α、IL-1β、IL-6、IL-3、IL-10、IFN-β mRNA 表达上升	魏欣等，2022 郝正祺等，2021 谢添等，2021
	酶法辅助（料液比1∶40，温度40℃，时间3h）	改善肠道黏膜形态，IL-6、IL-10、TNF-α、IFN-γ 含量增加，调节肠道菌群结构，SCFAs 产生菌的相对丰度提高，SCFAs 含量上升	郝晨阳等，2020
	酶法辅助（料液比1∶40，温度40℃，时间3h）	促进 RAW 264.7 增殖，NO、IL-6、TNF-α、IFN-β 释放增加	王萌皓等，2020
	酶法辅助（料液比1∶40，温度40℃，时间3h）	盲肠内乙酸、丙酸和丁酸含量上升，GPR41、GPR43 和 GPR109A 表达增加，FOXP-3、IL-6、IL-8 和 IL-10 mR-NA 表达上升	赵越等，2022
	超声波辅助（料液比1∶40，功率1200W，时间20min）	SOD、CAT 和 GAH-Px 活性提高，TNF-α、IL-10 和 IL-1β 含量下降	贺楷雄等，2022
双孢菇多糖	—	胸腺和脾脏指数提高，促进淋巴细胞增殖，巨噬细胞吞噬活性增加，IL-2、IL-6、IL-10、IL-17、TNF-α 和 IgG 水平升高	Liu et al. 2019
大球盖菇多糖	水提醇沉（料液比1∶30，温度80℃，时间3h，2次）	MPO、NO、MDA 含量下降，T-SOD 含量上升，IFN-γ、TNF-α、IL-1β 和 IL-6 水平下降，IL-10 水平升高，恢复肠道屏障完整性	金明枝，2021
银耳多糖	水提醇沉（料液比1∶50，温度95℃，时间4h，2次）	结肠损伤减轻，TNF-α、IL-1β 和 IL-6 水平下降，ZO-1、OCLN mRNA 和蛋白表达上升	Xiao et al. 2021
茯苓多糖	碱提（料液比1∶2，温度25℃，时间12h）	促进 RAW 264.7 细胞 NO 释放，IL-1β、IL-6 和 TNF-α 分泌上升	Liu et al. 2019

三、食用菌多糖抗肿瘤活性

癌症就是体内长了恶性肿瘤，是死亡率较高的疾病之一，也是提高预期寿命的重要障碍（Roth et al. 2018；Dyba et al. 2021）。随着我国老龄化人口逐渐增加，工业化和城镇化进程不断加快，以及慢性感染、不健康生活方式等危险因素的累加，我国恶性肿瘤发病、死亡数持续上升（Zheng et al. 2022）。人体内都有原癌基因与抑癌基因，其中原癌基因促进细胞分裂增殖，抑癌基因能抑制细胞分裂增殖，并且控制细胞分化，相互制约，维持细胞分裂增殖的动态平衡。当抑癌基因因某些诱因，发生突变、缺失或失活时，可引起细胞恶性转化，导致癌细胞的产生。目前，许多食用菌多糖已被证实具有抗癌作用（Fogli et al. 2020；Cogdill et al. 2018），其抗肿瘤活性及机制一直是食品营养与健康领域研究的热点。研究发现香菇多糖对鼠肝癌细胞 H22、鼠肉瘤细胞 S180、人肝癌细胞 HepG2 和 SMMC-7721、人胃癌细胞 MKN45、人红白血病细胞 K562、人乳腺癌细胞 MCF-7 和人结肠癌细胞 HT-29 具有明显体外抑制增殖的作用，表明香菇多糖发挥了非免疫途径的体外直接抗肿瘤活性（Zhang et al. 2020；Wang et al. 2013；Wang et al. 2017；Li et al. 2018）。食用菌多糖可黏附在细胞表面，通过受体激活 T 淋巴细胞、B 淋巴细胞、巨噬细胞（MΦ）、自然杀伤细胞（NK）和树突状细胞（DC）等免疫细胞，还可以促进白细胞介素-1（IL-1）、白细胞介素-2（IL-2）、肿瘤坏死因子（TNF-α）和干扰素-γ（IFN-γ）等细胞因子的表达。食用菌多糖抗肿瘤机制如表 1-3 所示，可通过抑制癌细胞增殖、调节细胞因子水平，减缓肿瘤细胞入侵、黏附和转移，调控细胞凋亡等多种途径抑制肿瘤（向瑞琪等，2021；Xu et al. 2012）。蛹虫草多糖、灵芝多糖、平菇多糖等均可以抑制部分癌细胞的增殖，降低癌细胞迁移速率。香菇多糖可调节 p53、p-ERK 1/2、MDM2 和 TERT 表达；蛹虫草多糖可改善 SMMC-7721、BGC-823 和 MCF-7 表达等。此外，食用菌多糖通过抑制细胞周期蛋白的产生，调节死亡受体以及促凋亡因子与抗凋亡因子比值，导致细胞周期停滞，诱导细胞凋亡。

表 1-3　　　　　　　　　　　　食用菌多糖抗肿瘤机制

多糖种类	提取方法	作用机制	生物活性	参考文献
香菇多糖	水提醇沉（料液比一，温度 120℃，时间 30min，3 次）	p53、p-ERK 1/2、PARP1 表达上升，MDM2、TERT、NF-κB p65、Bcl-2、ERα、PI3K、p-Akt、mTOR 表达下降	抗乳腺癌	Xu et al. 2017
	—	IFN-γ 表达增加，以 T 细胞独立的方式抑制肿瘤血管生成	抗肺癌	Deng et al. 2018
	—	抑制细胞周期蛋白的产生，cyclin D1 mRNA 水平下降，诱导细胞周期停止	抗结肠癌	Wang et al. 2017
	—	Bcl-2 和 survivin 表达升高	抗膀胱癌	Sun et al. 2015

续表

多糖种类	提取方法	作用机制	生物活性	参考文献
杏鲍菇多糖	水提醇沉（料液比 1∶40，温度 80℃，时间 3h）	促进 HepG-2 细胞凋亡，caspase-3 和 caspase-9 表达升高，诱导细胞周期停滞	抗肝癌	Ren et al. 2016
金针菇多糖	水提醇沉	SOD 活性降低，MDA 活性升高，NO 和 LDH 水平上升，抑制 HepG-2 细胞增殖	抗肝癌	Xu et al. 2021
蛹虫草多糖	水提醇沉（料液比 1∶20，温度 80℃，时间 2h，3 次）	caspase-3、caspase-9、p53 蛋白和 mRNA 水平上升，PCNA 蛋白和 mRNA 水平下降，诱导肿瘤细胞凋亡	抗肺癌	Liu et al. 2019
	水提醇沉（料液比 1∶20，温度 80℃，时间 10h，2 次）	抑制 SMMC-7721，BGC-823 和 MCF-7 细胞增殖，阻断 G0/G1 期，DNA 合成，诱导细胞凋亡	抗肝癌 抗胃癌 抗乳腺癌	Chen et al. 2015
	超声辅助（料液比 1∶20，温度 60℃，时间 40min）	cyclin E、cyclin A 和 CDK2 表达下降，p53 表达升高，死亡受体以及促凋亡因子/抗凋亡因子比值增加，细胞周期停滞	抗宫颈癌	Xu et al. 2021
灵芝多糖	水提醇沉（料液比 1∶20，温度—，时间—）	SK-HEP-1 和 Huh-7 细胞增殖和迁移能力降低，抑制肝癌细胞增殖	抗肝癌	沈瑞等，2023
	水提醇沉（料液比 1∶6.25，温度 100℃，时间 3h）	改变肿瘤细胞形态和粒度，降低肿瘤细胞增殖能力，CSC、EMT 和 ABC 表达下降	抗舌鳞癌	Camargoe et al. 2022
	—	抑制 A549 细胞迁移，p-ERK、p-FAK、p-AKT、p-Smad2、EGFR、TGFβRI 和 TGFβRII 表达下降	抗肺癌	Hsu et al. 2020
	—	结肠长度增加，ACAA1、FABP4、MGLL 和 SCD 表达下降，特异性细菌减少	抗结肠癌	Luo et al. 2018
平菇多糖	碱提（料液比 1∶15，温度 100℃，时间—，3 次）	胸腺和脾脏相对指数增加，促进淋巴细胞增殖，IL-2、TNF-α 和 IFN-γ 水平上升，NK 细胞和 CTL 活性增加	抗肿瘤	Liu et al. 2015
牛肝菌多糖	水提醇沉（料液比 1∶20，温度 100℃，时间 2h，3 次）	脾脏指数和胸腺指数上升，NK 细胞和 CTL 活性提高，IL-2 和 TNF-α 分泌增加	抗肾癌	Wang et al. 2014
	水提醇沉（料液比—，温度 100℃，时间 6h，3 次）	促进 T 细胞和 B 细胞增殖活性，IgG、IgE、IgD 和 IgM 分泌增加，促进 RAW 264.7 细胞增殖和吞噬	抗肿瘤	Su et al. 2023
灰树花多糖	水提醇沉（料液比 1∶34.72，温度 100℃，时间 2.62h）	胸腺和脾脏相对重量增加，TNF-α 和 IL-2 水平上升，iNOS 蛋白表达和 iNOS、TNF-α mRNA 表达升高	抗肿瘤	Mao et al. 2015

续表

多糖种类	提取方法	作用机制	生物活性	参考文献
广叶绣球菌多糖	超声辅助（料液比1∶40，功率1200W，时间3h，2次）	TNF-α、IL-6、NF-κB、COX-2、IL-1β mRNA 或蛋白水平上升	抗结肠癌	Wei et al. 2023

四、食用菌多糖的降血糖活性

糖尿病是一种由代谢紊乱引起的以高血糖为主要特征的代谢性疾病（Zhu et al. 2023）。目前，糖尿病因高患病率和低治疗率已经成为人类三大致死疾病之一，其死亡率仅次于心脑血管疾病和癌症（Gregory et al. 2022），还可引起肝损害或肝功能恶化，如非酒精性肝病、脂肪性肝炎和肝硬化以及尿毒症和失明等多种并发症。目前常用降糖药普遍具有血糖降低受控性差，长期服用易引发低血糖、呕吐和腹泻等不良反应，因此其应用也受到限制。食用菌多糖表现出优异的降血糖活性，可以通过调节相关酶活性，减轻氧化应激反应，改善肠道菌群代谢，促进胰岛素分泌或释放，增加胰岛素敏感性，改善胰岛素抵抗及糖代谢等来达到降血糖的目的。

梭柄松苞菇多糖能够抑制 α-葡萄糖苷酶活性，减缓葡萄糖的转化和吸收，降低餐后血糖水平（刘韫滔等，2016）。Li et al.（2021）从红菇中提取的两种水溶性多糖可抑制 α-葡萄糖苷酶和 α-淀粉酶活性，显著增强其抗糖活性。灵芝杂多糖可显著降低高脂饮食（HFD）和链脲佐菌素（STZ）诱导的糖尿病小鼠的血糖，修复胰岛细胞，增加胰岛素分泌，促进肝糖原的合成和储存，提高抗氧化酶活性和胰岛素抵抗，降低糖尿病小鼠血清胰岛素抵抗指数（HOMA-IR），同时可以改善肠道菌群比例，减少内毒素进入肠道，缓解炎症反应（Shao et al. 2022）。Chen et al.（2019）从灰树花子实体中获得了具有降血糖活性的灰树花多糖，主要是通过提高小鼠肝脏中胰岛素受体的蛋白水平，促进机体对葡萄糖的吸收，修复胰岛素信号传导途经，从而修复受损的胰岛细胞，缓解胰岛素抵抗。PI3K/Akt 胰岛素信号通路在胰岛素抵抗的发生发展中起关键作用，与糖代谢有关（Wang et al. 2019）。AKT 调节葡萄糖和脂质代谢，主要在胰岛素响应组织中表达活化的 AKT2 促进葡萄糖转运蛋白4（GLUT4）的翻译。黄菇多糖能够有效抑制 α-葡萄糖苷酶，并通过 PI3K/Akt 通路调控 HepG2-IR 细胞的胰岛素抵抗（Hao et al. 2020）。桦褐孔菌多糖可通过提高高脂饮食和 STZ 诱导的2型糖尿病小鼠肝脏的抗氧化活性，显著上调 PI3K-p85、p-Akt（ser473）、GLUT4 蛋白表达，从而降低空腹血糖，改善胰岛素抵抗（Wang et al. 2017）。

五、食用菌多糖降血脂活性

高脂血症是由于脂肪的代谢异常，血浆中脂质含量过高引起的，主要表现为高密度脂蛋白水平过低、甘油三酯水平和血清胆固醇水平过高等。高脂血症作为一种慢性疾病，能直接导致动脉粥样硬化、冠状动脉粥样硬化等疾病，严重威胁人类的健康（Lu et al. 2022）。食用菌中 β-葡聚糖的可发酵性和在人体肠道中形成黏性溶液的特性使其在降血脂方面起着至关重要的作用（Khoury et al. 2012）。食用菌多糖通过调整低密度脂蛋白胆固醇（LDL-C）和高密度脂蛋白胆固醇（HDL-C）比例、抑制内源性胆固醇的合成、促进胆固醇逆向转运、提高磷脂胆固醇酰基转移酶的活性、促进 TG 分解、调控脂代谢相关因子、调节肠道菌群以及减轻氧化应激等多种机制发挥降血脂作用（Zhang et al. 2017；Wang et al. 2018）。

杏鲍菇多糖可显著改善 STZ 诱导的糖尿病小鼠 TC、TG、LDL-C 和极低密度脂蛋白（VLDL-C）的升高和 HDL-C 的降低（Zhang et al. 2018），改变高脂模型小鼠肠道中微生物群落结构，增加胆汁酸的分泌和脂类的排泄，达到抗肥胖和降低胆固醇的作用（Nakahara et al. 2020）。羧甲基化羊肚菌多糖可通过下调高胆固醇血症大鼠的肝脏 3-羟基-3-甲基戊二酰辅酶 α 还原酶，上调胆固醇-7α-羟基化酶发挥其降胆固醇能力（Li et al. 2017）。蛹虫草多糖可降低血脂和肝脏脂肪水平，恢复高脂乳剂引起的脂代谢紊乱（Wang et al. 2015）。此外，蛹虫草多糖还可以逆转高脂饮食所致的肠道微生物菌群失调，改变代谢物水平，可作为一种潜在的益生元制剂（Huang et al. 2022）。本课题组前期对姬松茸多糖、猴头菌多糖和广叶绣球菌多糖的降胆固醇机制进行了研究，姬松茸多糖可通过降低小鼠血清 TG 和 TC 含量，增加 GLUT4、PI3K、AKT1 和 AKT2 基因表达量，缓解脂代谢紊乱（欧阳玉倩等，2017）；珊瑚状猴头菌多糖可降低大鼠 TC 和 LDL-C 水平，增加 HDL-C 水平，降低 HMG-CoA 还原酶基因表达量，增加 LDL 受体（LDL-R）、胆汁酸合成限速酶（CYP7α-1）基因表达量，调节高胆固醇大鼠的血脂水平（程艳芬等，2018）；广叶绣球菌多糖能改善大鼠肠道形态结构和生理指标，降低 HMGCR、NPC1L1、ACAT2、MTP、ASBT 和 IBABP mRNA 或蛋白表达，增加 ABCG8 mRNA 表达，提高有益菌群相对丰度和短链脂肪酸浓度，调节肠道胆固醇代谢（高渊，2021）。此外，GC-MS 代谢组学技术分析结果显示，大鼠血清中氨基酸类代谢物质发生明显改变，绣球菌多糖可回调部分氨基酸水平，降低葡萄糖和胆固醇水平，进一步分析推测可能是通过调节谷氨酸与谷氨酰胺代谢起到的降血脂作用（高渊等，2021）。

六、食用菌多糖的抗病毒活性

食用菌多糖及其衍生物对病原菌和病毒表现出很强的抗生素特性，临床实验研究证明，真菌多糖对流感病毒、肝炎病毒、单纯疱疹病毒等多种病毒有一定的抵抗和抑制作用（Chen and Huang，2018）。食用菌多糖的抗病毒作用主要是通过激活或提高网状内皮细胞、巨噬细胞的吞噬能力，以及通过免疫机制调节提高宿主的免疫功能，从而发挥抗病毒作用（Guo et al. 2021）。

香菇多糖对大肠杆菌、枯草芽孢杆菌有明显的抑制作用（路志芳和蒋鹏飞，2017），可以抑制乙肝病毒 DNA 的复制和病毒受体细胞的增殖，降低抗凋亡相关蛋白（STAT 3，p-STAT 3 and survivin）的表达（Jiao et al. 2018）。Zhang et al.（2018）从金针菇中提取了一种新的水溶性多糖 FVP1，分子质量为 54.78kDa，主要由甘露糖（7.74%）、葡萄糖（70.41%）和半乳糖（16.38%）组成，通过降低乙型肝炎表面抗原（HBsAg）、乙型肝炎

e 抗原（HBeAg）和乙型肝炎病毒（HBV）DNA 复制的表达，表现显著的乙型肝炎表面抗体活性。猴头菇多糖可调节番鸭呼肠孤病毒（MDRV）感染诱导 RAW 264.7 细胞 TLR3 信号转导通路活化，抑制 TLR3 信号转导通路下游产物 IL-1β、IL-10、IL-6 和 TNF-α 的过度表达，上调干扰素-β（IFN-β）的表达，从而抑制 MDRV 在 RAW 264.7 细胞中的复制（严萍等，2021）。桦树茸多糖、木质素衍生物及提取物具有较强的抗病毒作用，可以抑制猫杯状病毒、猫疱疹病毒 1、猫流感病毒、猫传染性腹膜炎病毒和猫泛白细胞减少症病毒的增殖（Glamočlija et al. 2015）。

七、食用菌多糖的抗辐射、抗突变活性

辐射可通过细胞凋亡、基因突变、染色体缺失等方式产生过多的超氧自由基，严重损害机体大分子组织，通过诱导染色体畸变、微核形成和遗传变异等生物学作用，在生理病理上引发相应的变化。如果身体长期暴露在电离辐射下，可能会对正常组织器官及人体各系统（如造血系统、神经系统、肺组织等）造成严重损害，从而导致疾病的发生（Malyarenko et al. 2019）。辐射对活细胞的损伤在很大程度上是由于活性氧的过量产生引起的氧化应激所致（Gan et al. 2015）。食用菌多糖具有潜在的辐射防护活性，主要是通过清除自由基，增强免疫力，发挥免疫调节作用，减少辐射对造血系统的损伤，增强 DNA 损伤修复能力，抑制细胞凋亡来实现的。

灵芝多糖可上调白细胞（WBC）、血小板（PLT）的数量。此外，血清代谢组学结果表明，磷脂酰胆碱、次黄嘌呤、牛磺酸、L-肉碱、鞘氨醇、磷酸和胆酸等 18 个潜在生物标志物发生显著变化，与甘油磷脂代谢、牛磺酸和次牛磺酸代谢、鞘脂代谢、花生四烯酸代谢、亚油酸代谢等通路有关，推测灵芝多糖可以通过对多种代谢靶点的干预来缓解电离辐射造成的损伤（Yu et al. 2020）。黑木耳子实体多糖可通过调节肝脏中的应激活化蛋白激酶（JNK）通路以及胰腺中 PDX1/GLUT2 通路，恢复氧化还原平衡及血糖耐受能力，改善辐射诱导的糖代谢紊乱（Chen et al. 2019）。Xu et al.（2012）从银耳中分离纯化出的水溶性均质多糖可恢复血红蛋白水平、白细胞计数和红细胞计数，有效阻止辐射对小鼠染色体的遗传毒性作用。蛹虫草多糖可以改善微波辐射导致的精子相对数量减少，畸形率增加，SOD、GSH-Px 水平降低，MDA 水平升高；缓减辐射对雄性小鼠生殖系统的影响（高俊涛等，2021）。此外，蛹虫草多糖可降低环磷酰胺诱导小鼠骨髓嗜多染红细胞微核率及染色体畸变率，具有抗突变活性（郭丽新等，2013）。黄灵菇多糖能显著提高血浆 GSH-Px 活性及 GSH 含量，提高骨髓 DNA 数量，降低小鼠骨髓染色体畸变率和微核率，抑制 Bax 蛋白的表达，促进 Bcl-2 蛋白的表达，抑制细胞色素 c 的释放和 caspase-3 的表达，从而阻断^{60}Co-γ 辐射诱导小鼠脾细胞线粒体凋亡通路，发挥辐射保护作用（Li et al. 2015）。

八、食用菌多糖的抑菌活性

具有抑菌活性的食用菌多糖主要通过破坏细菌的细胞壁和细胞膜、调控细菌内酶活性和离子水平、调控能量代谢、影响基因表达等方面达到抑菌效果。

姬菇精多糖对大肠杆菌的生长有较好的抑制效果，当浓度为 4.00mg/mL 时，大肠杆

菌被完全抑制，且纯度越高，抑菌能力越强（李春林，2022）。灵芝硫酸多糖对大肠杆菌、铜绿假单胞菌、肠炎沙门菌、沙门菌、单核细胞增生李斯特菌和金黄色葡萄球菌等具有剂量依赖性的抗菌作用（Wan-Mohtar et al. 2016）。微波提取香菇多糖制备出的微胶囊对金黄色葡萄球菌、枯草芽孢杆菌、大肠杆菌有较强的抑制作用（何皎等，2023）。从绣球菌中分离得到的多糖——绣球菌多糖（SCPs）由海藻糖、葡萄糖和半乳糖组成，摩尔比为 0.043∶0.652∶0.305。抑菌实验表明，SCPs 对金黄色葡萄球菌的抑制作用较好，代谢组学结果分析表明，SCPs 可使果糖 1,6-二磷酸、1,3-二磷酸甘油酸、琥珀酸和草酰乙酸的变化显著，并伴随细胞内 ATP 的降低，因此，认为 SCPs 抑制作用机理主要是破坏了金黄色葡萄球菌的糖酵解和三羧酸循环途径的代谢（Lan et al. 2021）。郝正祺等（2017）发现绣球菌多糖对单增李斯特菌、鼠伤寒沙门菌、金黄色葡萄球菌、福氏志贺菌、大肠埃希氏杆菌有一定抑制作用，其中对单增李斯特菌、鼠伤寒沙门菌的抑制作用较强。蛹虫草多糖对大肠杆菌、金黄色葡萄球菌、枯草芽孢杆菌、副伤寒沙门菌和铜绿假单胞菌均有较强的抑菌活性，对大肠杆菌的最低抑菌浓度为 0.10mg/mL，此外，导电性、碱性磷酸酶（AKP）和 β-半乳糖苷酶活性均有所提高，生长曲线、真菌蛋白、膜蛋白均发生变化，表明蛹虫草多糖可通过破坏细菌细胞壁和细胞膜来发挥杀菌活性，增加细胞通透性，使其结构损伤，细胞成分释放，从而导致细胞死亡（Zhang et al. 2017）。

九、食用菌多糖的抗疲劳活性

疲劳是机体的一种常见亚健康状态，是由机体的活动造成的各种器官中的营养大量消耗，从而引起的暂时性身体机能降低的现象，主要表现为肌肉力量下降和储存能量降低，并经常伴随着中枢神经紧绷和免疫力下降的现象，严重者更会出现精神不济、意识不清、免疫力下降等状况（马怀芬等，2017）。诸多研究表明，疲劳的产生与体内积累过量的自由基，导致氧化和抗氧化系统失衡密切相关（Zhou and Jiang 2019；Peng et al. 2020）。

杏鲍菇多糖能明显延长小鼠爬杆和游泳时间，提高 SOD 活性、降低乳酸含量，提高肝糖原和肌糖原含量（马晓宁等，2023）。木耳胞外多糖能改善小鼠的身体疲劳，提高肝糖原含量，降低血清尿素氮和乳酸水平，增强抗氧化酶的活性，降低脂质过氧化，延长力疲小鼠游泳时间（Surhio et al. 2017）。猴头菌多糖可降低血乳酸（BLA）、血清尿素氮（SUN）和丙二醛（MDA）含量，提高组织糖原含量和抗氧化酶活性，发挥抗疲劳活性（Liu et al. 2015）。在小鼠的抗疲劳模型试验中，Cai et al.（2021）和 Zhang et al.（2022）的研究均发现添加外源灵芝多糖和滑菇多糖能显著提高小鼠力竭游泳时间和体内抗氧化酶活性。

十、食用菌多糖的抗凝血活性

血液凝固是机体防止创伤后失血过多的重要机能，若凝血功能有缺陷，可致出血不止。天然抗凝血物质常见的有糖类、黄酮类、生物碱等，它们类别多样、结构复杂。在糖类化合物中真菌类和藻类植物占有很大比重。

平菇多糖可通过内源性和外源性凝血途径有效抑制血浆凝块形成（Rizkyana et al.

2022）。黑木耳粗多糖能够抑制血小板聚集，延缓血液凝固（Yoon et al. 2003）。灵芝多糖可抑制凝血系统的外源性途径和凝血系统上纤维蛋白原向纤维蛋白的转化，发挥抗凝血活性（Zhang et al. 2020）。在体外凝血实验中，随着乌金菇多糖浓度的升高，活化部分凝血活酶时间（APTT）和血凝酶时间（TT）呈浓度依赖性发展，阻碍内在的、外在的和凝血酶介导的纤维蛋白产生抑制，达到抗凝血的目的（Thimmaraju and Govindan, 2022）。杨庆伟等（2022）和 Li et al.（2020）分别利用灰树花硫酸酯化多糖和红菇多糖也得到了相似的结论。

　　食用菌作为营养、美味、可口及对健康有益的食物，是生物活性多糖的重要来源，近年来一直是食品领域的研究热点之一。本文重点综述了食用菌多糖的结构及生物活性，不同提取方法及提取条件对其结构和功能有不同的影响，β-葡聚糖是食用菌中最广泛存在的功能多糖，结构多为（1→3）、（1→4）、（1→6）等。国内外相关研究人员通过大量研究揭示食用菌多糖具有抗氧化、抗衰老、免疫调节、抗炎、抗肿瘤、降血糖、降血脂、抗病毒、抗辐射、抗突变、抑菌、抗疲劳、抗凝血等生物活性，其中抗氧化和免疫调节是最主要的生物活性功能，其他各种生物活性均以此为基础进行探讨研究。

　　食用菌多糖的组成、分子质量及构象等均会影响其生物活性，但食用菌多糖分子质量大，结构复杂，多糖的构效关系及机制仍需要进一步研究，为今后食用菌及其多糖的技术研究和产品开发奠定基础。

参考文献

Ahmed A F, Mahmoud, G A E, Hefzy M, *et al*. Overview on the edible mushrooms in Egypt［J］. Journal of Future Foods, 2023, 3（1）：8-15.

Barbosa J R, Junior, R N D C. Polysaccharides obtained from natural edible sources and their role in modulating the immune system：Biologically active potential that can be exploited against COVID-19［J］. Trends in Food Science & Technology, 2021, 108：223-235.

Cai M, Xing H Y, Tian B M, *et al*. Characteristics and antifatigue activity of graded polysaccharides from *Ganoderma lucidum* separated by cascade membrane technology［J］. Carbohydrate Polymers, 2021, 269：118329.

Cai Z N, Li W, Mehmood S, *et al*. Structural characterization, *in vitro* and *in vivo* antioxidant activities of a heteropolysaccharide from the fruiting bodies of *Morchella esculenta*［J］. Carbohydrate Polymers, 2018, 195：29-38.

Camargoe, M R D, Frazon T F, Inacio K K, *et al*. *Ganoderma lucidum* polysaccharides inhibit *in vitro* tumorigenesis, cancer stem cell properties and epithelial-mesenchymal transition in oral squamous cell carcinoma［J］. Journal of Ethnopharmacology, 2022, 286：114891.

Cao L P, Zhang Q, Miao R Y, *et al*. Application of omics technology in the research on edible fungi［J］. Current Research in Food Science, 2023, 6：100430.

Chakraborty I, Sen I K, Mondal S, *et al*. Bioactive polysaccharides from natural sources：A review on the antitumor and immunomodulating activities [J]. Biocatalysis and Agricultural Biotechnology, 2019, 22: 101425.

Chen, B. Optimization of extraction of *Tremella fuciformis* polysaccharides and its antioxidant and antitumour activities *in vitro* [J]. Carbohydrate Polymers, 2010, 81 (2): 420-424.

Chen C, Wang M L, Jin C, *et al*. *Cordyceps militaris* polysaccharide triggers apoptosis and G0/G1 cell arrest in cancer cells [J]. Journal of Asia-Pacific Entomology, 2015, 18 (3): 433-438.

Chen L, Huang, G. The antiviral activity of polysaccharides and their derivatives [J]. International Journal of Biological Macromolecules, 2018, 115: 77-82.

Chen S P, Liu C C, Huang X J, *et al*. Comparison of immunomodulatory effects of three polysaccharide fractions from *Lentinula edodes* water extracts [J]. Journal of Functional Foods, 2020, 66: 103791.

Chen S D, Guan X Y, Yong T Q, *et al*. Structural characterization and hepatoprotective activity of an acidic polysaccharide from *Ganoderma lucidum* [J]. Food Chemistry: X, 2022, 13: 100204.

Chen X, Fang D L, Zhao R Q, *et al*. Effects of ultrasound-assisted extraction on antioxidant activity and bidirectional immunomodulatory activity of *Flammulina velutipes* polysaccharide [J]. International Journal of Biological Macromolecules, 2019, 140: 505-514.

Chen Y Q, Liu D, Wang D Y, *et al*. Hypoglycemic activity and gut microbiota regulation of a novel polysaccharide from *Grifola frondosa* in type 2 diabetic mice [J]. Food and Chemical Toxicology, 2019, 126: 295-302.

Chen Z, Qin W G, Lin H B, *et al*. Inhibitory effect of polysaccharides extracted from Changbai Mountain *Ganoderma lucidum* on periodontal inflammation [J]. Heliyon, 2023, 9 (2): e13205.

Chen Z Q, Wang J H, Fan Z L, *et al*. Effects of polysaccharide from the fruiting bodies of *Auricularia auricular* on glucose metabolism in $60Co-\gamma-$radiated mice [J]. International Journal of Biological Macromolecules, 2019, 135: 887-897.

Cheng F E, Yan X Y, Zhang M Q, *et al*. Regulation of RAW 264.7 cell-mediated immunity by polysaccharides from *Agaricus blazei* Murill via the MAPK signal transduction pathway [J]. Food & Function, 2017, 8 (4): 1475-1480.

Cheng J J, Chao C H, Chang P C, *et al*. Studies on anti-inflammatory activity of sulfated polysaccharides from cultivated fungi *Antrodia cinnamomea* [J]. Food Hydrocolloids, 2016, 53: 37-45.

Cogdill A P, Gaudreau P O, Arora R, *et al*. The impact of intratumoral and gastrointestinal microbiota on systemic cancer therapy [J]. Trends in Immunology, 2018, 39 (11): 900-920.

Cui H, Zhu X Y, Huo Z Y, *et al*. A $\beta-$glucan from *Grifola frondosa* effectively delivers therapeutic oligonucleotide into cells via dectin-1 receptor and attenuates TNF-α gene expression [J]. International Journal of Biological Macromolecules, 2020, 149: 801-808.

Deng S M, Zhang G X, Kuai J J, *et al*. Lentinan inhibits tumor angiogenesis via interferon γ and in a T cell independent manner [J]. Journal of Experimental & Clinical Cancer Research, 2018, 37 (1): 260.

Ding Q Y, Yang D, Zhang W N, *et al*. Antioxidant and anti-aging activities of the polysaccharide TLH-3 from *Tricholoma lobayense* [J]. International Journal of Biological Macromolecules, 2016, 85: 133-140.

Dyba T, Randi G, Bray F, *et al*. The European cancer burden in 2020: Incidence and mortality estimates for 40 countries and 25 major cancers [J]. European Journal of Cancer, 2021, 157: 308-347.

Fang L L, Zhang Y Q, Xie J B, *et al*. Royal Sun medicinal mushroom, *Agaricus brasiliensis* (Agaricomycetidae), derived polysaccharides exert immunomodulatory activities *in vitro* and *in vivo* [J]. International Journal of Medicinal Mushrooms, 2016, 18 (2): 123.

Feng S M, Luan D, Ning K, et al. Ultrafiltration isolation, hypoglycemic activity analysis and structural characterization of polysaccharides from *Brasenia schreberi* [J]. International Journal of Biological Macromolecules, 2019, 135: 141–151.

Fogli S, Porta C, Re M D, et al. Optimizing treatment of renal cell carcinoma with VEGFR-TKIs: A comparison of clinical pharmacology and drug-drug interactions of anti-angiogenic drugs [J]. Cancer Treatment Reviews, 2020, 84: 101966.

Gan L, Wang Z H, Zhang H, et al. Protective effects of shikonin on brain injury induced by carbon ion beam irradiation in mice [J]. Biomedical and Environmental Sciences, 2015, 28 (2): 148–151.

Garcia J, Rodrigues F, Saavedra M J, et al. Bioactive polysaccharides from medicinal mushrooms: A review on their isolation, structural characteristics and antitumor activity [J]. Food Bioscience, 2022, 49: 101955.

Ge Y, Qiu H, Zheng J. Physicochemical characteristics and anti-hyperlipidemic effect of polysaccharide from BaChu mushroom (*Helvella leucopus*) [J]. Food Chemistry: X, 2022, 15: 100443.

Glamočlija J, Ćirić A, Nikolić M, et al. Chemical characterization and biological activity of Chaga (*Inonotus obliquus*), a medicinal "mushroom" [J]. Journal of Ethnopharmacology, 2015, 162: 323–332.

Gregory G A, Robinson T I G, Linklater S E, et al. Global incidence, prevalence, and mortality of type 1 diabetes in 2021 with projection to 2040: a modelling study [J]. The Lancet Diabetes & Endocrinology, 2022, 10 (10): 741–760.

Guo Y X, Chen X F, Gong P. Classification, structure and mechanism of antiviral polysaccharides derived from edible and medicinal fungus [J]. International Journal of Biological Macromolecules, 2021, 183: 1753–1773.

Hamza A, Ghanekar S, Kumar, D S. Current trends in health-promoting potential and biomaterial applications of edible mushrooms for human wellness [J]. Food Bioscience, 2023, 51: 102290.

Hao Y L, Sun H Q, Zhang X J, et al. A novel polysaccharide from *Pleurotus citrinopileatus mycelia*: Structural characterization, hypoglycemic activity and mechanism [J]. Food Bioscience, 2020, 37: 100735.

He X R, Fang J C, Guo Q, et al. Advances in antiviral polysaccharides derived from edible and medicinal plants and mushrooms [J]. Carbohydrate Polymers, 2020, 229: 115548.

He Y J, Zhang C, Zheng Y M, et al. Effects of blackberry polysaccharide on the quality improvement of boiled chicken breast [J]. Food Chemistry: X, 2023, 18: 100623.

Hsu W H, Qiu W L, Tsao S M, et al. Effects of WSG, a polysaccharide from *Ganoderma lucidum*, on suppressing cell growth and mobility of lung cancer [J]. International Journal of Biological Macromolecules, 2020, 165: 1604–1613.

Huang R, Zhu Z J, Wu S J, et al. Polysaccharides from *Cordyceps militaris* prevent obesity in association with modulating gut microbiota and metabolites in high-fat diet-fed mice [J]. Food Research International, 2022, 157: 111197.

Jesus L I D, Smiderle F R, Cordeiro L M C, et al, Lacomini, M. Simple and effective purification approach to dissociate mixed water-insoluble α- and β-D-glucans and its application on the medicinal mushroom *Fomitopsis betulina* [J]. Carbohydrate Polymers, 2018, 200: 353–360.

Jiao F P, Li D, Yang S L, et al. Inhibition effects of polysaccharides on HBV replication and cell proliferation from *Lentinus edodes* waste material [J]. Microbial Pathogenesis, 2018, 123: 461–466.

Jiao J Q, Yong T Q, Huang L H, et al. A *Ganoderma lucidum* polysaccharide F31 alleviates hyperglycemia through kidney protection and adipocyte apoptosis [J]. International Journal of Biological Macromolecules, 2023, 226: 1178−1191.

Jing H J, Li J, Zhang J J, et al. The antioxidative and anti−aging effects of acidic− and alkalic−extractable mycelium polysaccharides by *Agrocybe aegerita* (Brig.) Sing [J]. International Journal of Biological Macromolecules, 2018, 106: 1270−1278.

Khoury E I D, Cuda C, Luhovyy B L, et al. Beta glucan: Health benefits in obesity and metabolic syndrome [J]. Journal of Nutrition and Metabolism, 2012, 2012: 851362.

Krishnamoorthi R, Srinivash M, Mahalingam P U, et al. Dietary nutrients in edible mushroom, *Agaricus bisporus* and their radical scavenging, antibacterial, and antifungal effects [J]. Process Biochemistry, 2022, 121: 10−17.

Kuang M T, Xu J Y, Li J Y, et al. Purification, structural characterization and immunomodulatory activities of a polysaccharide from the fruiting body of *Morchella sextelata* [J]. International Journal of Biological Macromolecules, 2022, 213: 394−403.

Lan M J, Weng M F, Lin Z Y, et al. Metabolomic analysis of antimicrobial mechanism of polysaccharides from *Sparassis crispa* based on HPLC−Q−TOF/MS [J]. Carbohydrate Research, 2021, 503: 108299.

Li C T, Xu S. Edible mushroom industry in China: Current state and perspectives [J]. Applied Microbiology and Biotechnology, 2022, 106 (11): 3949−3955.

Li H, Wang X, Xiong Q, et al. Sulfated modification, characterization, and potential bioactivities of polysaccharide from the fruiting bodies of *Russula virescens* [J]. International Journal of Biological Macromolecules, 2020, 154: 1438−1447.

Li J, Gu F F, Cai C, et al. Purification, structural characterization, and immunomodulatory activity of the polysaccharides from *Ganoderma lucidum* [J]. International Journal of Biological Macromolecules, 2020, 143: 806−813.

Li J H, Shi H, Li H, et al. Structural elucidation and immunoregulatory activity of a new polysaccharide obtained from the edible part of *Scapharca subcrenata* [J]. Process Biochemistry, 2023, 128: 76−93.

Li S S, Li J, Zhang J J, et al. The antioxidative, antiaging, and hepatoprotective effects of alkali−extractable-polysaccharides by *Agaricus bisporus* [J]. Evidence−Based Complementary and Alternative Medicine, 2017, 2017: 7298683.

Li S S, Liu H, Wang W S, et al. Antioxidant and anti−aging effects of acidic−extractable polysaccharides by *Agaricus bisporus* [J]. International Journal of Biological Macromolecules, 2018, 106: 1297−1306.

Li W Y, Wang J L, Hu H P, et al. Functional polysaccharide lentinan suppresses human breast cancer growth via inducing autophagy and caspase−7−mediated apoptosis [J]. Journal of Functional Foods, 2018, 45: 75−85.

Li X Y, Wang L, Wang Z Y. Radioprotective activity of neutral polysaccharides isolated from the fruiting bodies of *Hohenbuehelia serotina* [J]. Physica Medica, 2015, 31 (4): 352−359.

Li Y M, Zhong R F, Chen J, et al. Structural characterization, anticancer, hypoglycemia and immune activities of polysaccharides from *Russula virescens* [J]. International Journal of Biological Macromolecules, 2021, 184: 380−392.

Li Y X, Sheng Y, Lu X C, et al. Isolation and purification of acidic polysaccharides from *Agaricus blazei* Murill and evaluation of their lipid−lowering mechanism [J]. International Journal of Biological Macromolecules, 2020, 157: 276−287.

Li Y, Yuan Y, Lei L, *et al*. Carboxymethylation of polysaccharide from *Morchella angusticepes* Peck enhances its cholesterol-lowering activity in rats［J］. Carbohydrate Polymers, 2017, 172：85-92.

Li Z M, Nie K Y, Wang Z J, *et al*. Quantitative structure activity relationship models for the antioxidant activity of polysaccharides［J］. Plos One, 2016, 11（9）.

Liang Q X, Zhao Q C, Hao X T, *et al*. The effect of *Flammulina velutipes* polysaccharide on immunization analyzed by intestinal flora and proteomics［J］. Frontiers in Nutrition, 2022, 9.

Liao B W, Huang H H. Structural characterization of a novel polysaccharide from *Hericium erinaceus* and its protective effects against H_2O_2-induced injury in human gastric epithelium cells［J］. Journal of Functional Foods, 2019, 56：265-275.

Lin L, Cui F Y, Zhang J J, *et al*. Antioxidative and renoprotective effects of residue polysaccharides from *Flammulina velutipes*［J］. Carbohydrate Polymers, 2016, 146：388-395.

Lin Y Y, Zeng H Y, Wang K, *et al*. Microwave-assisted aqueous two-phase extraction of diverse polysaccharides from *Lentinus edodes*：Process optimization, structure characterization and antioxidant activity［J］. International Journal of Biological Macromolecules, 2019, 136：305-315.

Liu G, Ye J, Li W, *et al*. Extraction, structural characterization, and immunobiological activity of ABP Ia polysaccharide from *Agaricus bisporus*［J］. International Journal of Biological Macromolecules, 2020, 162：975-984.

Liu J Q, Du C X, Wang Y F, *et al*. Anti-fatigue activities of polysaccharides extracted from *Hericium erinaceus*［J］. Experimental and Therapeutic Medicine, 2015, 9（2）：483-487.

Liu J Y, Feng C P, Li X, *et al*. Immunomodulatory and antioxidative activity of *Cordyceps militaris* polysaccharides in mice［J］. International Journal of Biological Macromolecules, 2016, 86：594-598.

Liu J Y, Hou X X, Li Z Y, *et al*. Isolation and structural characterization of a novel polysaccharide from *Hericium erinaceus* fruiting bodies and its arrest of cell cycle at S-phage in colon cancer cells［J］. International Journal of Biological Macromolecules, 2020, 157：288-295.

Liu J C, Sun Y X. Structural analysis of an alkali-extractable and water-soluble polysaccharide（ABP-AW1）from the fruiting bodies of *Agaricus blazei* Murill［J］. Carbohydrate Polymers, 2011, 86（2）：429-432.

Liu W, Wang H Y, Pang X B, , *et al*. Characterization and antioxidant activity of two low-molecular-weight polysaccharides purified from the fruiting bodies of *Ganoderma lucidum*［J］. International Journal of Biological Macromolecules, 2010, 46（4）：451-457.

Liu X C, Zhu Z Y, Liu Y L, *et al*. Comparisons of the anti-tumor activity of polysaccharides from fermented mycelia and cultivated fruiting bodies of *Cordyceps militaris in vitro*［J］. International Journal of Biological Macromolecules, 2019, 130：307-314.

Liu X K, Wang L, Zhang C M, *et al*. Structure characterization and antitumor activity of a polysaccharide from the alkaline extract of king oyster mushroom［J］. Carbohydrate Polymers, 2015, 118：101-106.

Liu X P, Ren Z, Yu R H, *et al*. Structural characterization of enzymatic modification of *Hericium erinaceus* polysaccharide and its immune-enhancement activity［J］. International Journal of Biological Macromolecules, 2021, 166：1396-1408.

Liu X F, Wang X Q, Xu X F, *et al*. Purification, antitumor and anti-inflammation activities of an alkali-soluble and carboxymethyl polysaccharide CMP33 from *Poria cocos*［J］. International Journal of Biological Macromolecules, 2019, 127：39-47.

Liu Y Y, Sun Y, Li H L, *et al.* Optimization of ultrasonic extraction of polysaccharides from *Flammulina velutipes* residue and its protective effect against heavy metal toxicity [J]. Industrial Crops and Products, 2022, 187: 115422.

Liu Y, Zheng D D, Wang D H, *et al.* Immunomodulatory activities of polysaccharides from white button mushroom, *Agaricus bisporus* (Agaricomycetes), fruiting bodies and cultured mycelia in healthy and immunosuppressed mice [J]. International Journal of Medicinal Mushrooms, 2019, 21 (1): 13-27.

Liu Y, Zheng D D, Wang D H, *et al.* Protective effect of polysaccharide from *Agaricus bisporus* in Tibet area of China against tetrachloride-induced acute liver injury in mice [J]. International Journal of Biological Macromolecules, 2018, 118: 1488-1493.

López-Legarda X, Rostro-Alanis M, Parra-Saldivar R, *et al.* Submerged cultivation, characterization and *in vitro* antitumor activity of polysaccharides from *Schizophyllum radiatum* [J]. International Journal of Biological Macromolecules, 2021, 186: 919-932.

Lu S S, Yuan Y Q, Chen F, *et al. Holothuria Leucospilota* polysaccharides alleviate hyperlipidemia via alteration of lipid metabolism and inflammation-related gene expression [J]. Journal of Food Biochemistry, 2022, 46 (12): e14392.

Luo J M, Zhang C, Liu R, *et al. Ganoderma lucidum* polysaccharide alleviating colorectal cancer by alteration of special gut bacteria and regulation of gene expression of colonic epithelial cells [J]. Journal of Functional Foods, 2018, 47: 127-135.

Luo X P, Duan Y Q, Yang W Y, *et al.* Structural elucidation and immunostimulatory activity of polysaccharide isolated by subcritical water extraction from *Cordyceps militaris* [J]. Carbohydrate Polymers, 2017, 157: 794-802.

Ma G X, Kimatu B M, Yang W J, *et al.* Preparation of newly identified polysaccharide from *Pleurotus eryngii* and its anti-inflammation activities potential [J]. Journal of Food Science, 2020, 85 (9): 2822-2831.

Ma G X, Yang W J, Mariga A M, *et al.* Purification, characterization and antitumor activity of polysaccharides from *Pleurotus eryngii* residue [J]. Carbohydrate Polymers, 2014, 114: 297-305.

Maity P, Sen I K, Maji P K, *et al.* Structural, immunological, and antioxidant studies of β-glucan from edible mushroom *Entoloma lividoalbum* [J]. Carbohydrate Polymers, 2015, 123: 350-358.

Malyarenko O S, Usoltseva R V, Zvyagintseva T N, *et al.* Laminaran from brown alga *Dictyota dichotoma* and its sulfated derivative as radioprotectors and radiosensitizers in melanoma therapy [J]. Carbohydrate Polymers, 2019, 206: 539-547.

Mao G H, Ren Y, Feng W W, *et al.* Antitumor and immunomodulatory activity of a water-soluble polysaccharide from *Grifola frondosa* [J]. Carbohydrate Polymers, 2015, 134: 406-412.

Mao G H, Yu P, Zhao T, *et al.* Aqueous two-phase simultaneous extraction and purification of a polysaccharide from *Grifola frondosa*: Process optimization, structural characteristics and antioxidant activity [J]. Industrial Crops and Products, 2022, 184: 114962.

Marçal S, Sousa A S, Taofiq O, *et al.* Impact of postharvest preservation methods on nutritional value and bioactive properties of mushrooms [J]. Trends in Food Science & Technology, 2021, 110: 418-431.

Meng M J, Huo R, Wang Y, *et al.* Lentinan inhibits oxidative stress and alleviates LPS-induced inflammation and apoptosis of BMECs by activating the Nrf2 signaling pathway [J]. International Journal of Biological Macromolecules, 2022, 222: 2375-2391.

Mohamed S A A, El-Sakhawy M, El-Sakhawy M A-M. Polysaccharides, protein and lipid based natural edible films in food packaging: A review [J]. Carbohydrate Polymers, 2020, 238: 116178.

Moussa A Y, Fayez S, Xiao H, et al. New insights into antimicrobial and antibiofilm effects of edible mushrooms [J]. Food Research International, 2022, 162: 111982.

Nakahara D, Nan C, Mori K, et al. Effect of mushroom polysaccharides from *Pleurotus eryngii* on obesity and gut microbiota in mice fed a high-fat diet [J]. European Journal of Nutrition, 2020, 59 (7): 3231-3244.

Newton K, Dixit V M. Signaling in innate immunity and inflammation [J]. Cold Spring Harbor Perspectives in Biology, 2012, 4 (3): 829-841.

Pan K, Jiang Q G, Liu G Q, et al. Optimization extraction of *Ganoderma lucidum* polysaccharides and its immunity and antioxidant activities [J]. International Journal of Biological Macromolecules, 2013, 55: 301-306.

Pattanayak M, Maity P, Samanta S, et al. Studies on structure and antioxidant properties of a heteroglycan isolated from wild edible mushroom *Lentinus sajor-caju* [J]. International Journal of Biological Macromolecules, 2018, 107: 322-331.

Pattanayak M, Samanta S, Maity P, et al. Polysaccharide of an edible truffle *Tuber rufum*: Structural studies and effects on human lymphocytes [J]. International Journal of Biological Macromolecules, 2017, 95: 1037-1048.

Peng X M, Gao L, Aibai S. Antifatigue effects of anshenyizhi compound in acute excise-treated mouse via modulation of AMPK/PGC-1α-related energy metabolism and Nrf2/ARE-mediated oxidative stress [J]. Journal of Food Science, 2020, 85 (6): 1897-1906.

Purewal S S, Kaur P, Garg G, et al. Antioxidant, anti-cancer, and debittering potential of edible fungi (*Aspergillus oryzae*) for bioactive ingredient in personalized foods [J]. Biocatalysis and Agricultural Biotechnology, 2022, 43: 102406.

Qiao Z N, Zhao Y, Wang M H, et al. Effects of *Sparassis latifolia* neutral polysaccharide on immune activity via TLR4-mediated MyD88-dependent and independent signaling pathways in RAW 264.7 macrophages [J]. Frontiers in Nutrition, 2022, 9.

Qin T, Liu X P, Luo Y, et al. Characterization of polysaccharides isolated from *Hericium erinaceus* and their protective effects on the DON-induced oxidative stress [J]. International Journal of Biological Macromolecules, 2020, 152: 1265-1273.

Ren D Y, Wang N, Guo J J, et al. Chemical characterization of *Pleurotus eryngii* polysaccharide and its tumor-inhibitory effects against human hepatoblastoma HepG-2 cells [J]. Carbohydrate Polymers, 2016, 138: 123-133.

Ren Z, Qin T, Qiu F A, et al. Immunomodulatory effects of hydroxyethylated *Hericium erinaceus* polysaccharide on macrophages RAW 264.7 [J]. International Journal of Biological Macromolecules, 2017, 105: 879-885.

Rizkyana A D, Ho T C, Roy V C, et al. Sulfation and characterization of polysaccharides from *Oyster* mushroom (*Pleurotus ostreatus*) extracted using subcritical water [J]. The Journal of Supercritical Fluids, 2022, 179: 105412.

Román Y, Iacomini M, Sassaki G L, et al. Optimization of chemical sulfation, structural characterization and anticoagulant activity of *Agaricus bisporus* fucogalactan [J]. Carbohydrate Polymers, 2016, 146: 345-352.

Roth G A, Abate D, Abate K H, et al. Global, regional, and national age-sex-specific mortality for 282 causes of death in 195 countries and territories, 1980-2017: A systematic analysis for the global burden of disease

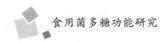

study 2017 [J]. The Lancet, 2018, 392 (10159): 1736-1788.

Samanta S, Maity K, Nandi A K, *et al*. A glucan from an ectomycorrhizal edible mushroom *Tricholoma crassum* (Berk.) Sacc.: Isolation, characterization, and biological studies [J]. Carbohydrate Research, 2013, 367: 33-40.

Shao W M, Xiao C, Yong T Q, *et al*. A polysaccharide isolated from *Ganoderma lucidum* ameliorates hyperglycemia through modulating gut microbiota in type 2 diabetic mice [J]. International Journal of Biological Macromolecules, 2022, 197: 23-38.

Sheng X T, Yan J M, Meng Y, *et al*. Immunomodulatory effects of *Hericium erinaceus* derived polysaccharides are mediated by intestinal immunology [J]. Food & Function, 2017, 8 (3): 1020-1027.

Sheu S C, Lyu Y, Lee M S, *et al*. Immunomodulatory effects of polysaccharides isolated from *Hericium erinaceus* on dendritic cells [J]. Process Biochemistry, 2013, 48 (9): 1402-1408.

Song X L, Liu Z H, Zhang J J, *et al*. Antioxidative and hepatoprotective effects of enzymatic and acidic-hydrolysis of *Pleurotus geesteranus* mycelium polysaccharides on alcoholic liver diseases [J]. Carbohydrate Polymers, 2018, 201: 75-86.

Song X L, Ren Z Z, Wang X X, *et al*. Antioxidant, anti-inflammatory and renoprotective effects of acidic-hydrolytic polysaccharides by spent mushroom compost (*Lentinula edodes*) on LPS-induced kidney injury [J]. International Journal of Biological Macromolecules, 2020, 151: 1267-1276.

Su S Y, Ding X, Hou Y L, *et al*. Structure elucidation, immunomodulatory activity, antitumor activity and its molecular mechanism of a novel polysaccharide from *Boletus reticulatus* Schaeff [J]. Food Science and Human Wellness, 2023, 12 (2): 647-661.

Sun L B, Zhang Z Y, Xin G, *et al*. Advances in umami taste and aroma of edible mushrooms [J]. Trends in Food Science & Technology, 2020, 96: 176-187.

Sun M, Zhao W Y, Xie Q P, *et al*. Lentinan reduces tumor progression by enhancing gemcitabine chemotherapy in urothelial bladder cancer [J]. Surgical Oncology, 2015, 24 (1): 28-34.

Surhio M M, Wang Y F, Fang S, *et al*. Anti-fatigue activity of a *Lachnum* polysaccharide and its carboxymethylated derivative in mice [J]. Bioorganic & Medicinal Chemistry Letters, 2017, 27 (20): 4777-4780.

Tang W, Liu C C, Liu J J, *et al*. Purification of polysaccharide from *Lentinus edodes* water extract by membrane separation and its chemical composition and structure characterization [J]. Food Hydrocolloids, 2020, 105: 105851.

Teng S S, Zhang Y F, Jin X H, *et al*. Structure and hepatoprotective activity of Usp10/NF-κB/Nrf2 pathway-related *Morchella esculenta* polysaccharide [J]. Carbohydrate Polymers, 2023, 303: 120453.

Thimmaraju A, Govindan S. Novel studies of characterization, antioxidant, anticoagulant and anticancer activity of purified polysaccharide from *Hypsizygus ulmarius* mushroom [J]. Bioactive Carbohydrates and Dietary Fibre, 2022, 27: 100308.

Tolstoguzov V. Why are polysaccharides necessary? [J]. Food Hydrocolloids, 2004, 18 (5): 873-877.

Tudu M, Samanta A. Natural polysaccharides: Chemical properties and application in pharmaceutical formulations [J]. European Polymer Journal, 2023, 184: 111801.

Vetvicka V, Gover O, Karpovsky M, *et al*. Immune-modulating activities of glucans extracted from *Pleurotus ostreatus* and *Pleurotus eryngii* [J]. Journal of Functional Foods, 2019, 54: 81-91.

Wang D, Sun S Q, Wu W Z, *et al*. Characterization of a water-soluble polysaccharide from *Boletus edulis* and its antitumor and immunomodulatory activities on renal cancer in mice [J]. Carbohydrate Polymers, 2014, 105: 127-134.

Wang J L, Li W Y, Huang X, et al. A polysaccharide from *Lentinus edodes* inhibits human colon cancer cell proliferation and suppresses tumor growth in athymic nude mice [J]. Oncotarget, 2017, 8 (1): 610-623.

Wang J, Liu B Y, Qi Y, et al. Impact of *Auricularia cornea var*. Li polysaccharides on the physicochemical, textual, flavor, and antioxidant properties of set yogurt [J]. International Journal of Biological Macromolecules, 2022, 206: 148-158.

Wang J, Wang C, Li S Q, et al. Anti-diabetic effects of *Inonotus obliquus* polysaccharides in streptozotocin-induced type 2 diabetic mice and potential mechanism via PI3K-Akt signal pathway [J]. Biomedicine & Pharmacotherapy, 2017, 95: 1669-1677.

Wang K P, Zhang Q L, Liu Y, Wang J, et al. Structure and inducing tumor cell apoptosis activity of polysaccharides isolated from *Lentinus edodes* [J]. Journal of Agricultural and Food Chemistry, 2013, 61 (41): 9849-9858.

Wang L Y, Li K, Cui Y D, et al. Preparation, structural characterization and neuroprotective effects to against H_2O_2-induced oxidative damage in PC12 cells of polysaccharides from *Pleurotus ostreatus* [J]. Food Research International, 2023, 163: 112146.

Wang L Q, Xu N, Zhang J J, et al. Antihyperlipidemic and hepatoprotective activities of residue polysaccharide from *Cordyceps militaris* SU-12 [J]. Carbohydrate Polymers, 2015, 131: 355-362.

Wang W H, Zhang J S, Feng T, et al. Structural elucidation of a polysaccharide from *Flammulina velutipes* and its immunomodulation activities on mouse B lymphocytes [J]. Scientific Reports, 2018, 8 (1): 3120.

Wang X M, Zhang J, Wu L H, et al. A mini-review of chemical composition and nutritional value of edible wild-grown mushroom from China [J]. Food Chemistry, 2014, 151: 279-285.

Wang X Y, Yin J Y, Nie S P, et al. Isolation, purification and physicochemical properties of polysaccharide from fruiting body of *Hericium erinaceus* and its effect on colonic health of mice [J]. International Journal of Biological Macromolecules, 2018, 107: 1310-1319.

Wang X, Qu Y H, Wang Y, et al. β-1,6-glucan from *Pleurotus eryngii* modulates the immunity and gut microbiota [J]. Frontiers in Immunology, 2022, 13.

Wang Y H, Xu G Y, Tang X Y, et al. Polysaccharide lentinan extracted from the stipe of *Lentinus edodes* mushroom exerts anticancer activities through the transcriptional regulation of cell cycle progression and metastatic markers in human colon cancer cells [J]. The FASEB Journal, 2017, 31 (S1): lb391-lb391.

Wang Y, Jin H Y, Yu J D, et al. Quality control and immunological activity of lentinan samples produced in China [J]. International Journal of Biological Macromolecules, 2020, 159: 129-136.

Wang Z F, Wang Y Y, Han Y H, et al. Akt is a critical node of acute myocardial insulin resistance and cardiac dysfunction after cardiopulmonary bypass [J]. Life Sciences, 2019, 234: 116734.

Wang Z C, Zhou X Y, Sheng L L, et al. Effect of ultrasonic degradation on the structural feature, physicochemical property and bioactivity of plant and microbial polysaccharides: A review [J]. International Journal of Biological Macromolecules, 2023, 236: 123924.

Wan-Mohtar W A A Q I, Young L, Abbott G M, et al. Antimicrobial properties and cytotoxicity of sulfated (1,3)-β-D-glucan from the mycelium of the mushroom *Ganoderma lucidum* [J]. Journal of Microbiology and Biotechnology, 2016, 26 (6): 999-1010.

Wei X, Cheng F E, Liu J Y, et al. *Sparassis latifolia* polysaccharides inhibit colon cancer in mice by modulating gut microbiota and metabolism [J]. International Journal of Biological Macromolecules, 2023, 232: 123299.

Wen L R, Sheng Z L, Wang J P, et al. Structure of water-soluble polysaccharides in spore of *Ganoderma lucidum* and their anti-inflammatory activity [J]. Food Chemistry, 2022, 373: 131374.

Wen Y, Peng D, Li C L, et al. A new polysaccharide isolated from *Morchella importuna* fruiting bodies and its immunoregulatory mechanism [J]. International Journal of Biological Macromolecules, 2019, 137: 8-19.

Wu D M, Duan W Q, Liu Y, et al. Anti-inflammatory effect of the polysaccharides of Golden needle mushroom in burned rats [J]. International Journal of Biological Macromolecules, 2010, 46 (1): 100-103.

Xiao H Y, Li H L, Wen Y F, et al. *Tremella fuciformis* polysaccharides ameliorated ulcerative colitis via inhibiting inflammation and enhancing intestinal epithelial barrier function [J]. International Journal of Biological Macromolecules, 2021, 180: 633-642.

Xu D D, Wang H Y, Zheng W, et al. Charaterization and immunomodulatory activities of polysaccharide isolated from *Pleurotus eryngii* [J]. International Journal of Biological Macromolecules, 2016, 92: 30-36.

Xu H, Hu Y, Hu Q H, et al. Isolation, characterization and HepG-2 inhibition of a novel proteoglycan from *Flammulina velutipes* [J]. International Journal of Biological Macromolecules, 2021, 189: 11-17.

Xu H, Zou S W, Xu X J. The β-glucan from *Lentinus edodes* suppresses cell proliferation and promotes apoptosis in estrogen receptor positive breast cancers [J]. Oncotarget, 2017, 8 (49) .

Xu J, Tan Z C, Shen Z Y, et al. *Cordyceps cicadae* polysaccharides inhibit human cervical cancer hela cells proliferation via apoptosis and cell cycle arrest [J]. Food and Chemical Toxicology, 2021, 148: 111971.

Xu W Q, Shen X, Yang F J, et al. Protective effect of polysaccharides isolated from *Tremella fuciformis* against radiation-induced damage in mice [J]. Journal of Radiation Research, 2012, 53 (3): 353-360.

Xu X F, Yan H D, Zhang X W. Structure and immuno-stimulating activities of a new heteropolysaccharide from *Lentinula edodes* [J]. Journal of Agricultural and Food Chemistry, 2012, 60 (46): 11560-11566.

Yan J M, Meng Y, Zhang M S, et al. A 3-*O*-methylated heterogalactan from *Pleurotus eryngii* activates macrophages [J]. Carbohydrate Polymers, 2019, 206: 706-715.

Yang M Y, Belwal T, Devkota H P, et al. Trends of utilizing mushroom polysaccharides (MPs) as potent nutraceutical components in food and medicine: A comprehensive review [J]. Trends in Food Science & Technology, 2019, 92: 94-110.

Yang Q, Huang B, Li H Y, et al. Gastroprotective activities of a polysaccharide from the fruiting bodies of *Pleurotus ostreatus* in rats [J]. International Journal of Biological Macromolecules, 2012, 50 (5): 1224-1228.

Yang X, Zhang R, Yao J, et al. *Ganoderma lucidum* polysaccharide enhanced the antitumor effects of 5-flurorouracil against gastric cancer through its upregulation of NKG2D/MICA [J]. International Journal of Polymer Science, 2019, 2019: 4564213.

Yang Z Y, Xu J, Fu Q, et al. Antitumor activity of a polysaccharide from *Pleurotus eryngii* on mice bearing renal cancer [J]. Carbohydrate Polymers, 2013, 95 (2): 615-620.

Yin Z H, Liang Z H, Li C Q, et al. Immunomodulatory effects of polysaccharides from edible fungus: A review [J]. Food Science and Human Wellness, 2021, 10 (4): 393-400.

Ying M X, Yu Q, Zheng B, et al. Cultured *Cordyceps sinensis* polysaccharides modulate intestinal mucosal immunity and gut microbiota in cyclophosphamide-treated mice [J]. Carbohydrate Polymers, 2020, 235: 115957.

Ying M X, Zheng B, Yu Q, et al. *Ganoderma atrum* polysaccharide ameliorates intestinal mucosal dysfunction associated with autophagy in immunosuppressed mice ［J］. Food and Chemical Toxicology, 2020, 138：111244.

Yoon S J, Yu M A, Pyun Y R, et al. The nontoxic mushroom *Auricularia auricula* contains a polysaccharide with anticoagulant activity mediated by antithrombin ［J］. Thrombosis Research, 2003, 112（3）：151-158.

Yu C M, Fu J Q, Guo L D, et al. UPLC-MS-based serum metabolomics reveals protective effect of *Ganoderma lucidum* polysaccharide on ionizing radiation injury ［J］. Journal of Ethnopharmacology, 2020, 258：112814.

Yu Q, Nie S P, Wang J Q, et al. Chemoprotective effects of *Ganoderma atrum* polysaccharide in cyclophosphamide-induced mice ［J］. International Journal of Biological Macromolecules, 2014, 64：395-401.

Yu Y, Wen Q, Song A, et al. Isolation and immune activity of a new acidic *Cordyceps militaris* exopolysaccharide ［J］. International Journal of Biological Macromolecules, 2022, 194：706-714.

Yuan H J, Dong L, Zhang Z Y, et al. Production, structure, and bioactivity of polysaccharide isolated from *Tremella fuciformis* ［J］. Food Science and Human Wellness, 2022, 11（4）：1010-1017.

Zeng W C, Zhang Z, Gao H, et al. Characterization of antioxidant polysaccharides from *Auricularia auricular* using microwave-assisted extraction ［J］. Carbohydrate Polymers, 2012, 89（2）：694-700.

Zhang C, Fu Q, Hua Y, et al. Correlation of conformational changes and immunomodulatory activity of lentinan under different subcritical water temperature ［J］. Food Bioscience, 2022, 50：102061.

Zhang C, Li J, Hu C L, et al. Antihyperglycaemic and organic protective effects on pancreas, liver and kidney by polysaccharides from *Hericium erinaceus* SG-02 in streptozotocin-induced diabetic mice ［J］. Scientific Reports, 2017, 7（1）：10847.

Zhang C, Li J, Wang J, et al. Antihyperlipidaemic and hepatoprotective activities of acidic and enzymatic hydrolysis exopolysaccharides from *Pleurotus eryngii* SI-04 ［J］. BMC Complementary and Alternative Medicine, 2017, 17（1）：403.

Zhang C, Song X L, Cui W J, et al. Antioxidant and anti-ageing effects of enzymatic polysaccharide from *Pleurotus eryngii* residue ［J］. International Journal of Biological Macromolecules, 2021, 173：341-350.

Zhang C, Zhang L, Liu H, et al. Antioxidation, anti-hyperglycaemia and renoprotective effects of extracellular polysaccharides from *Pleurotus eryngii* SI-04 ［J］. International Journal of Biological Macromolecules, 2018, 111：219-228.

Zhang N, Chen H X, Ma L S, et al. Physical modifications of polysaccharide from *Inonotus obliquus* and the antioxidant properties ［J］. International Journal of Biological Macromolecules, 2013, 54：209-215.

Zhang Q L, Du Z S, Zhang Y, et al. Apoptosis induction activity of polysaccharide from *Lentinus edodes* in H22-bearing mice through ROS-mediated mitochondrial pathway and inhibition of tubulin polymerization ［J］. Food & Nutrition Research, 2020, 64.

Zhang Q W, Liu M, Li L F, et al. *Cordyceps* polysaccharide marker CCP modulates immune responses via highly selective TLR4/MyD88/p38 axis ［J］. Carbohydrate Polymers, 2021, 271：118443.

Zhang S S, Liu B, Yan G Y, et al. Chemical properties and anti-fatigue effect of polysaccharide from *Pholiota nameko* ［J］. Journal of Food Biochemistry, 2022, 46（1）：e14015.

Zhang T T, Ye J F, Xue C H, et al. Structural characteristics and bioactive properties of a novel polysaccharide from *Flammulina velutipes* ［J］. Carbohydrate Polymers, 2018, 197：147-156.

Zhang W Y, Hu B, Han M, et al. Purification, structural characterization and neuroprotective effect of a neutral polysaccharide from *Sparassis crispa* ［J］. International Journal of Biological Macromolecules, 2022, 201：

389-399.

Zhang Y, Li Q, Shu Y M, *et al*. Induction of apoptosis in S180 tumour bearing mice by polysaccharide from *Lentinus edodes* via mitochondria apoptotic pathway [J]. Journal of Functional Foods, 2015, 15: 151-159.

Zhang Y W, Li X P, Yang Q H, *et al*. Antioxidation, anti-hyperlipidaemia and hepatoprotection of polysaccharides from *Auricularia auricular* residue [J]. Chemico-Biological Interactions, 2021, 333: 109323.

Zhang Y R, Wang D W, Chen Y T, *et al*. Healthy function and high valued utilization of edible fungi [J]. Food Science and Human Wellness, 2021, 10 (4): 408-420.

Zhang Y, Wu Y T, Zheng W, *et al*. The antibacterial activity and antibacterial mechanism of a polysaccharide from *Cordyceps cicadae* [J]. Journal of Functional Foods, 2017, 38: 273-279.

Zhang Y, Zeng Y, Men Y, *et al*. Structural characterization and immunomodulatory activity of exopolysaccharides from submerged culture of *Auricularia auricula-judae* [J]. International Journal of Biological Macromolecules, 2018, 115: 978-984.

Zhang Z, Tang Q J, Wu D, *et al*. Regioselective sulfation of β-glucan from *Ganoderma lucidum* and structure-anticoagulant activity relationship of sulfated derivatives [J]. International Journal of Biological Macromolecules, 2020, 155: 470-478.

Zhao H K, Wei X Y, Xie Y M. Supercritical CO_2 extraction, structural analysis and bioactivity of polysaccharide from *Grifola frondosa* [J]. Journal of Food Composition and Analysis, 2021, 102: 104067.

Zhao Y M, Song J H, Wang J, *et al*. Optimization of cellulase-assisted extraction process and antioxidant activities of polysaccharides from *Tricholoma mongolicum* Imai [J]. Journal of the Science of Food and Agriculture, 2016, 96 (13): 4484-4491.

Zheng R S, Zhang S W, Zeng H M, *et al*. Cancer incidence and mortality in China, 2016 [J]. Journal of the National Cancer Center, 2022, 2 (1): 1-9.

Zheng Z P, Xu Y, Qin C, *et al*. Characterization of antiproliferative activity constituents from *Artocarpus heterophyllus* [J]. Journal of Agricultural and Food Chemistry, 2014, 62 (24): 5519-5527.

Zhong L, Ma N, Zheng H H, *et al*. *Tuber indicum* polysaccharide relieves fatigue by regulating gut microbiota in mice [J]. Journal of Functional Foods, 2019, 63: 103580.

Zhou S S, Jiang J G. Anti-fatigue effects of active ingredients from traditional Chinese medicine: A review [J]. Current Medicinal Chemistry, 2019, 26 (10): 1833-1848.

Zhu J, Han J F, Liu L H, *et al*. Clinical expert consensus on the assessment and protection of pancreatic islet β-cell function in type 2 diabetes mellitus [J]. Diabetes Research and Clinical Practice, 2023, 197: 110568.

Zhu Z Y, Guo M Z, Liu F, *et al*. Preparation and inhibition on α-d-glucosidase of low molecular weight polysaccharide from *Cordyceps militaris* [J]. International Journal of Biological Macromolecules, 2016, 93: 27-33.

于冲, 潘钰, 曲晓军, 等. 五种真菌的复合多糖体外抗氧化作用研究 [J]. 黑龙江科学, 2018, 9: 1-3.

马升, 高青莹, 徐建雄. 发酵金针菇多糖通过核转录因子-κB-NOD 样受体家族含 pyrin 结构域蛋白 3 信号通路抑制巨噬细胞炎症反应 [J]. 动物营养学报, 2022, 34: 1205-1216.

马传贵, 张志秀, 李红芳. 姬松茸-灰树花-蛹虫草复合多糖对免疫低下小鼠免疫调节的影响 [J]. 医学食疗与健康, 2021, 19: 5-7+10.

马怀芬, 方欢乐, 刘卓越. 黄精多糖抗疲劳作用的研究 [J]. 现代交际, 2017 (09): 190.

马晓宁, 秦令祥, 丁昱婵, 等. 响应面优化超声波辅助提取杏鲍菇多糖的工艺及其抗疲劳活性测定研究［J］. 中国食品添加剂, 2023, 34: 273-279.

马高兴, 王晗, 杨文建, 等. 不同提取工艺对杏鲍菇多糖结构特征及免疫活性的影响［J］. 食品科学, 2022, 43: 42-49.

马高兴. 杏鲍菇多糖对肠道免疫功能的影响及其作用机理［D］. 南京: 南京农业大学, 2018.

王萌皓, 郝正祺, 常明昌, 等. 广叶绣球菌 β-D-葡聚糖对巨噬细胞 RAW 264.7 免疫调节作用受体 TLR4 和 TLR2 的影响［J］. 菌物学报, 2020, 39: 907-916.

王慧敏, 张劲松, 冯婷, 等. 金针菇子实体多糖 FVPB1 对小鼠 B 细胞的免疫调节作用［J］. 食用菌学报, 2021, 28: 69-76.

云少君, 李晨光, 冯翠萍, 等. 巴氏蘑菇多糖对巨噬细胞 RAW 264.7 免疫活性的影响［J］. 中国食品学报, 2015, 15 (08): 32-36.

丛春鹏, 弥春霞. 食用菌多糖生物活性及提取工艺的研究现状［J］. 食品安全导刊, 2022 (04): 157-159+163.

向瑞琪, 谢锋, 李占彬. 食用菌多糖提取、检测、生物活性与机制研究进展［J］. 黑龙江农业科学, 2021, 109-115.

刘宇, 贾滋坤, 王天赐, 等. 破壁法提取平菇多糖的结构分析及其抗氧化活性［J］. 菌物研究, 2022, 20: 122-127.

刘苏, 姜玥, 罗建平, 等. 5 种食用菌多糖理化性质及免疫活性的比较研究［J］. 食品科学, 2015, 36: 252-256.

刘肖肖, 汪雯翰, 冯婷, 等. 金针菇子实体多糖 FVPB1 对小鼠 T 细胞和巨噬细胞的免疫调节作用［J］. 食用菌学报, 2019, 26 (04): 123-130.

刘韫滔, 曾思琪, 唐倩倩, 等. 两种梭柄松苞菇富硒多糖的制备及其降血糖和抗氧化活性研究［J］. 现代食品科技, 2016, 32: 60-65.

许晓燕, 罗霞, 宋怡, 等. 灵芝多糖通过调节内皮细胞 ICAM-1 表达促进 T 淋巴细胞肿瘤浸润的研究［J］. 中国中药杂志, 2021, 46: 5072-5079.

严萍, 林绍青, 李明慧, 等. 猴头菇多糖对 MDRV 感染 RAW 264.7 细胞 TLR3/TRIF 诱导表达及病毒复制的影响［J］. 中国畜牧兽医, 2021, 48: 3415-3422.

李春林. 纯化对姬菇多糖抗氧化与抑菌能力的影响［J］. 粮食与油脂, 2022, 35: 92-95+101.

杨扬. 猴头菌多糖的结构分析及其改善肠道菌群和免疫调节活性的机制研究［D］. 长春: 吉林大学, 2021.

杨亚茹, 郝正祺, 常明昌, 等. 绣球菌酸性多糖的分离纯化、结构鉴定及抗氧化活性研究［J］. 食用菌学报, 2019, 26 (03): 105-112.

杨庆伟, 王芃, 全迎萍. 灰树花子实体多糖硫酸酯化及抗凝血活性研究［J］. 北京联合大学学报, 2022, 36: 52-56.

何皎, 孙晓菲, 潘琳, 等. 微波提取香菇多糖制备微胶囊的抑菌抗氧化活性研究［J］. 中国调味品, 2023, 48: 71-75.

沈瑞, 徐静, 王雷, 等. 灵芝多糖调控 PI3K/Akt 信号通路抑制肝癌细胞恶性表型［J］. 中国实验方剂学杂志, 2023, 29: 88-94.

张志超, 吴迷, 田笑, 等. 四种食用菌复合多糖体外协同抗氧化活性研究［J］. 湖北农业科学, 2018, 57: 78-80.

张博华, 张明, 范祺, 等. 三种食用菌多糖及其复合多糖功能性评价研究［J］. 中国果菜, 2021, 41:

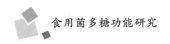

74-79.

陈帅. 阿魏菇多糖的结构分析及其抗氧化活性研究 [D]. 石河子：石河子大学，2016.

林桂兰，许学书，连文思. 食用菇多糖提取物体外抗氧化性能研究 [J]. 华东理工大学学报（自然科学版），2006（03）：278-281+317.

欧阳玉倩，吴艳丽，冯翠萍，等. 巴氏蘑菇多糖对糖尿病小鼠脂代谢紊乱的干预作用 [J]. 食用菌学报，2017，24（01）：77-82.

金明枝. 大球盖菇多糖的结构表征、化学修饰及生物活性研究 [D]. 合肥：合肥工业大学，2021.

赵越，程艳芬，郝晨阳，等. 绣球菌多糖对免疫低下小鼠盲肠短链脂肪酸、G蛋白偶联受体及免疫因子的调节 [J]. 食品科技，2022，47：231-238.

郝正祺，王荣荣，冯翠萍，等. 绣球菌多糖及其功能研究 [J]. 中国食用菌，2017，36：48-51.

郝正祺，刘靖宇，孟俊龙，等. 绣球菌子实体单组分多糖结构表征及其免疫活性 [J]. 中国食品学报，2021，21（10）：46-55.

郝晨阳，程艳芬，徐丽婧，等. 广叶绣球菌多糖对免疫低下小鼠肠道免疫功能的调节作用 [J]. 菌物学报，2020，39（07）：1380-1390.

段亚宁，朱泓静，陈舒雅，等. 食用菌多糖活性研究进展 [J]. 农产品加工，2021，89-93.

贺国强，魏金康，胡晓艳，等. 我国食用菌产业发展现状及展望 [J]. 蔬菜，2022（04）：40-46.

贺楷雄，谢添，云少君，等. 广叶绣球菌多糖对免疫低下小鼠大脑皮质损伤的调节作用 [J]. 食用菌学报，2022，29：55-65.

聂少平，王玉箫，殷军艺. 食用菌多糖结构相对有序性研究概述 [J]. 中国食品学报，2021，21：1-24.

党杨. 杏鲍菇多糖对力竭运动中抗氧化酶活性的影响 [J]. 中国食用菌，2020，39：75-77+82.

高俊涛，冯宪敏，万朋，等. 蛹虫草多糖对微波辐射损伤雄性小鼠生殖功能的影响 [J]. 中国兽医杂志，2021，57：76-79.

高渊，杨亚茹，常明昌，等. 基于代谢组学研究绣球菌多糖对高脂血症大鼠的降血脂作用 [J]. 食品科学，2021，42（11）：168-175.

高渊. 广叶绣球菌多糖对高脂高胆固醇膳食大鼠肠道胆固醇代谢的影响及作用机制 [D]. 太谷：山西农业大学，2021.

郭丽新，冯哲，魏博洋，等. 蛹虫草子实体多糖抗突变作用 [J]. 食品工业科技，2013，34：350-352.

程艳芬，韩爱丽，云少君，等. 珊瑚状猴头菌多糖降血胆固醇作用及机制 [J]. 营养学报，2018，40（02）：172-176.

谢添，郝正祺，常明昌，等. 广叶绣球菌水溶性多糖结构表征及其对巨噬细胞 RAW 264.7 增殖能力的影响 [J]. 山西农业科学，2021，49（02）：150-155.

雷燕妮，张小斌，陈书存. 蛹虫草多糖的抗氧化活性研究 [J]. 西北农林科技大学学报（自然科学版），2022，50：26-34.

路志芳，蒋鹏飞. 香菇多糖的抑菌效果试验 [J]. 上海蔬菜，2017，85-87.

魏奇，翁馨，吴艳钦，等. 食用菌多糖降血糖活性及其作用机制的研究进展 [J]. 食品工业，2022，43：250-254.

魏欣，王萌皓，云少君，等. 广叶绣球菌中性多糖对巨噬细胞 RAW 264.7 细胞因子及 TLR2 受体的影响 [J]. 山西农业科学，2022，50（04）：447-454.

第二章
绣球菌多糖结构与功能研究

多糖作为一类生物大分子，具有多种生物学活性，如抗氧化、抗肿瘤、调节血糖、血压及胆固醇等作用。其分子结构以及空间构象包含着大量的生物学信息，在分子识别等生命过程中发挥着重要的作用，如：正常细胞诱发癌变的主要原因是由细胞膜表面糖链抗原结构的改变所引起的（Shen and Patel，2008；Ndiaye et al. 2005；Xu et al. 2009；Yang et al. 2006）。另外，多糖分子在细胞间物质交换、病原体与宿主细胞受体的识别以及免疫应答等生命过程中起着十分重要的作用（Zeng et al. 2015）。因此，多糖在食品营养与功能等方面具有巨大的开发应用潜力，已经成为生物医学、食品营养健康等领域研究的热点。

绣球菌（*Sparassis crispa*），又名绣球菇、绣球蕈，孢子光滑无色，子实体肥大，类似绣球状。绣球菌生活条件苛刻，多生长于夏秋季节，在我国主要分布于东北地区及云南省西北部中甸林区，野生绣球菌因产地有限而产量较低。绣球菌肉质鲜嫩，营养丰富，具有丰富的矿物质、氨基酸、维生素等营养成分，蛋白质、脂肪、甘露醇含量分别为 15.58%、7.95%、12%，其最主要特点为 β-葡聚糖含量高，高达 39.3%~43.6%（Lavi et al. 2006；芮菁 2000；Yi et al. 2011；郝瑞芳和李荣春，2004）。本章节主要就绣球菌多糖的结构及其功能进行介绍。

第一节 绣球菌多糖分离纯化与结构鉴定

一、绣球菌多糖分离纯化与结构鉴定

真菌多糖通常分布在菌丝体的细胞壁以及其子实体中，主要有甘露聚糖、几丁质、纤维素、葡聚糖等几类，可以和蛋白质等一起形成强劲的网络结构，对细胞起到保护作用。聚能超声波能破碎细胞壁，加快内容物的释放，使多糖的提取效率得以提高（张晓菲，2013）。

研究发现，多糖生物活性与其结构间存在一定的联系（刘淑贞等，2017），绣球菌粗多糖中含有大量的蛋白质、色素等杂质，会对其结构分析、生物活性、功能特性等造成一定的影响。因此，本节采用聚能超声波辅助水提醇沉法提取绣球菌多糖，并经过 HZ-830 大孔树脂、DEAE-52 和 Sephadex-G100 分离纯化，获得性质均一的多糖组分并对其进行表征，为后续研究绣球菌多糖、开发多糖产品等提供理论依据。

（一）绣球菌多糖柱层析洗脱结果

洗脱结果如图 2-1 所示。

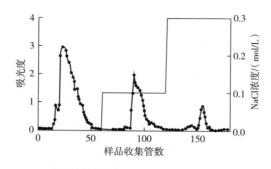

图 2-1 绣球菌多糖的 DEAE-52 色谱柱洗脱结果图

采用 DEAE-52 阴离子交换层析柱对 SCPs 进行分离，采用超纯水和浓度分别为 0.1mol/L 和 0.3mol/L 的 NaCl 洗脱后得到三个吸收峰，收集相对应主峰的洗脱液，透析（分子质量 3000Da，24h）去除 NaCl，浓缩，冻干后得到三个组分的多糖样品（图 2-2）。

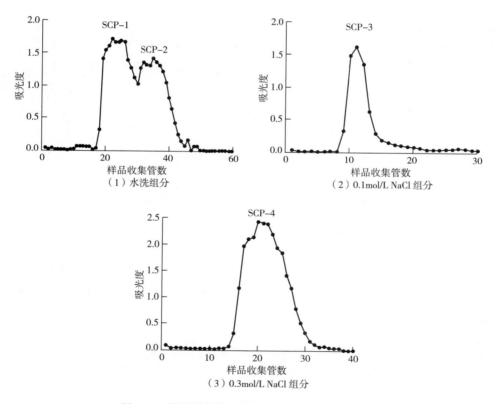

图 2-2 绣球菌多糖 Sephadex-G100 洗脱结果图

如图 2-2（1）所示，SCPs 分离得到的水洗组分进一步通过 Sephadex-G100 纯化，得到两个高而尖的吸收峰，收集相应峰值对应收集管，经过浓缩、冻干后得到 SCP-1 和 SCP-2 两个组分的样品。如图 2-2（2）所示，0.1mol/L NaCl 洗脱后得到的组分进一步通过 Sephadex-G100 纯化，得到一个高而对称的单峰，浓缩、冻干后得到 SCP-3 多糖样品。如图 2-2（3）所示，0.3mol/L NaCl 洗脱后得到的组分经过 Sephadex-G100 分离纯化后得到一个对称的吸收峰，浓缩、冻干后得到 SCP-4 多糖样品。

（二）绣球菌多糖结构鉴定

1. 绣球菌多糖特征吸收峰

绣球菌多糖红外光谱图如图 2-3 所示。

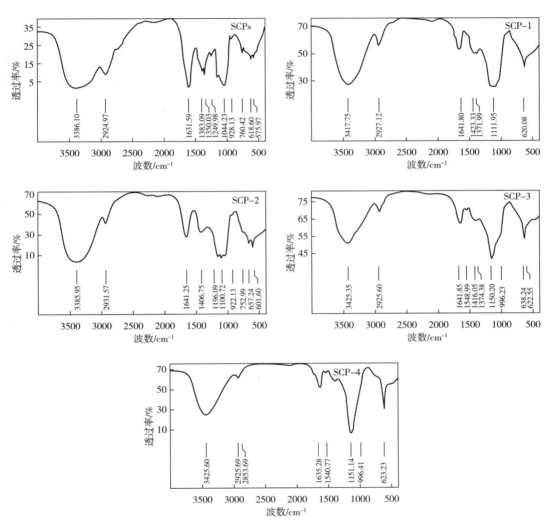

图 2-3　绣球菌多糖红外光谱图

如图 2-3 所示，五种多糖样品具有典型的多糖特征吸收峰，一宽而钝的强吸收峰在波数 3450~3000cm^{-1} 出现，这个区间内出现峰值主要是因为多糖分子间游离羟基和氨基官能团的特征吸收峰所造成的，由 O—H 和 N—H 分别伸缩振动引起。中强的尖峰在波数为 2924.97cm^{-1} 的附近出现，该峰的出现主要是由于糖链中—CH$_2$—的 C—H 伸缩振动引起的。强吸收峰在波数为 1642～1630cm^{-1} 出现，这主要是酰胺羰基的特征吸收峰，由—COOH 或—CO—基团中 C＝C 伸缩振动引起的；波数 1383.09cm^{-1} 和波数 1350.03cm^{-1} 处有吸收峰，为 C—H 变形振动；强烈吸收峰在波数 1100～1044cm^{-1} 的附近出现，这个峰主要是吡喃糖环的 C—O—C 和 C—O 单键的吸收峰。波数在 990～750cm^{-1}，出现了一个中等的吸收峰，该峰主要是通过 C＝C 振动而引起的。

2. 绣球菌多糖相对分子质量及均一性测定

如图 2-4 所示，超声波辅助提取的 SCPs 分子质量主要分布在 215～393000Da，SCP-1 分子质量主要分布在 6346～125000Da，SCP-2 分子质量主要分布在 217～196000Da，SCP-3 和 SCP-4 图谱主峰都呈现出单一对称峰型，表明 SCP-3 和 SCP-4 的分离效果较好，纯度较高，为均一多糖，可用于后续的结构鉴定及构效关系研究，重均分子质量（M_w）分别为 6456Da 和 3039Da。

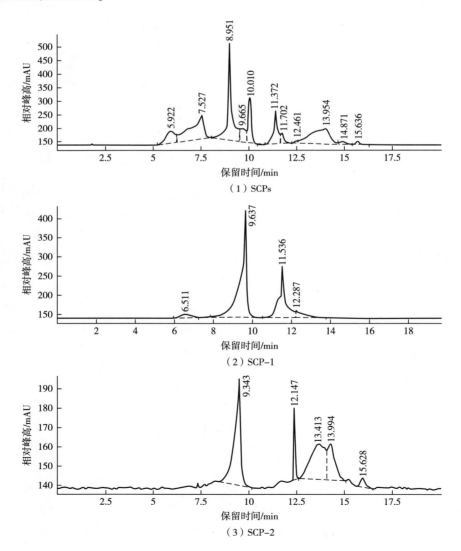

（1）SCPs

（2）SCP-1

（3）SCP-2

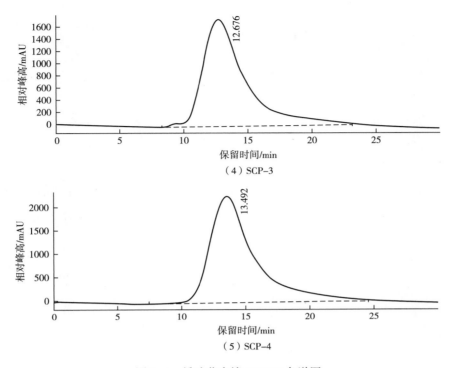

（4）SCP-3

（5）SCP-4

图 2-4　绣球菌多糖 HPGPC 色谱图

3. 绣球菌多糖单糖组成分析

单糖标品和样品的离子色谱分析结果如图 2-5 所示，SCPs 由葡萄糖、甘露糖、半乳糖、木糖、果糖构成，摩尔比为 13：4：1：2：3；SCP-1 由果糖、木糖、甘露糖构成，摩尔比为 64：1：19；SCP-2 由半乳糖、葡萄糖、木糖、果糖构成，摩尔比为 6：12：1：3；SCP-3 由葡萄糖、半乳糖、木糖构成，摩尔比为 4：1：1；SCP-4 由半乳糖、葡萄糖、木糖、果糖构成，摩尔比为 2：7：1：2。

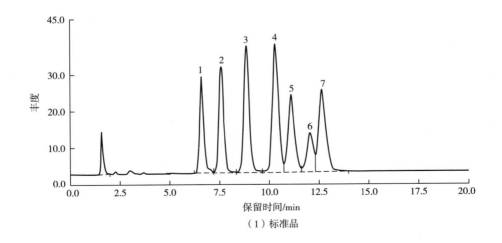

（1）标准品

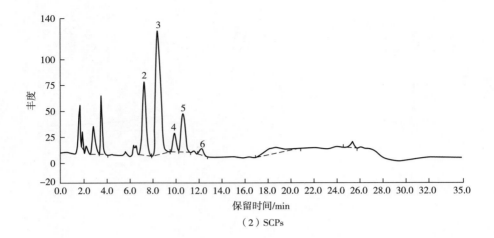

（2）SCPs

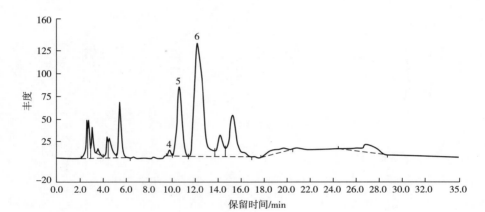

（3）SCP-1

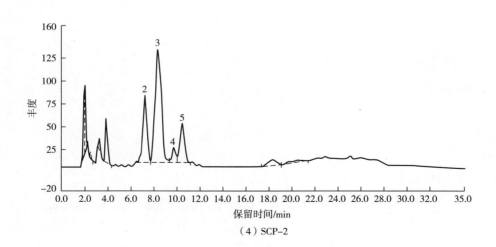

（4）SCP-2

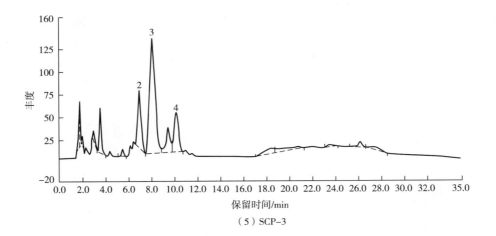

（5）SCP-3

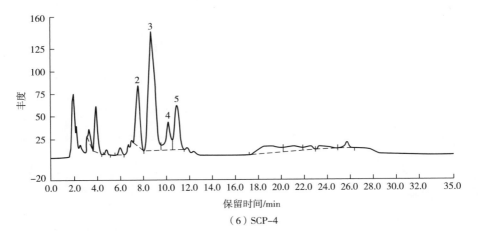

（6）SCP-4

图 2-5 绣球菌多糖离子色谱图

注：1—阿拉伯糖 2—半乳糖 3—葡萄糖 4—木糖 5—甘露糖 6—果糖 7—核糖

4. 绣球菌多糖结构鉴定

根据图 2-6 中 ^{1}H NMR，^{13}C NMR，^{1}H-^{13}C HSQC，^{1}H-^{13}C HMBC，^{1}H-^{1}H COSY，^{1}H-^{1}H TOCSY 核磁共振图谱，对绣球菌多糖 SCP-3 的 ^{1}H 和 ^{13}C 信号进行了归属，如表 2-1 所示。在 ^{13}C NMR 谱中，90 ~ 110mg/L 糖区范围内只有在 103mg/L 处出现端基碳信号，表明 SCP-3 是均一糖分组，根据端基氢在化学位移为 4.52mg/L 处出现信号峰，以及单糖组成中葡萄糖占 SCP-3 的主要组分，可以判断该多糖主要是由 β-D 葡萄糖组成的多聚糖，其中 H-1（δH 4.52）与 H-2（δH 3.27）具有 ^{1}H-^{1}H COSY 相关信号，因此确定 3.27 是 H-2，H-2（δH 3.27）与 H-3（δH 3.47）具有 ^{1}H-^{1}H COSY 相关信号，因此确定 3.47 是 H-3，H-3（δH 3.47）与 H-4（δH 3.21）具有 ^{1}H-^{1}H COSY 相关信号，因此确定 3.21 是 H-4，其中 61.3mg/L 是 CH$_2$，因此确定其是 C-6，再根据文献比对，确定 3.17mg/L 是 H-5，其中 C-3 的化学位移值是 87.5mg/L，明显偏高，是由于形成了糖苷键引起的苷化位移造成的，因此确定多糖的连接方式是 1,3 连接。其中 A3 的 C-6 化学位移值

是 68.9mg/L，明显高于 61.3mg/L，是由于形成了糖苷键引起的苷化位移造成的，因此确定分支多糖是连接葡萄糖的第 6 位。其中 B 单元的 C-3 化学位移值是 76.4mg/L，明显低于 86.3mg/L，说明其间并未形成糖苷键，因此确定 B 单元是分支末端糖。比对 SCP-3 的红外光谱图及单糖组成，确定该多糖的结构与分子式如图 2-7 所示。

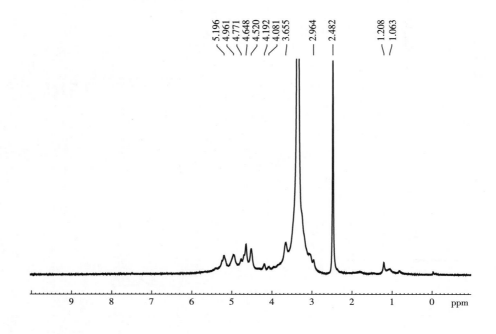

（1）¹H NMR

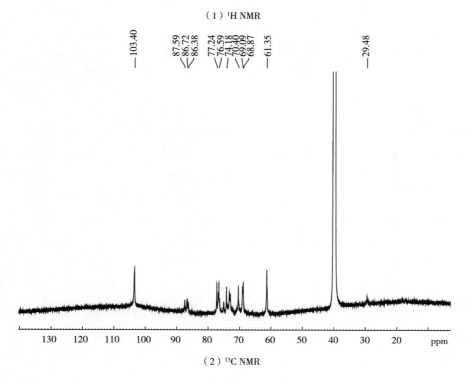

（2）¹³C NMR

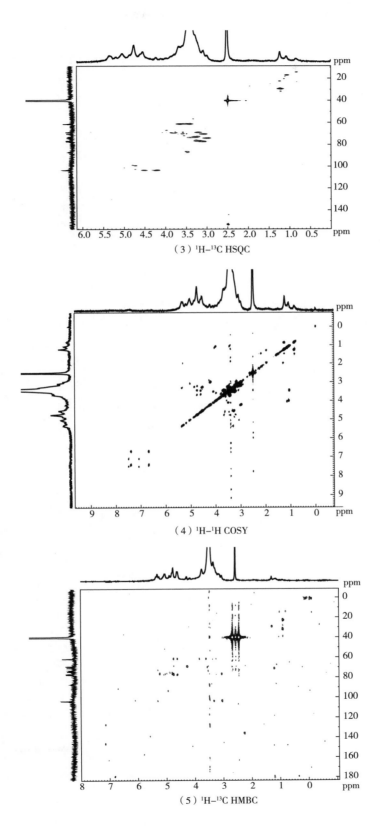

（3）¹H–¹³C HSQC

（4）¹H–¹H COSY

（5）¹H–¹³C HMBC

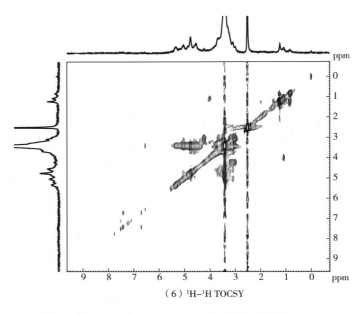

（6）¹H–¹H TOCSY

图 2-6　SCP-3 1D 和 2D 核磁共振光谱图

注：横坐标为相对化学位移值，1ppm＝10⁻⁶。

表 2-1　　　　　　　　　　SCP-3 ¹H NMR 和¹³C NMR 化学位移归属表

糖残基	化学位移，δ					
	H 1	H 2	H 3	H 4	H 5	H 6
	C 1	C 2	C 3	C 4	C 5	C 6
→3)-β-D-Glcp-(1→ A1	4.52	3.27	3.47	3.21	3.17	3.65, 3.43
	103.45	73.0	87.5	69.1	76.7	61.3
→3)-β-D-Glcp-(1→ A2	4.52	3.27	3.47	3.21	3.17	3.65, 3.43
	103.45	73.0	86.7	69.1	76.5	61.2
→3,6)-β-D-Glcp-(1→ A3	4.52	3.27	3.47	3.21	3.41	4.08, 3.58
	103.45	73.3	86.3	69.1	75.0	68.9
β-D-Glcp-(1→ B	4.22	2.97	3.17	3.07	3.07	3.65, 3.43
	103.49	74.2	76.4	70.4	77.2	61.3

5. 绣球菌多糖三螺旋结构分析

如图 2-8 所示，不同组分绣球菌多糖溶液与刚果红形成的络合物，在 NaOH 浓度从 0mol/L 到 0.4mol/L 的 λ_{max} 变化可以看出，随着 NaOH 浓度的增加，刚果红与 SCP-3 和 SCP-4 相互结合，形成络合物，其 λ_{max} 发生明显红移，当 NaOH 的浓度为 0.04~0.12mol/L 时，λ_{max} 明显增大，随着 NaOH 浓度较高时，络合物分解，溶液 λ_{max} 下降，说明绣球菌多糖 SCP-3 和 SCP-4 存在三螺旋结构。而 SCP-1 和 SCP-2 未出现红移现象，随着体系中

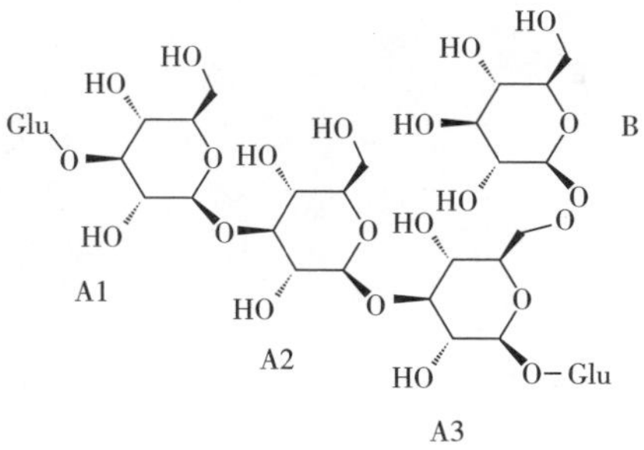

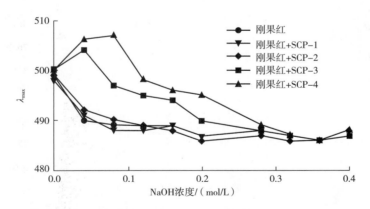

（1）结构

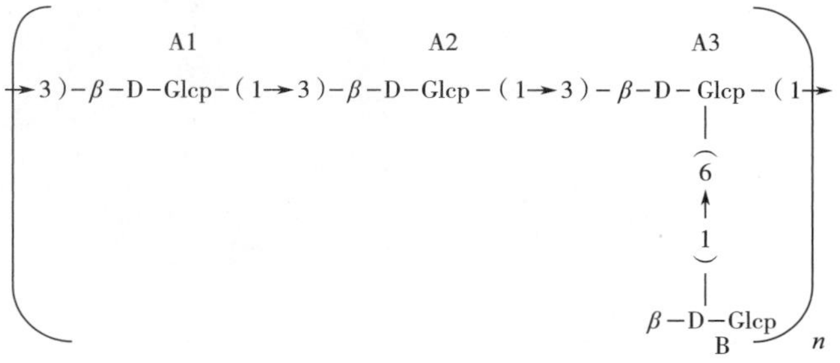

（2）分子式

图 2-7 多糖的结构及分子式

NaOH 浓度升高，溶液 λ_{max} 并未发生明显变化，说明 SCP-1 和 SCP-2 不存在三螺旋结构。

图 2-8 不同浓度下 NaOH 刚果红与多糖混合液的 λ_{max} 变化图

6. 绣球菌多糖分子形貌观察

如图 2-9 所示，5μm 下观测发现，SCPs 在水溶液中分子呈现链状构象，具有高度的分支结构，链间形成小环且伴随一定的球形颗粒；SCP-1 呈现出单个链状结构，少分支；SCP-2 呈现出大小不一短链及球形构象；SCP-3 呈现出无规则的线团和岛屿状结构；SCP-4 则由大小不一的短链构成，伴随一定的球形颗粒。800nm 下进一步观测发现，SCPs

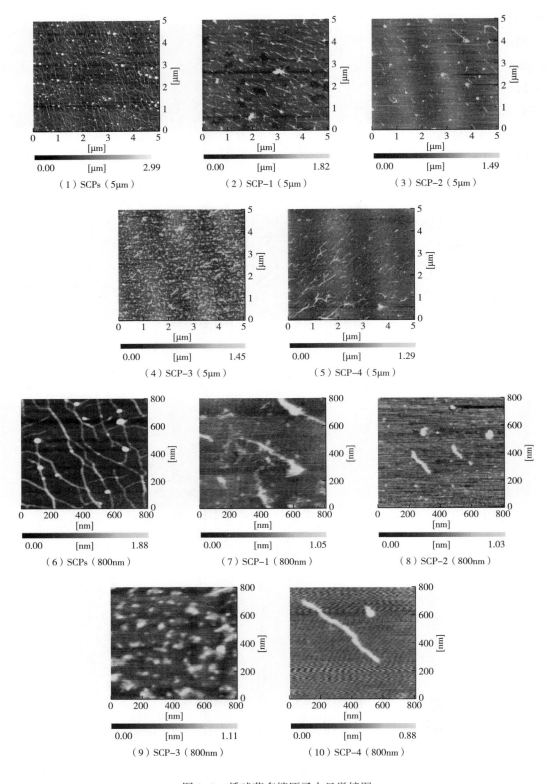

（1）SCPs（5μm）　　　　　（2）SCP-1（5μm）　　　　　（3）SCP-2（5μm）

（4）SCP-3（5μm）　　　　　　　　（5）SCP-4（5μm）

（6）SCPs（800nm）　　　　　（7）SCP-1（800nm）　　　　　（8）SCP-2（800nm）

（9）SCP-3（800nm）　　　　　　　　（10）SCP-4（800nm）

图 2-9　绣球菌多糖原子力显微镜图

中多糖单链直径在 32.30~44.93nm，链高在 0.97~2.02nm；球形颗粒直径在 39.18~94.92nm，高度在 1.43~4.05nm；SCP-1 多糖单链宽为 17.42~35.41nm，链高为 0.34~0.96nm；SCP-2 多糖单链宽为 27.07~32.56nm，链高为 0.52~1.36nm；球形直径为 26.31~60.51nm，高度为 0.93~3.58nm；SCP-3 短链直径 31.48~42.61nm，高度为 0.28~1.75nm；SCP-4 多糖链长为 669.47nm，直径为 35.91~68.95nm，高度为 0.45~1.41nm，球形体高度为 0.51~2.03nm。图 2-9 中 SCPs、SCP-2、SCP-3 及 SCP-4 出现线团及球形颗粒的原因可能是多糖链间由于氢键的作用，多股单链相互纠缠缔合形成多糖分子聚集体。

7. 绣球菌多糖表观形貌观察

扫描电镜下绣球菌多糖表观如图 2-10 所示，100 倍下观察发现，SCPs、SCP-1 及 SCP-2 为簇状堆积，交织，结构规律性不强；SCP-3 呈现无规则的碎片状，而 SCP-4 为大小不一的球形构象。进一步放大 300 倍下观察发现，SCPs 碎片表面光滑，可呈现一定的网状结构；SCP-1 和 SCP-2 可呈现一定的网状结构，相比 SCPs 表面更加粗糙、紧密、集中；SCP-3 碎片状大小不一，且具有一面光滑一面粗糙的形貌；SCP-4 球形颗粒大小不一，表面粗糙，少数呈现线团状堆积。

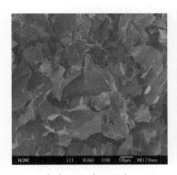
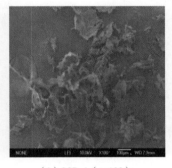
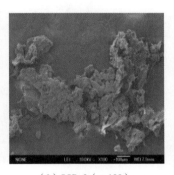

（1）SCPs（×100）　　　　（2）SCP-1（×100）　　　　（3）SCP-2（×100）

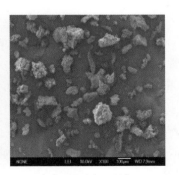

（4）SCP-3（×100）　　　　（5）SCP-4（×100）

（6）SCPs（×300）　　　　（7）SCP-1（×300）　　　　（8）SCP-2（×300）

（9）SCP-3（×300）　　　　（10）SCP-4（×300）

图 2-10　绣球菌多糖扫描电镜图

二、广叶绣球菌中性多糖分离纯化及表征

本小节采用水提醇沉法提取得到广叶绣球菌多糖，经 HZ-830 大孔吸附树脂脱色除杂，并通过 Sevage 法去除蛋白质；之后用 DEAE-52 柱层析以超纯水洗脱分离广叶绣球菌粗多糖，并以 Sepharose CL-6B 对超纯水洗脱的多糖组分进一步分离纯化，得到性质均一的中性多糖组分。结合傅里叶红外色谱法（FT-IR）、离子色谱法（IC）和高效凝胶渗透色谱法（HPGPC）等技术方法对中性多糖进行组分分析。

（一）广叶绣球菌中性多糖的分离纯化结果分析

1. 广叶绣球菌中性多糖 DEAE-52 分离结果

如图 2-11 所示，DEAE-52 柱层析以超纯水洗脱分离广叶绣球菌粗多糖后得到一个吸收峰，收集到水相洗脱峰中对应管的洗脱液，经浓缩、透析、冷冻干燥得到淡黄色的中性多糖样品备用，进行后续实验。

2. 广叶绣球菌中性多糖 Sepharose CL-6B 纯化结果

如图 2-12 所示，广叶绣球菌多糖经 DEAE-52 分离得到的水相多糖组分再经 Sepharose CL-6B 分子筛作用后，获得两个吸收峰，分别进行收集并冷冻干燥得到 SLP1 和 SLP2 两个中性多糖组分，且图形为单一对称峰。

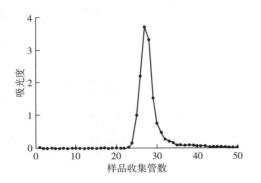

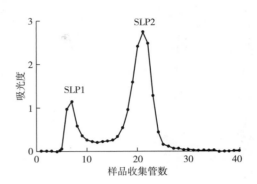

图 2-11 广叶绣球菌中性多糖　　　　　图 2-12 广叶绣球菌中性多糖 Sepharose
DEAE-52 分离结果　　　　　　　　　　CL-6B 分离纯化结果

（二）广叶绣球菌中性多糖红外光谱结果

如图 2-13 所示，SLP1 和 SLP2 在 3406.2cm^{-1} 附近出现的又宽又钝的吸收峰，是由于多糖分子之间或者分子内部氢键 O—H 与 N—H 的伸缩振动造成的；2929.8cm^{-1} 附近出现的峰是亚甲基—CH$_2$—中 C—H 的伸缩振动；官能团 COO—中的 C=O 的非对称伸缩振动

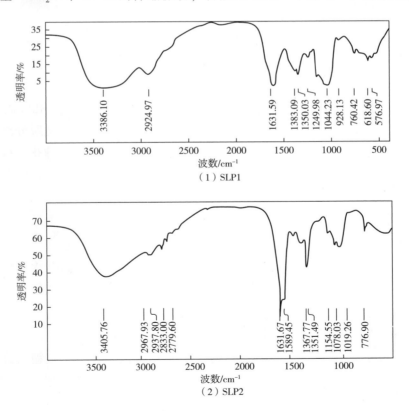

图 2-13 广叶绣球菌中性多糖 SLP1 和 SLP2 红外光谱图

使得在 1632cm^{-1} 处有强吸收峰；1383.3cm^{-1} 和 1350cm^{-1} 处的吸收峰是由于 C—H 的弯曲振动；醚键 C—O—C 和 C—O—H 中 C—O 的伸缩振动使吸收峰出现在 1167cm^{-1} 和 1082cm^{-1} 附近处；761cm^{-1} 附近出现的吸收峰主要是通过 C≡C 伸缩振动而引起的。1730cm^{-1} 附近没有吸收峰表明两种多糖组成中不存在糖醛酸。

（三）广叶绣球菌中性多糖离子色谱结果

如图 2-14 所示，SLP1 的单糖组成为阿拉伯糖、半乳糖、葡萄糖、木糖、甘露糖，摩尔比为 4∶10∶12∶3∶2；SLP2 的单糖组成为阿拉伯糖、半乳糖、葡萄糖、木糖、甘露糖，摩尔比为 6∶12∶63∶10∶5。

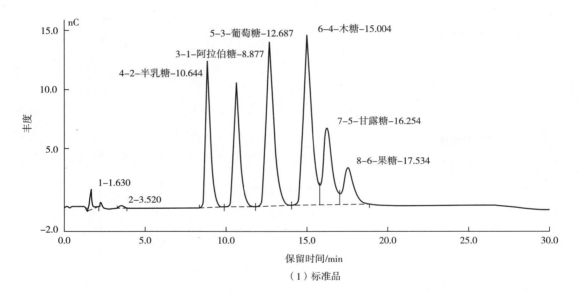

（1）标准品

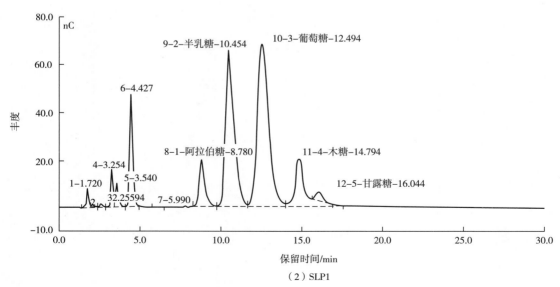

（2）SLP1

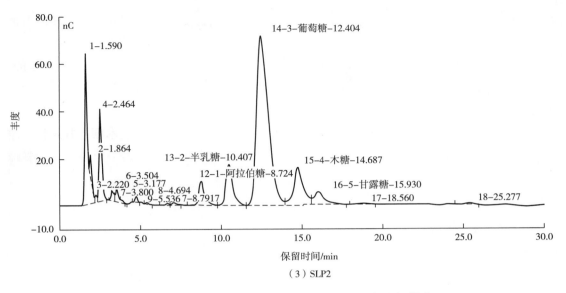

（3）SLP2

图 2-14　广叶绣球菌中性多糖 SLP1 和 SLP2 离子色谱图

（四）广叶绣球菌中性多糖高效凝胶渗透色谱结果

由图 2-15 可知，广叶绣球菌多糖 SLP1 有两个峰，主峰相对分子质量为 6.9×10^6。

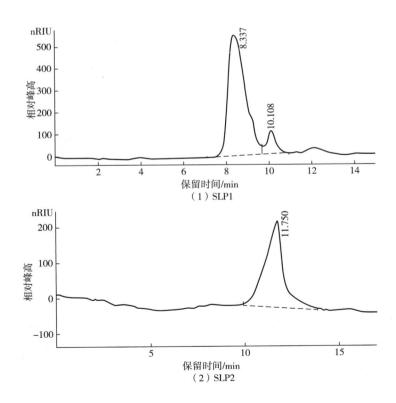

（1）SLP1

（2）SLP2

图 2-15　广叶绣球菌中性多糖 SLP1 和 SLP2 高效凝胶渗透色谱图

SLP2 主峰呈现单一对称峰型，说明分离效果良好，纯度较高，为均一多糖，相对分子质量为 3.2×10^5。

综上，SCPs 经过 HZ-830 大孔树脂、DEAE-52 和 Sephadex-G100 纯化后得到四种组分多糖分别命名为 SCP-1，SCP-2，SCP-3，SCP-4；SCPs 分子质量主要分布在 215Da ~ 393kDa，SCP-1 分子质量主要分布在 6346Da ~ 125kDa，SCP-2 分子质量主要分布在 217Da ~ 196kDa，SCP-3 和 SCP-4 分子质量分别为 6456Da 和 3039Da；SCPs 由半乳糖、葡萄糖、木糖、甘露糖、果糖构成，摩尔比为 1：13：2：4：3；SCP-1 由木糖、甘露糖、果糖构成，摩尔比为 1：19：64；SCP-2 由半乳糖、葡萄糖、木糖、果糖构成，摩尔比为 6：12：1：3；SCP-3 由半乳糖、葡萄糖、木糖构成，摩尔比为 1：4：1；SCP-4 由半乳糖、葡萄糖、木糖、果糖构成，摩尔比为 2：7：1：2；SCP-3 经过鉴定后确认其结构为主链是 β-(1 → 3)-D-葡聚糖，支链是 β-(1 → 6)-D-葡聚糖，分支频率约为三个主链单位一个分支的 β-葡聚糖；SCP-3 和 SCP-4 存在三螺旋结构，而 SCP-1 和 SCP-2 不存在三螺旋结构。

经过 HZ-830 大孔树脂脱色除杂和 DEAE-52 分离后得到的广叶绣球菌中性多糖，再经 Sepharose CL-6B 纯化后，得到两个中性多糖组分 SLP1 和 SLP2。SLP1 和 SLP2 均在 3400cm^{-1}、2900cm^{-1} 和 1600cm^{-1} 附近处有强吸收峰，说明两种广叶绣球菌中性多糖组分均具有多糖特征官能团结构。SLP1 主要成分由阿拉伯糖、半乳糖、葡萄糖、木糖、甘露糖构成，摩尔比为 4：10：12：3：2；SLP2 由阿拉伯糖、半乳糖、葡萄糖、木糖、甘露糖构成，摩尔比为 6：12：63：10：5。SLP1 主要成分相对分子质量为 6.9×10^6，SLP2 相对分子质量为 3.2×10^5。

第二节 绣球菌多糖流变性与凝胶性的研究

流变性和凝胶性是多糖的重要性质，是形成食品质构和加工特性的主要因素之一，可间接反映多糖结构的变化情况并决定其在体内生理活性的发挥程度，对多糖作为功能性食品原料进行产品开发时的工艺参数设计、工程计算和食品质量评价具有重要意义（杜逸群，2015）。研究发现，β-葡聚糖在水溶液中主要表现出非牛顿流体的剪切稀化现象，表观黏度对溶液 pH 的变化以及金属离子的存在具有较好的稳定性，β-葡聚糖的表观黏度与多糖的浓度和分子质量呈正相关。β-葡聚糖溶液在放置过程中，由于分子间的热运动不断发生碰撞，相互接触后导致分子间的氢键产生，分子间交联程度逐渐增加，出现胶凝现象。低黏性、低分子质量、部分水解的 β-葡聚糖易形成较弱的凝胶，而高分子质量 β-葡聚糖不易形成凝胶网络。β-葡聚糖浓度越高、分子质量越低，越易形成凝胶，其凝胶的稳定性、强度更好。本节主要研究不同质量浓度、加热温度、盐浓度和 pH、蔗糖浓度对绣球菌多糖流变以及凝胶特性的影响。

一、绣球菌多糖溶液流变学性质

1. 绣球菌多糖静态流变学性质

（1）不同浓度对绣球菌多糖溶液流变学性质的影响　不同浓度绣球菌多糖溶液流变特性曲线如图 2-16 所示，随剪切速率从 $0.1s^{-1}$ 增加至 $100s^{-1}$，绣球菌多糖溶液黏度逐渐降低，表明不同浓度下的绣球菌多糖溶液为剪切稀化的假塑性流体；如表 2-2 所示，曲线拟合相关系数 R^2 均在 $0.900 \sim 1.000$，表明在试验浓度范围内，该绣球菌多糖溶液流变特性曲线服从 power law 模型；随着多糖浓度从 0.5% 增加至 5%，流动特性指数从 0.80 至 0.26 逐渐降低，黏度逐渐增加，说明多糖黏度对多糖溶液浓度具有一定的依赖性，这可能是因为随着多糖浓度增加，单个多糖分子开始重叠，导致分子间相互连接或形成分子间的连接区，限制了聚合物连间的运动和拉伸，进而导致溶液的黏度增加。此外，类似的剪切稀化现象也出现在黑木耳多糖（张盼等，2019）、灵芝多糖（高坤等，2019）溶液中。多糖剪切稀化的流变行为不仅可以为食物提供良好的口感，同时由于多糖在高剪切速率下的黏度较低，因此可以在较低的能量下运行，减少机械运转过程中的能量损耗，为绣球菌多糖在食品加工中的应用提供理论基础。

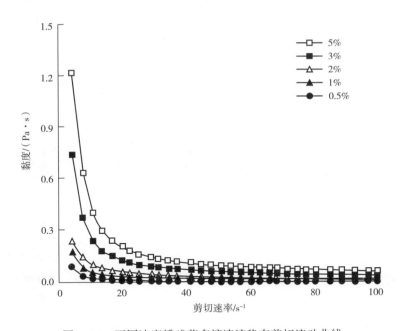

图 2-16　不同浓度绣球菌多糖溶液稳态剪切流动曲线

表 2-2　　　　　　　　　　不同浓度绣球菌多糖溶液 power law 模型流变参数

浓度/%	$K/(\mathrm{Pa}\cdot\mathrm{s}^n)$	n	R^2
0.5	0.02±0.00	0.80±0.04	0.93
1	0.33±0.02	0.39±0.01	0.98

续表

浓度/%	$K/(Pa \cdot s^n)$	n	R^2
2	0.34±0.01	0.41±0.01	0.98
3	0.77±0.03	0.34±0.01	0.98
5	2.16±0.06	0.26±0.01	0.98

（2）不同加热温度对绣球菌多糖溶液流变性质的影响　不同加热温度处理 1%绣球菌多糖溶液的流变特性曲线如图 2-17 所示。溶液黏度呈现先增加后减小的趋势，在加热温度为 80℃时溶液的黏度最大，这说明绣球菌多糖在加热温度为 80℃以下时具有良好的热稳定性，这可能是因为绣球菌多糖具有一定保持纠缠结构的能力，随着温度的增加，高温使得大分子运动增强，促使多糖分子链间的缠绕结构被打开，进而导致多糖溶液黏度降低。

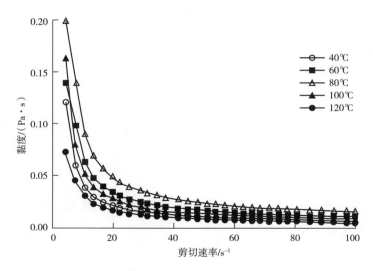

图 2-17　不同加热温度处理后 1%绣球菌多糖溶液稳态剪切流动曲线

如表 2-3 所示，不同加工处理后流动特性指数始终小于 1，说明多糖溶液的假塑性流体行为始终保持，不受加热温度的影响。此外不同多糖所呈现的热稳定性也不同，如：黑木耳多糖在 5~65℃时具有一定的热稳定性（董越等，2020）；而半乳甘露聚糖（Barrera et al. 2022）加热温度从 20℃升高至 80℃时，其黏度会下降 50%。比较而言，绣球菌多糖表现出较高的热稳定性。

表 2-3　　不同加热温度处理后 1%绣球菌多糖溶液 power law 模型流变参数

加热温度/℃	$K/(Pa \cdot s^n)$	n	R^2
40	0.29±0.02	0.40±0.01	0.98
60	0.31±0.02	0.39±0.01	0.98

续表

加热温度/℃	$K/(Pa \cdot s^n)$	n	R^2
80	0.33±0.02	0.39±0.01	0.98
100	0.32±0.02	0.39±0.01	0.97
120	0.22±0.01	0.43±0.01	0.98

（3）不同 pH 对绣球菌多糖溶液流变性质的影响　不同 pH 对 1%绣球菌多糖溶液表观黏度的影响如图 2-18 所示。随着溶液中 pH 从 3 增加至 11，绣球菌多糖溶液表观黏度呈现先增加后减小的趋势，在 pH 7 的中性条件下，溶液的黏度最大。同时，表 2-4 所示，在过酸、过碱体系中，对应的流动特性指数与中性环境相比相对较高，但其值仍小于 1，说明在酸碱环境中，绣球菌多糖假塑性流体的行为并未改变，溶液非牛顿性流体行为会减弱，逐渐向牛顿流体状态转变。同样的现象也发生在黑木耳多糖、黄原胶（Choi et al. 2004）和瓜尔豆胶溶液（Garcia et al. 2015）中，这可能是因为在强酸和碱性条件下，多糖分子间氢键断裂，导致多糖分解，结构发生变化，进而使得多糖溶液表观黏度降低。

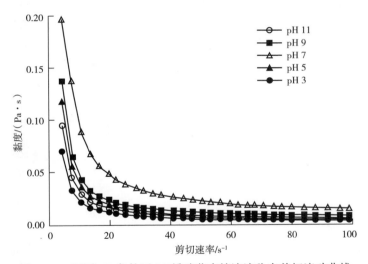

图 2-18　不同 pH 条件下 1%绣球菌多糖溶液稳态剪切流动曲线

表 2-4　　　　　不同 pH 条件下 1%绣球菌多糖溶液 power law 模型流变参数

pH	$K/(Pa \cdot s^n)$	n	R^2
3	0.19±0.01	0.44±0.01	0.98
5	0.22±0.01	0.44±0.01	0.97
7	0.33±0.02	0.39±0.01	0.98
9	0.23±0.01	0.42±0.01	0.97
11	0.18±0.01	0.45±0.01	0.98

（4）不同 Na^+ 浓度对绣球菌多糖溶液流变性质的影响　　NaCl 作为一种常用的食品添加剂被广泛应用到食品工业中，研究 NaCl 浓度对多糖溶液表观黏度的影响对于评价绣球菌多糖的流变性能具有重要的意义。如图 2-19 所示，1% 的绣球菌多糖溶液的表观黏度随 NaCl 浓度的增加而逐渐降低。如表 2-5 所示，含有不同 NaCl 浓度的绣球菌多糖溶液中，流动特性指数始终小于 1，同时随着扫描速率从 $0.1s^{-1}$ 增加至 $100s^{-1}$，多糖溶液的表观黏度逐渐降低，这说明含有溶液的流体类型并未随 NaCl 的加入而改变，含有不同 NaCl 浓度的绣球菌多糖溶液具有假塑性流体的特征并呈现剪切稀化现象。

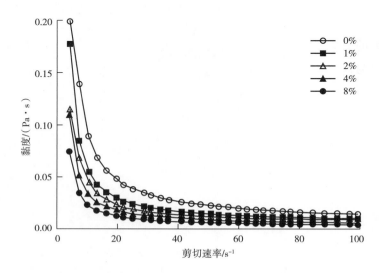

图 2-19　不同 Na^+ 浓度下 1% 绣球菌多糖溶液稳态剪切流动曲线

表 2-5　　　　　　　　不同 Na^+ 浓度下 1% 绣球菌多糖溶液 power law 模型流变参数

NaCl 浓度/%	$K/(Pa \cdot s^n)$	n	R^2
0	0.33±0.02	0.39±0.01	0.98
1	0.26±0.01	0.42±0.01	0.98
2	0.23±0.02	0.44±0.01	0.98
4	0.21±0.01	0.46±0.01	0.98
8	0.18±0.01	0.48±0.01	0.98

研究发现，多糖来源不同，NaCl 对其表观黏度的影响也不同，如花黄精多糖的表观黏度会随溶液中 NaCl 浓度的升高而增大（Funami et al. 2009）；而黑木耳多糖、海藻多糖的表观黏度会随溶液中 NaCl 浓度的增加而减小（Tejinder et al. 2000），这可能是与溶液中的静电作用有关，当盐浓度较低时，多糖分子以更长链的刚性构象存在，从而使多糖溶液的黏度较高，随着溶液中离子强度的增加，阴离子会使溶液中多糖分子收缩，表现为电荷屏蔽，进而导致溶液的黏度降低。

2. 绣球菌多糖触变性

绣球菌多糖作为水溶性的高分子食品原料，触变性是它重要的流变特性之一。如图 2-20 所示，在 5% 的绣球菌多糖溶液触变性实验曲线中，剪切速率在 0.1~100s⁻¹，溶液上升、下降曲线不重合，出现了明显的逆时针环，表明此过程中体系形成了触变环，同时该体系属于触变体系。5% 的绣球菌多糖溶液具有触变性可能与溶液中流体动力所引起的多糖溶液结构变化和流动方向上多糖分子的定向排列有关。溶液中的多糖分子通过相邻的羟基与羧基之间的氢键形成三维网络结构，当多糖溶液被高速剪切时，分子间网络结构被破坏，溶液中的多糖分子由无穷小层滑向相邻层，导致层流沉降，表现为体系的剪切应力增加。同样，随着剪切速率的降低，多糖分子向相反的方向运动，分子间网络结构恢复，表现为体系的剪切应力降低。对于假塑性流体而言，5% 的绣球菌多糖具有良好的触变性，该特性可为预测绣球菌多糖在物料混合、管道运输及物料释放过程中流动行为的变化提供参考。

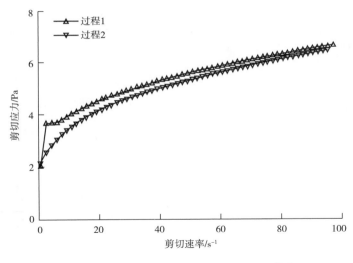

图 2-20　5% 绣球菌多糖溶液触变性流动曲线

3. 绣球菌多糖动态流变学性质

作为一种天然的高分子材料，绣球菌多糖溶液对施加连续正弦应力的主要表现为黏性和弹性两方面，分别用 G' 和 G'' 表示。G' 和 G'' 分别为储能模量和损耗模量，代表弹性成分和黏性成分。如图 2-21 可知，绣球菌多糖溶液的 G' 和 G'' 随着扫描频率的增加而增大，说明绣球菌多糖是一种黏弹性材料。损失正切 $\tan\delta = G''/G'$（δ 为损耗角）能直观反映流体的黏弹特征，当 $\tan\delta < 1$ 时，弹性成分所占比例较高，体系表现为固体特征；当 $\tan\delta > 1$ 时，黏性成分所占比例较高，体系表现为流体特征。1% 和 5% 的绣球菌多糖溶液在较低频率时 G'' 始终高于 G'，$\tan\delta > 1$，体系中高聚物的数量相对较少或聚合程度较低，表现为流体的黏性特征。当扫描频率达到一定值时，G' 和 G'' 曲线交叉，分子间振动超过其排列过程，分子之间相互缠绕形成网络交联，随着扫描频率的进一步增大，多糖分子之间不断地形成缠绕并被打断，表现为 $G'>G''$，$\tan\delta<1$，多糖溶液表现为固体的弹性特征。

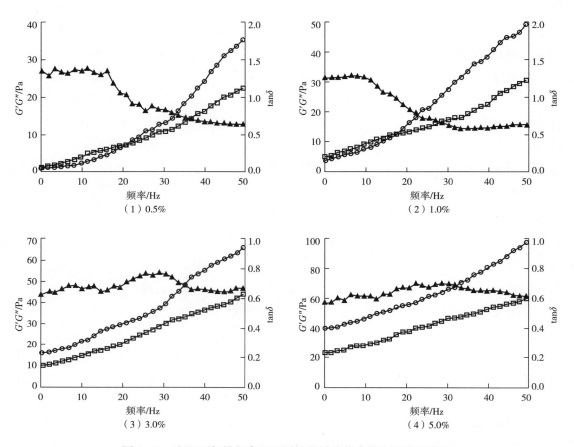

（1）0.5%　　（2）1.0%　　（3）3.0%　　（4）5.0%

图 2-21　室温下扫描频率对不同浓度绣球菌多糖溶液储能模量
G'（○）、损耗模量 G''（□）和 $\tan\delta$（▲）的影响

随着绣球菌多糖浓度的增加，3%和5%的 G' 和 G'' 曲线未出现交叉，G' 始终大于 G''，$\tan\delta<1$，表明3%和5%的溶液表现为固体的弹性特征，呈现出弱凝胶特性。凝胶行为的出现与多糖分子间的缔合和网络结构的形成有关，随着多糖浓度的增加，凝胶结构更加稳定，进而表现出更强的凝胶特性。

二、绣球菌多糖凝胶特性

1. 质构性与持水性

食品加工过程中多糖凝胶化会对食品质地产生一定的影响，同时多糖凝胶强度受多种因素的影响，如形成凝胶的温度、基质的浓度、离子强度、pH 等，不同制备工艺条件下，这些因素的变化可引起多糖凝胶强度的变化。研究发现，绣球菌多糖溶液在-4℃下过夜可以形成凝胶，其凝胶性质与绣球菌多糖浓度密切相关。如表 2-6 所示，浓度低于 5%时，绣球菌多糖溶液可以形成溶胶状凝胶而无法测出质构性，随着多糖浓度的增加，多糖凝胶性能发生明显变化，凝胶硬度、弹性、持水力以及多糖黏度随着多糖浓度的增加而增大。这可能是因为随着多糖浓度的增加，凝胶结构中网络节点数增加使得凝胶网状结构更加致密，进而导致多糖凝胶强度和持水力增大。

NaCl 作为食品加工中常用的添加剂，其添加量会对多糖的凝胶性能产生一定的影响。随着多糖溶液中 NaCl 浓度从 0% 增加至 8%，多糖凝胶的凝胶强度、弹性、黏滞力以及持水力呈下降趋势。这可能是因为 NaCl 是一种强极性物质，具有很好的断裂氢键和增强竞争性水化的能力，对溶液中聚合物的溶解和聚集行为有一定的影响。溶液中 Na⁺ 和 Cl⁻ 的存在会对多糖溶液中分子的结构和水化电解层产生影响，进而影响了多糖溶液形成凝胶的能力，但是在食品加工中高浓度的 NaCl 体系并不常见，常规食品体系中 NaCl 的添加对食品凝胶性能并不会造成太大的影响。

浓度为 10% 的绣球菌多糖凝胶在中性环境中凝胶性能最好，凝胶强度、弹性、黏滞力以及持水力呈现最大值，酸和碱的加入都会造成多糖凝胶性能的下降，且在酸性环境中，随着体系环境中 H⁺ 的增加，多糖凝胶性能逐渐降低，持水力和质构性均表现为下降趋势。随着溶液中酸、碱的浓度的增加，溶液中多糖分子间的糖苷键和酯键发生水解，凝胶的结构被破坏，进而导致凝胶强度和持水力降低。

蔗糖是食品加工中重要的辅料，其添加量对多糖凝胶的影响如表 2-6 所示。随着体系中蔗糖浓度从 0% 升高至 20% 时，多糖凝胶强度、弹性、持水力呈现先增大后减小的趋势；当体系中蔗糖浓度为 10% 时，凝胶性能最强，持水力最大。这可能是因为多糖溶液中少量的蔗糖加入，溶液的水分活度降低，分子间疏水作用力增大，使得凝胶的网络结构更加致密，进而导致多糖凝胶强度和持水力增加。然而过量的蔗糖阻碍了多糖分子间的接触，影响了凝胶网络结构的生成，导致多糖凝胶强度和持水力的降低。此外，多糖凝胶黏滞力随蔗糖的加入而逐渐增加，这可能由于多糖本身具有黏性，蔗糖浓度越大，黏性越强所导致。

表 2-6 不同浓度多糖、NaCl 和蔗糖及不同 pH 条件对绣球菌多糖凝胶质构特性和持水力的影响

	凝胶强度/ （g/cm²）	弹性/ mm	黏度/ mJ	WHC/%
多糖浓度/%				
2	N. A.	N. A.	N. A.	13.09±0.20
5	N. A.	N. A.	N. A.	21.04±0.30
10	0.62±0.03	1.68±0.32	0.33±0.01	88.60±1.17
20	0.77±0.12	6.23±0.27	0.36±0.06	90.72±1.09
Na⁺浓度/%				
0	0.62±0.03	1.68±0.32	0.33±0.01	88.60±1.17

续表

	凝胶强度/ （g/cm²）	弹性/ mm	黏度/ mJ	WHC/%
2	0.47±0.15	1.46±0.15	0.31±0.02	85.48±0.69
4	0.36±0.06	1.32±0.24	0.30±0.01	65.67±0.63
8	0.32±0.08	1.08±0.03	0.27±0.02	41.48±1.40
蔗糖浓度/%				
0	0.62±0.03	1.68±0.32	0.33±0.01	88.60±1.17
5	0.73±0.06	1.86±0.25	0.37±0.03	90.29±0.36
10	1.10±0.17	1.91±0.03	0.48±0.08	92.90±0.92
20	0.58±0.13	1.14±0.06	0.69±0.02	71.83±0.46
pH				
3	0.33±0.06	0.47±0.07	0.22±0.06	50.26±0.30
5	0.47±0.12	1.06±0.03	0.25±0.01	65.30±1.36
7	0.62±0.03	1.68±0.32	0.33±0.0	88.60±1.17
9	0.53±0.06	1.34±0.02	0.30±0.01	55.78±1.94

注：N.A.——无法测出；WHC—持水力。

2. 微观结构扫描

10%的绣球菌多糖凝胶微观结构如图 2-22 所示，从 2-22（1）可以观察到绣球菌多糖凝胶表层存在大小不一的致密孔洞，且分布均匀；从 2-22（2）可以看出，凝胶断层出现部分网络结构，网络孔径大小、规律性不强，结构较为粗疏，同时伴随有簇状的碎片分散于孔洞周围。结果表明 10%的绣球菌多糖溶液 4℃下通过分子间作用可以形成凝胶，然

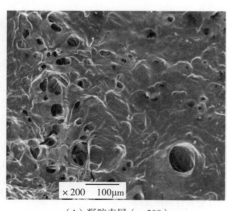

（1）凝胶表层（×200）

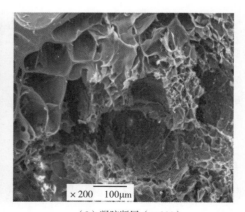

（2）凝胶断层（×200）

图 2-22 10%绣球菌多糖凝胶微观结构

而凝胶冻干过程中，冰晶升华后会留下空间，结晶的形成对凝胶网络结构造成机械损伤，形成不规则的网络结构，加工过程中，凝胶网络结构的变化会对凝胶强度产生影响，凝胶结构中网络结构致密，节点数增加，凝胶强度也会增加。

综上可见，绣球菌多糖溶液为剪切稀化的假塑性流体，溶液流变曲线服从 power law 模型。当剪切速率一定时，在 0.5%～5%试验浓度，溶液体系的黏度随多糖浓度的增加而增大；加热温度为 80℃时，1%的绣球菌多糖溶液在中性条件下体系的黏度最大。酸、碱及 NaCl 的加入以及高温处理会使多糖溶液表观黏度降低。质量浓度为 5%的绣球菌多糖溶液，可以形成触变环。绣球菌多糖是一种黏弹性材料，0.5%和 1%的多糖溶液在低频率下表现出黏性特征，随着扫描频率的增加，溶液表现出弹性特征。随着多糖浓度增加到 3%和 5%，溶液表现为固体的弹性特征，呈现弱凝胶特性。一定质量浓度绣球菌多糖溶液可以在 4℃条件下形成凝胶，其凝胶强度、弹性、黏滞力、持水力与多糖质量浓度成正比，酸、碱、盐以及过量蔗糖的加入会导致凝胶性能减弱，中性条件下，蔗糖添加量为 10%时，凝胶强度和持水力最好。

第三节　口腔加工对广叶绣球菌多糖流变学性质及抑菌作用的影响

食品口腔加工是食物在人体中分解的第一阶段，对于人体摄取营养、获得能量、获得感官愉悦具有重要的意义（De Lavergne et al. 2021）。口腔咀嚼行为是食品性质变化和口腔生理动态响应相互联系的复杂过程（Chen，2009）。基于绣球菌多糖的物理化学性质，本节将其与人工唾液混合，利用流变仪进行体外模拟口腔咀嚼的剪切与拉伸流变过程，研究食品口腔咀嚼对绣球菌多糖流变性的影响，并基于代谢组学研究绣球菌多糖唾液混合物对口腔生态微环境的影响，为绣球菌多糖可作为一种新型功能性原料提供理论依据。

一、广叶绣球菌多糖与口腔唾液混合液的剪切流变特性

1. 静态流动性

Power law 模型曲线拟合相关系数 R^2 均在 0.97～0.99，在 0.125%～4%浓度范围内，广叶绣球菌多糖溶液及多糖与唾液的混合液流变特性曲线符合 power law 模型；0.125%～4%广叶绣球菌多糖溶液的表观黏度随剪切速率的变化如图 2-23（1）所示，结合表 2-7可知广叶绣球菌多糖溶液表现为剪切稀化的假塑性流体（$n<1$），总体上随着剪切速率的增大，多糖的表观黏度减小，在剪切速率一定时，溶液体系的黏度随多糖浓度的增加而增大，整体变化趋势与 Hao et al.（2018）对广叶绣球菌多糖溶液表观黏度的研究一致；在0.125%～4%的浓度范围内，广叶绣球菌多糖的表观黏度减小趋势较小，并且随着剪切速率的变化，多糖表观黏度减小趋势较为显著。

如图 2-23（2）和表 2-7所示，人工唾液的表观黏度随着剪切速率的增大而增大，这说明所使用的人工唾液表现为剪切增稠的胀塑性流体（$n>1$），这与人体的真实唾液剪切流变性趋于一致（Yuan et al. 2018）。人工唾液与广叶绣球菌多糖溶液混合后，在

0.125%~4%浓度范围内,随着广叶绣球菌多糖溶液浓度的增加,混合液则表现为剪切稀化的假塑性流体,说明在整个溶液体系中,随着广叶绣球菌多糖浓度的增加,多糖分子逐渐与人工唾液的成分相互结合作用,改变了广叶绣球菌多糖溶液内部的分子体系,且整体上混合液的表面黏度要大于单独的广叶绣球菌多糖溶液黏度,这与 Funami 和 Nakauma(2021)的研究一致。随着混合液中多糖浓度的增加,多糖分子与人工唾液的离子成分等相互作用使得混合液的表观黏度增加,虽然多糖原料以及使用人工唾液的种类不同,但整体变化趋势与 Yuan et al. (2018) 等的研究一致,说明广叶绣球菌多糖与人工唾液之间具有一定的协同作用。

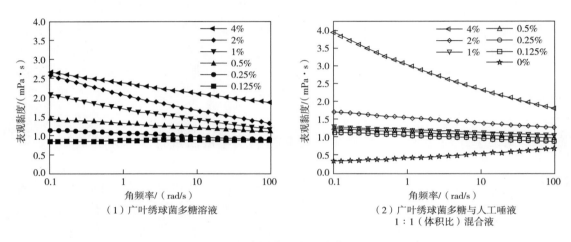

图 2-23　角频率对表观黏度的影响

表 2-7　　　　　　　　　　　　　　　　power law 模型流变参数

浓度/%	$k/(mPa \cdot s)$		n	
	多糖	多糖+人工唾液	多糖	多糖+人工唾液
0		0.10±0.01		1.01±0.01
0.125	0.85±0.01	0.92±0.01	0.99±0.01	0.98±0.01
0.25	1.00±0.01	1.10±0.01	0.96±0.01	0.96±0.01
0.5	1.11±0.01	1.30±0.01	0.96±0.01	0.96±0.01
1	1.20±0.02	1.70±0.01	0.91±0.01	0.97±0.01
2	1.50±0.01	2.00±0.01	0.90±0.01	0.95±0.01
4	2.40±0.01	3.30±0.02	0.95±0.02	0.89±0.01

　　广叶绣球菌多糖的表观形貌呈球形颗粒,大小不一,表面粗糙,少数呈线团状堆积,水溶液中多糖分子呈链状构象,具有高度的分支结构,多糖链间由于氢键的作用,多股单链相互纠缠缔合形成多糖分子聚集体,链间形成小环且伴随一定的球形颗粒(杨亚茹等,

2019；郝正祺等，2017）。比起广叶绣球菌多糖水溶液的表观黏度变化，剪切应力的变化可以更加直观说明多糖分子之间的相互作用。

如图2-24所示，剪切应力随着剪切速率的增加而增大，说明随着剪切速率的增加，多糖的分子结构可能发生了变化，并且多糖分子的氢键作用力增强。在相同的剪切速率下，浓度高的广叶绣球菌多糖溶液的剪切应力大，加入人工唾液后，混合液的剪切应力大于多糖溶液，与表观黏度变化一致。0.125%～4%的浓度范围内，随着多糖浓度的增加，剪切应力随之增大，因为人工唾液中99%的成分是水，水与多糖分子之间的氢键作用和其他金属离子与多糖分子之间的作用，使得多糖分子与人工唾液之间的相互作用增强，从而使得剪切应力增大（倪柳芳等，2021），因此相同浓度的混合液的剪切应力大于多糖溶液。

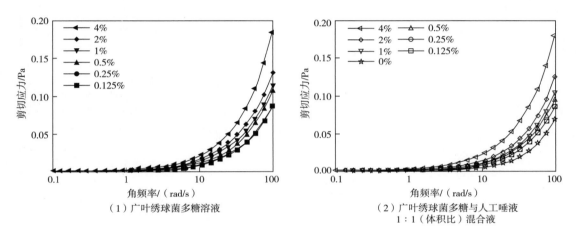

图2-24　加入人工唾液后广叶绣球菌多糖角频率对剪切应力的影响

2. 动态流动性

广叶绣球菌多糖是一种黏弹性材料，具有固体和液体的两种性质，损失正切 $\tan\delta = G''/G'$（δ 为损耗角），是黏性模量与弹性模量的比值，可直观反映体系的黏弹特性。当 $\tan\delta > 1$ 时，表明体系的黏性强于弹性，主要表现出液体的黏性；$\tan\delta < 1$，则表明体系的弹性大于黏性，表现出固体的凝胶特性（杨亚茹等，2019）。不同浓度的广叶绣球菌多糖溶液体系的 $\tan\delta$ 变化由图2-25（1）所示，随着角频率的增大，溶液的 $\tan\delta$ 逐渐增加；当广叶绣球菌多糖溶液的浓度为0.125%～2%时，$\tan\delta$ 始终大于1，表明0.125%～2%的广叶绣球菌多糖溶液主要表现出液体的黏性，是流动状态；当广叶绣球菌多糖溶液浓度为4%时，低频率扫描下 $\tan\delta$ 小于1，在高频率扫描下 $\tan\delta$ 大于1，根据 Cox-Mert 原则（周红等，2019），在高频率下聚合物出现剪切稀化现象，使得分子之间的缠结解开，重新取向，说明随着角频率的增加，4%的广叶绣球菌多糖溶液体系发生了变化，多糖分子之间连接解开，黏性成分逐渐占主体，表现出流体的性质，因此在低频率下表现为弱凝胶状态，在高频率状态下表现为流体状态。

与人工唾液混合后，广叶绣球菌多糖溶液随角频率变化的 $\tan\delta$ 如图2-25（2）所示，

0.125%~4%的广叶绣球菌多糖与人工唾液混合液的 tanδ 始终大于 1，说明加入人工唾液后，多糖分子充分溶解于人工唾液中，在多糖分子与唾液成分的相互作用下整个溶液体系黏性成分占比较高，表现为流体特征，且多糖分子与人工唾液的相互作用改变了 4%的广叶绣球菌多糖的黏弹性特征。

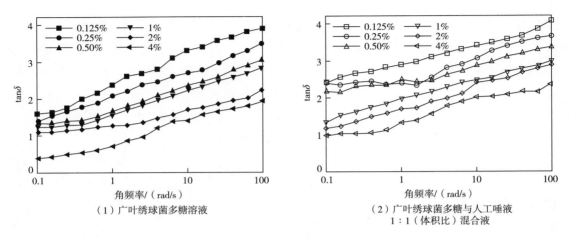

图 2-25　加入人工唾液前后广叶绣球菌多糖角频率变化对 tanδ 的影响

3. 粒径分布及平均粒径

如图 2-26（1）所示，广叶绣球菌多糖溶液的粒径分布主要集中在 10~100nm，极少部分分布在 100~1000nm，可能是由于多糖分子与少量的蛋白质结合形成的糖蛋白分子。可以明显看出 4%的多糖溶液在 100~1000nm 的粒径分布相比于其他浓度较多，可能是由于多糖分子之间的聚集，形成了比较大的多聚体，多聚体和多糖小颗粒占据了大量的空间，这与广叶绣球菌多糖的流变学性质一致，随着多糖浓度的上升，多糖分子之间的聚集增多，导致多糖的黏度增加，剪切应力增大。

溶液的粒径分布均匀表示溶液体系较为稳定，相同溶质溶于不同的溶液中，溶液的平均粒径越小，溶液体系越稳定（赵晨宇等，2021）。当广叶绣球菌多糖溶液与人工唾液 1:1（体积比，余同）混合后，混合液的粒径分布如图 2-26（2）所示，相比于广叶绣球菌多糖溶液，与人工唾液混合后，不同浓度的多糖溶液粒径分布更均匀，除少量粒径集中在 100~1000nm，大部分粒径均匀集中在 10~100nm，粒径的均匀分布可以说明广叶绣球菌多糖溶液在人工唾液中稳定性较好，人工唾液中的离子与多糖相互作用可以促进多糖在整个溶液体系中的均匀分布。

由表 2-8 可知，在 0.5%~4%的广叶绣球菌多糖浓度范围内，随着多糖浓度的增加，多糖分子之间的聚集性使得多糖分子的平均粒径增加，与剪切流变学性质一致。Guo et al.（2018）研究发现随着 Na^+ 浓度的增加，鲍鱼性腺多糖的粒径减小，溶液体系稳定；随着 K^+ 浓度的增大，多糖的粒径先减小再增大；随着 Ca^{2+} 浓度的增加鲍鱼性腺多糖的粒径逐渐

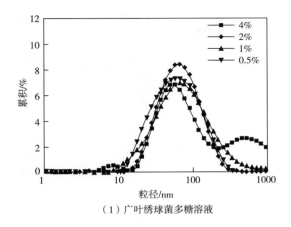

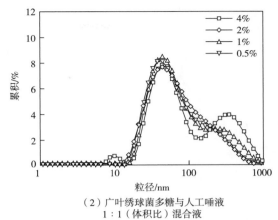

（1）广叶绣球菌多糖溶液　　　　　（2）广叶绣球菌多糖与人工唾液
　　　　　　　　　　　　　　　　　　　1:1（体积比）混合液

图 2-26　广叶绣球菌多糖粒径分布的变化

增大；随着 Mg^{2+} 浓度的增加，多糖的粒径总体降低至纯糖粒径以下，但有小幅度的增大，因此不同的金属离子对于多糖粒径的影响不同。在 0.5%~4% 浓度，广叶绣球菌多糖与人造唾液混合后平均粒径如表 2-8 所示，加入人工唾液后，广叶绣球菌多糖混合液的平均粒径显著增大（$p < 0.05$），这是因为人工唾液中含有许多金属离子，如 Na^+、K^+、Ca^{2+}、Mg^{2+} 等，金属离子在整个体系中分布较多，与多糖分子间通过离子间的相互作用缔结，使得多糖分子与金属离子缠联，导致多糖分子的粒径变大，因此也使得在相同浓度下，相比于多糖溶液，混合液的表观黏度和剪切应力要大。

表 2-8　　　　　不同浓度广叶绣球菌多糖与多糖唾液混合液的平均粒径对比

浓度/%	平均粒径/nm	
	广叶绣球菌多糖	广叶绣球菌多糖+人工唾液
0.5	50.42±0.01[A]	52.17±0.03[*][a]
1	51.46±0.01[A]	54.67±0.22[*][a]
2	52.49±0.02[A]	58.42±0.05[**][b]
4	55.97±0.43[B]	60.48±0.01[**][b]

注：A、B 表示不同浓度广叶绣球多糖平均粒径比较，a、b 表示不同浓度广叶绣球菌多糖+人造唾液平均粒径比较，差异显著（$p < 0.05$）；* 表示在同一浓度下广叶绣球菌多糖、广叶绣球菌多糖+人工唾液平均粒径比较，差异显著（$p < 0.05$），** 差异极显著（$p < 0.01$）。

二、广叶绣球菌多糖与口腔唾液混合液的拉伸流变特性

1. 广叶绣球菌多糖溶液表面张力的变化

（1）毛细管上升法中各参数的测量　毛细管上升法测量液体表面张力，各参数测定如图 2-27 所示。溶液密度测定如图 2-27（1）所示，随着广叶绣球菌多糖浓度的增加，广叶绣球菌多糖溶液的密度呈上升趋势，符合一般规律；广叶绣球菌多糖溶液与人工唾液混合后，混合液的密度升高，这是因为人工唾液的成分中含有 1% 的其他成分，附着包裹在

广叶绣球菌多糖分子之间的间隙中，使得密度增大。

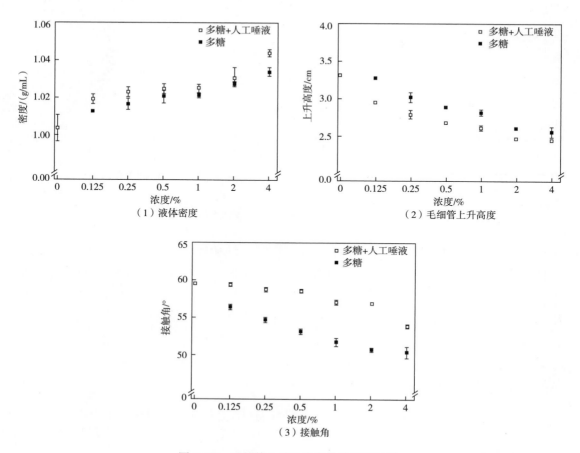

（1）液体密度　　（2）毛细管上升高度

（3）接触角

图 2-27　毛细管上升法中各参数测定结果

影响毛细管上升高度的因素主要是溶液的密度，溶液的密度越低，上升高度越高（安郁宽，2010）。毛细管上升高度测定如图 2-27（2）所示，广叶绣球菌多糖溶液及其唾液混合液的密度越大，上升高度越低。

液滴在表面上的接触角是表征表面润湿性能的重要参数（李健等，2021）。液体的浸润性越好，接触角越小，在玻璃表面形成的水滴越扁平，接触角越大则表明该液体的浸润性较差，在玻璃表面形成的水滴会较为圆润。接触角测定如图 2-27（3）所示，广叶绣球菌多糖溶液及广叶绣球菌多糖与唾液的混合液整体上随着溶液浓度的增加，接触角减小。这是因为广叶绣球菌多糖是一种表面活性剂，广叶绣球菌多糖的浓度越大，会使浸润现象越明显，接触角就越小；但广叶绣球菌多糖溶液与人工唾液混合后，无机盐离子会增大液相内聚性，使得浸润现象减弱，接触角变大（齐崇海，2021）。

（2）表面张力的变化　　将所测得的各参数数值代入公式得到表面张力的数值，如表 2-9 所示。常温下水的表面张力是 72.4mN/m，水具有表面张力主要是水分子之间的氢键起作用（Ren et al. 2014），加入多糖后，随着多糖溶解在水中，多糖分子具有亲水性，使得氢键的强度降低，水溶液的表面张力下降，因此多糖水溶液的表面张力要小于 72.4mN/m，随着多糖浓度的增加，多糖水溶液的表面张力减小；人工唾液中有大量的金属离子，金属之间的相互作用力要强于氢键的作用力，因此人工唾液的表面张力为 86.95mN/m，比水的表面张力大，随着广叶绣球菌多糖的加入，会逐渐降低金属离子之间的作用力，表面张力减小；相同浓度下，广叶绣球菌多糖溶液的表面张力显著小于广叶绣球菌多糖与人工唾液混合物的表面张力（$p<0.01$）。

表 2-9　　　　　　不同浓度广叶绣球菌多糖与多糖唾液混合液的表面张力对比

浓度/%	表面张力/（mN/m）	
	多糖	多糖+人工唾液
0	—	86.95±0.26[g]
0.125	64.42±0.88[E]	84.05±0.11[**f]
0.25	59.16±0.53[D]	79.34±0.24[**e]
0.5	55.01±0.52[C]	70.64±0.20[**d]
1	52.06±0.38[B]	68.10±0.23[**c]
2	48.24±0.10[A]	63.56±0.21[**b]
4	48.06±0.58[A]	59.42±0.17[**a]

注：A~E 表示不同浓度多糖的表面张力比较，a~g 表示不同浓度多糖+唾液的表面张力比较，差异显著（$p<0.05$）；* 表示在同一浓度下多糖和多糖+人工唾液的表面张力比较，差异显著（$p<0.05$），** 差异极显著（$p<0.01$）。

2. 拉伸断裂时间

由表 2-10 可知，在同一拉伸速度下，人工唾液断裂时间最短，多糖与人工唾液的混合溶液断裂时间最长，多糖与人工唾液的混合液拉伸断裂时间与人工唾液和多糖溶液的拉伸断裂时间差异显著（$p<0.05$）；在不同拉伸速度下，各溶液随着拉伸速度的加快，断裂时间变短。在拉伸过程中，溶液会形成液柱，液柱的拉伸断裂时间是溶液的表面张力和伸拉黏度共同作用的结果，表面张力越大，液体的黏度越高，由表面张力数值已知，多糖与人工唾液混合后表面张力升高，因此定性分析可知，广叶绣球菌多糖与人工唾液混合后使得人工唾液的拉伸黏度增加，这与 Yuan et al.（2018）的研究一致。

表 2-10　　　　　　不同拉伸速度下溶液断裂时间

拉伸速度/（mm/s）	断裂时间/s		
	人工唾液	多糖	多糖+人工唾液
0.04	8.80±0.02	9.80±0.02	10.02±0.02[*#]
0.2	5.62±0.02	8.34±0.02	10.00±0.02[*#]

续表

拉伸速度/(mm/s)	断裂时间/s		
	人工唾液	多糖	多糖+人工唾液
1	3.62±0.02	4.38±0.02	4.66±0.02 *#
5	1.04±0.02	1.24±0.02	1.34±0.02 *#

注：* 为人工唾液与8%多糖+人工唾液对比；#为8%多糖与8%多糖+人工唾液对比，差异显著（$p<0.05$）。

3. 拉伸断裂高度

从 $t=0$ 时开始拉伸，在 $t=10s$ 时结束，不同的拉伸速度在从 $v=0mm/s$ 至到达相应的拉伸速度需要一定的时间，因此拉伸断裂高度在数值上不等于拉伸速度与拉伸断裂时间的乘积。由图2-28可知，在同一拉伸速度下，广叶绣球菌多糖与唾液的混合溶液的断裂高度最大，人工唾液的断裂高度最低，但在拉伸速度为0.04mm/s时，三者的断裂高度相差不大，而当随着拉伸速度的增加，三者的断裂高度有明显的差异，说明在人工唾液中加入多糖溶液中，多糖分子之间的聚集可以在一定的范围内提升人工唾液的拉伸延展性，与Yuan et al.（2018）的研究一致，说明广叶绣球菌多糖也有促进吞咽的效果。

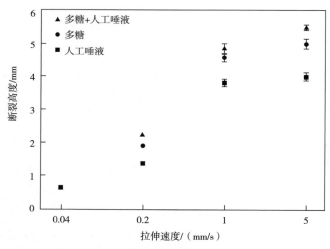

图2-28　不同拉伸速度对断裂高度的影响

4. 拉伸应力变化

拉伸过程中的拉伸应力的变化可以看出在整个拉伸过程中溶液液柱的动态变化，这个过程可以模拟在人体口腔中当食团进入到食道后的动态变化过程。

图2-29所示为不同拉伸速度下溶液拉伸应力随拉伸高度的变化，当溶液的液柱拉伸压力在0.00~0.02N波动时，表明液柱已经在拉伸断裂的边缘，直至断裂时拉伸应力变为0N；人工唾液最大拉伸压力对应的拉伸高度最低，并且断裂高度也最低，广叶绣球菌多糖与人工唾液的混合液最大拉伸压力对应的拉伸高度最高，且断裂高度最高，这与之前的拉伸断裂时间和高度相对应。当拉伸高度在0.25~1mm时，各拉伸速度的拉伸应力变化趋势

一致，且各溶液液柱的最大拉伸应力的出现位置大致相同，人工唾液的最大拉伸压力在 0.06~0.08N，出现的高度为 0.3mm，多糖溶液的最大拉伸应力在 0.07~0.09N 波动，出现高度为 0.4~0.5mm，广叶绣球菌多糖与唾液混合液的最大拉伸应力为 0.12N，出现高度为 0.55~0.75mm。通过拉伸断裂时间、拉伸断裂高度及拉伸应力变化可知，广叶绣球菌多糖可增大人工唾液的拉伸黏度、拉伸应力以及拉伸延展性。

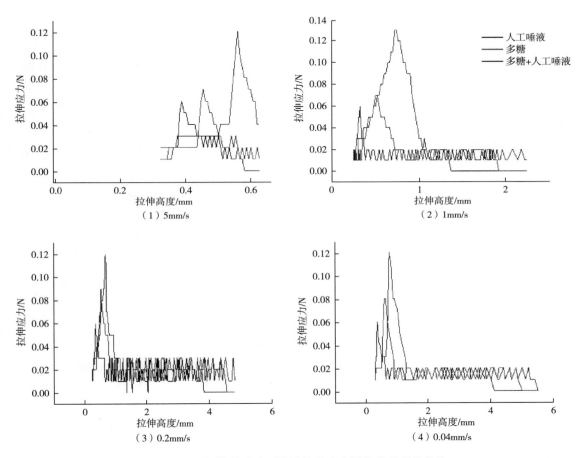

图 2-29　不同拉伸速度下溶液拉伸应力随拉伸高度的变化

三、广叶绣球菌多糖与口腔唾液混合物溶液的抑菌性

1. 抑菌率

如图 2-30 所示，在 60min 内，广叶绣球菌多糖对变异链球菌、血链球菌、唾液链球菌、黏性放线菌和白色念珠菌有抑制作用，且抑制作用随着多糖浓度的增加而增强。16% 的广叶绣球菌多糖对唾液链球菌和黏性放线菌的抑制作用最强，抑制率分别为 93.78% 和 96.22%，对变异链球菌、血链球菌和白色念珠菌的抑制率分别为 87.86%、89.09% 和 85.54%。

2. pH 变化

不同浓度广叶绣球菌多糖对模拟口腔变异链球菌唾液的产酸抑制如表 2-11 所示，随

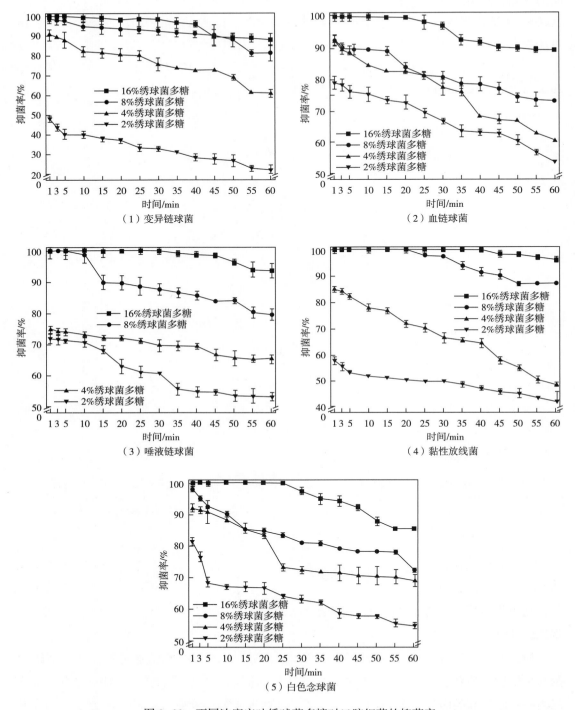

（1）变异链球菌　　　　　　　　　　（2）血链球菌

（3）唾液链球菌　　　　　　　　　　（4）黏性放线菌

（5）白色念球菌

图2-30　不同浓度广叶绣球菌多糖对口腔细菌的抑菌率

着多糖浓度的减小，对产酸抑制的能力下降；16%的广叶绣球菌多糖可显著抑制口腔变异链球菌唾液的产酸能力（$p<0.01$），2%的广叶绣球菌多糖没有抑制产酸作用，并且随着时

间的增加，2%的广叶绣球菌多糖组产酸多于对照组，因此，通过酸度变化及抑菌率可知，2%的广叶绣球菌多糖可能对口腔变异链球菌唾液没有抑制作用，并且2%广叶绣球菌多糖可能会为口腔变异链球菌提供营养物质，促进生长。

表2-11　　　　不同浓度广叶绣球菌多糖对口腔变异链球菌产酸的抑制作用

时间/min	ΔpH				
	对照组	2%多糖	4%多糖	8%多糖	16%多糖
1	0.089±0.012	0.075±0.013	0.045±0.005	0.000±0.000	0.000±0.000 *
3	0.105±0.023	0.097±0.003	0.085±0.004	0.078±0.002	0.000±0.000 *
5	0.238±0.052	0.215±0.001	0.180±0.02 *	0.100±0.001 **	0.000±0.000 **
10	0.260±0.088	0.310±0.005	0.180±0.005 *	0.110±0.001 **	0.015±0.001 **
15	0.295±0.016	0.395±0.001	0.210±0.001 *	0.120±0.001 **	0.055±0.015 **
20	0.360±0.013	0.400±0.001	0.210±0.04 *	0.150±0.001 **	0.070±0.03 **
25	0.372±0.016	0.440±0.04	0.230±0.001 *	0.155±0.001 **	0.075±0.04 **
30	0.413±0.014	0.550±0.01	0.250±0.002 *	0.200±0.005 **	0.080±0.035 **
35	0.455±0.02	0.575±0.035	0.270±0.001 **	0.205±0.02 **	0.095±0.015 **
40	0.480±0.016	0.680±0.015	0.270±0.02 **	0.265±0.005 **	0.105±0.02 **
45	0.565±0.014	0.685±0.001	0.280±0.005 **	0.280±0.001 **	0.125±0.035 **
50	0.612±0.188	0.765±0.005	0.375±0.03 **	0.320±0.02 **	0.130±0.005 **
55	0.683±0.187	0.825±0.025	0.410±0.02 **	0.320±0.024 **	0.160±0.06 **
60	0.757±0.185	1.020±0.11	0.485±0.015 *	0.360±0.015 **	0.240±0.01 **

注：差异对比为各组与对照组，* 表示差异显著（$p < 0.05$），** 表示差异极显著（$p < 0.01$）。

3. 口腔加工对代谢的影响

（1）代谢通路及代谢物　代谢通路和代谢物如图2-31所示，代谢通路共366条、代谢产物626种，其中涉及氨基酸代谢、脂肪酸代谢、糖代谢以及维生素、泛素等代谢通路，利用公共数据库的二级图谱进行代谢物二级图谱匹配，基于HMDB数据库分类信息，将二级图谱的物质分类进行统计（乔宏兴等，2021），统计结果如图2-32所示。

根据HMDB数据库分类可将代谢产物分为有机杂环化合物，有机含氧化合物，有机酸及其衍生物，核苷、核苷酸及其类似物和脂质及类脂分子五类，其中代谢产物主要集中在三类——脂质和类脂分子302种，有机杂环化合物169种，有机酸及其衍生物121种。对二级图谱的代谢物提交到KEGG进行代谢途径分析，前20条KEGG代谢通路结果如图2-33所示，分为四类：10条全局和总览图通路，6条氨基酸代谢通路，3条脂肪酸代谢通路，1条维生素及泛素代谢通路。根据10条全局和总览图可知，167种代谢产物富集到代谢相关

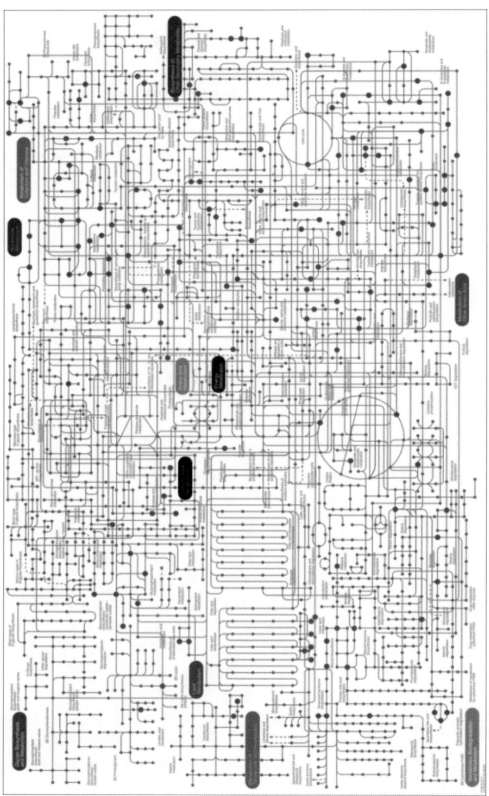

图2-31　代谢通路和代谢物图

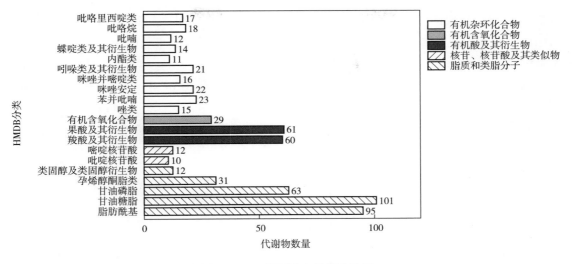

图 2-32　二级图谱分类统计结果

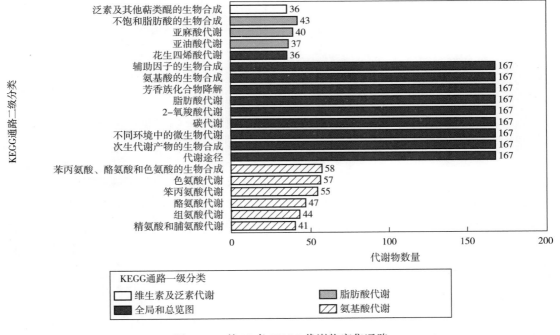

图 2-33　前 20 条 KEGG 代谢物富集通路

途径，涉及次生代谢产物的生物合成、不同环境中的微生物代谢、碳代谢、2-氧羧酸代谢、脂肪酸代谢、芳香族化合物降解、氨基酸的生物合成和辅助因子的生物合成。其他代谢途径中，维生素及泛素代谢途径和不饱和脂肪酸的生成代谢途径主要集中在加入广叶绣球菌多糖的变异链球菌、血链球菌和唾液链球菌的试验组中。

（2）核苷酸数量　细菌的生长繁殖是利用营养物质进行合成代谢的过程，核苷酸的数量代表了细菌合成的 DNA、RNA 等遗传信息的数量，可以间接反映细菌的生长。根据 HMDB 数据库二级图谱分类统计结果统计核苷、核苷酸数量，结果如图 2-34 所示，SMP、SS1P、SS2P 试验组的核苷酸数量显著低于其对应的 SM、SS1、SS2 对照组。说明加入广叶绣球菌多糖后可显著抑制变异链球菌、唾液链球菌和血链球菌的生长。

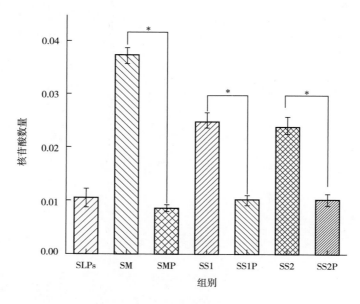

图 2-34　核苷酸数量

注：SLPs 为广叶绣球菌多糖组；SM、SS1、SS2 分别为变异链球菌、唾液链球菌、血链球菌对照组；SMP、SS1P、SS2P 分别为对应的试验组。

（3）酸性代谢物　口腔变异链球菌、唾液链球菌、血链球菌是耐酸且利用营养物质产生酸性代谢物的菌种，可导致龋齿、口腔溃疡、牙周炎等一系列口腔疾病。以变异链球菌为主的产酸菌以其产酸和耐酸特性依附于牙齿表面形成牙菌斑导致牙齿脱矿，引起龋齿并导致一系列炎症，且酸性物质会刺激口腔黏膜引发口腔溃疡等，因此抑制口腔菌的产酸能力对于维持较好的口腔微生态环境具有重要意义（Sanpinit et al. 2022；钱思佳等，2017）。

从有机酸及其衍生物、脂肪酸及其衍生物和氨基酸中筛选可产生游离氢离子的酸性物质进行统计分析，结果如图 2-35 所示。在对照组、多糖组和试验组中共产生 43 种酸性代谢物，且试验组与对照组相比酸性成分有显著差异，试验组产生的酸性代谢物的量显著少于对照组（$p<0.05$），在变异链球菌、唾液链球菌、血链球菌试验组中，大量产生饱和脂肪酸和不饱和脂肪酸等成分，而在其相应的对照组中，则较多产生酮戊二酸、琥珀酸、氨基己二酸、吲哚乙酸等有机酸性成分。变异链球菌、唾液链球菌和血链球菌试验组与对照组、多糖组相比产生的差异性代谢产物如表 2-12～表 2-14 所示。

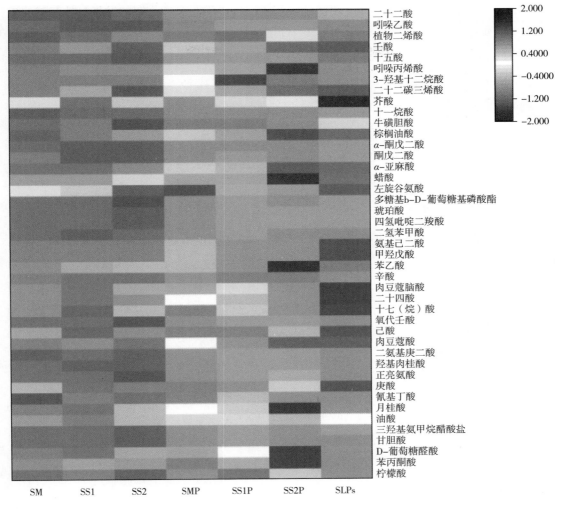

图 2-35 酸性代谢物热图

变异链球菌差异酸性代谢产物如表 2-12 所示，试验组与对照组相比，柠檬酸、琥珀酸、吲哚乙酸、二氨基庚二酸、四氢吡啶二羧酸显著减少（$p<0.05$），油酸、芥酸、苯丙酮酸显著增多（$p<0.05$）；试验组与多糖组相比，油酸、芥酸、苯丙酮酸显著减少（$p<0.05$），说明加入广叶绣球菌多糖后，变异链球菌产生有机酸减少，脂肪酸增多，其酸性物质总含量显著低于对照组（$p<0.05$）。

表 2-12　　　　　　　　　　　　　变异链球菌差异酸性代谢产物

类别	对照组	多糖组	试验组
柠檬酸	1.71E-04±6.80E-06	1.04E-04±1.10E-05	1.02E-04±3.40E-05*
琥珀酸	3.40E-03±1.90E-04	1.18E-03±6.71E-04	1.10E-03±2.10E-04*
3-氨基丙烯酸	2.79E-02±2.17E-03	7.26E-04±3.42E-05	2.95E-03±1.52E-04#

续表

类别	对照组	多糖组	试验组
吲哚乙酸	2.15E-03±2.40E-04	9.37E-04±1.06E-04	7.84E-04±4.55E-05*
二氨基庚二酸	4.40E-03±2.31E-04	5.55E-04±9.35E-05	7.93E-04±1.00E-04*
四氢吡啶二羧酸	2.73E-03±1.14E-04	8.03E-04±9.83E-05	7.12E-04±6.73E-05*
油酸	5.01E-04±6.70E-05	1.19E-03±3.48E-04	6.36E-04±8.77E-05*#
芥酸	6.89E-03±3.44E-04	1.56E-02±1.40E-03	1.14E-02±1.91E-03*#
苯丙酮酸	1.19E-04±1.34E-05	1.18E-04±8.56E-06	1.85E-04±1.25E-05*#

注：*为试验组与对照组对比，#为试验组与多糖组对比，差异显著（$p < 0.05$）。

唾液链球菌差异酸性代谢产物如表2-13所示，试验组与对照组相比，柠檬酸、琥珀酸、3-氨基丙烯酸、吲哚乙酸、氨基乙二酸、二氨基庚二酸、四氢吡啶二羧酸显著减少（$p < 0.05$），油酸、二十二碳三烯酸、芥酸显著增多（$p < 0.05$）；试验组与多糖组相比，油酸、二十二碳三烯酸、芥酸显著减少（$p < 0.05$）；说明加入多糖后，唾液链球菌产生的有机酸减少，脂肪酸增多，其总酸性物质含量显著低于对照组（$p < 0.05$）。

表2-13　　　　　　　　　　唾液链球菌差异酸性代谢产物

类别	对照组	多糖组	试验组
柠檬酸	1.66E-04±1.12E-05	1.04E-04±1.10E-05	9.39E-05±2.34E-06*
琥珀酸	3.49E-03±1.12E-04	1.18E-03±6.71E-04	1.17E-03±1.24E-04*
3-氨基丙烯酸	2.90E-02±4.51E-03	7.26E-04±3.42E-05	3.53E-03±1.40E-04*#
吲哚乙酸	2.19E-03±1.33E-04	9.37E-04±1.06E-04	7.87E-04±8.95E-05*
氨基乙二酸	7.40E-05±4.50E-06	5.28E-04±4.61E-05	4.18E-04±6.70E-05*
二氨基庚二酸	4.37E-03±1.21E-04	5.55E-04±9.35E-05	5.79E-04±1.23E-04*
四氢吡啶二羧酸	2.81E-03±2.11E-04	8.03E-04±9.83E-05	8.05E-04±6.72E-5*
油酸	4.40E-04±1.31E-05	1.19E-03±3.48E-04	6.12E-04±5.60E-05#
二十二碳三烯酸	2.35E-04±1.52E-05	9.48E-04±6.53E-05	1.22E-03±8.47E-05*#
芥酸	8.17E-03±5.65E-04	1.56E-02±1.40E-03	1.34E-02±9.81E-04*#

注：*为试验组与对照组对比，#为试验组与多糖组对比，差异显著（$p < 0.05$）。

血链球菌差异性酸性代谢产物如表2-14所示，试验组与对照组相比，柠檬酸、琥珀酸、四氢吡啶二羧酸、3-氨基丙乙酸、吲哚乙酸、二氨基庚二酸显著减少（$p < 0.05$），芥酸、顺二十二碳三烯酸显著增多（$p < 0.05$）；试验组与多糖组相比，3-氨基丙烯酸、顺二十二碳三烯酸显著增多（$p < 0.05$），加入广叶绣球菌多糖后，血链球菌产生的有机酸减

少，脂肪酸增多，酸性物质总含量显著低于对照组（$p<0.05$）。

表 2-14 血链球菌差异酸性代谢产物

名称	对照组	多糖组	试验组
柠檬酸	1.77E-04±1.31E-05	1.04E-04±1.10E-05	1.22E-04±5.72E-06*
琥珀酸	3.73E-03±3.67E-04	1.18E-03±6.71E-04	1.14E-03±7.84E-05*
3-氨基丙乙酸	3.11E-02±2.50E-03	7.26E-04±3.42E-05	3.56E-03±2.11E-04*#
吲哚乙酸	2.09E-03±9.30E-05	9.37E-04±1.06E-04	8.17E-04±3.55E-05*
二氨基庚二酸	4.40E-03±2.13E-04	5.55E-04±9.35E-05	5.85E-04±1.11E-04*
四氢吡啶二羧酸	2.97E-03±1.12E-04	8.03E-04±9.83E-05	8.15E-04±2.30E-05*
芥酸	5.41E-03±7.32E-04	1.56E-02±1.40E-03	1.47E-02±1.17E-04*
顺二十二碳三烯酸	2.51E-04±1.22E-05	9.48E-04±6.53E-05	1.04E-03±9.12E-05*#

注：*为试验组与对照组对比，#为试验组与多糖组对比，差异显著（$p<0.05$）。

综合表 2-12～表 2-14 分析可知，变异链球菌、唾液链球菌和血链球菌之间产生差异性酸性代谢物成分差异不显著，符合其口腔菌群生长特点，且各菌种之间可能存在相互作用。加入广叶绣球菌多糖后，变异链球菌、唾液链球菌和血链球菌的变化趋于一致，有机酸含量减少，说明进行的糖代谢途径减少导致有机酸代谢物减少，这可能是因为广叶绣球菌多糖是主链为 β-(1→3)-D-葡聚糖、支链为 β-(1→6)-D-葡聚糖，口腔菌无法分解或分解较慢，分解口腔菌的主要是广叶绣球菌多糖 α-糖苷键相连的多糖分支；脂肪酸含量增多，一部分原因是广叶绣球菌多糖含有部分的糖脂分子，在菌分解过程中糖脂分子从多糖支链上被分解。研究发现细菌可采用 Ⅱ 型脂肪酸合成系统合成饱和脂肪酸和不饱和脂肪酸，在不同细菌中合成的脂肪酸种类不同，合成方式也不尽相同（余永红等，2016；刘颖文等，2018），因此另一部分原因可能是菌分解代谢广叶绣球菌多糖的过程中合成了脂肪酸。此外，研究表明脂肪酸可以通过靶向作用抑制细菌的细胞壁和细胞膜生成来选择性对抗革兰阳性细菌（Nalina and Rahim，2007；Hattori et al. 1987）。变异链球菌、唾液链球菌和血链球菌是革兰阳性细菌，因此，油酸、二十二碳三烯酸、芥酸等脂肪酸中间代谢物可能会反向抑制 3 种口腔菌的生长。有研究表明酸性代谢物苯基丙酮酸是一种强杀菌物质，具有防龋特性，可抑制革兰阳性和革兰阴性细菌和真菌（Somers et al. 2005；黄慧敏，2018）。

（4）抗生素 分析有机杂环化合物差异性代谢产物发现变异链球菌、唾液链球菌和血链球菌试验组与对照组之间的差异性代谢产物为四种次生产物抗生素：维吉尼亚霉素 S1、他克莫司、制霉菌素和喷司他丁，如图 2-36 所示。抗生素是微生物、高等植物和动物具有的一类抗病原体或其他活性生物的次生代谢物，可干扰其他生命细胞的发育功能（Dantas et al. 2008）。有研究表明次生代谢产物抗生素的减少可能会威胁到细菌本身的生长（Hamad，2010），变异链球菌、唾液链球菌和血链球菌是否存在这一特性需要进一步的研究。在四种抗生素中，他克莫司和喷司他丁具有免疫抑制特性（刘永娟和李娜，2021；Xia et al. 2017），维吉尼亚霉素S1对多种革兰阳性菌有抑制作用（仝倩倩等，2020），制霉菌素能抑制真菌和皮癣菌的活性（何晴等，2020），对细菌无抑制作用。四种抗生素合成机理暂不明确，但四种抗生素对变异链球菌、唾液链球菌和血链球菌自身没有抑制作用。

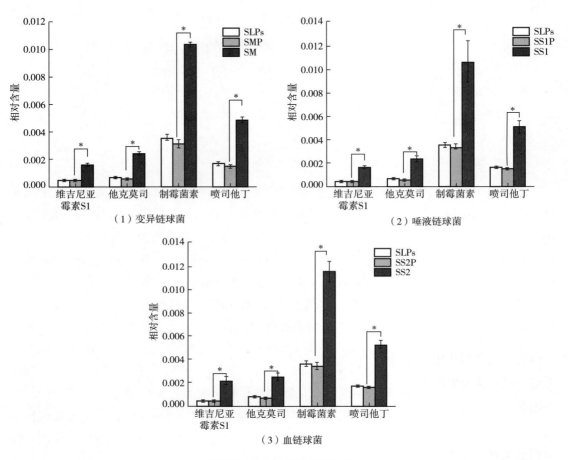

图 2-36　其他差异代谢产物

（5）气味成分　口腔内多种微生物（如：变异链球菌、唾液链球菌、血链球菌、念珠菌及一些其他的厌氧菌）与口源性口臭的发生密切关联（单晨和叶玮，2020；Tanda et al. 2015），试验从所有代谢物中筛选气味成分，综合分析变异链球菌、唾液链球菌和血链球菌试验组与对照组的主要差异性气味代谢成分结果如图 2-37 所示。对照组中，在厌氧环境下变异链球菌、唾液链球菌、血链球菌分解营养物质可产生吲哚、尸胺、腐胺、邻甲酚等多种散发恶臭气味的成分，而试验组添加广叶绣球菌多糖成分后，主要的气味物质香茅醇、巨豆三烯酮、蘑菇醇及薄荷醇等富有广叶绣球菌多糖独特的清香，且在口腔菌的作用下生成的乙酸庚酯和δ-癸内酯也散发令人愉悦的气味。说明广叶绣球菌多糖可抑制变异链球菌、唾液链球菌、血链球菌的生长，改善口腔气味。

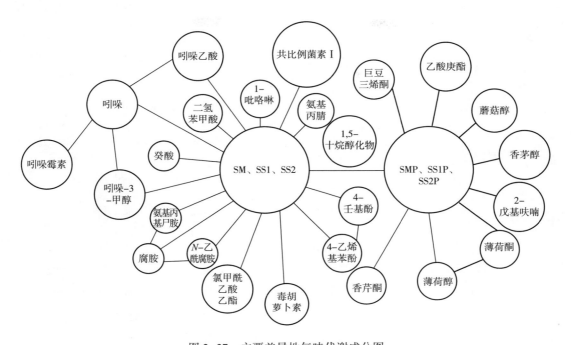

图 2-37 主要差异性气味代谢成分图

注：气泡大小代表物质相对含量，物质相连表示物质之间有相关性。

（6）广叶绣球菌多糖分解 根据试验组代谢通路及代谢产物的分析，广叶绣球菌多糖在变异链球菌、唾液链球菌和血链球菌各自的分解作用下可能的分解过程如图 2-38 所示。在口腔菌的分解作用下，可产生水苏糖、棉子糖、甘露糖、麦芽糖、麦芽七糖等低聚糖，低聚糖进一步分解产生葡萄糖进入糖代谢途径，除产生葡萄糖外，还可产生饱和脂肪酸及不饱和脂肪酸成分，脂肪酸可进一步形成脂肪酸酯成分。

（7）广叶绣球菌多糖抑菌机理 根据代谢组学数据分析结果，认为广叶绣球菌多糖对口腔菌变异链球菌、唾液链球菌、血链球菌的抑制机理可能有三条途径，如图 2-39 所示：第一，广叶绣球菌多糖抑制代谢，主要体现在抑制糖代谢、色氨酸代谢和精氨酸代谢。在酸性代谢产物分析中，加入广叶绣球菌多糖后，变异链球菌、唾液链球菌、血链球菌产生的柠檬酸和琥珀酸显著减少（$p<0.05$），说明广叶绣球菌多糖抑制口腔菌进行葡萄糖代谢。根据 KEGG 富集通路和差异代谢物统计分析，广叶绣球菌多糖抑制色氨酸及精氨酸的代谢，气味代谢物差异分析中，氨基丙基尸胺、N-乙酰腐胺和腐胺是精氨酸代谢途径的中间代谢物（Lu，2006），吲哚乙酸和 3-氨基丙乙酸是色氨酸代谢途径的中间代谢物（Sun et al. 2020），加入广叶绣球菌多糖后，这些成分显著减少（$p<0.05$）。第二，广叶绣球菌多糖可通过抑制赖氨酸的生物合成来抑制变异链球菌、唾液链球菌、血链球菌的生长。研究表明赖氨酸乙酰化在调节细菌代谢、转录、翻译和对环境变化的应激反应中发挥

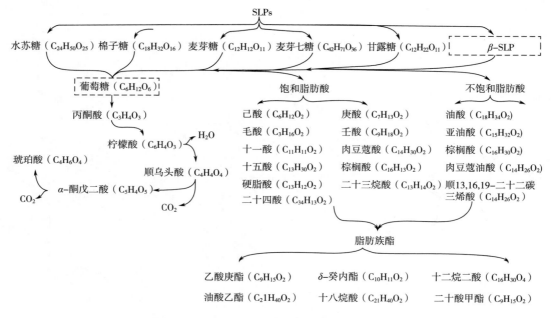

图 2-38　口腔菌分解广叶绣球菌多糖过程预测图

注：虚线表示实际未检测出。

关键作用（Rodionov et al. 2003），已经证实在变异链球菌形成生物膜的过程中赖氨酸乙酰化在蛋白活性的调节中发挥了至关重要的作用，抑制细菌中赖氨酸的生成会影响赖氨酸乙酰化进程，进而影响细菌的代谢繁殖（Lei et al. 2021）。赖氨酸的合成中间体二氨基庚二酸、四氢吡啶二羧酸含量在加入广叶绣球菌多糖后显著减少（$p < 0.05$），抑制了赖氨酸的生物合成。第三，生成物的反向抑制，加入广叶绣球菌多糖后产生的一些代谢产物对变异链球菌、唾液链球菌和血链球菌有抑制作用，如油酸、二十二碳三烯酸和3-苯基丙酮酸。

综上，广叶绣球菌多糖与人工唾液混合后，人工唾液可促进多糖分子在溶液体系中的均匀分布，多糖的平均粒径、表观黏度和黏弹性发生改变，增大人工唾液的拉伸黏度、拉伸应力以及拉伸延展性。模拟口腔加工后，广叶绣球菌多糖对变异链球菌、血链球菌、唾液链球菌、黏性放线菌和白色念珠菌有抑制作用，抑制变异链球菌、唾液链球菌和血链球菌大量产生酮戊二酸、琥珀酸、氨基己二酸、吲哚乙酸等有机酸性成分以及吲哚、尸胺、腐胺、邻甲酚等多种散发恶臭气味的成分，分解广叶绣球菌多糖可产生芥酸、顺二十二碳三烯酸等脂肪酸成分，及乙酸庚酯和丁位癸内酯等散发令人愉悦气味的成分。代谢组学分析结果表明，可能通过三条途径抑制变异链球菌、唾液链球菌和血链球菌，一是抑制糖代谢、色氨酸代谢和精氨酸代谢；二是抑制赖氨酸的生物合成；三是中间代谢产物油酸、二十二碳三烯酸和3-苯基丙酮酸对变异链球菌、唾液链球菌和血链球菌有抑制作用。

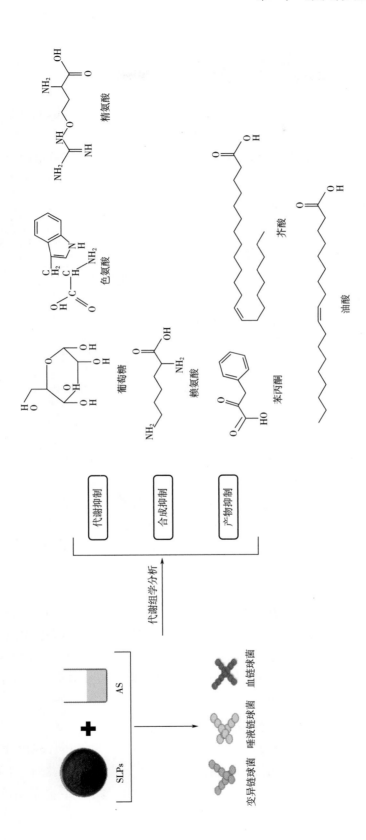

图2-39 广叶绣球菌多糖对口腔菌的可能抑菌机理

第四节 绣球菌多糖的抗氧化作用

在新陈代谢过程中，机体可以产生很多自由基，进而对机体产生毒性，这些自由基的存在及其诱导的氧化反应会引起交联键的形成以及细胞膜的损伤，使得机体中酶活性降低以及 DNA 链断裂，进而诱发机体的代谢紊乱，引起机体的衰老以及各种疾病的发生（楚杰等，2017）。绣球菌多糖是绣球菌中主要的活性成分，具有广泛的药理价值，对于提高机体免疫力、清除自由基以及代谢调节具有一定的作用。本节对绣球菌多糖的抗氧化特性进行分析。

一、绣球菌多糖对 DPPH· 的清除能力

由图 2-40 可知，在 0.25~4mg/mL，SCPs，SCP-1、SCP-2、SCP-3 及 SCP-4 对 DP-PH· 清除率随着多糖浓度的升高逐渐增大，其半抑制浓度（IC_{50} 值）分别为 2.85mg/mL、4.00mg/mL、3.87mg/mL、2mg/mL、1.78mg/mL。说明绣球菌多糖对 DPPH· 具有一定的清除作用，清除能力大小为 SCP-4>SCP-3>SCPs>SCP-2>SCP-1。

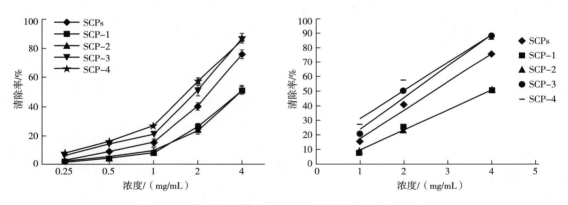

图 2-40 绣球菌多糖对 DPPH· 的清除作用及其 IC_{50} 值

二、绣球菌多糖对·O_2H 的清除能力

由图 2-41 所示，在 0.25~4mg/mL，随着多糖浓度的升高，SCPs，SCP-1、SCP-2、SCP-3 及 SCP-4 对·O_2H 的清除率逐渐增大，其 IC_{50} 值分别为 1.12mg/mL、1.87mg/mL、2.88mg/mL、0.75mg/mL、0.63mg/mL。说明绣球菌多糖对·O_2H 具有一定的清除能力，清除能力大小为 SCP-4>SCP-3>SCPs>SCP-1>SCP-2。

三、绣球菌多糖对·OH 的清除能力

如图 2-42 所示，在 0.25~4mg/mL，随着多糖浓度的升高，SCPs，SCP-1、SCP-2、SCP-3 及 SCP-4 对·OH 的清除能力逐渐增强，其 IC_{50} 值分别为 0.78mg/mL、1.65mg/mL、1mg/mL、0.63mg/mL、0.73mg/mL。说明绣球菌多糖对·OH 均具有一定的清除作用，清除能力大小为 SCP-3>SCP-4>SCPs>SCP-2>SCP-1。

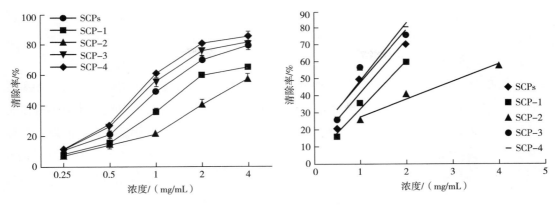

图 2-41　绣球菌多糖对·O_2H 的清除作用及其 IC_{50} 值

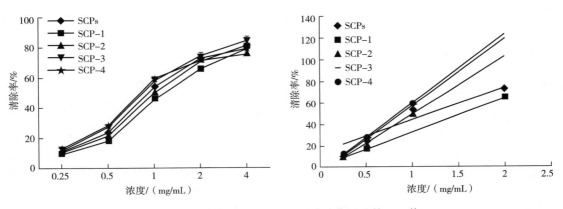

图 2-42　绣球菌多糖对·OH 的清除作用及其 IC_{50} 值

四、绣球菌多糖对 O_2^-·的清除能力

由图 2-43 可知，在 0.25～4mg/mL，随着多糖浓度的升高，SCPs，SCP-1、SCP-2、SCP-3 及 SCP-4 对 O_2^-·清除率逐渐增大，说明绣球菌多糖 SCPs 及其纯化组分对 O_2^-·均

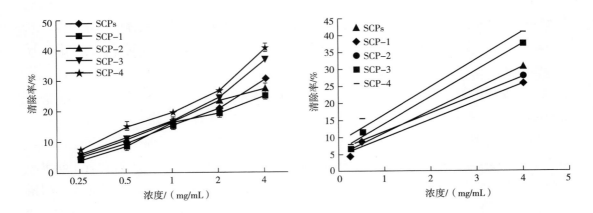

图 2-43　绣球菌多糖对 O_2^-·的清除作用及其 IC_{50} 值

具有一定的清除能力，其 IC$_{50}$ 值分别为 5.0mg/mL、5.8mg/mL、7mg/mL、8.5mg/mL 以及 9.3mg/mL，清除能力为 SCP-4>SCP-3>SCP-2>SCP-1>SCPs。

五、绣球菌多糖总还原力

如图 2-44 所示，随着多糖浓度的升高，吸光度（OD 值）逐渐增大，绣球菌多糖 SCPs，SCP-1、SCP-2、SCP-3 及 SCP-4 总还原力逐渐增强，说明各组分绣球菌多糖均具有一定的还原能力，在多糖浓度为 4mg/mL 时，其 OD 值分别为 0.18、0.19、0.16、0.35 以及 0.38，还原能力 SCP-4>SCP-3>SCP-1>SCPs>SCP-2。

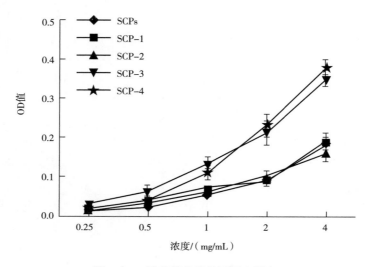

图 2-44　绣球菌多糖总还原力测定

研究发现，食用菌多糖可以通过清除机体内的自由基、抑制脂质的过氧化活性、使抗氧化酶的活性提高以保护生物膜和减慢机体衰老（金城，2013）。本试验研究发现，绣球菌多糖 SCPs、SCP-1、SCP-2、SCP-3 及 SCP-4 对 DPPH·、·O$_2$H、·OH 及 O$_2^-$· 等自由基均具有清除和一定的还原能力，并呈现剂量依赖性，呈正相关。说明绣球菌多糖能够作为外源性的抗氧化剂，参与机体中自由基的消除，进而减缓氧化对机体的损伤。红外光谱显示，多糖分子中含有大量的醇羟基等活性基团，这些基团能够传递质子与电子并与自由基相结合，进而抑制自由基的产生，达到抗氧化的目的。

多糖结构中的取代基、分子质量大小、空间构型等特征会对多搪抗氧化能力的大小产生一定的影响（吴雅清和冷小鹏，2018）。SCP-3 与 SCP-4 抗氧化能力强于 SCPs、SCP-1、SCP-2，本节试验中发现，SCP-3 和 SCP-4 的分子质量比较低，而低分子质量的多糖中游离羟基基团暴露相对较多，羟基基团能够较好地清除机体自由基，同时低分子质量的多糖能够降低水溶液中多糖的黏度，多糖的水溶性增强，多糖与自由基的接触表面积增大，该条件使得多糖清除自由基的效果增强。多糖中高含量葡萄糖和半乳糖使其抗氧化性更强，SCP-3 和 SCP-4 主要由半乳糖和葡萄糖组成，比 SCPs 和其他组分多糖含量高，同时核磁共振显示，SCP-3 和 SCP-4 主要为 β 构型，含有 β（1 → 3）糖苷键，是一种复杂的葡萄糖多聚复合物，具有极强的免疫活性，因而 SCP-3、SCP-4 呈现出较强的抗氧化能力。

综上，SCPs、SCP-1、SCP-2、SCP-3 及 SCP-4 均具有一定的还原能力和清除自由基的能力。DPPH·自由基清除率 IC_{50} 值分别为 2.85mg/mL、4.00mg/mL、3.87mg/mL、2mg/mL、1.78mg/mL；·O_2H 自由基清除率的 IC_{50} 值分别为 1.12mg/mL、1.87mg/mL、2.88mg/mL、0.75mg/mL、0.63mg/mL；·OH 自由基清除率的 IC_{50} 值分别为 0.78mg/mL、1.65mg/mL、1mg/mL、0.63mg/mL、0.73mg/mL；O_2^-·清除率的 IC_{50} 值分别为 5.0mg/mL、5.8mg/mL、7mg/mL、8.5mg/mL、9.3mg/mL；多糖浓度为 4mg/mL，总还原力的 OD 值分别为 0.18、0.19、0.16、0.35、0.38。SCP-3 与 SCP-4 抗氧化能力强于 SCPs、SCP-1 和 SCP-2。

第五节　绣球菌多糖免疫调节作用

一、绣球菌多糖对巨噬细胞 RAW 264.7 免疫活性及细胞因子分泌的调节作用

巨噬细胞是连接机体非特异性免疫和获得性免疫之间的重要桥梁，它不仅吞噬并消化细胞残片和病原体，还可以激活淋巴球或其他免疫细胞，令其对病原体作出反应，在宿主的免疫应答过程中发挥着重要作用（Xu et al. 2012；Schepetkin et al. 2005）。巨噬细胞常被作为评价活性多糖免疫调节特性的理想细胞模型。多糖是绣球菌中主要的活性成分，具有多种生物活性，能够促进细胞因子的产生并发挥抗肿瘤的作用。本试验主要从绣球菌多糖对巨噬细胞的增殖、吞噬、产 NO 能力以及相关免疫因子的调控等方面入手，研究绣球菌多糖对小鼠巨噬细胞 RAW 264.7 免疫活性的影响。

1. 绣球菌多糖对巨噬细胞增殖活力的影响

从图 2-45 可知，多糖浓度在 0~4000μg/mL 时，绣球菌多糖 SCPs、SCP-1、SCP-2、SCP-3 和 SCP-4 能够促进 RAW 264.7 巨噬细胞的增殖，且增殖能力随多糖浓度的升高呈现先升高后降低的趋势，各多糖浓度分别在 500μg/mL、31.25μg/mL、15.625μg/mL、7.8125μg/mL 和 31.25μg/mL 时促进细胞增殖能力最强，促进细胞增殖能力强弱顺序为 SCP-3>SCP-2>SCP-4＝SCP-1>SCPs。

2. 绣球菌多糖对巨噬细胞 NO 分泌量的影响

从图 2-46 可知，与空白对照组相比，10μg/mL 的 LPS 作用 RAW 264.7 巨噬细胞 12h，其 NO 分泌量极显著增加（$p<0.01$）；在多糖浓度为 1.95~3.90μg/mL，SCP-3 能够促进巨噬细胞生成 NO，生成量随浓度的升高而增大，当多糖浓度为 7.81μg/mL 时 NO 生成量最大；其中多糖浓度为 3.90μg/mL、7.81μg/mL 时，差异极显著（$p<0.01$）；浓度为 1.95μg/mL 时差异显著（$p<0.05$）；与 LPS 阳性对照组相比，SCP-3 作用于巨噬细胞后，其 NO 分泌量明显低于 LPS 组，差异极显著（$p<0.01$）。

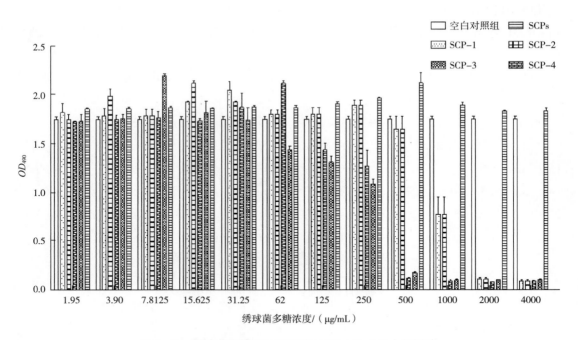

图 2-45　绣球菌多糖对巨噬细胞 RAW 264.7 活力的影响

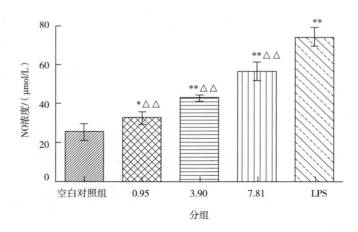

图 2-46　SCP-3 对巨噬细胞 RAW 264.7 NO 分泌量的影响

注：与空白对照组比较，$*p<0.05$，$**p<0.01$；与 LPS 比较，$\triangle p<0.05$，$\triangle\triangle p<0.01$。

3. 绣球菌多糖对巨噬细胞吞噬能力的影响

从图 2-47 可知，与空白对照组相比，$10\mu g/mL$ LPS 作用 RAW 264.7 巨噬细胞 12h 后，其吞噬指数显著升高，吞噬能力显著增强，差异极显著（$p<0.01$）。一定浓度范围内，SCP-3 能够增强巨噬细胞吞噬能力，吞噬指数随浓度的升高而升高，当 SCP-3 浓度为 $7.81\mu g/mL$ 时，吞噬指数最大，此时的巨噬细胞吞噬能力最强；其中多糖浓度为 $7.81\mu g/mL$ 时，差异极显著（$p<0.01$）；浓度为 $3.90\mu g/mL$ 时差异显著（$p<0.05$）；

与 LPS 阳性对照组相比，SCP-3 作用巨噬细胞后，其吞噬指数降低，差异极显著（$p<0.01$）。

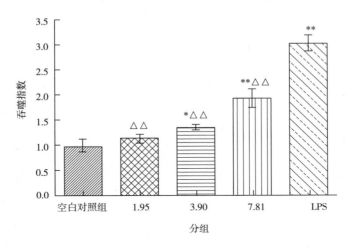

图 2-47 SCP-3 对巨噬细胞 RAW 264.7 吞噬能力的影响

注：与空白对照组比较，* $p<0.05$，** $p<0.01$；与 LPS 比较，△$p<0.05$，△△$p<0.01$。

4. 绣球菌多糖对巨噬细胞相关免疫细胞因子 mRNA 表达量的影响

从图 2-48 可知，与空白对照组相比，10μg/mL LPS 作用 RAW 264.7 巨噬细胞 12h，TNF-α mRNA、IL-1β mRNA、IL-6 mRNA、IL-3 mRNA、IL-10 mRNA、IFN-β mRNA 表达量明显升高，差异极显著（$p<0.01$）；SCP-3 在浓度为 1.95~7.81μg/mL 能提高巨噬细胞内细胞因子 mRNA 表达量，随着浓度的升高，细胞因子 mRNA 表达量逐渐增大，浓度为 7.81μg/mL 时，差异极显著（$p<0.01$）；与阳性对照组相比，SCP-3 作用后巨噬细胞的细胞因子 mRNA 表达量降低，差异极显著（$p<0.01$）。

多糖对免疫系统的调节作用并非直接作用于机体，主要是通过激活 NK 细胞、T 细胞、B 细胞和巨噬细胞依赖性免疫应答系统来间接实现的（Lv et al. 2016）。巨噬细胞是机体中重要的免疫细胞，在调控机体免疫以及机体非特异性防御中发挥着重要的作用（Wen et al. 2016）。本节试验研究发现，一定质量浓度的 SCPs、SCP-1、SCP-2、SCP-3 和 SCP-4 能够显著促进巨噬细胞的增殖，且不同组分多糖对巨噬细胞的促增殖作用也表现出一定的差异，SCP-3 对巨噬细胞的促增殖作用最强，一定浓度下能够显著增强巨噬细胞的吞噬能力，这可能与多糖的分子质量、主链组成、支链长度及分枝度、立体构型等具有一定的关系。前期研究发现，具有三螺旋构象的 SCP-3 主要成分为有 1,6 分支的 β-(1,3)-D-葡聚糖，β-葡聚糖是机体常见的生物免疫应答调节剂，能够与巨噬细胞表面模式识别受体相结合，启动免疫应答机制，增加活化的巨噬细胞数量，同时，SCP-3 相对分子质量大约为 6456u，属于低分子质量多糖，而多糖相对分子质量越小，越易穿越细胞膜，发挥生物学效应，因此 SCP-3 表现出更强的活性，达到正向免疫调节的作用。

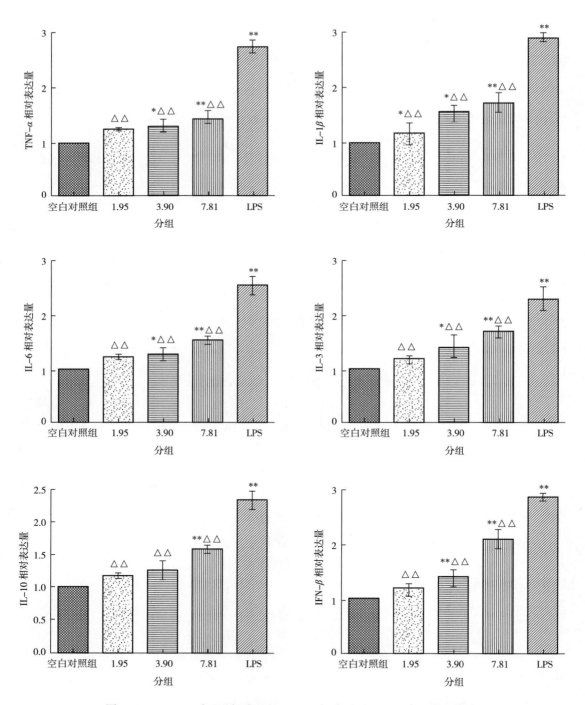

图 2-48　SCP-3 对巨噬细胞 RAW 264.7 细胞因子 mRNA 表达量的影响

注：与空白对照组比较，* $p<0.05$，** $p<0.01$；与 LPS 比较，△$p<0.05$，△$p<0.01$。

此外，本研究发现 SCP-3 通过调节巨噬细胞免疫活性来促进 NO 的产生，作为一种高效且多样化的生物调节剂，NO 在巨噬细胞的非特异性免疫过程中发挥着重要的作用

（Leiro et al. 2004）。NO 不仅能够抑制、杀死肿瘤细胞和致病微生物，还能对其他细胞因子的分泌起到一定调控作用（Fan et al. 2015）。巨噬细胞产生 NO 主要是由于一氧化氮合酶（NOS）的催化作用引起，诱导型 NOS（iNOS）是由巨噬细胞等效应细胞合成，直接参与机体免疫细胞防御及炎症反应。SCP-3 与巨噬细胞膜表面受体结合，促进细胞内 iNOS 表达量的上调，激活细胞的非特异性免疫，诱导细胞内 NO 分泌量增加。

巨噬细胞受到刺激后，可以分泌大量细胞因子，如 TNF-α、IL-1β、IL-6、IL-3、IL-10、IFN-β 等，在细胞免疫调节及抑制肿瘤生长等方面发挥着重要的作用。TNF-α 是由激活的巨噬细胞产生的多效性调节因子，在炎症反应启动中发挥着重要的作用，能够提高嗜酸性粒细胞和中性粒细胞功能，刺激超氧化物产生，释放溶酶体酶，介导其他细胞和炎症因子的表达，调节免疫和代谢功能，维持机体平衡（Iwamoto et al. 2007）。IL-1β 由 Th2 型 T 辅助淋巴细胞、肥大细胞和 B 细胞产生，能够抑制单核巨噬细胞产生促炎细胞因子，促进合成 IL-1 受体拮抗剂，间接抑制 IL-1 的功能，是一种多效应的炎症因子（Iwasaki and Medzhitov, 2015）。IL-6 是宿主对感染和受损组织反应的主要介质，能促进 T 细胞发育，刺激 B 细胞产生免疫球蛋白，参与炎症反应，在内分泌和造血系统调节过程中发挥作用（Figueiredo et al. 2012）。IL-3 由活化的 T 细胞产生，在 NK 细胞以及 T 淋巴细胞中表达，能与其他细胞因子联合作用，诱导和扩增树突状细胞产生，对肿瘤抑制具有一定的作用（Go et al. 2011）。IL-10 可以抑制炎症细胞的黏附，阻止促炎症细胞因子合成及分泌，降低致炎作用的细胞因子的数量，减轻炎症反应（Chiang et al. 2015）。IFN-β 可以调节 T 淋巴细胞和 B 淋巴细胞的免疫功能，增强 IgG 受体的表达，有利于 T 淋巴细胞、B 淋巴细胞的激活，巨噬细胞对抗原的吞噬以及 NK 细胞对靶细胞的杀伤，增强了机体免疫调节能力（Wen et al. 2016）。本试验中，一定浓度的 SCP-3 能够提高 RAW 264.7 小鼠巨噬细胞中细胞因子 TNF-α、IL-1β、IL-6、IL-3、IL-10、IFN-β mRNA 表达量，并呈剂量依赖性。SCP-3 对巨噬细胞产生细胞因子的调控可能与其表面膜识别受体有关，SCP-3 与巨噬细胞表面膜受体如 TLR2 和 TLR4 受体、CR3 受体、MR 受体等相互作用，将信号传递给巨噬细胞，细胞信号通过级联放大作用及不同信号途径之间相互交联作用，调控免疫反应基因的转录，诱发相应蛋白的活性以及表达量的变化，发挥免疫调节作用。

综上，SCPs、SCP-1、SCP-2、SCP-3 和 SCP-4 能促进 RAW 264.7 巨噬细胞的增殖，且随多糖浓度的升高呈现先升高、后降低的趋势，各多糖浓度分别在 500μg/mL、31.25μg/mL、15.625μg/mL、7.8125μg/mL 和 31.25μg/mL 时促细胞增殖能力最强，促细胞能力强弱顺序为 SCP-3>SCP-2>SCP-4＝SCP-1>SCPs。绣球菌多糖 SCP-3 在 1.95～7.81μg/mL 试验浓度范围内能显著提高巨噬细胞的吞噬能力、NO 分泌量以及细胞内 TNF-α、IL-1β、IL-6、IL-3、IL-10、IFN-β 免疫因子 mRNA 的表达量，且呈剂量效应关系，说明绣球菌多糖对巨噬细胞的免疫调节具有一定的促进作用。

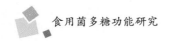
二、广叶绣球菌多糖对巨噬细胞 RAW 264.7 免疫受体 TLR4 和 TLR2 的作用研究

免疫识别受体是多糖发挥免疫调控作用的关键。作为重要的病原体相关分子模式，多糖分子可以与位于细胞表面的各种模式识别受体相互作用，例如：Toll 样受体（TLR）、甘露糖受体（MR）、Dectin-1 和清道夫受体（SR）等，其中 TLR4 和 TLR2 与炎症及免疫调节密切相关（汤小芳等，2018）。受体既可通过识别和结合多糖触发一系列信号级联反应，也可以通过诱导免疫基因表达，激活免疫应答，发挥免疫调控作用，如在细胞内，TLR4 受体可以通过 MyD88 依赖性途径或者非 MyD88 依赖性途径来进行信号传导。激活 MyD88 依赖性途径，可促进白细胞介素-1 受体相关激酶（IRAK-1）的磷酸化，使得肿瘤坏死因子受体相关激酶 6（TRAF6）被激活，进一步使 MAKPs 家族（包括 JNK，ERK 和 p38）活化产生磷酸化反应，促进下游相关免疫细胞因子的分泌。非 MyD88 依赖性途径激活后，刺激活化干扰素调节因子 3（IRF3），诱导细胞因子干扰素 IFN 的表达。

本节以广叶绣球菌中性多糖 SLP2 和分子质量为 6456Da 的广叶绣球菌酸性多糖为原料，通过对比 TLR4 和 TLR2 抗体作用前后 NO、IL-6、TNF-α、IFN-β 分泌量的变化，确定 TLR4 和 TLR2 是否为两种多糖的免疫受体，并进一步分析其相关信号通路，为进一步研究广叶绣球菌多糖的免疫作用机制提供理论基础。

1. 广叶绣球菌中性多糖 SLP2 对免疫受体 TLR4 和 TLR2 调节作用的研究

（1）广叶绣球菌中性多糖 SLP2 对巨噬细胞 RAW 264.7 增殖活力的影响　如图 2-49 可知，广叶绣球菌中性多糖 SLP2 浓度在 1.95~2000μg/mL 能够促进巨噬细胞 RAW 264.7 的增殖，其中多糖浓度为 7.8125μg/mL 和 15.625μg/mL 差异显著（$p < 0.05$）；浓度为 31.25~1000μg/mL 时差异极显著（$p < 0.01$），并且随着多糖浓度的升高，增殖能力呈先升高、后降低趋势。当浓度为 250μg/mL 时，SLP2 促进巨噬细胞增殖活力能力最强。

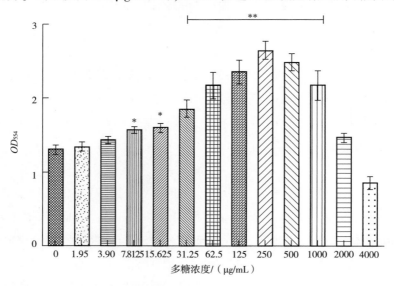

图 2-49　广叶绣球菌中性多糖 SLP2 对巨噬细胞 RAW 264.7 增殖活力的影响

注：与对照组相比，* $p < 0.05$，** $p < 0.01$。

（2）广叶绣球菌中性多糖 SLP2 对巨噬细胞 RAW 264.7 NO、IL-6、TNF-α、IFN-β 分泌量的影响　如图 2-50 所示，与空白对照组相比，LPS 组能够促进巨噬细胞 RAW 264.7 生成 NO、IL-6、TNF-α、IFN-β，且差异极显著（$p<0.01$）；广叶绣球菌中性多糖 SLP2 能促进巨噬细胞 RAW 264.7 释放 NO、IL-6、TNF-α、IFN-β，多糖浓度为 250μg/mL 时促进能力最强，差异极显著（$p<0.01$）。与 LPS 组相比，SLP2 作用巨噬细胞后，其 NO、IL-6、TNF-α、IFN-β 分泌量均低于 LPS 组，其中 TNF-α 和 IL-6 在多糖浓度为 62.5μg/mL、125μg/mL、500μg/mL 时差异极显著（$p<0.01$），浓度为 250μg/mL 时差异显著（$p<0.01$），NO 和 IFN-β 均差异极显著（$p<0.01$）。

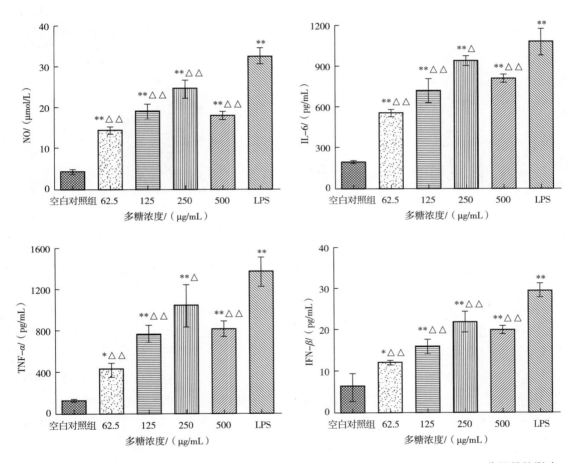

图 2-50　广叶绣球菌中性多糖 SLP2 对巨噬细胞 RAW 264.7 NO、IL-6、TNF-α、IFN-β 分泌量的影响
注：与空白对照组比较，* $p<0.05$，** $p<0.01$；与 LPS 组比较，△$p<0.05$，△△$p<0.01$。

（3）TLR4 抗体对广叶绣球菌中性多糖 SLP2 作用巨噬细胞 RAW 264.7 分泌 NO、IL-6、TNF-α、IFN-β 的影响　由图 2-51 可知，广叶绣球菌中性多糖 SLP2 和 LPS 作用于 TLR4 抗体处理的巨噬细胞 RAW 264.7 产生的 NO、IL-6、TNF-α、IFN-β 含量低于未用 TLR4 抗体处理组，差异极显著（$p<0.01$）。

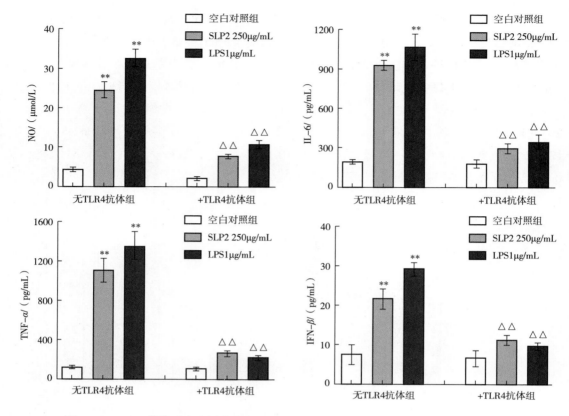

图 2-51　TLR4 抗体对广叶绣球菌中性多糖 SLP2 作用巨噬细胞 RAW 264.7 分泌 NO、
IL-6、TNF-α、IFN-β 的影响

注：与对照组相比，* $p<0.05$，** $p<0.01$；与无 TLR4 抗体组相比，$\triangle p<0.05$，$\triangle\triangle p<0.01$。

（4）TLR2 抗体对广叶绣球菌中性多糖 SLP2 作用巨噬细胞 RAW 264.7 分泌 NO、IL-6、TNF-α、IFN-β 的影响　由图 2-52 可知，广叶绣球菌中性多糖 SLP2 作用于 TLR2 抗体处理的巨噬细胞 RAW 264.7 产生的 NO、IL-6、TNF-α、IFN-β 含量低于未用 TLR2 抗体处理组，但差异不显著。LPS 作用于 TLR2 抗体处理的巨噬细胞 RAW 264.7 产生的 NO、IL-6、TNF-α、IFN-β 含量显著低于未用 TLR2 抗体处理组，差异极显著（$p<0.01$）。

（5）广叶绣球菌中性多糖 SLP2 对巨噬细胞 RAW 264.7 TLR4 mRNA 表达量的影响　由图 2-53 可知，与空白对照组相比，广叶绣球菌中性多糖 SLP2 和 1μg/mL LPS 作用巨噬细胞 RAW 264.7 后，TLR4 mRNA 表达量明显增加，差异极显著（$p<0.01$）。LPS 作用的巨噬细胞 TLR4 mRNA 表达量明显高于 SLP2 各浓度，浓度为 250μg/mL 差异显著（$p<0.05$），浓度为 125μg/mL 和 500μg/mL 差异极显著（$p<0.01$）。

（6）广叶绣球菌中性多糖 SLP2 对巨噬细胞 RAW 264.7 TLR4 蛋白表达的影响　如图 2-54 所示，与空白对照组相比，广叶绣球菌中性多糖 SLP2 和 1μg/mL LPS 作用巨噬细胞 RAW 264.7 后，TLR4 蛋白表达量明显增加，差异极显著（$p<0.01$）。LPS 作用的巨噬细胞 TLR4 蛋白表达量明显高于 SLP2 各浓度，差异极显著（$p<0.01$）。

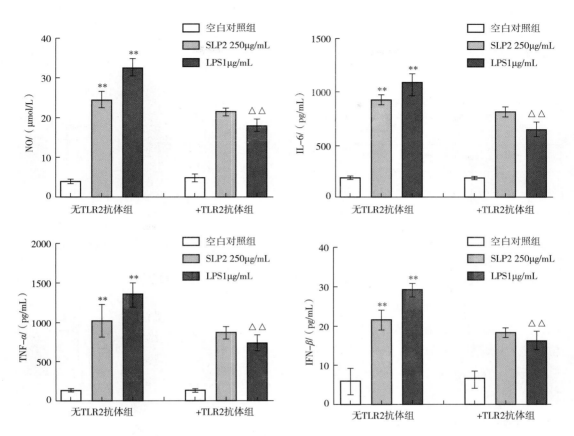

图 2-52 TLR2 抗体对广叶绣球菌中性多糖 SLP2 作用巨噬细胞 RAW 264.7 分泌 NO、
IL-6、TNF-α、IFN-β 的影响

注：与空白对照组相比，* $p<0.05$，** $p<0.01$；与无 TLR2 抗体组相比，△$p<0.05$，△△$p<0.01$。

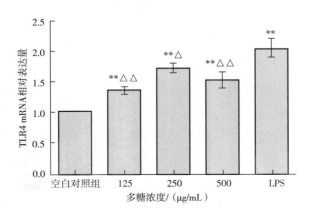

图 2-53 广叶绣球菌中性多糖 SLP2 对巨噬细胞 RAW 264.7 TLR4 mRNA 表达量的影响

注：与空白对照组相比，* $p<0.05$，** $p<0.01$；与 LPS 组相比，△$p<0.05$，△△$p<0.01$。

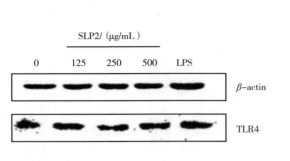
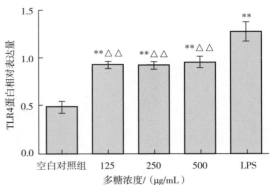

图 2-54　TLR4 蛋白免疫印迹检测结果

注：与空白对照组相比，$*\ p<0.05$，$**\ p<0.01$；与 LPS 组相比，$\triangle\ p<0.05$，$\triangle\triangle\ p<0.01$。

2. 广叶绣球菌酸性多糖对免疫受体 TLR4 和 TLR2 调节作用的研究

（1）广叶绣球菌酸性多糖对巨噬细胞 RAW 264.7 增殖活力的影响　如图 2-55 可知，广叶绣球菌酸性多糖浓度在 1.95~500μg/mL 范围内能够促进巨噬细胞 RAW 264.7 的增殖，差异极显著（$p<0.01$），并且随着酸性多糖浓度的升高，巨噬细胞增殖能力呈先升高后降低的趋势。在 31.25μg/mL 浓度时，广叶绣球菌酸性多糖促进巨噬细胞增殖活力能力最强。

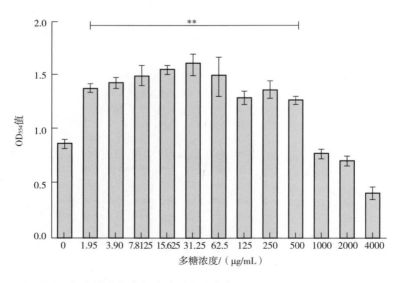

图 2-55　广叶绣球菌酸性多糖对巨噬细胞 RAW 264.7 增殖活力的影响

注：与对照组相比，$*\ p<0.05$，$**\ p<0.01$。

（2）广叶绣球菌酸性多糖对巨噬细胞 RAW 264.7 NO、IL-6、TNF-α、IFN-β 分泌量的影响　如图 2-56 所示，与空白对照组相比，LPS 组能够促进巨噬细胞 RAW 264.7 分泌

NO、IL-6、TNF-α、IFN-β，且差异极显著（$p<0.01$）。广叶绣球菌酸性多糖能够促进巨噬细胞 RAW 264.7 增加 NO、IL-6、TNF-α、IFN-β 的分泌量，差异极显著（$p<0.01$），且多糖浓度为 31.25μg/mL 时促进能力最强。与 LPS 阳性对照组相比，广叶绣球菌酸性多糖作用巨噬细胞后，其 NO、IL-6、TNF-α、IFN-β 分泌量低于 LPS 组，差异极显著（$p<0.01$）。

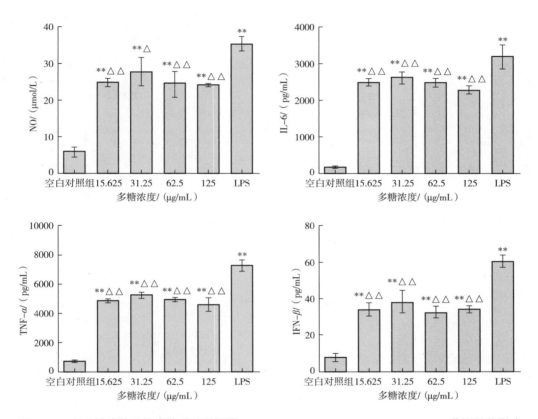

图 2-56　广叶绣球菌酸性多糖对巨噬细胞 RAW 264.7 NO、IL-6、TNF-α、IFN-β 分泌量的影响

注：与空白对照组相比，* $p<0.05$，** $p<0.01$；与 LPS 对照组相比，△ $p<0.05$，△△ $p<0.01$。

（3）TLR4 抗体对广叶绣球菌酸性多糖作用巨噬细胞 RAW 264.7 分泌 NO、IL-6、TNF-α、IFN-β 的影响　由图 2-57 可知，广叶绣球菌酸性多糖和阳性对照 LPS 作用于 TLR4 抗体处理的巨噬细胞 RAW 264.7 产生的 NO、IL-6、TNF-α、IFN-β 含量明显低于未用 TLR4 抗体处理组，差异极显著（$p<0.01$）。

（4）TLR2 抗体对广叶绣球菌酸性多糖作用巨噬细胞 RAW 264.7 分泌 NO、IL-6、TNF-α、IFN-β 的影响　由图 2-58 可知，广叶绣球菌酸性多糖作用于 TLR2 抗体处理的巨噬细胞 RAW 264.7 产生的 NO、IL-6、TNF-α、IFN-β 含量低于未用 TLR2 抗体处理组，但差异不显著。LPS 作用于 TLR2 抗体处理的巨噬细胞 RAW 264.7 产生的 NO、IL-6、TNF-α、IFN-β 含量显著低于未用 TLR2 抗体处理组，差异极显著（$p<0.01$）。

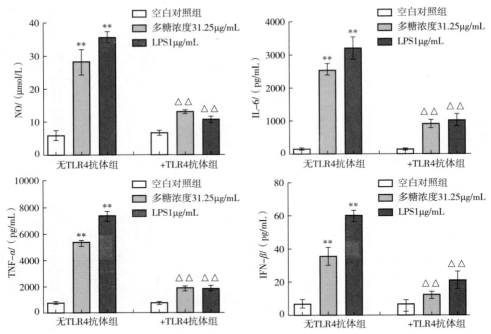

图 2-57　TLR4 抗体对广叶绣球菌酸性多糖作用巨噬细胞 RAW 264.7 分泌 NO、

IL-6、TNF-α、IFN-β 的影响

注：与空白对照组相比，* $p<0.05$，** $p<0.01$；与无 TLR4 抗体组相比，△ $p<0.05$，△△ $p<0.01$。

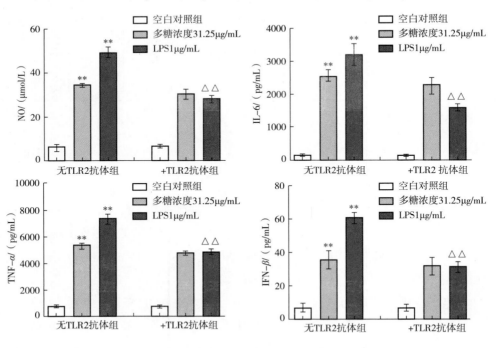

图 2-58　TLR2 抗体对广叶绣球菌酸性多糖作用巨噬细胞 RAW 264.7

分泌 NO、IL-6、TNF-α、IFN-β 的影响

注：与空白对照组相比，* $p<0.05$，** $p<0.01$；与无 TLR2 抗体组相比，△ $p<0.05$，△△ $p<0.01$。

（5）广叶绣球菌酸性多糖对巨噬细胞 RAW 264.7 TLR4 mRNA 表达量的影响　由图 2-59 可知，与空白对照组相比，广叶绣球菌酸性多糖和 1μg/mL LPS 作用巨噬细胞 RAW 264.7 后，TLR4 mRNA 表达量明显增加，差异极显著（$p<0.01$）。LPS 作用的巨噬细胞 TLR4 mRNA 表达量明显高于多糖各浓度，差异极显著（$p<0.01$）。

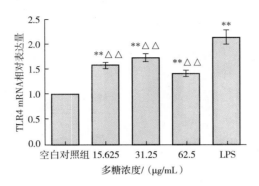

图 2-59　广叶绣球菌酸性多糖对巨噬细胞 RAW 264.7 TLR4 mRNA 表达量的影响

注：与空白对照组相比，* $p<0.05$，** $p<0.01$；与脂多糖对照组相比，△ $p<0.05$，△△ $p<0.01$。

（6）广叶绣球菌酸性多糖对巨噬细胞 RAW 264.7 TLR4 蛋白表达的影响　如图 2-60 所示，与空白对照组相比，广叶绣球菌酸性多糖和 1μg/mL LPS 作用巨噬细胞 RAW 264.7 24h 后，TLR4 蛋白表达量明显增加，差异极显著（$p<0.01$）。LPS 作用的巨噬细胞 TLR4 蛋白表达量明显高于多糖各浓度，差异极显著（$p<0.01$）。

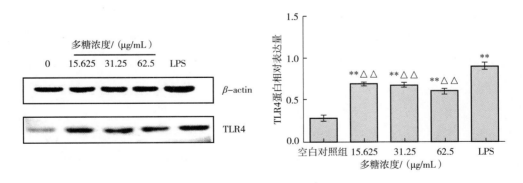

图 2-60　TLR4 蛋白免疫印迹检测结果

注：与空白对照组相比，* $p<0.05$，** $p<0.01$；与脂多糖对照组相比，△ $p<0.05$，△△ $p<0.01$。

（7）广叶绣球菌中性多糖 SLP2 对 TLR4 受体介导的信号转导通路相关基因 mRNA 表达量的影响　由图 2-61 可知，与空白对照组相比，广叶绣球菌中性多糖 SLP2 和 LPS 作用巨噬细胞 RAW 264.7 后，*TRAF6* 的 mRNA 表达量明显增加，其中浓度为 250μg/mL 时差异极显著（$p<0.01$），浓度为 125μg/mL 和 500μg/mL 时差异显著（$p<0.05$），LPS 作用差异极显著（$p<0.01$）。LPS 作用的巨噬细胞 *TRAF6* mRNA 表达量明显高于多糖各浓度，

其中浓度为 250μg/mL 时差异极显著（$p<0.01$），浓度为 125μg/mL 和 500μg/mL 时差异显著（$p<0.05$）。

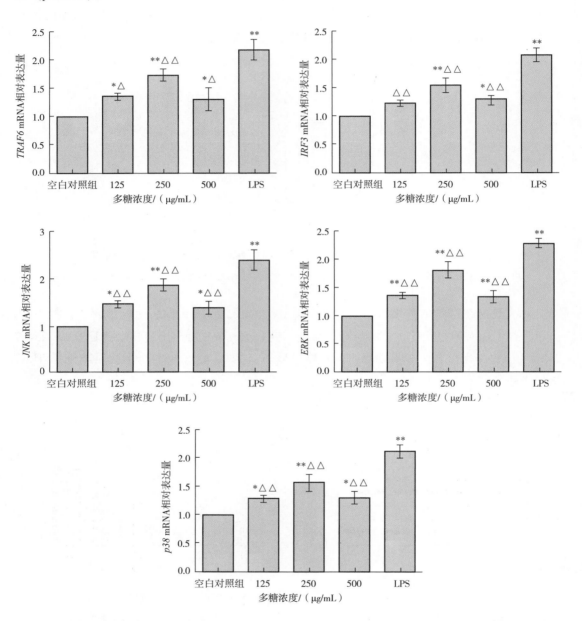

图 2-61　广叶绣球菌中性多糖 SLP2 对 TLR4 受体介导的信号转导通路相关基因 mRNA 相对表达量的影响

注：与空白对照组相比，* $p<0.05$，** $p<0.01$；与脂多糖对照组相比，△ $p<0.05$，△△ $p<0.01$。

　　与空白对照组相比，广叶绣球菌中性多糖 SLP2 和 LPS 作用巨噬细胞 RAW 264.7 后能提高 IRF3 mRNA 相对表达量，其中浓度为 250μg/mL 时差异极显著（$p<0.01$），浓度为 500μg/mL 时差异显著（$p<0.05$）；LPS 作用差异极显著（$p<0.01$）。LPS 作用的巨噬细胞

IRF3 mRNA 相对表达量明显高于多糖各浓度，差异极显著（$p<0.01$）。

与空白对照组相比，广叶绣球菌中性多糖 SLP2 和 LPS 作用巨噬细胞 RAW 264.7 后，JNK mRNA 相对表达量明显增加。其中浓度为 250μg/mL 时差异极显著（$p<0.01$），浓度为 125μg/mL 和 500μg/mL 时差异显著（$p<0.05$）。LPS 对于巨噬细胞 JNK mRNA 相对表达量的促进作用显著强于广叶绣球菌中性多糖 SLP2，且差异极显著（$p<0.01$）。

与空白对照组相比，广叶绣球菌中性多糖 SLP2 和 LPS 作用巨噬细胞 RAW 264.7 后，p38 mRNA 相对表达量明显增加。其中浓度为 250μg/mL 时差异极显著（$p<0.01$），浓度为 125μg/mL 和 500μg/mL 时差异显著（$p<0.05$）；LPS 作用差异极显著（$p<0.01$）。LPS 作用的巨噬细胞 p38 mRNA 相对表达量显著高于广叶绣球菌中性多糖 SLP2 各浓度，差异极显著（$p<0.01$）。

3. 广叶绣球菌酸性多糖对 TLR4 介导的信号转导通路相关基因 mRNA 表达量的影响

由图 2-62 可知，与空白对照组相比，广叶绣球菌酸性多糖和 LPS 作用巨噬细胞 RAW 264.7 后，TRAF6 mRNA 相对表达量明显增加，其中浓度为 31.25μg/mL 和 62.5μg/mL 时差异极显著（$p<0.01$），浓度为 15.625μg/mL 时差异显著（$p<0.05$），LPS 作用差异极显著（$p<0.01$）。LPS 作用的巨噬细胞 TRAF6 mRNA 相对表达量明显高于多糖各浓度，其中多糖浓度为 15.625μg/mL 和 62.5μg/mL 时差异极显著（$p<0.01$），浓度为 31.25μg/mL 时差异显著（$p<0.05$）。

与空白对照组相比，广叶绣球菌酸性多糖和 LPS 作用巨噬细胞 RAW 264.7 后能提高 IRF3 mRNA 相对表达量，其中浓度为 31.25μg/mL 时差异显著（$p<0.05$）；LPS 作用差异极显著（$p<0.01$）。LPS 作用的巨噬细胞 IRF3 mRNA 相对表达量明显高于多糖各浓度，其中浓度为 15.625μg/mL 和 62.5μg/mL 时差异极显著（$p<0.01$）；浓度为 31.25μg/mL 时差异显著（$p<0.05$）。

与空白对照组相比，广叶绣球菌酸性多糖和 LPS 作用巨噬细胞 RAW 264.7 后，JNK mRNA 相对表达量明显增加，差异极显著（$p<0.01$）；LPS 作用差异极显著（$p<0.01$）。LPS 作用的巨噬细胞 JNK mRNA 相对表达量明显高于多糖各浓度，差异极显著（$p<0.01$）。

与空白对照组相比，广叶绣球菌酸性多糖和 LPS 作用巨噬细胞 RAW 264.7 后，ERK mRNA 相对表达量明显增加，其中浓度为 15.625μg/mL 和 31.25μg/mL 时差异极显著（$p<0.01$），浓度为 62.5μg/mL 时差异显著（$p<0.05$）；LPS 作用差异极显著（$p<0.01$）。LPS 作用的巨噬细胞 ERK mRNA 相对表达量明显高于多糖各浓度，差异极显著（$p<0.01$）。

与空白对照组相比，广叶绣球菌酸性多糖和 LPS 作用巨噬细胞 RAW 264.7 后，p38 mRNA 相对表达量明显增加，其中浓度为 31.25μg/mL 时差异极显著（$p<0.01$），浓度为 62.5μg/mL 时差异显著（$p<0.05$）；LPS 作用差异极显著（$p<0.01$）。LPS 作用的巨噬细胞 p38 mRNA 相对表达量明显高于酸性多糖各浓度，其中浓度为 15.625μg/mL 和 62.5μg/mL 时差异极显著（$p<0.01$），浓度为 31.25μg/mL 时差异显著（$p<0.05$）。

真菌多糖是一种天然复杂的大分子化合物，具有免疫调节活性，是一种天然的免疫调

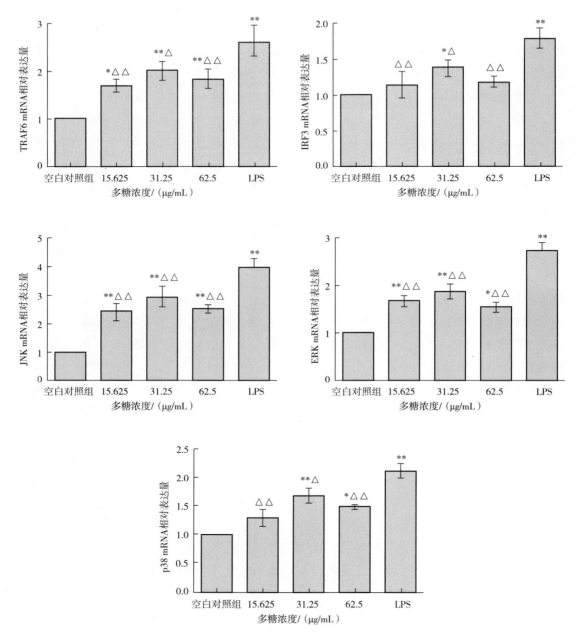

图 2-62　广叶绣球菌酸性多糖对巨噬细胞 RAW 264.7 TLR4 受体介导的
信号转导通路相关基因 mRNA 表达量的影响

注：与空白对照组相比，* $p < 0.05$，** $p < 0.01$；与脂多糖对照组相比，△ $p < 0.05$，△△ $p < 0.01$。

节剂。巨噬细胞作为一种多功能免疫效应细胞，在机体免疫过程中起着至关重要的作用，当巨噬细胞受到刺激时，可通过分泌多种细胞因子或者趋化因子发挥免疫作用（陈一晴等，2009）。NO 是免疫作用的一个关键因子，在免疫过程及抑制肿瘤细胞方面起着重要作用（尚庆辉等，2015）。此外，巨噬细胞被刺激会分泌其他细胞因子如 IL-6、TNF-α、IFN-β 等，从而对特异性免疫或非特异性免疫发挥调节作用。本研究表明广叶绣球菌中性多糖 SLP2 和广叶绣球菌酸性多糖能够促进巨噬细胞 RAW 264.7 增殖，增加 NO、IL-6、TNF-α、IFN-β 的分泌量，且呈现一定的量效关系，但是高浓度的广叶绣球菌多糖则会抑制巨噬细胞 RAW 264.7 的增殖。可能一是因为高浓度的多糖抑制了巨噬细胞活性，导致细胞因子分泌量减少，免疫作用降低；二是因为高浓度多糖可能导致巨噬细胞过度活化、功能紊乱，使其分泌能力过度增强，产生大量炎症介质 TNF-α、IL-6、NO 等，抗原呈递能力和趋化吞噬能力减弱，导致免疫功能下降，这说明广叶绣球菌多糖对于巨噬细胞呈现双向免疫调节作用。

食用菌多糖的免疫活性与其构成密切相关，例如相对分子质量、单糖组成、官能团类型及分子构象等。多糖发挥免疫活性的重要条件之一是多糖的相对分子质量，这可能与其形成的高级构型有关（金玉妍，2009），多糖的相对分子质量处于一定范围内，才能充分发挥其免疫活性。当多糖相对分子质量过大时，其分子体积越大，不利于其进入生物体细胞膜内，难以发挥生物活性；当分子质量过低，无法形成聚合结构，导致其没有活性。本试验采用高效凝胶渗透色谱法检测得到广叶绣球菌中性多糖 SLP2 相对分子质量为 3.2×10^5，具有免疫活性，属于活性多糖。而之前测得的广叶绣球菌酸性多糖相对分子质量为 6456（郝正祺，2018），两种多糖组分最佳免疫作用浓度分别为 $250 \mu g/mL$ 和 $31.25 \mu g/mL$，说明广叶绣球菌酸性多糖发挥免疫调节作用的剂量小于广叶绣球菌中性多糖 SLP2，这可能与他们的分子质量大小有关。多糖的免疫活性与其单糖组成关系密切，多糖主链中的单糖组成不同，其生物活性也有很大的差异。研究发现香菇多糖、裂褶多糖的主链均具有葡聚糖，二者都具有提高细胞免疫及体液免疫的功能（Li and Wang，2002）。其他单糖组成对真菌多糖的生物活性也有影响，如半乳糖、甘露糖等（Tian et al. 2011；Tzianabos，2000）。冬虫夏草多糖的单糖组成是甘露糖、半乳糖、葡萄糖，具有提高免疫功能，抑制肿瘤细胞，改善化疗不良反应的作用（龚敏等，1990）。分析得到广叶绣球菌中性多糖 SLP2 的单糖组成为阿拉伯糖、半乳糖、葡萄糖、木糖、甘露糖，摩尔比 6：12：63：10：5，其中葡萄糖和半乳糖所占比例较高，使得 SLP2 能发挥较强免疫活性，而之前测得的广叶绣球菌酸性多糖的单糖组成为半乳糖、葡萄糖、木糖 = 1：4：1（郝正祺，2018），两种多糖组分之间的单糖组成和比例都不一样，可能造成发挥免疫作用的剂量不同。红外光谱显示，多糖分子中含有大量的醇羟基等活性基团，能够降低多糖分子在水中的黏度，增强多糖的溶解性，增大多糖与作用基团的接触面积，从而使多糖免疫效果增强。

多糖的免疫调节活性与其作用的受体是密不可分的。多糖首先与细胞表面受体结合，通过受体介导激活信号通路，将活化信号传入细胞内，启动免疫应答，活化免疫细胞，促进下游细胞因子分泌（Hosseini et al. 2015）。目前研究表明，多糖作用的受体主要是 Toll 样受体，其中 TLR2 和 TLR4 则是多糖作用巨噬细胞的主要靶点。例如云芝多糖、猪苓多糖、黄连多糖（Li and Xu，2010；Lisa et al. 2010；Wang et al. 2018）作用受体为 TLR4，柿子叶多糖（Lee et al. 2015）作用受体则为 TLR2。研究发现广叶绣球菌中性多糖 SLP2 和广叶绣球菌酸性多糖能够促进受体 TLR4 的 mRNA 表达和蛋白表达，TLR4 抗体能够阻断广叶绣球菌中性多糖 SLP2 和广叶绣球菌酸性多糖刺激巨噬细胞分泌 NO、IL-6、TNF-α、IFN-β 的作用。TLR2 抗体作用后，巨噬细胞分泌 NO、IL-6、TNF-α、IFN-β 减少，但是在统计学上没有显著差异，表明 TLR4 是识别广叶绣球菌中性多糖 SLP2 和广叶绣球菌酸性多糖的受体。

食用菌多糖与免疫受体结合后，迅速激活下游信号转导通路，调节相关基因的转录，促进下游细胞因子的释放，从而发挥免疫调节作用。广叶绣球菌中性多糖 SLP2 和广叶绣球菌酸性多糖均能促进 TLR4 受体及其介导的信号转导通路相关基因 TRAF6、IRF3、JNK、细胞外调节蛋白激酶（ERK）、丝裂原活化蛋白激酶（p38）的 mRNA 表达，说明广叶绣球菌多糖能够与巨噬细胞表面模式识别受体 TLR4 相结合，信号进入胞内后结合 MyD88 接头蛋白，促使 TRAF6 活化后进一步激活 MAPK 信号转导通路中 JNK、ERK 和 p38 这三个靶点，促进核内各种免疫细胞因子的分泌表达，如 TNF-α、IL-6 等。此外，广叶绣球菌多糖结合 TLR4 受体也可以通过非 MyD88 依赖途径进行信号传递，激活 IRF3，IRF3 进入细胞核诱导转录反应，催化细胞因子 IFN-β 表达。因此，广叶绣球菌中性多糖 SLP2 和广叶绣球菌酸性多糖对巨噬细胞 RAW 264.7 的免疫调节作用可能是通过 TLR4 受体介导的 MyD88 依赖性和非依赖性两条途径共同完成的。

综上所述，广叶绣球菌中性多糖 SLP2 和广叶绣球菌酸性多糖均能促进巨噬细胞 RAW 264.7 增殖，增加 NO、IL-6、TNF-α、IFN-β 的分泌量，中性多糖 SLP2 浓度为 250μg/mL、酸性多糖浓度为 31.25μg/mL 时促进增殖能力最强。TLR4 是广叶绣球菌中性多糖 SLP2 和广叶绣球菌酸性多糖的免疫受体，TLR2 可能不是它们的免疫受体。

广叶绣球菌中性多糖 SLP2 和广叶绣球菌酸性多糖均能提高巨噬细胞 RAW 264.7 免疫受体 TLR4 介导的信号转导通路相关基因 TRAF6、IRF3、JNK、ERK、p38 的 mRNA 相对表达量。当广叶绣球菌中性多糖 SLP2 浓度为 250μg/mL、广叶绣球菌酸性多糖浓度为 31.25μg/mL 时，各个基因的相对表达量最大。这表明 TLR4 介导的信号转导通路中 TRAF6、IRF3、JNK、ERK、p38 是两种广叶绣球菌多糖发挥免疫作用的分子靶点。

三、广叶绣球菌多糖对免疫低下小鼠肠道微生态环境的影响

肠道不仅是消化吸收的重要场所，也是机体最大的免疫器官。肠上皮细胞（intestinal epithelial cells，ICEs）维持着基本的免疫调节功能，是肠道内环境的重要介质，同时也影响黏膜免疫细胞的发育和机体稳态，上皮细胞减少，肠绒毛变短，不利于物质的消化吸收（Peterson and Artis，2014）。肠上皮细胞的多种功能建立了肠道动态屏障环境，保护机体免受感染和其他因素的炎症刺激（Kim and Ho，2010）。肠黏膜系统一旦受损，会导致肠道免疫失调，不利于微生物的定植，增加患肠道疾病的风险。研究表明，食用菌多糖具有免疫调节功能，包括促进免疫器官的发育、增强吞噬细胞的吞噬功能、促进肠道菌群的动态平衡、促进淋巴细胞增殖等作用（王思芦等，2012；陈文霞等，2019）。

广叶绣球菌是一种多糖含量在 39.3%～43.6% 的食用菌（宫下良平和王建兵，2019；江晓凌等，2012；张作法等，2019）。张迪等通过体外试验证明，广叶绣球菌多糖可以促进鼠脾淋巴细胞的增殖，尤其是酸性多糖组分促进作用最强（张迪等，2019）。上一节研究结果也表明，广叶绣球菌多糖在一定浓度范围内都能够促进巨噬细胞 RAW 264.7 的增殖，促进免疫细胞因子的表达（郝正祺等，2017；王萌皓等，2019），但是从肠道微生物菌群及免疫细胞因子表达等方面探讨广叶绣球菌多糖的肠道免疫调节机制还鲜见报道。因此，本节通过腹腔注射环磷酰胺构建免疫低下小鼠模型，并进一步探究广叶绣球菌多糖的肠道免疫调节机制。

本研究中，实验小鼠自由饮水、饮食适应环境一周后，随机分成正常组、模型组、低、中、高剂量多糖试验组、阳性对照组，分别用 A、B、C、D、E、F 表示。除正常组外，其余组小鼠连续 3d 腹腔注射 80mg/（kg·bw·d）的环磷酰胺 0.2mL，建立免疫低下小鼠模型，正常组注射等量生理盐水。造模成功后阳性对照组小鼠灌胃给药 10mg/（kg·bw·d）的盐酸左旋咪唑（LH）；试验组分别灌服 100mg/（kg·bw·d）、200mg/（kg·bw·d）和 400mg/（kg·bw·d）的广叶绣球菌多糖溶液 0.5mL；模型组和正常组小鼠给予等体积蒸馏水。共饲养 30d 后，空腹 24h 后处死，采集样品。

1. 广叶绣球菌多糖对免疫低下小鼠小肠组织的影响

由图 2-63 可见，与正常组相比，模型组中肠绒毛出现肿胀、变短，隐窝变浅。与模型组比较，广叶绣球菌多糖剂量组与阳性对照组小鼠的肠绒毛肿胀程度降低，绒毛长度增长。说明环磷酰胺可致正常小鼠的肠道免疫功能降低，广叶绣球菌多糖能在一定程度上改善肠道绒毛形态。

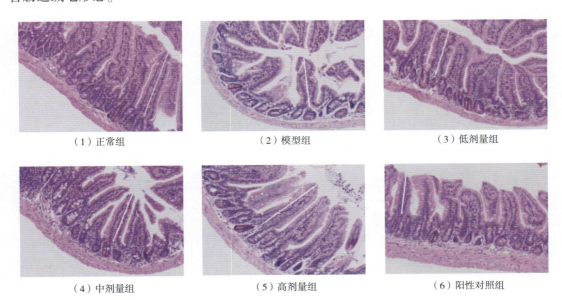

（1）正常组　　　　　　　　（2）模型组　　　　　　　　（3）低剂量组

（4）中剂量组　　　　　　　　（5）高剂量组　　　　　　　　（6）阳性对照组

图 2-63　广叶绣球菌多糖对小鼠小肠组织的影响（×200）

注：白色段代表绒毛长度，深色段代表隐窝深度。

如图 2-64 所示，与正常组相比，模型组小肠绒毛长度显著降低（$p<0.01$）。与模型组相比，广叶绣球菌多糖中、高剂量组以及阳性对照组小肠绒毛长度均有显著增加（$p<0.01$），其中阳性对照组小肠绒毛长度略低于广叶绣球菌多糖中剂量组，同时隐窝深度呈现上升趋势但无显著性增加。与正常对照组相比，模型组小鼠绒毛长度/隐窝深度（V/C值）显著降低（$p<0.01$）。与模型组相比，广叶绣球菌多糖高剂量组小鼠 V/C 值显著增加（$p<0.01$），其余组别 V/C 值无显著性增加，但 V/C 值呈剂量依赖性关系。说明中、高剂量广叶绣球菌多糖对免疫低下小鼠的肠道机械屏障有显著的恢复作用，能改善肠道绒毛形态，促进营养物质的吸收。

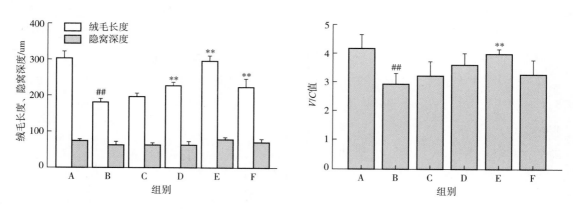

图 2-64　广叶绣球菌多糖对小鼠小肠绒毛长度、隐窝深度及 V/C 值的影响

注：与正常组相比，# $p<0.05$，## $p<0.01$；与模型组相比，* $p<0.05$，** $p<0.01$。

2. 广叶绣球菌多糖对免疫低下小鼠小肠细胞因子水平的影响

由表 2-15 可知，与正常组相比，模型组小肠组织中 IL-6、IL-10、TNF-α 和 INF-γ 的分泌水平都显著下降（$p<0.05$ 或 $p<0.01$）；与模型组相比，广叶绣球菌多糖中、高剂量组的 IL-10、INF-γ 和 TNF-α 质量浓度均显著增加（$p<0.05$ 或 $p<0.01$），高剂量组的 IL-6 质量浓度显著增加（$p<0.05$），阳性对照组的 IL-10 和 INF-γ 质量浓度显著增加（$p<0.05$）。表明广叶绣球菌多糖可以有效上调小鼠小肠中细胞因子 IL-6、IL-10、TNF-α 和 INF-γ 的水平，具有正向调节作用。

表 2-15　　　　　　　广叶绣球菌多糖对小鼠小肠细胞因子质量浓度的影响

组别	IL-6 含量/（pg/mL）	IL-10 含量/（pg/mL）	TNF-α 含量/（pg/mL）	INF-γ 含量/（pg/mL）
A	31.75±4.11	417.11±40.50	231.50±50.43	138.67±26.84
B	14.90±5.42[##]	307.26±11.40[#]	118.65±48.19[##]	67.36±15.11[##]
C	20.88±2.74	369.13±35.26	160.40±47.21	96.45±16.91
D	22.53±3.12	400.84±40.27[*]	195.22±20.13[*]	124.94±10.86[*]

续表

组别	IL-6 含量/(pg/mL)	IL-10 含量/(pg/mL)	TNF-α 含量/(pg/mL)	INF-γ 含量/(pg/mL)
E	24.71±2.73*	467.54±52.06**	229.18±23.63**	145.58±28.82**
F	24.96±2.87	411.59±26.01*	183.65±30.99	131.68±35.05*

注：与正常组相比，# $p<0.05$，## $p<0.01$；与模型组相比，* $p<0.05$，** $p<0.01$。

3. 广叶绣球菌多糖对免疫低下小鼠肠道菌群的影响

（1）广叶绣球菌多糖对免疫低下小鼠肠道菌群多样性的影响　对样品中微生物的 16S rRNA 基因 V4 区域进行测序，探究各组小鼠肠道菌群之间的相关性。香农指数（估算样品中微生物多样性指数）如图 2-65 所示，与正常组相比，模型组香农指数显著降低（$p<0.01$）；与模型组相比，广叶绣球菌多糖剂量组香农指数呈剂量依赖性增加，其中，高剂量组香农指数显著增加（$p<0.05$）。

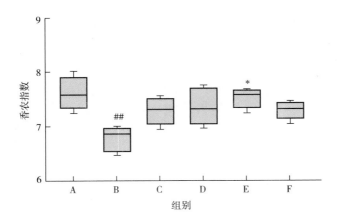

图 2-65　广叶绣球菌多糖对小鼠肠道微生物多样性指数的影响

注：与正常组相比，# $p<0.05$，## $p<0.01$；与模型组相比，* $p<0.05$，** $p<0.01$。

（2）广叶绣球菌多糖对免疫低下小鼠肠道菌群主成分的影响　如图 2-66 所示，基于 OTU 水平利用主成分分析进行分类。模型组与正常组样本重合较小，表明环磷酰胺对小鼠肠道菌群组成与结构有一定影响。广叶绣球菌多糖剂量组随多糖浓度的升高与模型组重合度降低，与阳性对照组重合度升高，表明灌服广叶绣球菌多糖的小鼠肠道菌群结构与阳性对照组相似。

（3）广叶绣球菌多糖对免疫低下小鼠肠道菌群门水平的影响　由图 2-67 可知，每组中平均 84.15% 以上都是由厚壁菌门（Firmicutes）和拟杆菌门（Bacteroidetes）组成。厚壁菌门的相对丰度随多糖浓度的升高而降低，其中广叶绣球菌多糖中、高剂量组的占比均低于模型组；拟杆菌门的相对丰度随多糖浓度的升高而升高，其中广叶绣球菌多糖低、中、高剂量组的占比均高于正常组，广叶绣球菌多糖中、高剂量组的占比高于模型组。其

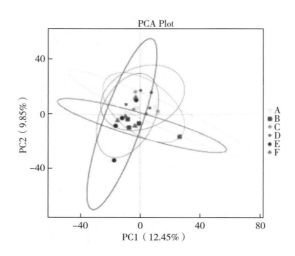

图 2-66　广叶绣球菌多糖对小鼠肠道微生物主成分的影响

中厚壁菌门在广叶绣球菌多糖高剂量组中占比最低，占菌群的 56.25%；拟杆菌门在广叶绣球菌多糖高剂量组中占比例最高，占菌群的 32.64%。

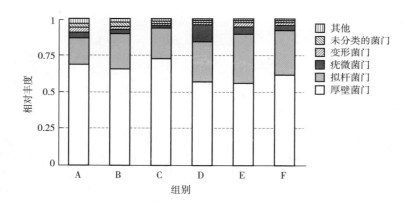

图 2-67　广叶绣球菌多糖对小鼠肠道菌群门水平的影响

（4）广叶绣球菌多糖对免疫低下小鼠肠道菌群属水平的影响　由图 2-68 所示，在属水平上，广叶绣球菌多糖剂量组中拟杆菌属（*Bacteroides*）、拟普雷沃菌属（*Alloprevotella*）、丁酸弧菌属（*Butyrivibrio*）、肠单胞球菌属（*Intestinimonas*）、链球菌属（*Streptococcus*）的相对丰度呈现剂量依赖性增加。与正常组相比，模型组中拟杆菌属、拟普雷沃菌属、丁酸弧菌属、肠单胞球菌属、链球菌属的相对丰度均降低，其中拟普雷沃菌属的相对丰度显著降低（$p<0.05$）；与模型组相比，广叶绣球菌多糖中、高剂量组中拟杆菌属、拟普雷沃菌属、肠单胞球菌属的相对丰度显著增加（$p<0.05$ 或 $p<0.01$）；广叶绣球菌高剂量组中，丁酸弧菌属、链球菌属的相对丰度显著增加（$p<0.05$），表明广叶绣球菌多糖可增加短链脂肪酸（SCFAs）产生菌的相对丰度，促进肠道健康。

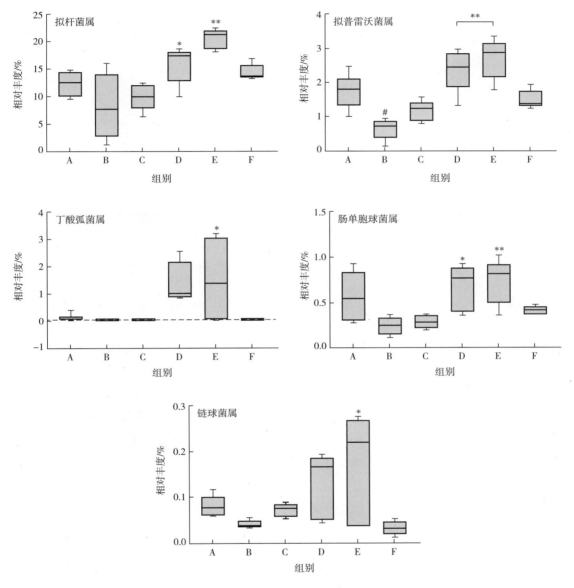

图 2-68　广叶绣球菌多糖对小鼠肠道菌群属水平的影响

注：与正常组相比，# $p<0.05$，## $p<0.01$；与模型组相比，* $p<0.05$，** $p<0.01$。

4. 广叶绣球菌多糖对盲肠内容物中短链脂肪酸的影响

（1）不同短链脂肪酸保留时间的确定　确定乙酸、丙酸、异丁酸、丁酸、异戊酸和戊酸标品的保留时间后，将六种短链脂肪酸的混合液进行 GC-MS 分析，结果如图 2-69 所示，六种有机酸可以得到很好的分离。

（2）广叶绣球菌多糖对免疫低下小鼠盲肠内容物短链脂肪酸的影响　各组小鼠盲肠内容物中检出的 SCFAs 主要是乙酸、丙酸、丁酸，其中乙酸含量最高，丙酸、丁酸次之。以

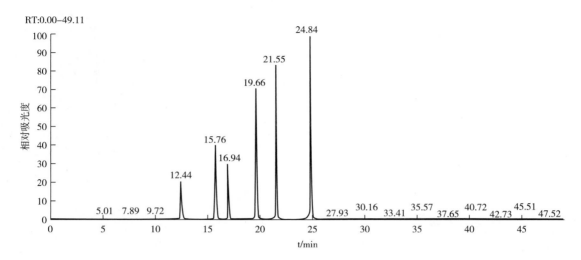

图 2-69　六种短链脂肪酸分离色谱图

乙酸、丙酸、异丁酸、丁酸、异戊酸、戊酸的含量之和计算 SCFAs 总量，结果如图 2-70 所示，与正常组相比，模型组 6 种短链脂肪酸含量均下降，其中乙酸、丙酸含量显著降低（$p<0.05$ 或 $p<0.01$）；与模型组相比，广叶绣球菌多糖低剂量组中乙酸含量显著增加（$p<0.01$），广叶绣球菌多糖中、高剂量组中 6 种短链脂肪酸含量均显著增加（$p<0.05$ 或 $p<0.01$）。与正常组相比，模型组总酸含量显著降低（$p<0.01$）；与模型组相比，绣球菌多糖剂量组总酸含量均显著增加（$p<0.05$ 或 $p<0.01$），且盲肠内容物短链脂肪酸含量在一定程度上随绣球菌多糖浓度增加呈剂量依赖性增加，表明广叶绣球菌多糖通过增加 SCFAs 产生菌的相对丰度，进而增加盲肠内 SCFAs 的含量。

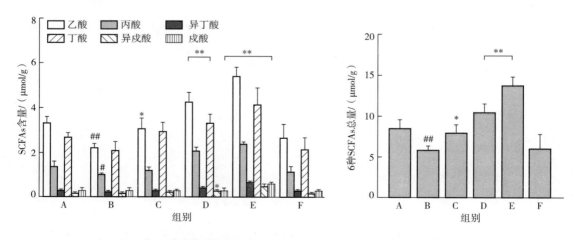

图 2-70　广叶绣球菌多糖对小鼠盲肠内容物中短链脂肪酸及总酸含量的影响

注：与正常组相比，# $p<0.05$，## $p<0.01$；与模型组相比，* $p<0.05$，** $p<0.01$。

环磷酰胺常用于建造功能低下或免疫功能低下状态的动物模型（康慧琳等，2018），其介导的细胞毒性作用会损伤 DNA，引发机体免疫低下（Pelaez et al. 2001；Madondo et al. 2016；Zuo et al. 2015），盐酸左旋咪唑作为一种治疗肿瘤化疗或其他疾病导致的免疫功能低下的药物，可提高环磷酰胺所致免疫低下小鼠的免疫能力（林燕飞等，2018）。小肠作为机体消化吸收的最大场所，良好的黏膜形态能够保证各类营养物质充分消化吸收及各项生理功能正常运行。本试验中，广叶绣球菌多糖一定程度上增长了环磷酰胺所致免疫低下小鼠的小肠绒毛长度，改善了肠道绒毛形态，有助于恢复小肠消化吸收功能，使肠道机械屏障结构趋于完整。

肠道菌群作为动物体内重要的组成部分，对机体的消化吸收、免疫调控等方面起着重要作用（董艳如，2018）。研究发现，肠道微生物丰度在一定程度上受宿主基因型调控，但当环境和摄食发生改变，也会影响肠道菌群的组成（Goodrich et al. 2016；Morrison and Preston，2016）。在本试验中，小鼠肠道优势菌群为拟杆菌门和厚壁菌门。与厚壁菌门相比，拟杆菌门含有降解多糖的多样性优势菌属，存在多条代谢碳水化合物的途径且上调多糖降解酶的表达（Coutinho et al. 2009；Bolama and Sonnenburg，2011）。

研究发现免疫低下小鼠灌服广叶绣球菌多糖后，拟杆菌属、丁酸弧菌属、肠单胞球菌属的相对丰度显著上升，其中拟杆菌属是在属水平相对丰度最高的 SCFAs 产生菌，主要发酵产物为乙酸、丁酸及丙酸（刘松珍等，2013），丁酸弧菌属和肠单胞球菌属是厚壁菌门中产生丁酸的菌群（Afouda et al. 2019），随着多糖剂量的提高，SCFAs 产生菌的相对丰度增加，相应的乙酸、丙酸和丁酸的含量也显著增加。据报道，肠道中丁酸产生菌的相对丰度与结肠癌、肝硬化（Wang et al. 2015）和高血糖（Vadder et al. 2014）症状负相关，而且丁酸具有修复肠道黏膜的作用，能够增加肠道屏障能力（Kelly et al. 2015）。同时 SCFAs 可激活 ICEs 中的 G 蛋白偶联受体（G protein-coupled receptors，GPCRs），在肠黏膜中发挥抗炎作用，其中受体 GPR42/43 的激活介导乙酸影响 IL-6、IL-8 的产生、丁酸和丙酸影响 IL-6 的产生，发挥抗炎作用，调控机体免疫功能（Macia et al. 2015；王可鑫等，2020；Singh et al. 2014）。Ren et al.（2016）研究发现，硒化香菇多糖能够提高拟杆菌门的相对丰度，降低厚壁菌门的相对丰度，同时提高拟杆菌属、普氏菌属等的相对丰度；Xu et al.（2019）通过体外试验研究发现，紫菜多糖作为唯一碳源培养 24h 后，微生物多样性水平显著增加，同时产生大量的乙酸、丙酸和丁酸。因此，本研究中广叶绣球菌多糖可能是通过调节肠道菌群，进而通过其所产生的 SCFAs 发挥改善肠道黏膜形态、提高肠道细胞因子水平等免疫调节作用。

综上，广叶绣球菌多糖有利于改善肠道黏膜形态结构，同时提高肠道内 IL-6、IL-10、TNF-α、IFN-γ 的分泌水平，调节拟杆菌门和厚壁菌门的相对丰度，提高 SCFAs 产生菌拟杆菌属、拟普雷沃菌属、丁酸弧菌属等的相对丰度，提高盲肠内容物 6 种主要短链脂肪酸的含量。

四、广叶绣球菌多糖对小鼠 CD8$^+$T 细胞介导的免疫应答调控机制

CD8$^+$T 细胞又称为细胞毒性 T 淋巴细胞（Cytotoxic tlymphocyte，CTL），来源于骨髓造血干细胞，在胸腺中发育成熟，迁出胸腺后在血液和淋巴器官间循环（Gascoigne et al. 2016），在机体适应性免疫过程中起着至关重要的作用。CD8$^+$T 细胞的活化和增殖分化需要 3 种信号形成的分子网络，分别为 TCR（T-cell receptor）-MHC I 信号、共刺激信号（CD28/CD80、PD-1/PD-L1 等）和炎症因子信号（IFN-γ、IL-2、IL-10 等）。活化后的 CD8$^+$T 细胞通过释放穿孔素和颗粒酶等方式对靶细胞进行特异性杀伤，发挥其免疫应答功能（Rock et al. 2010；Cho et al. 2013）。脾脏作为机体最大的免疫器官，占全身淋巴组织总量的 25%，是机体体液免疫和细胞免疫的中心，通过多种机制发挥免疫调节作用（Samal et al. 2018）。CD8$^+$T 细胞在脾脏中活化后会经历扩增、收缩和记忆形成 3 个阶段。扩增阶段产生大量的抗原特异性 CD8$^+$T 细胞，但是其中的 90%~95% 都会在收缩阶段凋亡，防止机体产生自身免疫疾病；剩余的 5%~10% 细胞则会进一步分化，形成记忆细胞长期存活，当再次感染时能够迅速响应清除病原（Khan and Badovinac，2015）。

因此，通过探讨广叶绣球菌多糖对 CD8$^+$T 细胞活化、增殖分化、效应过程中造成的影响，探索广叶绣球菌多糖对小鼠 CD8$^+$T 细胞免疫应答的调控机制，可为将来开发出相应的干预手段提供理论基础。试验模型构建方法同本节第三部分。

试验中，小鼠自由饮食，适应环境 1 周后，将 90 只小鼠随机分为 6 组，每组 15 只，分别为空白对照组（NC），模型组（CY）、低剂量组（LD）、中剂量组（MD）、高剂量组（HD）和阳性对照组（LH）。除空白对照组外，其他各组小鼠腹腔注射 80mg/kg 环磷酰胺 0.2mL，连续 3d，空白对照组腹腔注射等体积生理盐水，从第 4d 开始，低、中、高剂量组每天按 100、200 和 400mg/kg 灌胃 0.5mL SLPs 溶液，LH 组每天灌胃 0.5mL 的 40mg/kg 盐酸左旋咪唑，空白对照组和模型组每天灌胃等体积生理盐水。饲养 20d 后处死，采集脾脏和胸腺。

1. 小鼠体重和脏器指数测定

如图 2-71 所示，除空白组外，其余各组小鼠在饲养第 1~3d 体重出现明显下降，在第 4~20d 小鼠体重开始明显升高；空白组小鼠饲养期间体重缓慢升高，20d 后各组小鼠体重趋于一致。与 NC 组相比，CY 组小鼠脾脏指数显著下降；与 CY 组相比，HD 组脾脏指数显著升高（$p<0.05$）。各组间胸腺指数无显著变化（$p>0.05$）。

2. 小鼠血常规检测

与 NC 组相比，CY 组白细胞、淋巴细胞、中性粒细胞、单核细胞及血小板数均显著降低（$p<0.05$ 或 $p<0.01$，表 2-16）。与 CY 组相比，广叶绣球菌多糖组白细胞、淋巴细胞、中性粒细胞、单核细胞及血小板数呈剂量依赖性增加，其中 LD、MD 和 HD 组的白细胞、淋巴细胞及血小板数显著升高（$p<0.05$ 或 $p<0.01$），MD 和 HD 组的红细胞显著升高（$p<0.05$），LD 和 HD 组的中性粒细胞显著升高（$p<0.05$）。

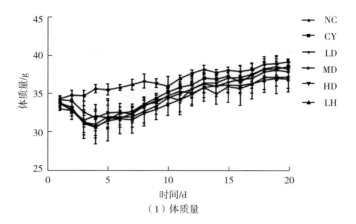

（1）体质量

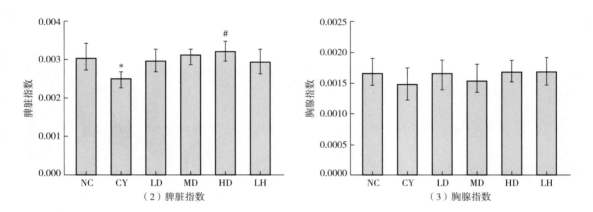

（2）脾脏指数　　　　　　　　　　　　　（3）胸腺指数

图 2-71　小鼠体重和脏器指数测定

注：与对照组相比，* $p<0.05$，** $p<0.01$；与 CY 组相比，# $p<0.05$，## $p<0.01$。

表 2-16　　　　　　　　　　　　　　小鼠血常规检测

分组	红细胞 （RBC） （×10^{12} 个/L）	白细胞 （WBC） （×10^9 个/L）	淋巴细胞 （LYM） （×10^9 个/L）	中性粒细胞 （NEU） （×10^9 个/L）	单核细胞 （MON） （×10^9 个/L）	血小板 （PLT） （×10^9 个/L）
NC	8.36±2.69	5.97±1.10	2.78±0.52	2.25±0.44	0.60±0.07	575±142
CY	5.47±1.66	2.63±1.44 *	1.28±0.60 **	1.06±0.39 *	0.26±0.10 *	327±165 *
LD	6.78±1.33	4.24±0.75 #	2.02±0.45 #	2.03±1.18 #	0.28±0.18	548±123 #
MD	8.10±0.64 #	5.10±0.38 #	3.02±0.43 ##	1.47±0.13	0.244±0.12	687±97 ##
HD	7.59±1.74 #	6.25±1.29 ##	2.22±0.32 #	2.13±0.46 #	0.41±0.14 #	628±193 #
LH	5.33±1.71	4.70±0.85 #	2.45±0.53 #	1.24±0.46 *	0.30±0.20	518±219

注：与对照组相比，* $p<0.05$，** $p<0.01$；与 CY 组相比，# $p<0.05$，## $p<0.01$。

3. 广叶绣球菌多糖对脾 T 淋巴细胞增殖能力的影响

与 NC 组相比，CY 组 OD 值极显著下降（$p<0.01$）。与 CY 组相比，MD、HD 和 LH 组的 OD 值均显著升高（$p<0.05$ 或 $p<0.01$）（图 2-72）。表明环磷酰胺诱导的免疫低下小鼠 T 淋巴细胞增殖能力降低，而广叶绣球菌多糖能促进 T 淋巴细胞的增殖。

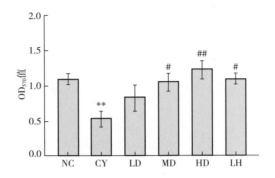

图 2-72　广叶绣球菌多糖对脾 T 淋巴细胞增殖能力的影响

注：与对照组相比，$*$ $p<0.05$，$**$ $p<0.01$；与 CY 组相比，# $p<0.05$，## $p<0.01$。

4. 小鼠脾 CD8+T 细胞和树突状细胞流式细胞术分析

与 NC 组相比，CY 组的 CD3+CD8+T 细胞、CD8+CTLA-4+T 细胞、CD8+PD-1+T 细胞和 CD11c+PD-L1+细胞百分比显著升高，CD11c+MHC I+细胞、CD8+CD28+T 细胞和 CD11c+CD80+细胞百分比显著下降（$p<0.05$ 或 $p<0.01$）；与 CY 组相比，HD 和 LH 组的 CD3+CD8+T 细胞、CD8+PD-1+T 细胞和 CD11c+PD-L1+细胞百分比显著下降（$p<0.05$），CD11c+MHC 1+细胞百分比显著升高（$p<0.05$ 或 $p<0.01$），CD28、CD80 和 CTLA-4 无显著性变化（$p>0.05$），CD3+CD8+T 细胞含量显著升高（图 2-73），可能是由于抑制性 CD8+T 淋巴细胞 Ts 增多，导致 CTL 杀伤功能被抑制（陈家瑞等，2019；徐自慧等，2019）。

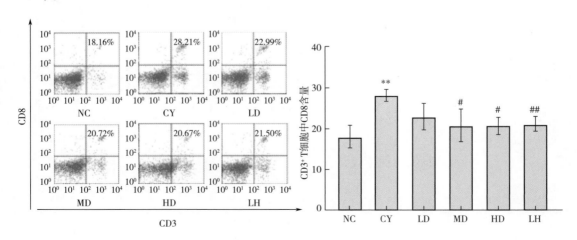

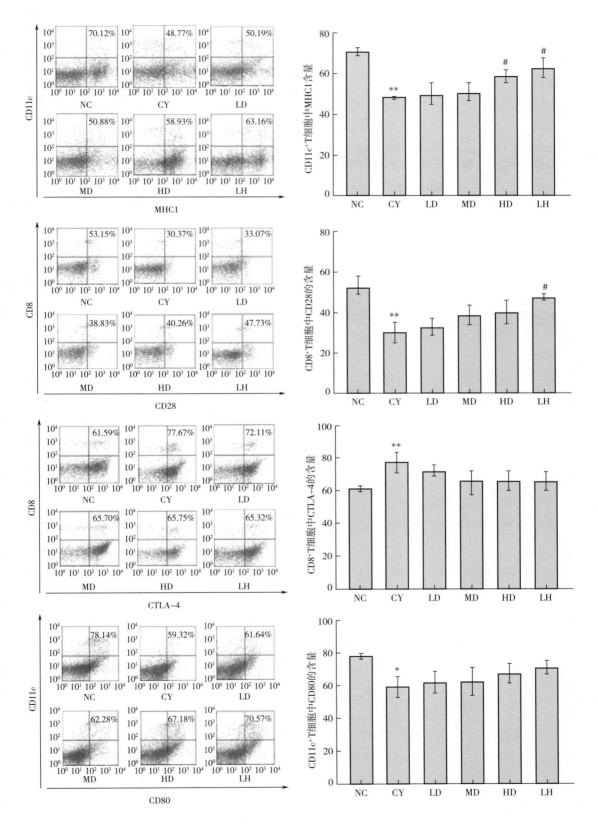

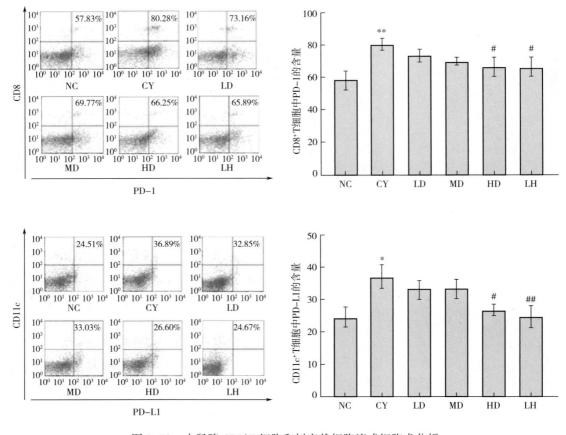

图 2-73　小鼠脾 CD8$^+$T 细胞和树突状细胞流式细胞术分析

5. 广叶绣球菌多糖对小鼠脾细胞因子的影响

与 NC 组相比，CY 组 TNF-α、IFN-γ、IL-2、穿孔素和颗粒酶 B 的含量显著下降（$p<0.05$ 或 $p<0.01$），IL-10 的含量极显著升高（$p<0.01$）；与 CY 组相比，广叶绣球菌 MD 和 HD 组 IFN-γ、颗粒酶 B、穿孔素和 IL-2 含量均显著升高（$p<0.05$ 或 $p<0.01$），HD 组 TNF-α 的含量显著升高（$p<0.05$）以及 IL-10 的含量显著下降（$p<0.05$）（图 2-74）。

6. 广叶绣球菌多糖对小鼠脾细胞相关基因 mRNA 表达量的影响

与 NC 组相比，CY 组 Psmb9、Psmd9、TAP1、TAP2、IFN-γ、IL-2、Blimp-1 和 SOCS-3 的 mRNA 表达量显著下降（$p<0.05$ 或 $p<0.01$），JAK1、JAK2、STAT1 和 STAT3 的 mRNA 表达量显著升高（$p<0.05$ 或 $p<0.01$）；与 CY 组相比，广叶绣球菌多糖组能显著升高 Psmb9、Psmd9、TAP1、TAP2、Blimp-1 和 SOCS-3 的 mRNA 表达量，并显著降低 JAK2、STAT1 和 STAT3 的 mRNA 表达量（$p<0.05$ 或 $p<0.01$），其中 MD 组 IFN-γ 和 HD 组 IFN-γ、Blimp-1 的 mRNA 表达量极显著升高（$p<0.01$），MD 和 HD 组 JAK2 的 mRNA 表达量极显著降低（$p<0.01$）（表 2-17）。

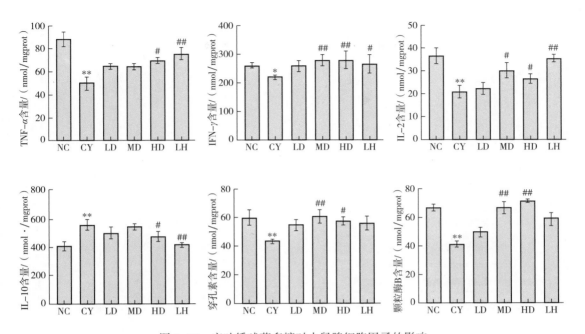

图 2-74 广叶绣球菌多糖对小鼠脾细胞因子的影响

注：与对照组相比，* $p<0.05$，** $p<0.01$；与 CY 组相比，# $p<0.05$，## $p<0.01$。mgprot 指毫克蛋白。

表 2-17　　　　广叶绣球菌多糖对小鼠脾细胞相关基因 mRNA 表达量的影响

基因	NC	CY	LD	MD	HD	LH
Psmb9	1.71±0.17	0.88±0.07**	1.15±0.10	1.22±0.07	1.60±0.14#	1.47±0.15#
Psmd9	1.30±0.21	0.69±0.14*	0.74±0.12	0.77±0.16	1.01±0.16#	1.08±0.12#
TAP1	1.00±0.12	0.17±0.02**	0.26±0.06	0.39±0.03#	0.55±0.01#	0.58±0.03#
TAP2	1.03±0.16	0.18±0.06**	0.25±0.05	0.34±0.06	0.40±0.04#	0.50±0.07#
IFN-γ	1.47±0.22	0.39±0.02**	0.61±0.17#	0.96±0.10##	1.01±0.17##	1.29±0.08##
IL-2	1.18±0.09	0.24±0.08**	0.49±0.12#	0.61±0.06#	0.67±0.06#	0.68±0.07#
JAK1	0.81±0.13	1.16±0.07*	1.00±0.06	0.94±0.09	0.93±0.10	0.80±0.09#
JAK2	0.13±0.04	0.56±0.06**	0.26±0.01##	0.29±0.04##	0.19±0.03##	0.17±0.02##
STAT1	0.20±0.07	1.15±0.08**	0.54±0.07	0.59±0.04	0.49±0.14#	0.30±0.09#
STAT3	0.12±0.03	0.37±0.05**	0.31±0.02	0.27±0.01#	0.22±0.06#	0.15±0.05#
SOCS-3	0.64±0.09	0.28±0.04*	0.32±0.03	0.38±0.03	0.40±0.02	0.51±0.05#
Blimp-1	1.47±0.03	0.22±0.02**	0.30±0.09	0.34±0.02#	0.41±0.04##	0.78±0.15##

注：与对照组相比，* $p<0.05$，** $p<0.01$；与 CY 组相比，# $p<0.05$，## $p<0.01$。

7. 小鼠免疫印迹检测结果及分析

与 NC 组相比，CY 组 pJAK2/JAK2、pSTAT3/STAT3 的蛋白表达量极显著升高（$p<0.01$），Blimp-1 的蛋白表达量极显著下降（$p<0.01$）；与 CY 组相比，HD 组 pJAK2/JAK2 的蛋白表达量显著下降（$p<0.05$），MD 和 HD 组 pSTAT3/STAT3 的蛋白表达量显著下降（$p<0.05$ 或 $p<0.01$），MD 和 HD 组 Blimp-1 的蛋白表达量显著上升（$p<0.05$）（图 2-75）。

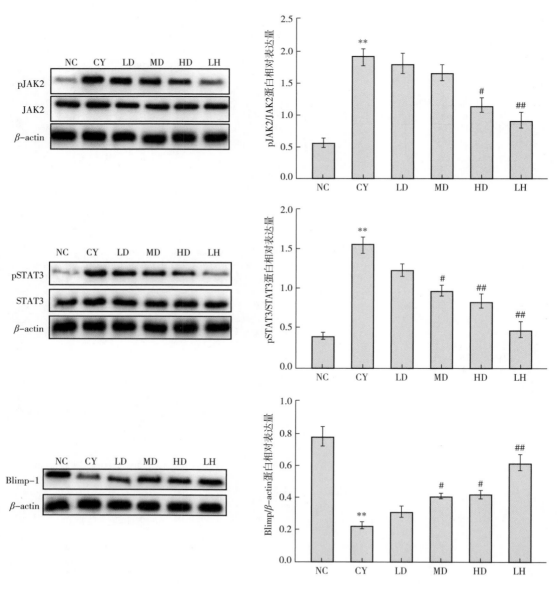

图 2-75　小鼠免疫印迹检测结果

注：与对照组相比，* $p<0.05$，** $p<0.01$；与 CY 组相比，# $p<0.05$，## $p<0.01$。

　　环磷酰胺能通过抑制动物的体液免疫应答和细胞免疫应答，造成动物的免疫抑制（康慧琳等，2018），常用于建立免疫低下小鼠模型。本试验中模型组小鼠脾脏指数降低，小鼠白细胞、淋巴细胞、中性粒细胞、单核细胞、血小板的数量减少，T淋巴细胞的增殖能力减弱，这表明环磷酰胺诱导的免疫低下模型建立成功。

　　免疫低下小鼠给予一定剂量广叶绣球菌多糖20d后，其脾脏细胞内Psmb9、Psmd9、Tap1和Tap2蛋白酶体显著升高（图2-76），而这些蛋白酶体主要通过将小分子抗原肽从胞浆运输到内质网来调节树突状细胞表面MHC Ⅰ分子的呈递，MHC Ⅰ分子与CD8$^+$T细胞表面TCR结合形成TCR-MHC Ⅰ信号，促进CD8$^+$T细胞活化（Liu et al. 2017；Mantel et al. 2022），引起抑制性共刺激信号PD-1/PD-L1的减弱，PD-1/PD-L1信号在CD8$^+$T细胞活化和细胞因子分泌等过程中均发挥重要的负性调节作用（Wei et al. 2010），进而促进CD8$^+$T细胞的活化过程，引起IL-2、IFN-γ、TNF-α和IL-10表达的变化，而这些细胞因子可以促进CD8$^+$T细胞的存活、增殖和分化以及效应功能（刘畅和王红艳，2017），其中IL-2作为CD8$^+$T细胞增殖分化功能最重要的细胞因子，主导CD8$^+$T细胞分化为杀伤性CTL细胞，杀伤性CTL通过释放IFN-γ、TNF-α等细胞因子调控自身的收缩和凋亡（Cho et al. 2013）。Gilliet and Liu（2002）从初始CD8$^+$T细胞中分离获得CD8$^+$Treg，并证实这类CD8$^+$Treg以IL-10依赖的方式对初始CD8$^+$T细胞发挥抑制作用。IL-2和IFN-γ进一步通过与受体的胞外结构域结合激活JAK2（Wei et al. 2010），并催化结合在受体上的STAT3蛋白发生磷酸化修饰，活化的STAT3蛋白以二聚体的形式进入细胞核内，调控下游Blimp-1转录因子的表达上调（Cai et al. 2015；Hammar'en et al. 2018），从而促进颗粒酶B的分泌（Kragten et al. 2018），颗粒酶和穿孔素作为CTL细胞的重要效应分子，通过直

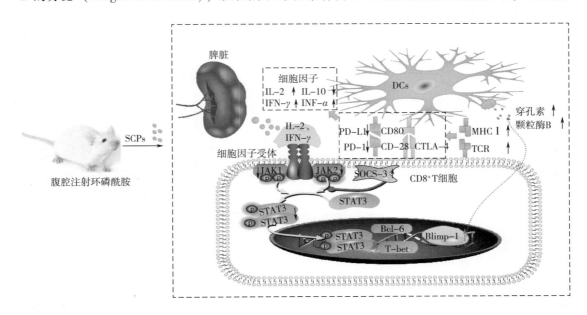

图2-76　广叶绣球菌多糖对小鼠CD8$^+$T细胞介导的免疫应答调控机制

接激活 caspase 级联反应或通过线粒体/凋亡小体来间接激活 caspase 级联反应，促进靶细胞凋亡，增强 CD8$^+$T 细胞的效应功能（Boatright and Salvesen, 2003；Bolli et al. 2003），最终起到调控小鼠 CD8$^+$T 细胞免疫应答的作用。

第六节　广叶绣球菌多糖的神经调节功能

一、广叶绣球菌多糖对免疫低下小鼠海马损伤的干预作用

植物多糖是一种天然的生物活性大分子物质，具有多种生物活性，可对大脑海马组织发挥神经保护作用。而一些免疫系统缺陷性疾病往往会导致神经受损，出现行为学异常，研究表明免疫系统与神经系统的频繁互动是通过多种免疫细胞和细胞因子进行的。海马作为大脑边缘系统的一部分，在学习、记忆、情绪调控和大脑免疫调节等方面发挥重要作用，是对各种应激反应更为敏感的脑组织部位之一（李鸿娜和颜红，2015；温晓妮，2011）。第五节试验结果表明，广叶绣球菌多糖具有免疫调节的生物活性，是绣球菌中重要的天然有效成分，由此推断其对免疫低下小鼠造成的海马损伤也有干预作用，5-HT 作为大脑中一种单胺类神经递质，可参与调节免疫功能，起到重要的神经保护作用，尤其在大脑海马组织和皮质层中含量较高。

因此，本节针对环磷酰胺诱导免疫低下产生的海马损伤小鼠，灌胃不同剂量组的广叶绣球菌多糖溶液后，观察海马组织形态的变化，并检测炎性细胞因子的水平；对 5-羟色氨（5-HT）和 5-HT$_{1A}$ 受体介导的 cAMP-PKA-CREB-BDNF 信号通路中相关基因和蛋白的表达进行测定。拟探讨广叶绣球菌多糖对免疫低下小鼠海马组织损伤发挥的干预作用。

试验中，将 60 只 6 周龄雄性昆明小鼠随机分为六组：空白对照组（NC）、环磷酰胺模型组（CY）、SLPs 低剂量组（CY+LD）、SLPs 中剂量组（CY+MD）、SLPs 高剂量组（CY+HD）、阳性对照组（CY+LH）。饲养期间小鼠自由摄食、饮水。在恒温（25±0.5）℃，恒湿（50±5）%的环境下，适应性喂养一周后，CY 组、SCPs 剂量组和阳性对照组连续 3d 腹腔注射 0.2mL 浓度为 80mg/（kg·bw·d）的环磷酰胺，空白对照组腹腔注射生理盐水，从第 4d 开始，剂量组分别灌胃 0.5mL 浓度分别为 100mg/（kg·bw·d）、200mg/（kg·bw·d）和 400mg/（kg·bw·d）的广叶绣球菌多糖溶液，阳性对照组灌胃 40mg/（kg·bw·d）的盐酸左旋咪唑（LH），空白对照组和模型组灌胃生理盐水，共饲养 30d。

1. 广叶绣球菌多糖对免疫低下小鼠体质量的影响

由表 2-18 可知，腹腔注射环磷酰胺后从第 2d 开始，除 NC 组外，其余各组免疫抑制小鼠体质量均下降。造模结束 24h 后（第 4d），与 NC 比较，其余各组小鼠体质量均下降，差异显著（$p<0.05$）；各组免疫抑制小鼠造模结束 24h 后，与腹腔注射第一天比较，小鼠体质量显著下降（$p<0.05$）。与第 4d 的体重相比，第 5d 除 CY 与中剂量组外，其余各组小鼠体质量停止下降，第 5d 后所有组小鼠体重均慢慢回升。表明广叶绣球菌多糖的摄入

有助于回升免疫低下小鼠的体重。

表 2-18 广叶绣球菌多糖对免疫低下小鼠体质量的影响

天数	NC 组	CY 组	CY+LD 组	CY+MD 组	CY+HD 组	CY+LH 组
1d	43.04±3.13	42.43±1.90	44.00±2.02	43.15±2.11	44.43±1.84	43.33±2.23
2d	43.80±3.23	41.53±2.06	42.91±2.08	42.35±2.29	44.09±2.00	42.74±2.15
3d	44.03±3.33	40.40±2.83	42.56±2.07	40.92±1.46	42.89±2.21	40.68±1.89
4d	44.41±3.43	38.24±4.10$^{*\#}$	39.73±2.66$^{*\#}$	38.87±2.43$^{*\#}$	40.28±2.81$^{*\#}$	38.96±1.82$^{*\#}$
5d	45.13±3.48	37.95±3.95	41.80±2.96	37.3±2.77	42.60±2.55	40.28±1.27
6d	45.36±3.38	39.86±3.95	41.55±3.47	41.19±2.35	43.20±2.31	40.54±1.37
7d	45.12±3.46	40.56±3.65	42.30±2.78	41.43±2.61	43.05±2.12	40.31±1.43
8d	45.43±3.51	41.38±2.96	43.10±2.80	41.63±2.69	43.37±2.28	41.24±1.20
9d	45.19±3.55	42.81±3.91	43.19±2.68	42.49±2.54	44.20±2.09	41.80±1.25
10d	45.51±3.51	43.61±3.32	43.96±2.45	42.84±2.26	44.70±2.08	42.14±1.07

注：* 第 4d（即免疫抑制模型造模结束 24h）时，NC 组与其他组比较，$p<0.05$；# 各组第 4d 与第一天比较，$p<0.05$。

2. 广叶绣球菌多糖对免疫低下小鼠海马组织形态的影响

由图 2-77 可知，对照组小鼠海马组织神经细胞形态结构完整，呈现多层、整齐、紧密排列；模型组小鼠海马组织神经细胞稀疏，排列松散，细胞间出现间隙，细胞核出现固缩深染现象，整体损伤明显；与模型组比较，SLPs 组和阳性组海马组织神经细胞数量增多，细胞间隙缩小，结构更为完整，尤其是 SLPs 高剂量组神经细胞排列有序、结构清晰、形态基本正常。

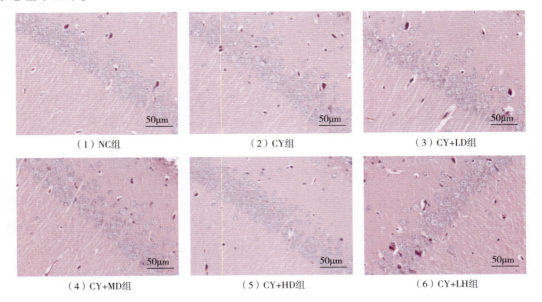

（1）NC组 （2）CY组 （3）CY+LD组

（4）CY+MD组 （5）CY+HD组 （6）CY+LH组

图 2-77 SLPs 对免疫低下小鼠海马组织形态的影响（HE，400×）

3. 广叶绣球菌多糖对免疫低下小鼠海马组织 5-HT、TPH2 和 cAMP 含量的影响

由图 2-78 可知，与 NC 组相比，CY 组小鼠海马中 5-HT、色氨酸羟化酶-2（TPH2）和环磷酸腺苷（cAMP）含量显著降低（$p<0.01$）；与 CY 组相比，SLPs 组和 LH 组的 5-HT、TPH2 和 cAMP 的含量均升高，呈剂量效应关系，其中 CY+MD、CY+HD 和 CY+LH 组 5-HT、TPH2 和 cAMP 的含量均差异极显著（$p<0.01$）。

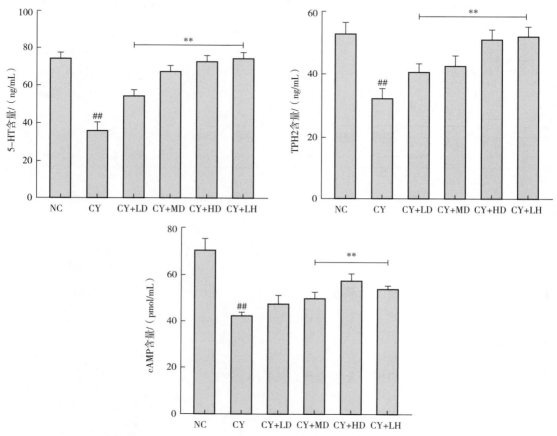

图 2-78　SLPs 对免疫低下小鼠海马组织 5-HT、TPH2 和 cAMP 含量的影响

注：与 NC 组相比，##表示 $p<0.01$；与 CY 组相比，* 表示 $p<0.05$，** 表示 $p<0.01$。

4. 广叶绣球菌多糖对免疫低下小鼠海马组织细胞因子和 5-HT 信号通路相关基因 mR-NA 表达量的影响

（1）广叶绣球菌多糖对免疫低下小鼠海马组织 TNF-α 和 IL-1β mRNA 表达量的影响

由图 2-79 可知，与 NC 组相比，CY 组小鼠海马中 TNF-α 和 IL-1β 的 mRNA 表达量极显著升高（$p<0.01$）；与 CY 组相比，各剂量 SLPs 组和 CY+LH 组 TNF-α 和 IL-1β 的 mRNA 表达量均呈现降低的趋势，表现出剂量依赖性，其中各剂量 SLPs 和 CY+LH 组 TNF-α 的 mRNA 表达量极显著降低（$p<0.01$），CY+HD 和 CY+LH 组 IL-1β 的 mRNA 表达量显著降低（$p<0.01$）。

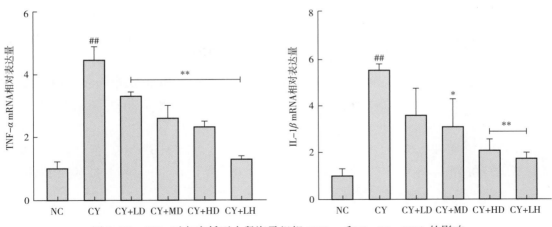

图 2-79　SLPs 对免疫低下小鼠海马组织 TNF-α 和 IL-1β mRNA 的影响

注：与 NC 组相比，##表示 $p<0.01$；与 CY 组相比，∗ 表示 $p<0.05$，∗∗ 表示 $p<0.01$。

（2）广叶绣球菌多糖对免疫低下小鼠海马组织 5-HT 信号通路相关基因 mRNA 表达量的影响

由图 2-80 可知，与 NC 组相比，CY 组小鼠海马中 5-HT$_{1A}$R、PKA 和 BDNF 的 mRNA

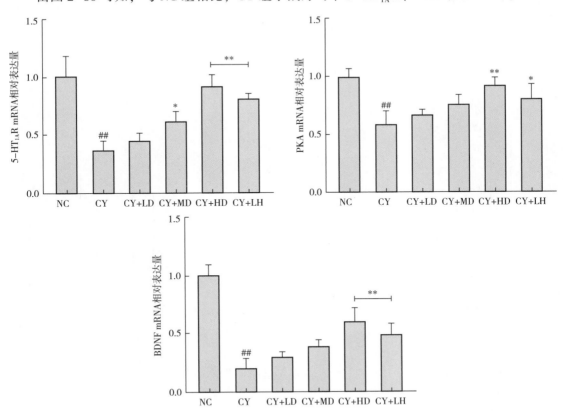

图 2-80　广叶绣球菌多糖对免疫低下小鼠海马 5-HT$_{1A}$R、PKA 和 BDNF mRNA 的影响（$n=6$）

注：与 NC 组相比，##表示 $p<0.01$；与 CY 组相比，∗ 表示 $p<0.05$，∗∗ 表示 $p<0.01$。

表达量都极显著降低（$p<0.01$）；与 CY 组相比，CY+MD、CY+HD 和 CY+LH 组 5-HT$_{1A}$R 的 mRNA 表达量显著增加（$p<0.05$ 或 $p<0.01$），CY+HD 和 CY+LH 组小鼠海马中 PKA 和 BDNF 的 mRNA 表达量显著增加（$p<0.05$ 或 $p<0.01$）。

5. 广叶绣球菌多糖对免疫低下小鼠海马组织 CREB 和 p-CREB 蛋白表达的影响

（1）免疫印迹法测定广叶绣球菌多糖对免疫低下小鼠海马组织 CREB 和 p-CREB 蛋白表达的影响

由图 2-81 可知，与 NC 组相比，CY 组小鼠海马中 CREB 和 p-CREB 蛋白表达量极显著降低（$p<0.01$）；与 CY 组相比，高剂量的 SLPs 可使小鼠海马中 CREB 和 p-CREB 的蛋白表达量明显增加，差异极显著（$p<0.01$）。

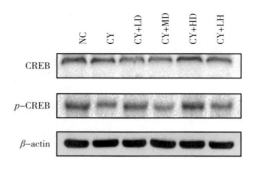

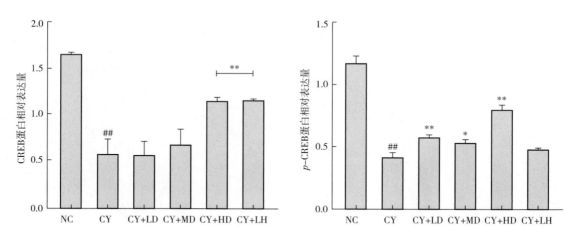

图 2-81　CREB 和 p-CREB 蛋白免疫印迹检测结果

注：与 NC 组相比，##表示 $p<0.01$；与 CY 组相比，* 表示 $p<0.05$，** 表示 $p<0.01$。

（2）免疫组化法测定广叶绣球菌多糖对免疫低下小鼠海马组织 CREB 和 p-CREB 蛋白表达的影响

①CREB 蛋白检测免疫组化结果：由图 2-82 可知，与 NC 组相比，CY 组 CREB 表达极显著降低（$p<0.01$）；与 CY 组相比，CY+LH 组 CREB 表达显著升高（$p<0.01$）。

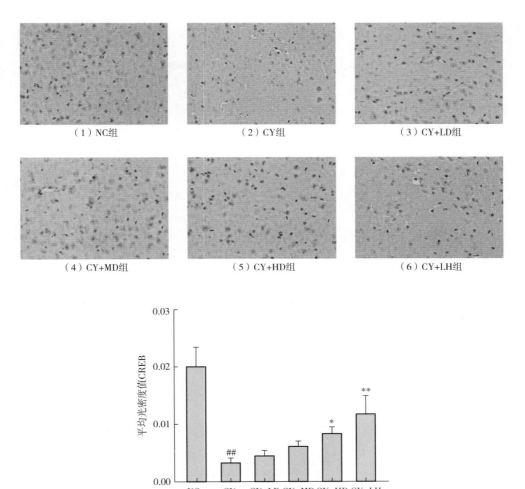

（1）NC组　　　　　　　　（2）CY组　　　　　　　　（3）CY+LD组

（4）CY+MD组　　　　　　（5）CY+HD组　　　　　　（6）CY+LH组

（7）SLPs对免疫低下小鼠海马CREB蛋白表达量的影响

图2-82　CREB免疫组化检测结果

注：与NC组相比，##表示$p<0.01$；与CY组相比，* 表示$p<0.05$，** 表示$p<0.01$。

②p-CREB蛋白检测免疫组化结果：由图2-83可知，与NC组相比，CY组p-CREB表达极显著降低（$p<0.01$）；与CY组相比，CY+HD组p-CREB蛋白表达量显著升高（$p<0.05$）。

机体存在神经-免疫-内分泌网络系统，多糖可以通过这个复杂多样的调控网络系统，维持中枢神经系统的稳态（汤小芳等，2018）。环磷酰胺在体内会被分解转化为对细胞具有毒性的丙烯醛，从而造成神经损伤（宋德群，2013）。本研究结果显示，环磷酰胺使小鼠海马组织神经细胞受到损伤，而SLPs具有逆转作用，使小鼠海马组织神经细胞数量增多，细胞间隙缩小，结构更为完整。

IL-1β和TNF-α是与炎症相关的因子，其中TNF-α是由单核巨噬细胞产生的促炎因子，当机体感染或免疫低下时含量增加，严重时可引起组织或器官损伤；IL-1β与炎症初

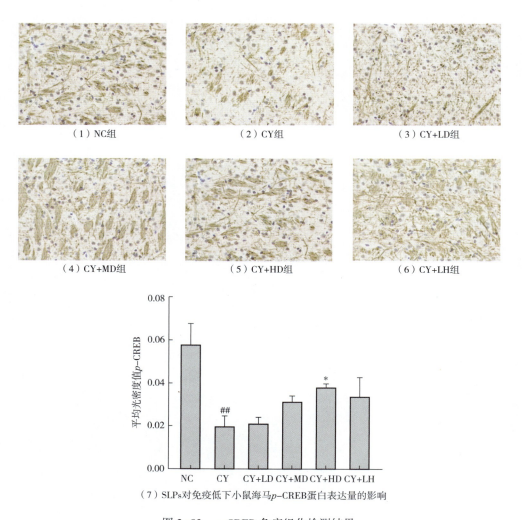

（1）NC组　　　　　　　　（2）CY组　　　　　　　　（3）CY+LD组

（4）CY+MD组　　　　　　（5）CY+HD组　　　　　　（6）CY+LH组

（7）SLPs对免疫低下小鼠海马p-CREB蛋白表达量的影响

图2-83　p-CREB 免疫组化检测结果

注：与 NC 组相比,##表示 $p<0.01$；与 CY 组相比，* 表示 $p<0.05$，** 表示 $p<0.01$。

始反应相关，发挥调节因子的作用（Sushama et al. 2019）。本研究结果表明，免疫低下小鼠海马组织 TNF-α 和 IL-1β mRNA 表达量显著增加，提示其发生了炎症；SLPs 可明显降低 TNF-α 和 IL-1β 基因表达量，提示 SLPs 可显著抑制免疫低下小鼠海马组织炎症。

5-HT 是一种单胺类神经递质，在神经-免疫-内分泌网络系统中发挥重要的神经保护作用，控制其合成的关键限速酶为 TPH2，其主要在神经元中表达（韩亚楠等，2019；Matsumoto et al. 2013）。此外，5-HT 轴功能异常会导致下丘脑-垂体-肾上腺轴功能异常，进而刺激神经中枢细胞因子 IL-1β、IL-6 等释放；当炎性细胞因子水平过高时会提高吲哚胺-2,3-双加氧酶活性，促进合成 5-HT 的色氨酸向犬尿氨酸途径转化，导致生成 5-HT 含量减少（Le Floc' h et al. 2011；O' Mahony et al. 2015）。5-HT 生物效应的发挥需要相应的受体介导，5-HT$_{1A}$ 受体是通过与腺苷酸环化酶偶联发挥调节作用的 G 蛋白偶联型受体，在海马组织中含量最高，可调节 5-HT 能神经元活动，在众多的精神和神经退行性疾病中发挥神经元保护作用（ögren et al. 2008；Zhang et al. 2016）；提高 5-HT$_{1A}$ 受体介导的 cAMP-PKA-CREB 信号通路作用可以保护海马组织（胡爽，2016）。本研究结果表明，免疫低下小鼠海马中 5-HT、TPH2、cAMP 含量，5-HT$_{1A}$R、PKA、BDNF mRNA 表达量以及 CREB、p-CREB 蛋白表达量均明显降低，TNF-α 和 IL-1β mRNA 表达量显著增加；SLPs 可显著增加 5-HT、TPH2、cAMP 含量，5-HT$_{1A}$ 受体、PKA mRNA 表达量，CREB、p-CREB 蛋白表达量，推测 SLPs 通过调节大脑中枢神经免疫系统，使海马组织的小胶质细胞恢复，维持免疫耐受状态，改变血脑屏障的通透性，降低小胶质细胞 TNF-α 和 IL-1β 分泌量，改善炎症反应，达到对海马组织的保护作用。另外，TNF-α 和 IL-1β mRNA 表达量降低，可以降低吲哚胺-2,3-双加氧酶活性，促进中枢神经内分泌系统中色氨酸生成更多的神经递质 5-HT，对海马损伤发挥改善作用，而 SLPs 通过促进 5-HT 分泌，刺激 5-HT$_{1A}$ 受体活化，激活 cAMP 信号通路，增加 CREB、p-CREB 和下游基因 BDNF 的表达水平，达到促进突触信息传递和神经元增殖分化作用，从而对环磷酰胺诱导的小鼠海马组织损伤发挥一定的保护和改善作用，如图 2-84 所示。

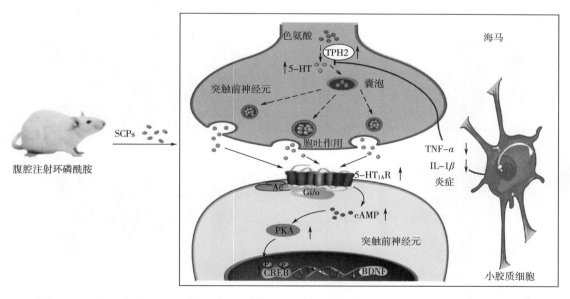

图 2-84 SLPs 通过 5-HT 及其 5-HT$_{1A}$ 受体介导的信号转导通路发挥神经保护作用的可能机制

综上所述，广叶绣球菌多糖干预后能够改善免疫低下小鼠海马组织的病理性损伤，并可能有助于通过神经-免疫-内分泌网络系统，调控神经元增殖和凋亡，抑制免疫系统产生炎症反应，促进单胺类神经递质 5-HT 的分泌及其受体介导的信号转导通路作用，发挥对海马组织神经元的修复和保护作用。

二、广叶绣球菌多糖对免疫低下小鼠皮质损伤的干预作用

皮质组织是调节躯体运动的最高级中枢，也是控制机体抽象思维、意识活动的重要组织结构，对各种应激反应极为敏感，而免疫低下引起的外周炎症、T 细胞缺乏和外泌体的异常转运等，会导致皮质神经系统功能失常（Gupta and Pulliam 2014；Chesnokova et al. 2016；孙国玉等，2016）。植物活性多糖可通过抗氧化，免疫调节等途径发挥对大脑皮质层的神经保护作用。

广叶绣球菌多糖具有免疫调节和抗氧化等生物活性，因此，在本节中对免疫低下产生皮质损伤的小鼠，灌胃不同剂量组的广叶绣球菌多糖溶液后，观察皮质组织形态学的变化，检测皮质中抗氧化能力和炎症反应，对 5-HT 水平和 5-HT$_{2C}$ 受体介导的 CaM-CaMK Ⅱ-CREB-BDNF 信号通路中相关基因和蛋白的表达进行测定，来探讨广叶绣球菌多糖对免疫低下小鼠大脑皮质层损伤发挥的干预作用。动物模型构建方法同本节第一部分。

1. 广叶绣球菌多糖对免疫低下小鼠皮质组织形态的影响

对照组小鼠大脑皮质神经元细胞形态规则，分布规律，数量较多；CY 组小鼠大脑皮质神经细胞形态不规则，细胞变小皱缩，细胞核出现固缩深染现象，分布稀疏且排列松散，有较多的凋亡细胞，整体损伤明显；与 CY 组相比，SLPs 各剂量组和 LH 组小鼠大脑皮质神经细胞数量增多，细胞间隙缩小，结构更为完整。HD 组和 LH 组小鼠大脑皮质中神经细胞排列有序，结构清晰，形态基本正常（图 2-85）。

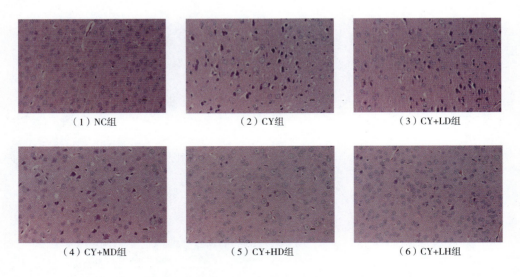

（1）NC组　　　　　　　（2）CY组　　　　　　　（3）CY+LD组

（4）CY+MD组　　　　　（5）CY+HD组　　　　　（6）CY+LH组

图 2-85　SLPs 对免疫低下小鼠皮质形态学的影响（HE，400×）

2. 广叶绣球菌多糖对免疫低下小鼠皮质抗氧化指标的影响

由图 2-86 可知，与对照组相比，CY 组小鼠大脑皮质中 MDA 含量极显著升高（$p<$ 0.01），SOD、CAT 和 GSH-Px 活性均极显著降低（$p<0.01$），表明腹腔注射 CY 后小鼠大脑皮质产生过氧化损伤；与 CY 组相比，SLPs 各剂量组和 CY+LH 组 MDA 的含量均极显著降低（$p<0.01$），SLPs 各剂量组和 CY+LH 组的 SOD 活性均极显著升高（$p<0.01$），CY+LD 组的 CAT 活性显著升高（$p<0.05$）、CY+MD、CY+HD 和 CY+LH 组的 CAT 活性均极显

著升高（$p<0.01$），CY+MD 组的 GSH-Px 活性均显著升高（$p<0.05$），CY+HD 和 CY+LH 组的 GSH-Px 活性均极显著升高（$p<0.01$）。

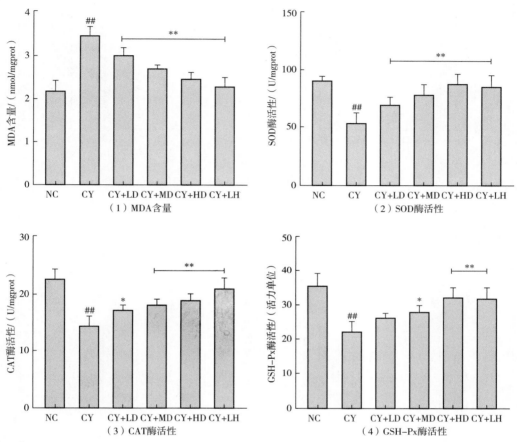

图 2-86　SLPs 对免疫低下小鼠皮质 MDA、SOD、CAT 和 GSH-Px 活力的影响

注：与 NC 组相比，##表示 $p<0.01$；与 CY 组相比，* 表示 $p<0.05$，** 表示 $p<0.01$。

3. 广叶绣球菌多糖对免疫低下小鼠皮质 5-HT、TPH2 和细胞因子含量的影响

（1）广叶绣球菌多糖对免疫低下小鼠皮质 5-HT 和 TPH2 含量的影响　由图 2-87 可知，与 NC 组相比，CY 组皮质中 5-HT 和 TPH2 的含量极显著降低（$p<0.01$）；与 CY 组相比，CY+HD 和 CY+LH 组 5-HT 含量显著升高（$p<0.05$ 或 $p<0.01$），CY+HD 组 TPH2 含量极显著升高（$p<0.01$）。

（2）广叶绣球菌多糖对免疫低下小鼠皮质细胞因子含量的影响　由图 2-88 可知，与 NC 组相比，CY 组的 TNF-α，IL-1β 和 IL-10 含量极显著升高（$p<0.01$），IL-6 含量升高，但差异不显著；与 CY 组相比，SLPs 可降低 CY 组 TNF-α，IL-1β，IL-6 和 IL-10 的含量，且呈现出剂量依赖性，CY+MD、CY+HD 和 CY+LH 组 TNF-α 和 IL-10 的含量显著降低（$p<0.05$ 或 $p<0.01$）；各剂量 SLPs 组和 CY+LH 组 IL-1β 的含量显著降低（$p<0.05$ 或 $p<0.01$），各剂量 SLPs 可降低皮质中 IL-6 的含量，呈剂量依赖性但差异不显著。

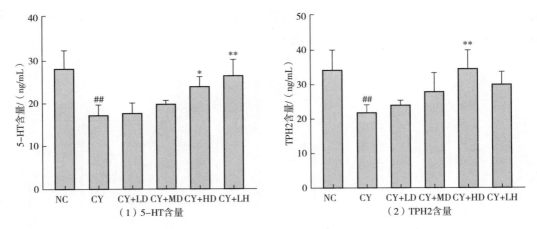

图 2-87　SLPs 对免疫低下小鼠皮质 5-HT、TPH2 含量的影响

注：与 NC 组相比,##表示 $p<0.01$；与 CY 组相比, * 表示 $p<0.05$, ** 表示 $p<0.01$。

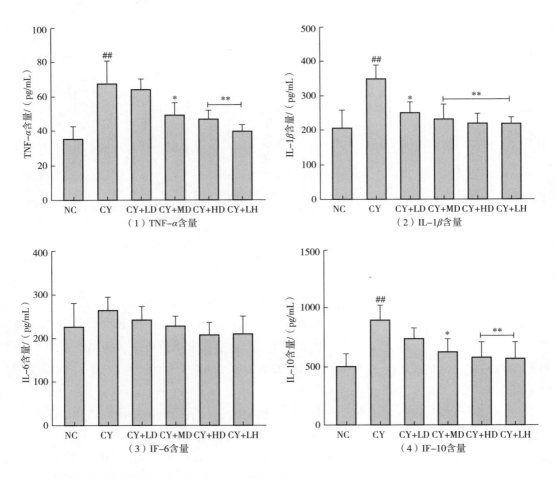

图 2-88　SLPs 对免疫低下小鼠皮质 TNF-α，IL-1β，IL-6 和 IL-10 含量的影响

注：与 NC 组相比,##表示 $p<0.01$；与 CY 组相比, * 表示 $p<0.05$, ** 表示 $p<0.01$。

4. 广叶绣球菌多糖对免疫低下小鼠皮质细胞因子和5-HT信号通路相关基因mRNA表达量的影响

（1）广叶绣球菌多糖对免疫低下小鼠皮质中细胞因子mRNA表达量的影响　由图2-89可知，与NC组相比，CY组小鼠皮质中TNF-α，IL-1β，IL-6和IL-10的mRNA表达量极显著升高（$p<0.01$）；与CY组相比，各剂量SLPs组和CY+LH组TNF-α、IL-1β和IL-10的mRNA表达量显著降低（$p<0.05$或$p<0.01$），CY+HD和CY+LH组IL-6的mRNA表达量极显著降低（$p<0.01$）。

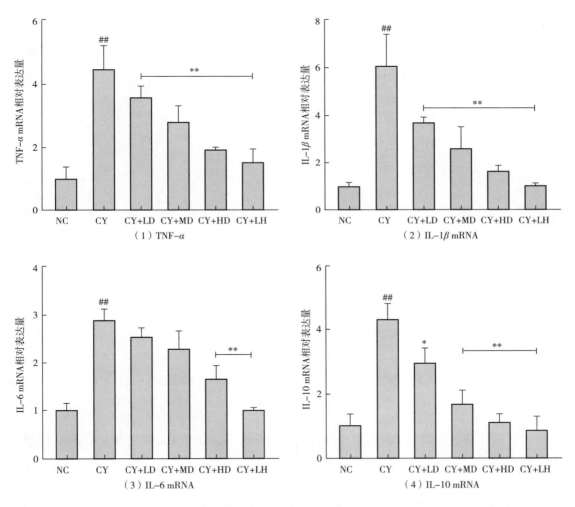

图2-89　SLPs对免疫低下小鼠皮质中细胞因子mRNA表达量的影响

注：与NC组相比，##表示$p<0.01$；与CY组相比，*表示$p<0.05$，**表示$p<0.01$。

（2）广叶绣球菌多糖对免疫低下小鼠皮质组织5-HT信号通路相关基因mRNA表达量的影响　由图2-90可知，与NC组相比，CY组小鼠皮质中5-羟色胺2C受体（5-HT$_{2C}$R）、CaM和BDNF的mRNA表达量极显著降低（$p<0.01$）；与CY组相比，CY+MD、

CY+HD 和 CY+LH 组 $5-HT_{2C}R$ 和 BDNF 的 mRNA 表达量显著升高（$p<0.05$ 或 $p<0.01$），CY+HD 和 CY+LH 组 CaM 的 mRNA 表达量极显著升高（$p<0.01$）。

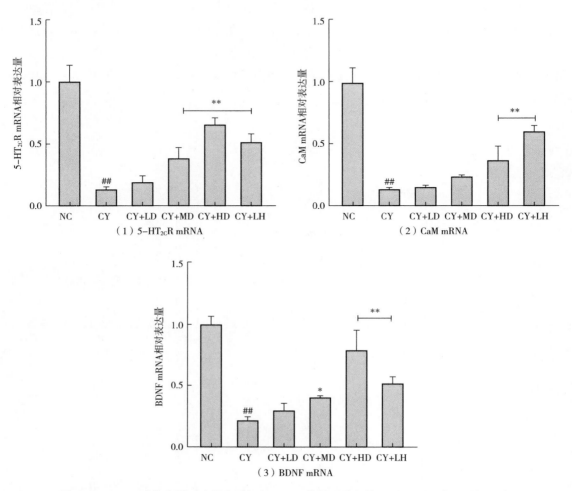

（1）$5-HT_{2C}R$ mRNA

（2）CaM mRNA

（3）BDNF mRNA

图 2-90　SLPs 对免疫低下小鼠皮质组织 5-HT 信号通路相关基因 mRNA 表达量的影响

注：与 NC 组相比，##表示 $p<0.01$；与 CY 组相比，* 表示 $p<0.05$，** 表示 $p<0.01$。

5. 广叶绣球菌多糖对免疫低下小鼠皮质 CREB、p-CREB、CaMKⅡ和 p-CaMKⅡ蛋白表达的影响

（1）免疫印迹法结果

①CREB 和 p-CREB 蛋白检测免疫印迹结果：由图 2-91 可知，与 NC 组相比，CY 组小鼠皮质中 p-CREB 蛋白表达量极显著降低（$p<0.01$），CREB 蛋白表达量差异不显著；与 CY 组相比，CY+HD 和 CY+LH 组 p-CREB 蛋白表达量极显著升高（$p<0.01$），各 SLPs 组和 CY+LH 组 CREB 总蛋白表达量无显著差异。

②CaMKⅡ和 p-CaMKⅡ蛋白检测免疫印迹结果：由图 2-92 可知，与 NC 组相比，CY 组小鼠皮质中 CaMKⅡ和 p-CaMKⅡ蛋白表达量极显著降低（$p<0.01$）；与 CY 组相比，

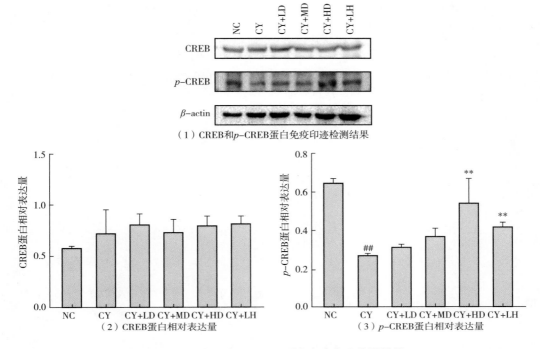

（1）CREB和p-CREB蛋白免疫印迹检测结果

（2）CREB蛋白相对表达量

（3）p-CREB蛋白相对表达量

图 2-91　CREB 和 p-CREB 蛋白免疫印迹检测结果

注：与 NC 组相比，##表示 $p<0.01$；与 CY 组相比，* 表示 $p<0.05$，** 表示 $p<0.01$。

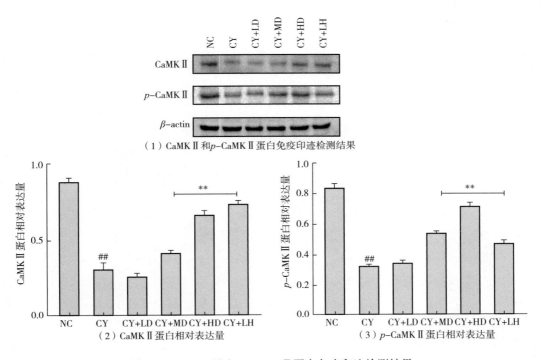

（1）CaMKⅡ和p-CaMKⅡ蛋白免疫印迹检测结果

（2）CaMKⅡ蛋白相对表达量

（3）p-CaMKⅡ蛋白相对表达量

图 2-92　CaMKⅡ 和 p-CaMKⅡ蛋白免疫印迹检测结果

注：与 NC 组相比，##表示 $p<0.01$；与 CY 组相比，* 表示 $p<0.05$，** 表示 $p<0.01$。

CY+MD、CY+HD 和 CY+LH 组 CaMKⅡ和 p-CaMKⅡ蛋白的表达量极显著升高（$p<0.01$）。

（2）免疫组化法结果

①CREB 蛋白检测免疫组化结果：由图 2-93 可知，与 NC 组相比，CY 组小鼠皮质中 CREB 表达无显著差异；与 CY 组相比，各剂量 SLPs 组和 CY+LH 组皮质中 CREB 表达无显著差异。

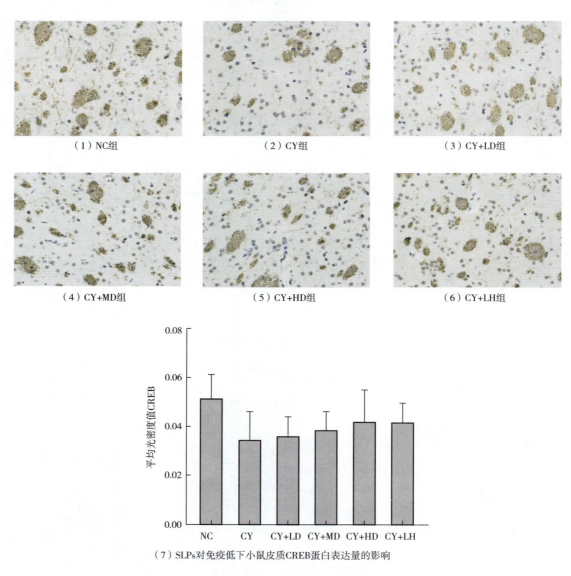

（1）NC组　　　　　　　　（2）CY组　　　　　　　　（3）CY+LD组

（4）CY+MD组　　　　　　（5）CY+HD组　　　　　　（6）CY+LH组

（7）SLPs对免疫低下小鼠皮质CREB蛋白表达量的影响

图 2-93　CREB 免疫组化检测结果

②p-CREB 蛋白检测免疫组化结果：由图 2-94 可知，与 NC 组相比，CY 组 p-CREB 表达极显著降低（$p<0.01$）；与 CY 组相比，CY+HD 组 p-CREB 表达极显著升高（$p<0.01$）。

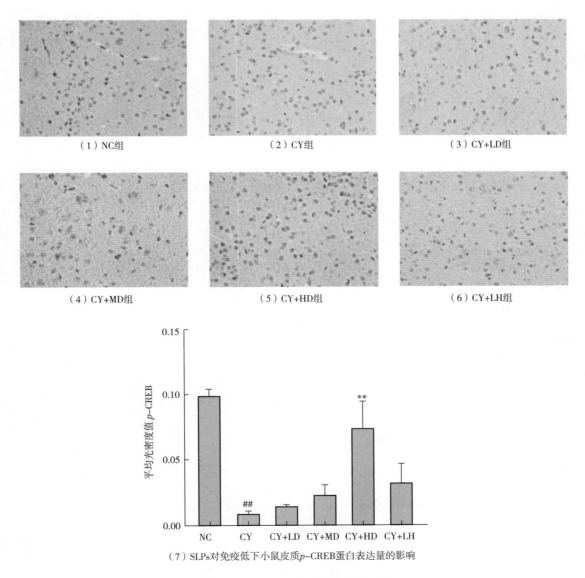

（1）NC组　　　　　　　　（2）CY组　　　　　　　　（3）CY+LD组

（4）CY+MD组　　　　　　　（5）CY+HD组　　　　　　　（6）CY+LH组

（7）SLPs对免疫低下小鼠皮质p-CREB蛋白表达量的影响

图2-94　p-CREB免疫组化检测结果

注：与NC组相比,##表示$p<0.01$；与CY组相比,** 表示$p<0.01$。

③CaMKⅡ蛋白检测免疫组化结果：由图2-95可知，与NC组相比，CY组小鼠皮质中CaMKⅡ表达极显著降低（$p<0.01$）；与CY组相比，CY+HD和CY+LH组CaMKⅡ表达极显著升高（$p<0.01$）。

④p-CaMKⅡ蛋白检测免疫组化结果：由图2-96可知，与NC组相比，CY组小鼠皮质中p-CaMKⅡ表达量极显著降低（$p<0.01$）；与CY组相比，CY+HD和CY+LH组p-CaMKⅡ表达显著升高（$p<0.05$或$p<0.01$）。

植物多糖可以通过调节机体神经系统与免疫系统的相互作用，发挥其抗氧化和免疫调

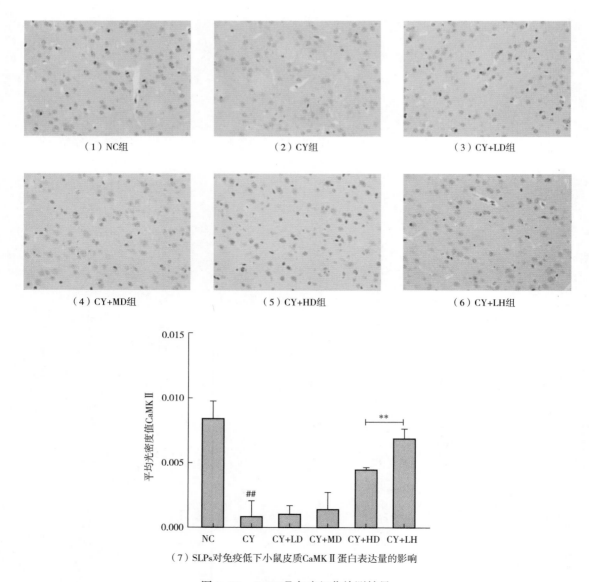

（1）NC组　　　　　　　　（2）CY组　　　　　　　　（3）CY+LD组

（4）CY+MD组　　　　　　（5）CY+HD组　　　　　　（6）CY+LH组

（7）SLPs对免疫低下小鼠皮质CaMKⅡ蛋白表达量的影响

图2-95　CaMKⅡ免疫组化检测结果

注：与NC组相比，##表示 $p<0.01$；与CY组相比，** 表示 $p<0.01$。

节活性，对神经元产生保护作用（Stone et al. 2014）。机体氧化应激水平和皮质损伤密切相关，其中MDA是过氧化脂质降解的主要产物，其含量升高时可破坏细胞膜结构的完整性（Chesnokova et al. 2016）。SOD、CAT和GSH-Px是机体中重要的抗氧化酶，可减轻和阻止脂质过氧化反应，对维持机体平衡具有重要作用（王海颖等，2016；王霄等，2019；Dudek et al. 2004；Dudek et al. 2005）。食用菌多糖可以提高抗氧化作用，保护皮质层（Zhang et al. 2018；郭燕君等，2006）。本研究同样表明高剂量SLPs组SOD、CAT和GSH-Px活性均极显著提高，改善了大脑皮质氧化应激状态。

5-HT$_{2C}$R通过与第二信使磷脂酶C偶联，使细胞内的蛋白磷酸化进而对细胞发挥调节

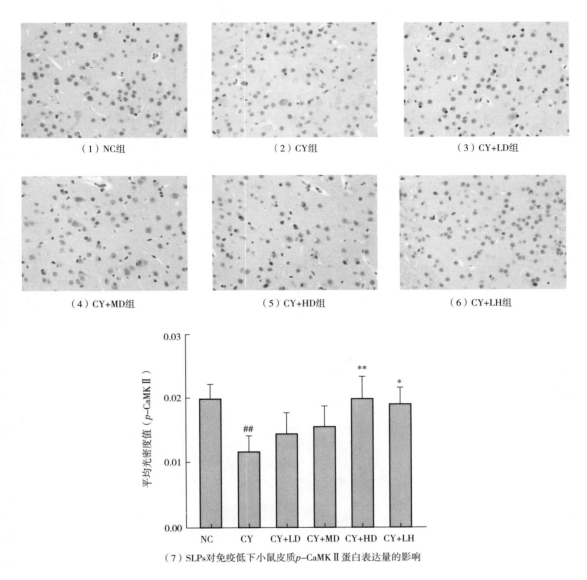

（1）NC组 （2）CY组 （3）CY+LD组

（4）CY+MD组 （5）CY+HD组 （6）CY+LH组

（7）SLPs对免疫低下小鼠皮质p-CaMK Ⅱ蛋白表达量的影响

图2-96 p-CaMK Ⅱ免疫组化检测结果

注：与NC组相比，##表示 $p<0.01$；与CY组相比，* 表示 $p<0.05$，** 表示 $p<0.01$。

作用，TPH2蛋白水平的变化会导致5-HT含量变化（王海蛟，2019）。5-HT$_{2C}$R介导的 CaM-CaMK Ⅱ-CREB信号通路，可以调控CREB蛋白的磷酸化，影响神经细胞突触可塑性和神经细胞状态的改变，发挥神经保护作用（王春杰，2019）。环磷酰胺可降低血脑屏障的通透性，适量的环磷酰胺是有神经保护作用的。过量的环磷酰胺破坏正常小鼠体内脑组织的免疫耐受状态，使IL-1β、IL-6、TNF-α细胞因子产生和释放量减少，导致脑内的免疫系统激活细胞因子，广叶绣球菌多糖对此有改善作用（闫华等，2014；范丽君等，2006）。Kim et al.（2010）研究表明广叶绣球菌多糖可促进细胞因子IL-12、IL-1β、TNF-α和IFN-α/β的分泌，诱导树突细胞的成熟，增强免疫活性。研究结果显示，SLPs

的干预使得免疫低下小鼠大脑皮质 TNF-α、IL-1β、IL-6 和 IL-10 的 mRNA 表达量降低，5-HT、TPH2 含量以及 5-HT$_{2C}$R、CaM 和 BDNF 的 mRNA 表达量升高，CaMK II、p-CaMK II、p-CREB 的蛋白表达量升高，由此推测其通过调节 5-HT 及其受体介导的信号通路对皮质层神经元发挥保护作用。推测 SLPs 可能通过以下机制发挥作用：通过调节大脑中枢神经免疫系统，使皮质层小胶质细胞恢复和维持免疫耐受状态，改变血脑屏障的通透性，降低皮质层小胶质细胞分泌产生的 TNF-α、IL-1β、IL-6 和 IL-10 含量，调节免疫系统炎症反应，达到对皮质层的保护作用；通过促进神经内分泌系统分泌 5-HT，刺激 5-HT$_{2C}$R 活化，激活 CaM-CaMK II-CREB 信号通路，增加 BDNF 基因的表达量，达到促进突触信息传递和神经元增殖、分化的作用，从而对免疫低下小鼠大脑皮质损伤发挥一定的保护和改善作用，如图 2-97 所示。

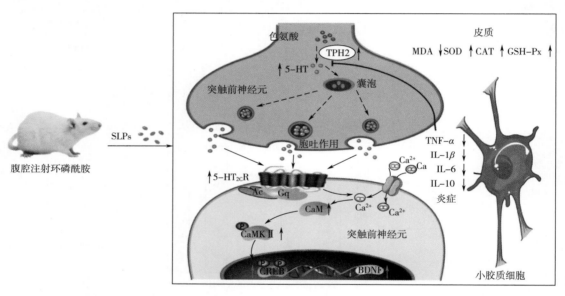

图 2-97　SLPs 通过 5-HT 及其 5-HT$_{2C}$R 受体介导的信号转导通路发挥神经保护作用的可能机制

　　综上所述，广叶绣球菌多糖干预能改善免疫低下小鼠皮质产生的病理性损伤，并且有助于调节皮质层神经元细胞氧化和抗氧化系统的平衡，进而抑制细胞因子的过度表达，调节免疫系统炎症反应，改变单胺类神经递质的分泌和其相关信号通路的转导作用，从而减轻免疫低下小鼠产生的皮质损伤，最终产生保护机体大脑皮质组织的效果。

第七节　绣球菌多糖对高脂血症大鼠的降血脂作用

　　胆固醇在体内承担着重要的作用，是机体代谢不可缺少的物质，但机体内过高的胆固醇水平及其代谢异常会诱发肥胖、高脂血症等慢性代谢疾病。近年来，人们的生活水平逐渐得到提高，饮食结构也发生了很大的变化，其中高脂高胆固醇膳食大量摄入所造成的危害严重威胁着人类的健康。多糖能够为预防高脂高胆固醇膳食带来的疾病提供新的途径，且多糖具有安全、副作用少等特点，绣球菌作为一种药食两用的真菌，具有很高的利用价值，其多糖中含有 39.3%～43.6% 的 β-葡聚糖（Kimura，2013；Kim et al. 2012），具有多种功能活性。

因此，本节对高脂高胆固醇膳食大鼠灌服绣球菌多糖溶液，分析其对血清、肝脏以及肠道胆固醇代谢的影响。

一、绣球菌多糖对高脂高胆固醇膳食大鼠血清胆固醇代谢的影响

将 50 只 6 周 SPF 级雌性 SD 大鼠，适应性喂养 1 周后，随机分为对照组（NC 组）、高脂高胆固醇模型组（HFCM 组）、低剂量多糖组（HFC+LD 组）、中剂量多糖组（HFC+MD 组）和高剂量多糖组（HFC+HD 组），每组 10 只，NC 组饲喂基础饲料，其余 4 组饲喂高脂高胆固醇饲料。低、中、高剂量组分别灌服 100、200 和 400mg/（kg·bw·d）的绣球菌多糖溶液，NC 组和 HFCM 组灌胃等量 0.9% 的生理盐水，所有试验动物均自由饮水进食。基本膳食组成和高脂高胆固醇饲料配方如表 2-19 所示。

表 2-19　　　　　　　　　　　　　　　　基本膳食组成

成分	干重/%	成分	干重/%
面粉	14.7	碳酸氢钙	1.1
玉米	240	食盐	0.5
豆粕	25	赖氨酸	0.14
麸皮	10	甲硫氨酸	0.07
草粉	—	食用油	2
鱼粉	5	微量元素	100kg 加 20g
酵母	2	维生素	100kg 加 10g
石粉	1.5	鱼肝油	100kg 加 50g

注：原料配比按百分数表示；微量元素、维生素、鱼肝油按每 100kg 加的量计算。

高脂高胆固醇饲料配方：基础饲料 88.8%、猪油 10%、胆固醇 1%、胆盐 0.2%。

1. 绣球菌多糖对高脂高胆固醇膳食大鼠体重和摄食量的影响

由图 2-98 可知，随着饲喂时间的延长，与 NC 组比较，模型组与试验组体重增加，摄食量降低，但差异均不显著。

2. 绣球菌多糖对高脂高胆固醇膳食大鼠血清 TC 含量的影响

（1）绣球菌多糖对高脂高胆固醇膳食大鼠血清脂质代谢相关指标的影响　由图 2-99 可知，与 NC 组比较，HFCM 组血清 TC 含量升高，差异极显著（$p<0.01$）；与 HFCM 组比较，剂量组 TC 含量降低，呈剂量效应关系，其中高剂量组差异极显著（$p<0.01$）。说明绣球菌多糖有降低高脂高胆固醇膳食大鼠 TC 的作用。

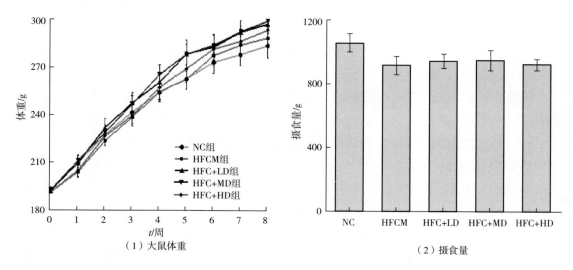

（1）大鼠体重　　　　　　　　　　　　　　　（2）摄食量

图 2-98　绣球菌多糖对高脂高胆固醇膳食大鼠体重和摄食量的影响

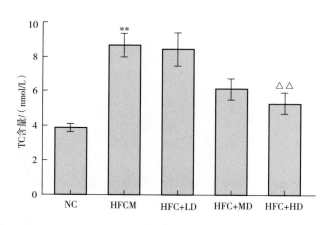

图 2-99　绣球菌多糖对高脂高胆固醇膳食大鼠血清 TC 含量的影响

注：与 NC 组比较，** $p<0.01$；与 HFCM 组比较，△△ $p<0.01$。

（2）绣球菌多糖对高脂高胆固醇膳食大鼠血清 TG 含量的影响　由图 2-100 可知，与 NC 组比较，HFCM 组血清 TG 含量升高，但差异不显著。与 HFCM 组比较，各剂量组 TG 含量降低，但差异不显著。

（3）绣球菌多糖对高脂高胆固醇膳食大鼠血清 LDL-C 含量的影响　由图 2-101 可知，与 NC 组比较，HFCM 组血清 LDL-C 含量升高，差异显著（$p<0.05$）；与 HFCM 组比较，各剂量组 LDL-C 含量降低，呈剂量效应关系，但差异不显著。

（4）绣球菌多糖对高脂高胆固醇膳食大鼠血清 HDL-C 含量的影响　由图 2-102 可知，与 NC 组比较，HFCM 组血清 HDL-C 含量降低，差异极显著（$p<0.01$）；与 HFCM 组比较，剂量组 HDL-C 含量升高，但差异不显著。

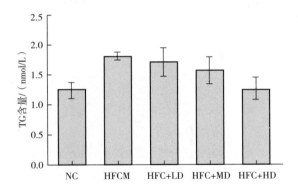

图 2-100 绣球菌多糖对高脂高胆固醇膳食大鼠血清 TG 含量的影响

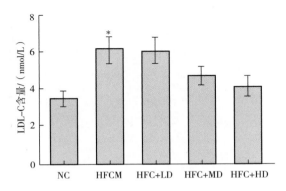

图 2-101 绣球菌多糖对高脂高胆固醇膳食大鼠血清 LDL-C 含量的影响

注：与 NC 组比较，* $p<0.05$；与 HFCM 组比较，△ $p<0.05$。

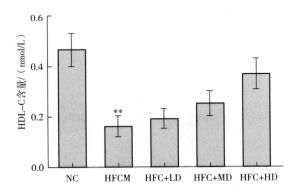

图 2-102 绣球菌多糖对高脂高胆固醇膳食大鼠血清 HDL-C 含量的影响

注：与 NC 组比较，** $p<0.01$。

（5）绣球菌多糖对高脂高胆固醇膳食大鼠血清胆汁酸（TBA）含量的影响　由图 2-103 可知，与 NC 组比较，HFCM 组血清 TBA 含量升高，差异极显著（$p<0.01$）。与 HFCM 组比较，各剂量组 TBA 含量降低，但差异不显著。

（6）用 GC-MS 检测血清中的差异成分　经肟化-硅烷化前处理后的血清样本，进行

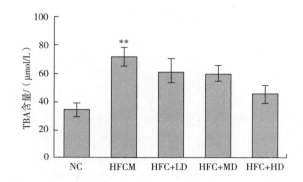

图 2-103　绣球菌多糖对高脂高胆固醇膳食大鼠血清 TBA 含量的影响

注：与 NC 组比较，** $p<0.01$。

GC-MS 检测，利用质谱库完成对大鼠血清内源性代谢物的定性，并分析其差异成分。

①血清代谢物定性分析：图 2-104 分别为 NC 组、HFCM 组和 HFC+HD 组大鼠的总离子流色谱图，采用质谱分析软件，对比 NC 组、HFCM 组和 HFC+HD 组的代谢物指纹图谱，发现 NC 组和 HFCM 组，HFCM 组和 HFC+HD 组的代谢谱具有明显差异，其保留时间、峰高和峰面积均有差异，说明 NC 组和 HFCM 组，HFCM 组和 HFC+HD 组的代谢物存在差异。

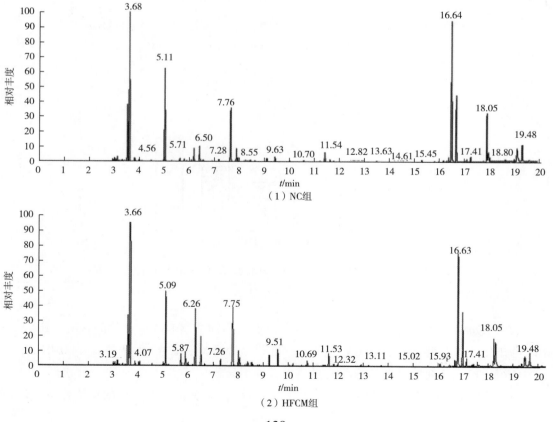

（1）NC组

（2）HFCM组

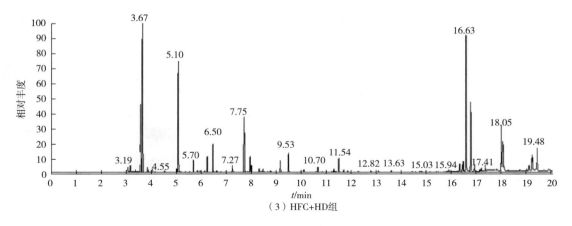

（3）HFC+HD组

图 2-104　大鼠的总离子流色谱图

②代谢标志物筛选：首先对代谢数据进行 PCA 分析，如图 2-105 所示，发现 NC 组与 HFCM 组没有显著分开，HFCM 组与 HFC+HD 组显著分开，且没有离群样本。然后利用 PLS-DA 对血清进行判别分析，图 2-106 为根据血清信息得到的 NC 组与 HFCM 组和 HF-CM 组与 HFC+HD 的 PLS-DA 得分图，可以看出 NC 组与 HFCM 组能够被分开，HFC+HD 组与 HFCM 组能够明显分开。之后，利用 OPLS-DA 对血清进行判别分析，血清代谢组 OPLS-DA 模型产生了一个预测和一个正交成分。图 2-107 为根据血清信息得到的 NC 组与 HFCM 组和 HFCM 组与 HD 组的 OPLS-DA 得分图，可以看出 NC 组与 HFCM 组能够明显分开，HFC+HD 组与 HFCM 组也能够明显分开，说明 NC 组与 HFCM 组、HFC+HD 组与 HFCM 组的代谢信息有显著的差异。

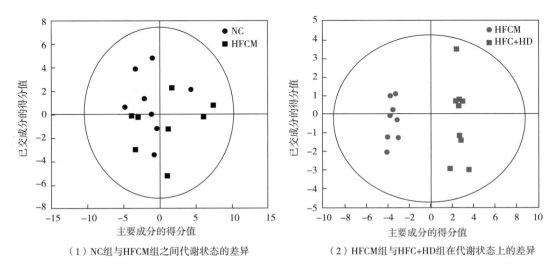

（1）NC组与HFCM组之间代谢状态的差异　　　　（2）HFCM组与HFC+HD组在代谢状态上的差异

图 2-105　各组 GC/MS 数据的 PCA 评分图

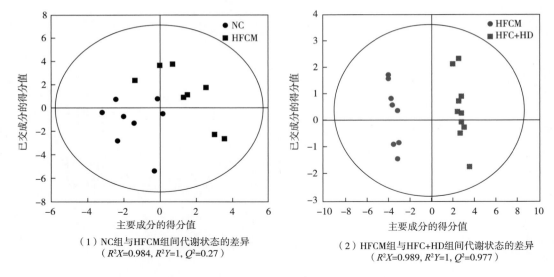

（1）NC组与HFCM组间代谢状态的差异
（R^2X=0.984, R^2Y=1, Q^2=0.27）

（2）HFCM组与HFC+HD组间代谢状态的差异
（R^2X=0.989, R^2Y=1, Q^2=0.977）

图 2-106　各组 GC/MS 数据的 PLS-DA 评分图

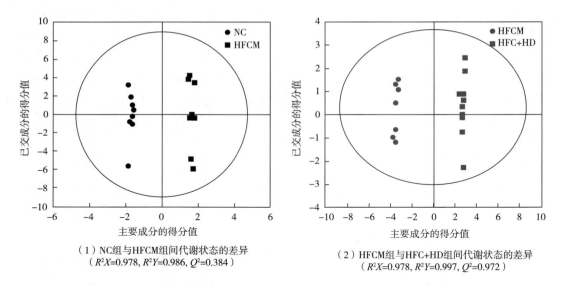

（1）NC组与HFCM组间代谢状态的差异
（R^2X=0.978, R^2Y=0.986, Q^2=0.384）

（2）HFCM组与HFC+HD组间代谢状态的差异
（R^2X=0.978, R^2Y=0.997, Q^2=0.972）

图 2-107　各组 GC/MS 数据的 OPLS-DA 评分图

由图 2-108 可知，该图展示了置换检验得到的分组变量和原始分组变量的相关性以及对应的 Q2 值，虚线为回归线，所有 R2 和 Q2 的左边的点都低于最右边的点，且 Q2 均小于 0，表明这是一个可靠的有监督模型。

由图 2-109 可知，NC 组和 HFCM 组、HFCM 组与 HFC+HD 组的 ROC 曲线中 AUC=1，表明模型可靠。

采用 OPLS-DA 对 NC 组，HFCM 组和 HFC+HD 组进行分析后得到 S-Plot 载荷图，结果如图 2-110。在 S-Plot 图中，每一个点代表一个变量，显示 NC 组与 HFCM 组，HFCM

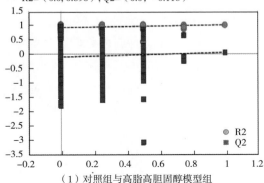

M3（OPLS-DA）：Validate Model
SM3.DA（NC）Intercepts：
R2=（0.0, 0.896），Q2=（0.0, -0.118）

（1）对照组与高脂高胆固醇模型组

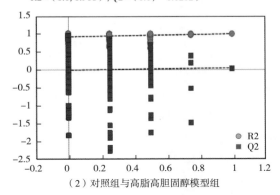

M3（OPLS-DA）：Validate Model
SM3.DA（HFCM）Intercepts：
R2=（0.0, 0.908），Q2=（0.0, -0.0202）

（2）对照组与高脂高胆固醇模型组

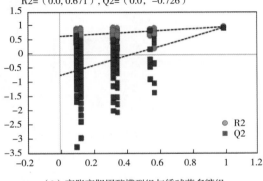

M3（OPLS-DA）：Validate Model
SM3.DA（HFC+HD）Intercepts：
R2=（0.0, 0.671），Q2=（0.0, -0.726）

（3）高脂高胆固醇模型组与绣球菌多糖组

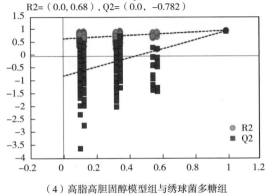

M3（OPLS-DA）：Validate Model
SM3.DA（HFCM）Intercepts：
R2=（0.0, 0.68），Q2=（0.0, -0.782）

（4）高脂高胆固醇模型组与绣球菌多糖组

图 2-108　置换检验图

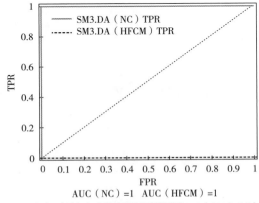

AUC（NC）=1　AUC（HFCM）=1
（1）对照组与高脂高胆固醇模型组.M3（OPLS-DA）

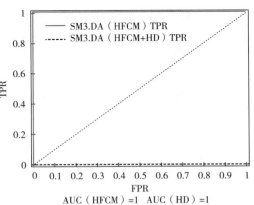

AUC（HFCM）=1　AUC（HD）=1
（2）高脂高胆固醇模型组与绣球菌多糖组.M3（OPLS-DA）

图 2-109　ROC 曲线图

组与 HFC+HD 组差异的内源性分子，变量对分类的重要程度由 VIP 的大小来衡量，变量离原点越远，VIP 越大。如图 2-111 所示，将差异代谢物按 VIP 值由大到小排列，根据 VIP 对变量进行筛选，选取 VIP>1.2 和 $p<0.05$ 的物质作为生物标记物，从 NC 组和 HFCM 组血清中筛选出 11 种差异代谢物，与 NC 组相比，HFCM 组血清中代谢物上调的主要有苯丙氨酸、甲硫氨酸、丙酸与缬氨酸；下调的主要有 1,5-脱水山梨糖醇、丙氨酸、甘氨酸、脯氨酸、谷氨酸、丝氨酸和苏氨酸。从 HFCM 组和 HFC+HD 组血清中筛选出 14 种差异代谢物（表 2-20）。与 HFCM 组相比，绣球菌多糖组血清中代谢物上调的有戊酸、酪氨酸、甘油、甘氨酸、苏氨酸、丝氨酸、丙氨酸和琥珀酸，下调的有尿素、嘧啶、葡萄糖、胆固醇、棕榈酸和异亮氨酸（表 2-20）。

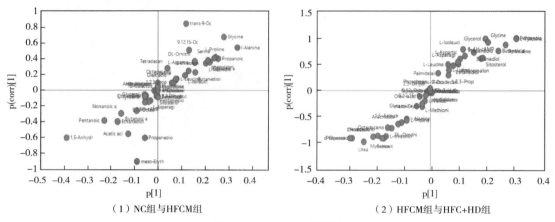

（1）NC组与HFCM组　　　　　　　　　（2）HFCM组与HFC+HD组

图 2-110　S-Plot 载荷图

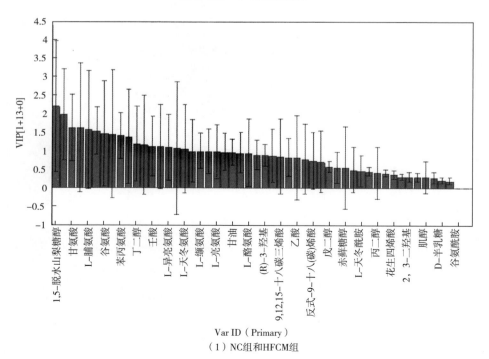

Var ID（Primary）

（1）NC组和HFCM组

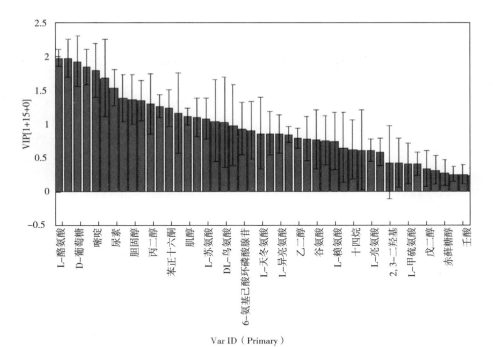

Var ID（Primary）

（2）HFCM组和HFC+HD组

图2-111 VIP图

表2-20 不同处理组血清主要的差异代谢物

序号	化合物	相对峰面积		变量投影重要度（VIP）	p	趋势
NC组和HFCM组不同代谢物						
1	1,5-脱水山梨糖醇 （1,5-anhydro-D-sorbitol）	0.0051	0.0033	2.03	0.0158	↓
2	丙氨酸 （Alanine）	0.0272	0.0242	1.98	0.0005	↓
3	丝氨酸 （Serine）	0.0263	0.0171	1.68	0.0004	↓
4	甘氨酸 （Glycine）	0.0044	0.0027	1.67	0.0027	↓
5	脯氨酸 （Proline）	0.0376	0.0279	1.66	0.003	↓
6	谷氨酸 （Glutamic acid）	0.0036	0.0029	1.62	0.0059	↓
7	苏氨酸 （Threonine）	0.0447	0.0296	1.32	<0.0001	↓
8	苯丙氨酸 （Phenylalanine）	0.0036	0.0072	1.57	0.0043	↑

续表

序号	化合物	相对峰面积		变量投影重要度（VIP）	p	趋势
9	甲硫氨酸 （Methionine）	0.0017	0.0027	1.50	0.0115	↑
10	丙酸 （Propanoic acid）	0.1323	0.1534	1.44	<0.0001	↑
11	缬氨酸 （Valine）	0.0106	0.0233	1.21	<0.0001	↑

HFCM 组与 HFC+HD 组间的不同代谢物

序号	化合物	相对峰面积		变量投影重要度（VIP）	p	趋势
1	尿素 （Urea）	0.2415	0.1833	1.44	<0.0001	↓
2	嘧啶 （Pyrimidine）	0.00023	0.00017	1.39	0.0006	↓
3	葡萄糖 （Glucose）	0.4812	0.4529	1.35	<0.0001	↓
4	胆固醇 （Cholesterol）	0.0553	0.0375	1.35	<0.0001	↓
5	异亮氨酸 （Isoleucine）	0.0148	0.0093	1.29	<0.0001	↓
6	棕榈酸 （Hexadecanoic acid）	0.1412	0.0554	1.20	<0.0001	↓
7	戊酸 （Pentanoic acid）	0.00076	0.01902	1.45	<0.0001	↑
8	酪氨酸 （Tyrosine）	0.0029	0.0034	1.45	0.0211	↑
9	甘油 （Glycerol）	0.0223	0.037	1.44	0.0055	↑
10	甘氨酸 （Glycine）	0.0027	0.0039	1.43	0.0027	↑
11	苏氨酸 （Threonine）	0.0296	0.0337	1.36	<0.0001	↑
12	丝氨酸 （Serine）	0.0171	0.0263	1.33	0.0004	↑
13	丙氨酸 （Alanine）	0.0242	0.0261	1.25	0.0004	↑
14	琥珀酸 （Butanedioic acid）	0.0016	0.0024	1.22	0.0036	↑

注：↑—上调；↓—下调。

③代谢轮廓变化与通路分析：如图 2-112，通过聚类分析对血清的差异代谢物在各组分的变化进行比较，发现高脂高胆固醇膳食会使胆固醇代谢紊乱。绣球菌多糖能通过降低丙酸、胆固醇、苯丙氨酸、棕榈酸、缬氨酸和异亮氨酸含量，升高谷氨酸、丙氨酸、酪氨酸、甘氨酸、丝氨酸、戊酸、苏氨酸和甘油含量来对高脂高胆固醇膳食大鼠的胆固醇代谢紊乱起到调节作用。

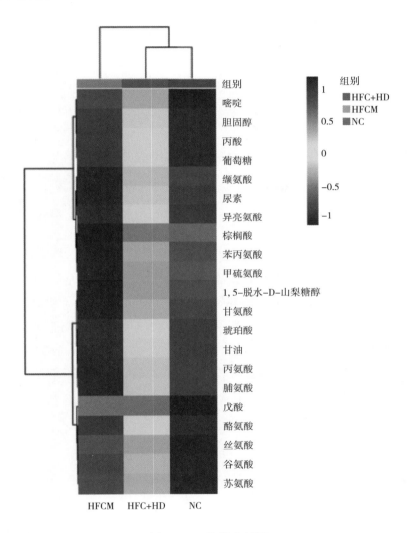

图 2-112　聚类分析图

采用 HMDB 数据库对比两组差异代谢物的相关代谢通路（图 2-113），将影响值大于 0.2 的代谢通路作为潜在的靶标代谢通路，共发现 7 条相关的代谢通路，除了共有的缬氨酸、亮氨酸与异亮氨酸合成，甘氨酸、丝氨酸与苏氨酸合成，苯丙氨酸、酪氨酸与色氨酸合成，丙氨酸、天冬氨酸与谷氨酸代谢，花生四烯酸代谢和甘油磷脂代谢之外，HFCM 组和 HFC+HD 组之间还涉及谷氨酸与谷氨酰胺代谢，绣球菌多糖可能通过影响这些代谢通

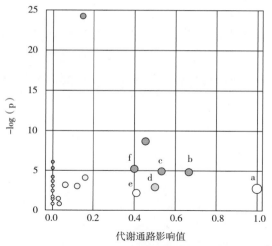

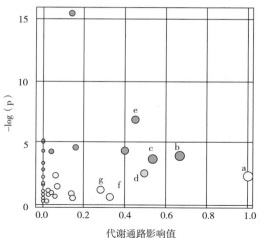

（1）NC组与HFCM组的差异代谢通路图
（a:缬氨酸、亮氨酸与异亮氨酸合成；
b:甘氨酸、丝氨酸与苏氨酸合成；
c:苯丙氨酸、酪氨酸与色氨酸合成；
d:丙氨酸、天冬氨酸与谷氨酸代谢；
e:花生四烯酸代谢；f:甘油磷脂代谢）

（2）HFCM组与绣球菌多糖组的差异代谢通路图
（a:谷氨酸与谷氨酰胺代谢；
b:缬氨酸、亮氨酸与异亮氨酸合成；
c:甘氨酸、丝氨酸与苏氨酸合成；
d:苯丙氨酸、酪氨酸与色氨酸合成；
e:丙氨酸、天冬氨酸与谷氨酸代谢；
f:花生四烯酸代谢；g:甘油磷脂代谢）

图2-113　代谢通路分析

路来改善高脂高胆固醇膳食大鼠血脂的异常，其中谷氨酸与谷氨酰胺代谢的影响最大。

（7）绣球菌多糖对大鼠血清谷氨酸和谷氨酰胺水平的影响　对大鼠血清的谷氨酸和谷氨酰胺水平进行测定，结果如图2-114所示。与正常对照组比较，高脂血症模型组的谷氨酸和谷氨酰胺水平降低，其中谷氨酸水平显著降低（$p<0.05$）；与高脂血症模型组比较，绣球菌多糖干预组血清中谷氨酸和谷氨酰胺水平有升高趋势，其中低剂量组中谷氨酸水平显著高于高脂血症模型组（$p<0.05$），中、高剂量组大鼠血清中的谷氨酸、谷氨酰胺水平显著高于高脂血症模型组（$p<0.05$）。

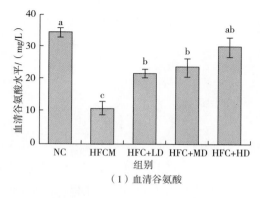

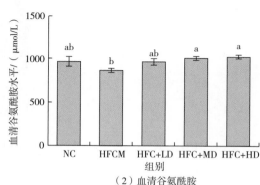

（1）血清谷氨酸

（2）血清谷氨酰胺

图2-114　绣球菌多糖对大鼠血清谷氨酸和血清谷氨酰胺水平的影响

注：不同字母表示具有显著性差异（$p<0.05$）。

3. 绣球菌多糖对高脂高胆固醇膳食大鼠血清抗氧化能力的影响

（1）绣球菌多糖对高脂高胆固醇膳食大鼠血清 SOD 活性的影响　由图 2–115 可知，与 NC 组比较，HFCM 组血清 SOD 活性降低，差异极显著（$p<0.01$）；与 HFCM 组比较，中、高剂量组 SOD 活性升高，呈剂量效应关系，差异显著或极显著（$p<0.05$ 或 $p<0.01$）。说明绣球菌多糖可以提高高脂高胆固醇膳食大鼠的 SOD 活性。

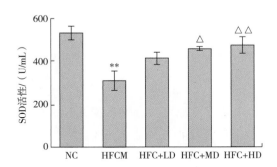

图 2–115　绣球菌多糖对高脂高胆固醇膳食大鼠血清 SOD 活性的影响

注：与 NC 组比较，** $p<0.01$；与 HFCM 组比较，△ $p<0.05$，△△ $p<0.01$。

（2）绣球菌多糖对高脂高胆固醇膳食大鼠血清 T–AOC 活性的影响　由图 2–116 可知，与 NC 组比较，HFCM 组血清 T–AOC 活性降低，差异极显著（$p<0.01$）；与 HFCM 组比较，各剂量组 T–AOC 活性呈升高趋势，差异显著或极显著（$p<0.05$ 或 $p<0.01$）。说明绣球菌多糖可以提高高脂高胆固醇膳食大鼠的 T–AOC 活性。

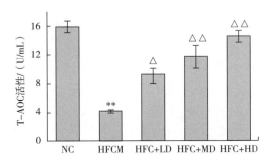

图 2–116　绣球菌多糖对高脂高胆固醇膳食大鼠血清 T–AOC 活性的影响

注：与 NC 组比较，** $p<0.01$；与 HFCM 组比较，△ $p<0.05$，△△ $p<0.01$。

（3）绣球菌多糖对高脂高胆固醇膳食大鼠血清 CAT 活性的影响　由图 2–117 可知，与 NC 组比较，HFCM 组血清 CAT 活性降低，差异极显著（$p<0.01$）；与 HFCM 组比较，剂量组 CAT 活性升高，其中高剂量组差异极显著（$p<0.01$），说明一定剂量的绣球菌多糖可提高高脂高胆固醇膳食大鼠 CAT 的活性。

（4）绣球菌多糖对高脂高胆固醇膳食大鼠血清 GSH–Px 活性的影响　由图 2–118 可知，与 NC 组比较，HFCM 组中 GSH–Px 活性降低，差异极显著（$p<0.01$）。与 HFCM 组

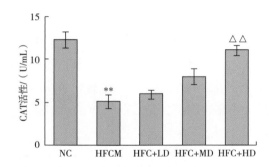

图 2-117　绣球菌多糖对高脂高胆固醇膳食大鼠血清 CAT 活性的影响

注：与 NC 组比较，** $p<0.01$；与 HFCM 组比较，△△ $p<0.01$。

比较，剂量组 GSH-Px 活性升高，其中中、高剂量组差异极显著（$p<0.01$），说明绣球菌多糖可以提高高脂高胆固醇膳食大鼠的 GSH-Px 活性。

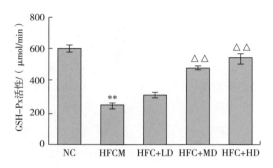

图 2-118　绣球菌多糖对高脂高胆固醇膳食大鼠血清 GSH-Px 活性的影响

注：与 NC 组比较，** $p<0.01$；与 HFCM 组比较，△△ $p<0.01$。

（5）绣球菌多糖对高脂高胆固醇膳食大鼠血清 MDA 含量的影响　由图 2-119 可知，与 NC 组比较，HFCM 组血清 MDA 含量升高，差异极显著（$p<0.01$）；与 HFCM 组比较，各剂量组血清 MDA 含量降低，差异显著或极显著（$p<0.05$ 或 $p<0.01$），说明绣球菌多糖可以抑制高脂高胆固醇膳食大鼠 MDA 含量的升高。

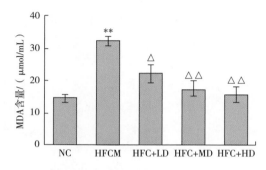

图 2-119　绣球菌多糖对高脂高胆固醇膳食大鼠血清 MDA 含量的影响

注：与 NC 组比较，** $p<0.01$；与 HFCM 组比较，△ $p<0.05$，△△ $p<0.01$。

研究表明，过量摄入外源性脂类食物必然会促进脂肪前体细胞的分化，从而出现高血脂（叶守姣等，2015）。本试验通过饲喂高脂高胆固醇膳食，发现 NC 组的大鼠摄食量较多，而 HFCM 组和剂量组大鼠的摄食量较少，可能是由于高脂高胆固醇饲料脂肪含量高，排空时间长，从而造成摄食量减少，但是差异不显著，同样体重变化差异也不显著。

　　为了探究绣球菌多糖对高脂高胆固醇膳食大鼠能否建模成功，我们对血清的脂质指标做了测定。结果显示通过 8 周的干预后，HFCM 组大鼠血清中 TC、LDL-C 及 TBA 含量明显升高，而 HDL-C 含量显著降低，说明高脂高胆固醇膳食大鼠模型构建成功。在同时给予一定剂量的绣球菌多糖后，上述指标均发生不同程度的逆转，与之前韩爱丽研究珊瑚状猴头菌多糖对血清胆固醇代谢的血脂指标的研究结果一致。高脂高胆固醇膳食会引起大鼠血脂升高，研究表明，HDL-C 可作为逆向转运 TC 的载体（Zhao et al. 2012），其含量的增加能促进 TC 的分解，提示绣球菌多糖可能是通过升高 HDL-C 含量，将 TC 运送回肝脏，从而促进脂类分解，减少血脂的沉积，如图 2-120 所示。

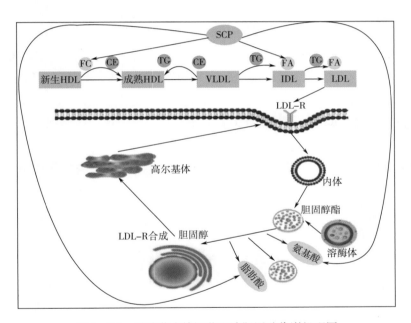

图 2-120　绣球菌多糖调节血清胆固醇代谢机理图

　　此外，我们进一步通过绣球菌多糖对血清氧化应激状态的影响来探讨其对血清胆固醇代谢的影响机理。研究表明，高脂高胆固醇膳食能使机体发生氧化应激和胆固醇代谢紊乱（Yang et al. 2006）。本试验同样发现，高脂高胆固醇大鼠 SOD、T-AOC、CAT 及 GSH-Px 活性明显降低，MDA 含量显著升高，提示大鼠体内产生了氧化应激且抗氧化酶活性降低。而绣球菌多糖能不同程度拮抗上述指标的改变，表明绣球菌多糖可改善大鼠血清抗氧化防御体系作用，减轻脂质过氧化带来的病症，提高机体抗氧化能力。

　　许多食药用菌的有效成分可以通过调控机体胆固醇代谢和甘油三酯代谢达到降血脂的

功效（丁银润，2017）。本实验发现绣球菌多糖能够显著降低高脂血症大鼠血清的 TC 浓度，从而达到降血脂的功效。根据进一步对大鼠血清的代谢组学分析，并得到 OPLS-DA 评分图，可以发现高脂血症模型组和绣球菌多糖高剂量组的样本可以完全被区分，说明绣球菌多糖的干预对高脂血症大鼠有明显的影响。通过 VIP 图筛选和代谢通路分析，发现绣球菌多糖的降血脂作用主要与机体内的氨基酸代谢和脂质代谢有关。

绣球菌多糖能够通过调节血清中的氨基酸来改善血脂异常。与 NC 组相比，高脂血症模型组大鼠血清中苯丙氨酸、甲硫氨酸和缬氨酸水平上升，谷氨酸、脯氨酸水平下降；与高脂血症模型组相比，绣球菌多糖高剂量组大鼠血清中异亮氨酸水平降低，酪氨酸、丝氨酸水平升高。Teymoori et al.（2019）研究结果也表明，一些氨基酸水平的变化能够增加或减少血脂水平，其中甲硫氨酸、缬氨酸和异亮氨酸的增加会导致 TG 水平升高，而谷氨酸的增加会导致 TG、TC 水平的降低。本实验通过测定血清中谷氨酸和谷氨酰胺的水平发现绣球菌多糖能够显著调节血清中谷氨酸和谷氨酰胺水平，谷氨酸水平的上升可以使其被谷氨酰胺合成酶催化为谷氨酰胺，从而对机体脂质代谢产生重要作用。Petrus et al.（2019）研究发现，谷氨酰胺可以缓解小鼠脂肪组织的炎症，且其水平与脂肪量呈负相关。苯丙氨酸可以被苯丙氨酸羟化酶催化为酪氨酸，使酪氨酸水平升高，进而影响机体的糖脂代谢（张洁等，2019）。本研究发现，绣球菌多糖诱导酪氨酸、脯氨酸和丝氨酸浓度上升，并可减轻血脂异常，这与 Okekunle et al.（2019）的研究结果相似，其发现这 3 种氨基酸的摄入量与肥胖风险呈负相关。与高脂血症模型组相比，绣球菌多糖组可使大鼠血清中甘油、琥珀酸水平升高，胆固醇、棕榈酸水平下降。机体摄入的 TG 可分解为甘油和脂肪酸，甘油水平的上升说明绣球菌多糖能够促进 TG 分解；胆固醇水平的下降说明绣球菌多糖能够促进胆固醇转运到肝脏进行代谢。Takeyama et al.（2018）也同样发现膳食绣球菌能够显著降低甘油三酯和胆固醇浓度，从而表现出抗肥胖和抗高脂血症活性。琥珀酸是三羧酸循环的中间产物，其浓度的上升能够增加琥珀酸脱氢酶的活性，从而上调活性氧浓度，最终促进棕色脂肪分解（Mills et al. 2018）。棕榈酸是机体中饱和脂肪酸的主要来源，其浓度的上升会诱导动脉粥样硬化的发展（Afonso et al. 2016）。

综上所述，绣球菌多糖能够改善高脂高胆固醇膳食大鼠血清中的脂质异常及氧化应激状态。通过代谢组学分析，绣球菌多糖对 14 种代谢物具有显著影响，其调节胆固醇代谢的作用可能与氨基酸代谢与糖脂代谢相关。绣球菌多糖可能通过影响 7 条代谢通路来调节胆固醇代谢，其中谷氨酸与谷氨酰胺代谢影响最大。

二、广叶绣球菌多糖对高脂高胆固醇膳食大鼠肝脏胆固醇代谢的影响

肝脏是保证机体胆固醇代谢平衡的重要器官，现在已经有很多研究证实肝脏能够通过多条路径调控机体胆固醇的代谢，其中有多个重要的靶点值得研究。在肝脏合成胆固醇的代谢路径中，主要通过 AMPKα、HMGCR 和 SREBP-1c 等来调控；肝脏分解胆固醇主要通过 CYP7α-1、LXR 和 PPARα 等来调控；肝脏逆转运胆固醇主要通过 LCAT、ABCA1、SR-BI、LXRα 和 LDLR 等来调控；肝脏吸收胆固醇主要通过 ACAT2 与 SOAT1 等来调控。

第七节第二部分进一步探究广叶绣球菌多糖对高脂高胆固醇膳食大鼠肝脏胆固醇代谢的影响，动物模型构建方法同第二章第七节第一部分。

　　1. 广叶绣球菌多糖对高脂高胆固醇膳食大鼠肝脏指数和组织结构的影响

　　（1）广叶绣球菌多糖对高脂高胆固醇膳食大鼠肝脏指数的影响　　由图2-121可知，与 NC 组相比，HFCM 组大鼠肝脏指数升高，差异极显著（$p < 0.01$）；与 HFCM 组相比，各剂量组肝脏指数降低，但差异不显著。

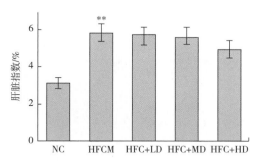

图 2-121　广叶绣球菌多糖对高脂高胆固醇膳食大鼠肝脏指数的影响

注：与 NC 组比较，** $p < 0.01$。

　　（2）广叶绣球菌多糖对高脂高胆固醇膳食大鼠肝脏组织结构的影响　　由图2-122可知，NC 组肝脏呈鲜红色，HFCM 组肝脏表面暗淡，不光滑且质地较硬；剂量组的肝脏颜

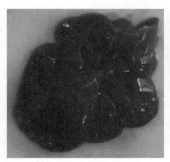
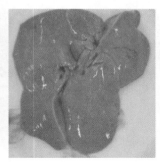

（1）NC组　　　　　　　　　　（2）HFCM组　　　　　　　　　　（3）HFC+LD组

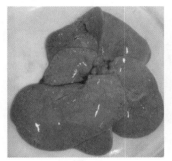
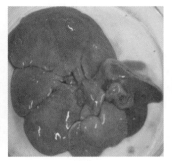

（4）HFC+MD组　　　　　　　　　　（5）HFC+HD组

图 2-122　广叶绣球菌多糖对高脂高胆固醇膳食大鼠肝脏组织的影响

色由偏白到红色，颜色鲜艳，表面平滑有光泽且质地柔软，说明广叶绣球菌多糖对高脂高胆固醇膳食大鼠能够起到保护肝脏的作用。

由图 2-123 可知，NC 组肝细胞排列整齐，细胞核呈圆形，核仁明显，单层肝细胞排列为肝板，以中央静脉为中心向四周呈放射状排列。与 NC 组相比，HFCM 组肝细胞明显肿胀，胞浆内有大量脂肪空泡，肝损伤程度严重；HFC+LD 组肝细胞明显肿胀，胞浆内脂肪空泡有所减少，肝损伤程度较严重；HFC+MD 组肝细胞明显肿胀，胞浆内脂肪空泡减少，肝损伤程度减轻；HFC+HD 组肝细胞较肿胀，胞浆内脂肪空泡明显减少，肝损伤程度有改善。说明广叶绣球菌多糖对高脂高胆固醇膳食对肝脏造成的损伤有修复作用。

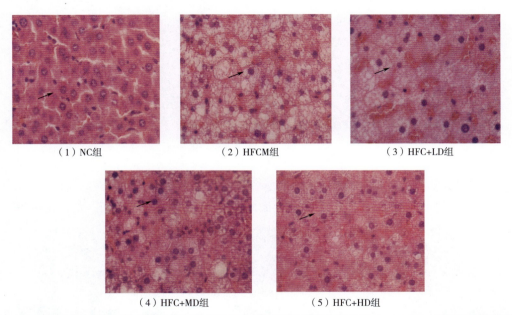

（1）NC组　　　　　　　（2）HFCM组　　　　　　　（3）HFC+LD组

（4）HFC+MD组　　　　　　　（5）HFC+HD组

图 2-123　广叶绣球菌多糖对高脂高胆固醇膳食大鼠肝脏组织形态学的影响（100×，箭头指向肝细胞）

2. 广叶绣球菌多糖对高脂高胆固醇膳食大鼠肝脏脂质相关指标的影响

（1）广叶绣球菌多糖对高脂高胆固醇膳食大鼠肝脏 TC 含量的影响　由图 2-124 可知，与 NC 组比较，HFCM 组肝脏 TC 含量升高，差异极显著（$p<0.01$）；与 HFCM 组比

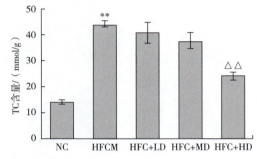

图 2-124　广叶绣球菌多糖对高脂高胆固醇膳食大鼠肝脏 TC 含量的影响

注：与 NC 组比较，** $p<0.01$；与 HFCM 组比较，△△ $p<0.01$。

较，各剂量组 TC 含量降低，呈剂量效应关系，其中高剂量组差异极显著（$p<0.01$），说明广叶绣球菌多糖有降低高脂高胆固醇膳食大鼠肝脏 TC 含量的作用。

（2）广叶绣球菌多糖对高脂高胆固醇膳食大鼠肝脏 TG 含量的影响　由图 2-125 可知，与 NC 组比较，HFCM 组肝脏 TG 含量升高，差异极显著（$p<0.01$）；与 HFCM 组比较，剂量组 TG 含量降低，呈剂量效应关系，其中高剂量组差异显著（$p<0.05$），说明广叶绣球菌多糖有降低高脂高胆固醇膳食大鼠肝脏 TG 含量的作用。

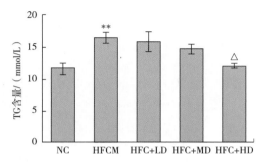

图 2-125　广叶绣球菌多糖对高脂高胆固醇膳食大鼠肝脏 TG 含量的影响

注：与 NC 组比较，** $p<0.01$；与 HFCM 组比较，△ $p<0.05$。

（3）广叶绣球菌多糖对高脂高胆固醇膳食大鼠肝脏 LDL-C 含量的影响　由图 2-126 可知，与 NC 组比较，HFCM 组 LDL-C 含量升高，差异极显著（$p<0.01$）；与 HFCM 组比较，剂量组 LDL-C 含量降低，呈剂量效应关系，其中的中、高剂量组差异极显著（$p<0.01$），说明广叶绣球菌多糖有降低高脂高胆固醇膳食大鼠肝脏 LDL-C 含量的作用。

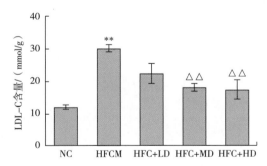

图 2-126　广叶绣球菌多糖对高脂高胆固醇膳食大鼠肝脏 LDL-C 含量的影响

注：与 NC 组比较，** $p<0.01$；与 HFCM 组比较，△△ $p<0.01$。

（4）广叶绣球菌多糖对高脂高胆固醇膳食大鼠肝脏 HDL-C 含量的影响　由图 2-127 可知，与 NC 组比较，HFCM 组肝脏 HDL-C 含量降低，差异极显著（$p<0.01$）；与 HFCM 组比较，各剂量组 HDL-C 含量升高，但差异不显著。

（5）广叶绣球菌多糖对高脂高胆固醇膳食大鼠肝脏 TBA 含量的影响　由图 2-128 可知，与 NC 组比较，HFCM 组 TBA 含量下降，差异不显著；与 HFCM 组比较，剂量组肝脏

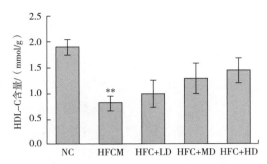

图 2-127　广叶绣球菌多糖对高脂高胆固醇膳食大鼠肝脏 HDL-C 含量的影响

注：与 NC 组比较，** $p<0.01$。

TBA 含量升高，其中的中、高剂量组差异极显著（$p<0.01$），说明广叶绣球菌多糖有升高高脂高胆固醇膳食大鼠肝脏 TBA 含量的作用。

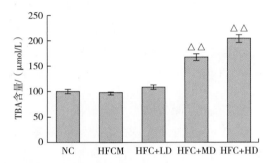

图 2-128　广叶绣球菌多糖对高脂高胆固醇膳食大鼠肝脏 TBA 含量的影响

注：与 HFCM 组比较，△△ $p<0.01$。

3. 广叶绣球菌多糖对高脂高胆固醇膳食大鼠肝脏抗氧化能力的影响

（1）广叶绣球菌多糖对高脂高胆固醇膳食大鼠肝脏 SOD 活性的影响　由图 2-129 可知，与 NC 组比较，HFCM 组肝脏 SOD 活性降低，差异极显著（$p<0.01$）；与 HFCM 组比较，各剂量组 SOD 活性均升高，且差异极显著（$p<0.01$）。说明广叶绣球菌多糖可以提高高脂高胆固醇膳食大鼠的 SOD 活性。

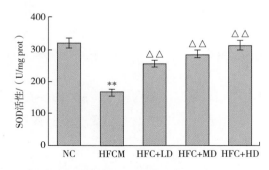

图 2-129　广叶绣球菌多糖对高脂高胆固醇膳食大鼠肝脏 SOD 活性的影响

注：与 NC 组比较，** $p<0.01$；与 HFCM 组比较，△△ $p<0.01$。

（2）广叶绣球菌多糖对高脂高胆固醇膳食大鼠肝脏 GSH-Px 活性的影响　由图 2-130 可知，与 NC 组比较，HFCM 组肝脏 GSH-Px 活性降低，差异极显著（$p<0.01$）；与 HFCM 组比较，各剂量组 GSH-Px 活性升高，呈剂量效应关系，且差异极显著（$p<0.01$），说明广叶绣球菌多糖可以提高高脂高胆固醇膳食大鼠的 GSH-Px 活性。

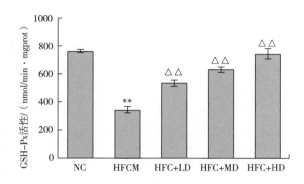

图 2-130　广叶绣球菌多糖对高脂高胆固醇膳食大鼠肝脏 GSH-Px 活性的影响

注：与 NC 组比较，** $p<0.01$；与 HFCM 组比较，△△ $p<0.01$。

（3）广叶绣球菌多糖对高脂高胆固醇膳食大鼠肝脏 CAT 活性的影响　由图 2-131 可知，与 NC 组比较，HFCM 组肝脏 CAT 活性降低，差异不显著；与 HFCM 组比较，各剂量组 CAT 活性均升高，但差异不显著。

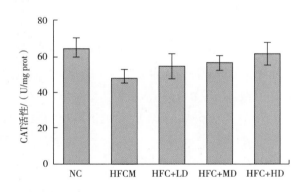

图 2-131　广叶绣球菌多糖对高脂高胆固醇膳食大鼠肝脏 CAT 活性的影响

（4）广叶绣球菌多糖对高脂高胆固醇膳食大鼠肝脏 T-AOC 活性的影响　由图 2-132 可知，与 NC 组比较，HFCM 组肝脏 T-AOC 活性降低，差异极显著（$p<0.01$）；与 HFCM 组比较，剂量组 T-AOC 活性升高，中、高剂量组差异达极显著水平（$p<0.01$），其中一定剂量的广叶绣球菌多糖能够增加 T-AOC 的活性。

（5）广叶绣球菌多糖对高脂高胆固醇膳食大鼠肝脏 MDA 含量的影响　由图 2-133 可知，与 NC 组比较，HFCM 组肝脏 MDA 含量升高，差异不显著；与 HFCM 组比较，各剂量组肝脏 MDA 含量降低，但差异不显著。

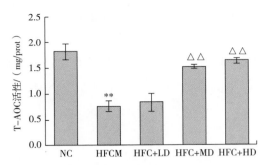

图 2-132　广叶绣球菌多糖对高脂高胆固醇膳食大鼠肝脏 T-AOC 活性的影响

注：与 NC 组比较，** $p<0.01$；与 HFCM 组比较，△△ $p<0.01$。

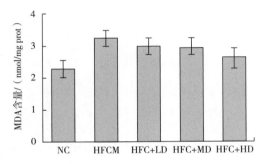

图 2-133　广叶绣球菌多糖对高脂高胆固醇膳食大鼠肝脏 MDA 含量的影响

4. 广叶绣球菌多糖对高脂高胆固醇膳食大鼠肝脏胆固醇代谢相关基因 mRNA 表达量的测定

广叶绣球菌多糖对肝脏胆固醇代谢相关基因的 mRNA 表达量的影响具体如下：

（1）广叶绣球菌多糖对肝脏 HMG-CoA R mRNA 表达量的影响　由图 2-134 可知，与 NC 组比较，HFCM 组肝脏 HMG-CoA R 的 mRNA 表达量升高，差异极显著（$p<0.01$）；与 HFCM 组比较，剂量组 HMG-CoA R 的 mRNA 表达量均降低，呈剂量效应关系，其中高剂量组差异显著（$p<0.05$），说明一定剂量的广叶绣球菌多糖能够抑制 HMG-CoA R 的 mRNA 的表达。

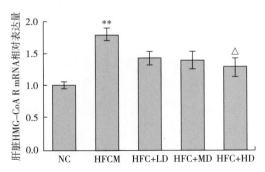

图 2-134　肝脏 HMG-CoA R mRNA 相对表达量

注：与 NC 组比较，** $p<0.01$；与 HFCM 组比较，△ $p<0.05$。

（2）广叶绣球菌多糖对肝脏 CYP7α-1 mRNA 表达量的影响　由图 2-135 可知，与 NC 组比较，HFCM 组肝脏 CYP7α-1 的 mRNA 表达量降低，差异显著（$p<0.05$）；与 HFCM 组比较，各剂量组 CYP7α-1 的 mRNA 表达量升高，呈剂量效应关系，其中高剂量组差异显著（$p<0.05$）。说明广叶绣球菌多糖能够促进 CYP7α-1 mRNA 的表达。

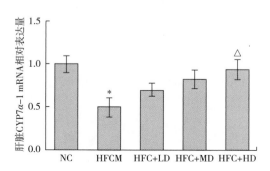

图 2-135　肝脏 CYP7α-1 mRNA 相对表达量

注：与 NC 组比较，$*$ $p<0.05$；与 HFCM 组比较，$\triangle$ $p<0.05$。

（3）广叶绣球菌多糖对肝脏 PPARα mRNA 表达量的影响　由图 2-136 可知，与 NC 组比较，HFCM 组肝脏 PPARα 的 mRNA 表达量降低，差异显著（$p<0.05$）；与 HFCM 组比较，各剂量组 PPARα 的 mRNA 表达量均升高，但差异不显著。

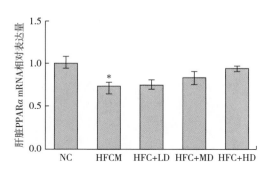

图 2-136　肝脏 PPARα mRNA 相对表达量

注：与 NC 组比较，$*$ $p<0.05$。

（4）广叶绣球菌多糖对肝脏 LCAT mRNA 表达量的影响　由图 2-137 可知，与 NC 组比较，HFCM 组肝脏 LCAT mRNA 表达量降低，差异不显著；与 HFCM 组比较，剂量组 LCAT mRNA 表达量均升高，但差异不显著。

（5）广叶绣球菌多糖对肝脏 SR-BI mRNA 表达量的影响　由图 2-138 可知，与 NC 组比较，HFCM 组肝脏 SR-BI 的 mRNA 表达量降低，差异不显著；与 HFCM 组比较，各剂量组 SR-BI 的 mRNA 表达量均升高，但差异不显著。

（6）广叶绣球菌多糖对肝脏 SOAT1 mRNA 表达量的影响　由图 2-139 可知，与 NC 组比较，HFCM 组肝脏 SOAT1 mRNA 表达量升高，差异显著（$p<0.05$）；与 HFCM 组比较，

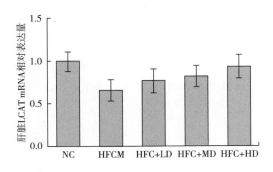

图 2-137　肝脏 LCAT mRNA 相对表达量

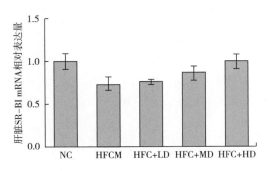

图 2-138　肝脏 SR-BI mRNA 相对表达量

剂量组 SOAT1 的 mRNA 表达量均降低，呈剂量效应关系，其中高剂量组差异极显著（$p<$ 0.01），说明一定剂量的广叶绣球菌多糖能够抑制 SOAT1 的 mRNA 表达。

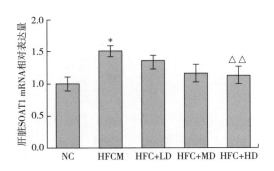

图 2-139　肝脏 SOAT1 mRNA 相对表达量

注：与 NC 组比较，$*$ $p<0.05$；与 HFCM 组比较，△△ $p<0.01$。

（7）广叶绣球菌多糖对肝脏 ABCA1 mRNA 表达量的影响　由图 2-140 可知，与 NC 组比较，HFCM 组肝脏 ABCA1 的 mRNA 表达量降低，差异显著（$p<0.05$）；与 HFCM 组比较，剂量组 ABCA1 的 mRNA 表达量均升高，呈剂量效应关系，其中高剂量组差异显著 （$p<0.05$），说明一定剂量的广叶绣球菌多糖能够促进 ABCA1 的 mRNA 表达。

　　肝脏损伤与其代谢异常密切相关，肝脏指数能反映其损伤程度（He et al. 2018）。本

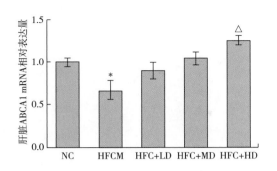

图 2-140 肝脏 ABCA1 mRNA 相对表达量

注：与 NC 组比较，* $p<0.05$；与 HFCM 组比较，△ $p<0.05$。

研究发现，HFCM 组大鼠肝脏指数明显升高，随着广叶绣球菌多糖剂量的增加，肝脏指数虽无显著性差异，但呈逐渐降低的趋势。结合肝组织病理学变化，可见相较于 NC 组，HFCM 组脂肪空泡变大，脂滴增多，肿胀程度变大，而广叶绣球菌多糖的摄入使肝组织形态结构得到不同程度的修复。说明 8 周的高脂高胆固醇饮食使大鼠肝组织发生了损伤，而广叶绣球菌多糖具有修复作用。

为了进一步探讨广叶绣球菌多糖对高脂高胆固醇所致大鼠肝损伤的保护作用机理，我们进一步探讨了肝脏的脂质代谢指标。结果表明，和血清学指标相似，HFCM 组大鼠肝脏 TC、TG、LDL-C 含量明显升高，HDL-C 含量显著降低，而一定剂量的广叶绣球菌多糖对上述指标具有不同程度的逆转作用。这说明广叶绣球菌多糖能够促进肝脏内胆固醇变为胆汁酸，从而阻断胆汁酸的肝肠循环，最终降低肝脏中胆固醇等含量。TBA 结果显示给予中、高剂量的广叶绣球菌多糖后，TBA 含量明显升高，与上述推测吻合。

此外，我们进一步通过广叶绣球菌多糖对肝脏氧化应激状态的影响来探讨其保护作用机理。研究表明，高脂高胆固醇膳食会引发氧化应激和代谢紊乱（Yang et al. 2006）。本试验发现，HFCM 组大鼠肝脏 SOD、GSH-Px 活性及 T-AOC 活性明显下降，而广叶绣球菌多糖的干预能够改善氧化应激状态。这表明广叶绣球菌多糖能提高高脂高胆固醇膳食大鼠的抗氧化防御功能，有效清除自由基，抵御自由基和脂质过氧化物损害机体。MDA 和 CAT 各组之间均无显著性差异，可能与干预时间有关，也有可能是这两个指标还受其他途径的影响，其具体机制有待进一步探讨。

机体主要通过调节胆固醇合成、吸收、逆转运和排泄等途径来实现胆固醇代谢平衡（图 2-141）。本试验发现，HFCM 组大鼠肝脏中 HMG-CoA R 和 SOAT1 基因表达明显上调，CYP7α-1 和 ABCA1 表达显著下降，一定剂量的广叶绣球菌多糖能显著抑制 HMG-CoA R 和 SOAT1 mRNA 表达，促进 CYP7α-1 和 ABCA1 的 mRNA 表达，说明广叶绣球菌多糖可能是通过调控 HMG-CoA R、CYP7α-1、ABCA1 和 SOAT1 的基因表达来减少内源性胆固醇的合成，促进胆固醇的逆转运，抑制胆固醇的吸收，加快胆固醇转变成胆汁酸，从而使胆固醇下降，起到调节胆固醇代谢平衡的作用。

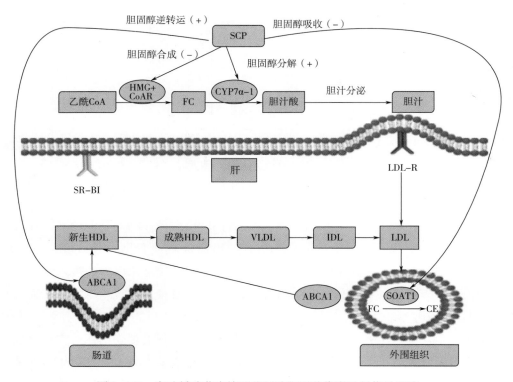

图 2-141　广叶绣球菌多糖调节肝脏胆固醇代谢机制信号通路

综上所述，广叶绣球菌多糖能够改善高脂高胆固醇大鼠的肝脏胆固醇代谢，表现为其对高脂高胆固醇膳食所致肝脏的病理性损伤有一定的修复作用。此外，一定剂量的广叶绣球菌多糖能降低 TC、TG 和 LDL-C 的含量，升高 TBA 含量，提高 SOD、GSH-Px 和 T-AOC 的活性。广叶绣球菌多糖还能够抑制 HMG-CoA R 和 SOAT1 的 mRNA 表达，促进 CYP7α-1 和 ABCA1 的 mRNA 表达。

三、广叶绣球菌多糖对高脂高胆固醇膳食大鼠肠道胆固醇代谢的影响

长期摄入高脂高胆固醇膳食会导致肠道功能失调，具体表现在肠道结构形态的损伤及肠道微生态的失衡。肠道内环境稳态受到破坏会影响营养物质的消化吸收，从而威胁机体的健康。很多研究表明多糖能够促进肠道健康，原因之一是其中富含的 β-葡聚糖具有持水膨胀、结合能力以及对细菌降解和发酵的敏感性（聂晨曦，2019）。多糖虽然不能被小肠消化吸收，但可以凭借这些理化特性吸附结合肠道中的胆固醇和胆汁酸，减少小肠上皮细胞对胆固醇的吸收及高脂高胆固醇膳食对肠道结构形态的损伤，从而直接或间接地改善肠道内环境，促进肠道中胆固醇的快速排出。

通过建立高脂高胆固醇膳食大鼠模型研究广叶绣球菌多糖对大鼠肠道中胆固醇代谢的影响，主要研究粪便中胆固醇及相关代谢物的排出，小肠中与胆固醇代谢相关的基因及蛋白的表达，以及盲肠中微生物菌群及其代谢物短链脂肪酸含量的变化，动物模型构建方法

同第二章第七节第一部分。

1. 广叶绣球菌多糖对高脂高胆固醇膳食大鼠生长性能的影响

与 NC 组相比，HFC 组的摄食量极显著减少（$p<0.01$）[图 2-142（1）]，体重增加量极显著增加（$p<0.01$）[图 2-142（2）]；与 HFC 组相比，HD 组体重增加量显著增加 35.7%（$p<0.05$）。饲料效率提高，但差异不显著[图 2-142（3）]。在试验过程中，各组大鼠的体重均随喂食时间的延长而呈增加的趋势[图 2-142（4）]。

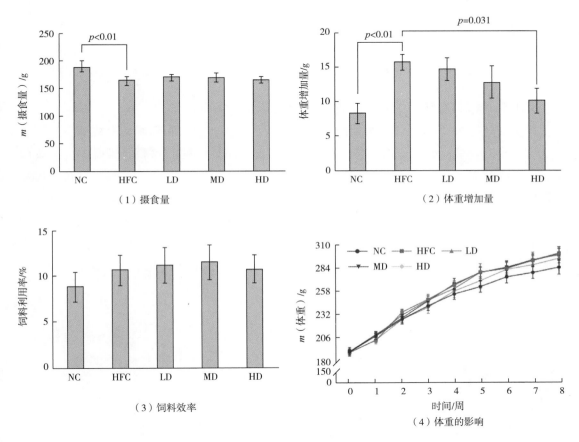

图 2-142　广叶绣球菌多糖对大鼠摄食量、体重增加量、饲料效率、体重的影响

注：NC—正常对照组；HFC—高脂、高胆固醇饮食组；LD—低剂量组；MD—中剂量组；HD—高剂量组，$p<0.05$，差异显著；$p<0.01$，差异极显著，本部分余同。

2. 广叶绣球菌多糖对高脂高胆固醇膳食大鼠粪便的影响

如图 2-143 所示，与 NC 组相比，HFC 组总胆汁酸、胆固醇、粪醇含量显著升高（$p<0.05$）。与 HFC 组相比，SLPs 干预使 LD、MD 和 HD 组粪便总胆汁酸、胆固醇、粪醇含量呈剂量依赖性增加。HD 组粪便总胆汁酸含量明显比 HFC 组高 30.5%[图 2-143（1）]，MD 组和 HD 组粪便胆固醇含量显著增加 165.8% 和 263.7%、114.2% 和 182.6%（$p<0.05$）[图 2-143（2）和（3）]。

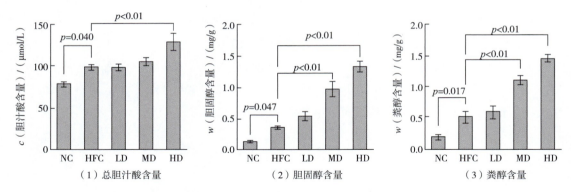

图2-143　广叶绣球菌多糖对大鼠粪便总胆汁酸、胆固醇、粪醇含量的影响

3. 广叶绣球菌多糖对高脂高胆固醇膳食大鼠肠道的影响

图2-144（1）所示为NC组回肠组织，黏膜上皮完整，结构清晰，上皮细胞排列有序，腺体形态完整，绒毛长而完整。与NC组相比，HFC组的肠黏膜严重受损，上皮脱落，绒毛断裂变短（$p < 0.01$），隐窝深度显著增加［图2-144（2）］。SLPs干预可缓解高脂高胆固醇膳食引起的大鼠回肠的病理改变。随着SLPs剂量的增加，黏膜和肠上皮细胞结构趋于正常，绒毛排列整齐［图2-144（3）~图2-144（5）］，MD组和HD组绒毛长度极显著增加（$p < 0.01$）［图2-144（6）］。与HFC组相比，MD组和HD组的隐窝深度极显著降低（$p < 0.01$）［图2-144（7）］。与HFC组相比，所有SLPs组的绒毛长度与隐窝深度的比值均明显升高（$p < 0.05$）［图2-144（8）］。

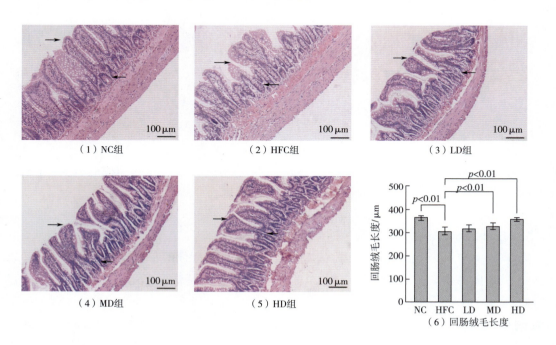

（1）NC组　　　　　（2）HFC组　　　　　（3）LD组

（4）MD组　　　　　（5）HD组　　　　　（6）回肠绒毛长度

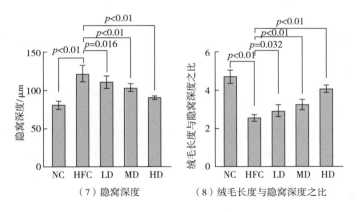

（7）隐窝深度　　　　　　　（8）绒毛长度与隐窝深度之比

图 2-144　广叶绣球菌多糖对回肠结构的影响

注：（1）～（5）分别为 NC、HFC、LD、MD 和 HD 组回肠的组织病理学观察（→为回肠绒毛，←为回肠隐窝）（200×）。

如图 2-145 所示，与 NC 组相比，HFC 组盲肠重量、盲肠壁重量、盲肠壁表面积、盲肠内容物的重量和盲肠内容物的含水量显著降低（$p < 0.01$）。与 HFC 组相比，三个 SLPs 组的盲肠重量、盲肠壁重量、盲肠壁表面积、盲肠内容物重量和盲肠内容物的含水量均呈剂量依赖性增加，而 HD 组分别显著增加了 35.2%、62.1%、80.6%、31.7% 和 8.5%（$p < 0.01$）。与 HFC 组相比，MD 组盲肠内容物的 pH 显著下降（$p < 0.05$），HD 组盲肠内容物的 pH 极显著下降（$p < 0.01$）。

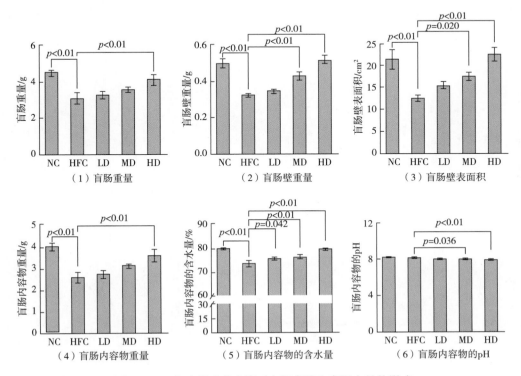

（1）盲肠重量　　　　　　（2）盲肠壁重量　　　　　　（3）盲肠壁表面积

（4）盲肠内容物重量　　　　（5）盲肠内容物的含水量　　　（6）盲肠内容物的pH

图 2-145　广叶绣球菌多糖对大鼠盲肠和盲肠含量的影响

4. 广叶绣球菌多糖对高脂高胆固醇膳食大鼠肠道胆固醇代谢的影响

如图2-146（1）～（11）所示，与NC组相比，HFC组中NPC1L1、MTP、ABCG5/8 mRNA的表达量显著升高（$p<0.01$）。与HFC组相比，3个SLPs组中HMGCR、NPC1L1、ACAT2和MTP mRNA表达量均呈剂量依赖性下降，HD组中HMGCR、NPC1L1和MTP的mRNA表达量分别下调了39.0%、87.3%和71.6%（$p<0.01$），ABCG8 mRNA的表达量显著上调了45.2%（$p<0.01$）。在蛋白表达水平上，与NC组相比，HFC组中HMGCR、NPC1L、ACAT2和MTP的蛋白表达量显著升高（$p<0.05$）。与HFC组相比，SLPs显著降低了所有SLPs组中NPC1L1和MTP蛋白的表达量，MD组和HD组中ACAT2蛋白的表达量显著降低（$p<0.01$），HD组中HMGCR蛋白的表达量显著降低（$p<0.05$）。

如图2-146（12）、（13）所示，与NC组相比，HFC组ASBT和IBABP mRNA的表达

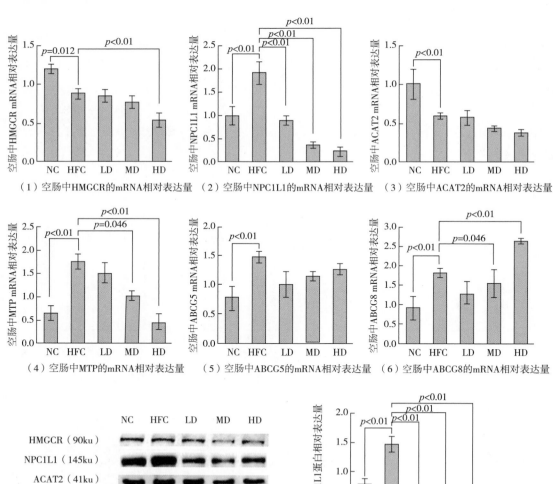

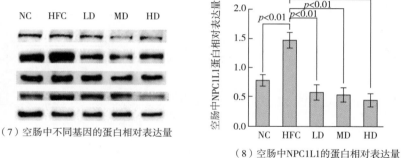

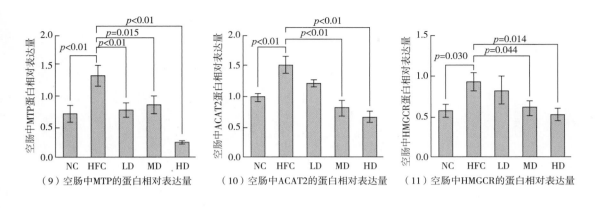

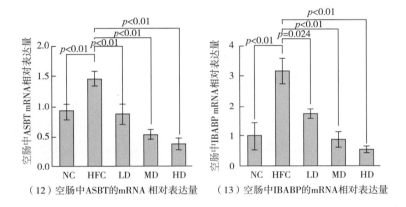

图 2-146 广叶绣球菌多糖对空肠和回肠中胆固醇代谢相关基因和蛋白表达的影响

量显著升高（$p<0.01$）。与 HFD 组相比，SLPs 组中 ASBT 和 IBABP mRNA 表达量均呈剂量依赖性下降，LD、MD 和 HD 组 ASBT mRNA 水平显著下调 41.0%、63.5% 和 74.9%（$p<0.01$）；LD 组、MD 组和 HD 组中 IBABP mRNA 的表达水平分别显著降低了 44.7%、73.0% 和 83.6%（$p<0.05$）。

5. 广叶绣球菌多糖对高脂高胆固醇膳食大鼠肠道菌群的影响

（1）样本复杂度分析 对样本中微生物 DNA 进行测序，共得到 126.99 万条序列，进一步处理后最终有 120.20 万条有效序列用于分析，序列平均长度为 253nt。对各样本在 97% 一致性阈值下的 Alpha Diversity 指数进行统计如图 2-147，其中 Observed species、Chao1 和 ACE 数值越小说明丰富度越低，Shannon 和 Simpson 数值越小说明物种多样性和均匀度越低。与 NC 组比较，HFC 组的 Observed species、Chao1、ACE、Shannon 指数均降低，其中前 3 项指数差异均显著（$p<0.05$）。与 HFC 组比较，LD、MD、HD 组各指数均有降低趋势，其中 MD 组 Shannon 指数差异显著（$p<0.05$），HD 组的 Observed species 指数和 Simpson 指数差异显著（$p<0.05$）。

（2）多样本比较分析 基于 Binary jaccard 距离算法对样本进行 PCoA 分析［图 2-148

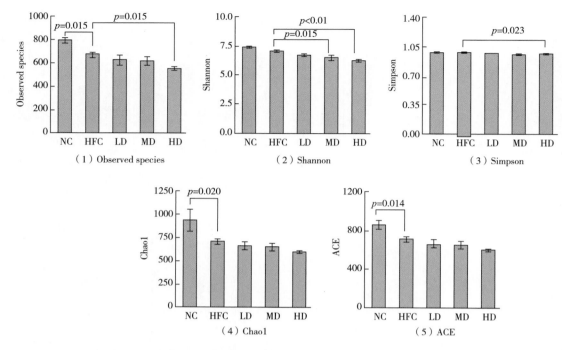

图 2-147　广叶绣球菌多糖对大鼠肠道微生物 Alpha Diversity 指数的影响

（1）] 和 NMDS 分析 ［图 2-148（2）］，样本距离越接近，物种组成结构越相似，由图可知 NC 组与 HFC 组能够明显分开，HFC 组和 LD、MD、HD 组可以明显分开，而 HD 组的微生物组成结构与 LD、MD 组有明显不同。

　　基于欧式距离算法进行主成分分析见图 2-148（3），横坐标 PC1 对物种多样性差异的贡献率为 17.72%，纵坐标 PC2 的贡献率为 12.16%。图中样品点的距离代表组内或组间的菌群结构的差异，两点之间相距越近，它们的菌群结构越相似。由图可知，各组样本均形成了不同的群体，其中 NC 组位于图中虚线的左上方，与其余 4 组距离较远，而 LD、MD、HD 组聚集在虚线的右上方，与 HFC 组明显分开。

　　（3）门分类水平物种相对丰度分析　肠道菌群在门分类水平上的物种相对丰度如图 2-149（1）所示，样本中的微生物主要归属于厚壁菌门（Firmicutes）、拟杆菌门（Bacteroidetes）、疣微菌门（Verrucomicrobia）、变形菌门（Proteobacteria）等。其中厚壁菌门和拟杆菌门为主要优势门，在各组中总相对丰度大于 75%。与 NC 组相比，HFC 组的厚壁菌门显著增加，而拟杆菌门显著减少（$p<0.05$）。SLPs 干预显著增加了拟杆菌门的相对丰度，但降低了厚壁菌门的相对丰度（$p<0.05$）。由图 2-149（2）可知，与 HFC 组相比，MD 组和 HD 组的厚壁菌门与拟杆菌门的比例显著降低（$p<0.05$）。

　　（4）属分类水平物种相对丰度分析　选取肠道菌群中属分类水平上的前 35 个优势菌群构建物种丰度聚类热图，结果如图 2-150（1）所示。与 NC 组比较，HFC 组中有益菌

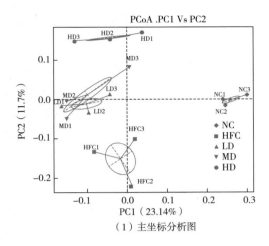

（1）主坐标分析图

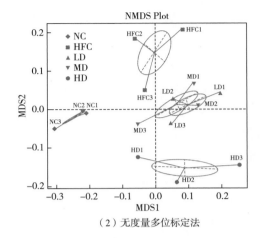

（2）无度量多位标定法

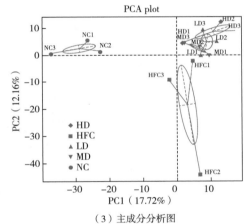

（3）主成分分析图

图 2-148　PCoA 分析

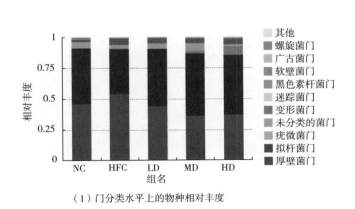

（1）门分类水平上的物种相对丰度

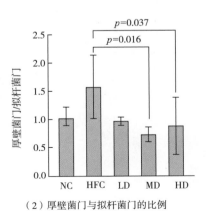

（2）厚壁菌门与拟杆菌门的比例

图 2-149　门分类水平物种相对丰度分析

相对丰度降低，包括拟杆菌属（*Bacteroides*）、布劳特菌属（*Blautia*）、瘤胃梭菌属（*Ruminiclostridium*）、迷踪菌属（*Elusimicrobium*）、别样杆菌属（*Alistipes*）；有害菌或条件致病菌相对丰度升高，包括脱硫弧菌属（*Desulfovibrio*）、消化球菌属（*Peptococcus*）、莫拉菌属（*Moraxella*）、未分类毛螺菌科（*unidentified_Lachnospiraceae*）、未分类肠杆菌科（*unidentified_Enterobacteriaceae*）。与 HFC 组比较，LD、MD、HD 组中以上各菌属的相对丰度都有不同程度的回调，而且副拟杆菌属（*Parabacteroides*）、副萨特菌属（*Parasutterella*）、丁酸球菌属（*Butyricicoccus*）、拟普雷沃菌属（*Alloprevotella*）等有益菌属的相对丰度也出现升高。

进一步分析肠道菌群在属分类水平上具有显著性差异的菌群如图 2-150（2）～（7）。与 NC 组比较，HFC 组中丁酸球菌属、副拟杆菌属、副萨特菌属、拟普雷沃菌属和消化球菌属的相对丰度升高，其中副拟杆菌属、副萨特菌属和消化球菌属差异显著（$p<0.05$）；拟杆菌属的相对丰度降低，差异显著（$p>0.05$）。与 HFC 组比较，LD、MD、HD 组拟杆菌属、丁酸球菌属、副拟杆菌属、和拟普雷沃菌属的相对丰度升高，除了拟杆菌属和拟普

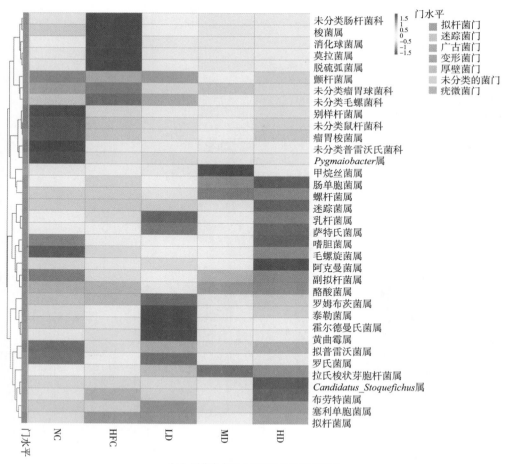

（1）属分类水平上的物种丰度聚类热图

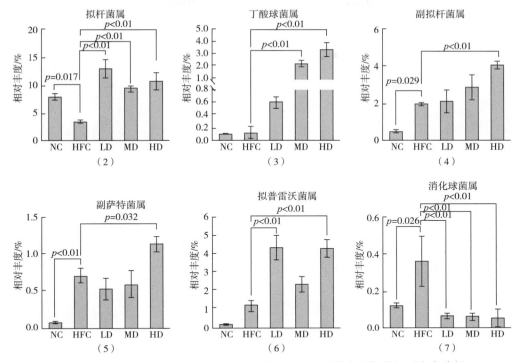

图 2-150 属分类水平上的物种丰度聚类热图及属分类水平物种相对丰度分析

雷沃菌属外，其余 2 种均有升高趋势，其中 LD 组的拟杆菌属和拟普雷沃菌属差异显著（$p<0.01$），MD 组的丁酸球菌属差异显著（$p<0.01$），HD 组的各菌属差异均显著（$p<0.05$）；消化球菌属的相对丰度降低且差异均显著（$p<0.01$）。

6. 广叶绣球菌多糖对高脂高胆固醇膳食大鼠盲肠短链脂肪酸含量的影响

如图 2-151，与 NC 组比较，HFC 组的乙酸、丙酸、异丁酸、丁酸、异戊酸、戊酸含量均显著降低（$p<0.05$）。与 HFC 组比较，LD、MD 和 HD 组的各种短链脂肪酸含量呈剂量依赖性增加，其中 3 个 SLPs 组的乙酸和丁酸含量均显著升高（$p<0.05$），HD 组的丙酸、异丁酸和戊酸分别显著增加了 98.2%、68.8% 和 57.6%（$p<0.05$）。

7. 主要肠道优势菌群与胆固醇代谢生物标志物的相关性分析

如图 2-152，Spearman 相关分析显示，与胆固醇代谢相关的生物标志物与特定肠道菌群的丰度显著相关。拟杆菌属与盲肠内容物的 pH、NPC1L1 和 ACAT2 水平呈负相关，与乙酸呈正相关（$p<0.01$）。阿克曼菌属（*Akkermansia*）与总胆汁酸、胆固醇和前列腺醇含量（$p<0.01$）、ABCG8 水平（$p<0.05$）、丙酸（$p<0.01$）和戊酸水平（$p<0.05$）呈正相关。罗氏菌属（*Roseburia*）与盲肠内容物的 pH 呈负相关（$p<0.01$）。副拟杆菌属与总胆汁酸、胆固醇、粪甾醇含量和丙酸水平呈正相关，与盲肠内容物的 pH 呈负相关（$p<0.05$）。颤螺菌属（*Oscillibacter*）与总胆汁酸、乙酸和丁酸的含量呈负相关（$p<0.05$）。消化球菌属与胆固醇含量和乙酸水平呈负相关，与盲肠含量 pH、NPC1L1 和 ACAT2 水平呈正相关（$p<0.05$）。

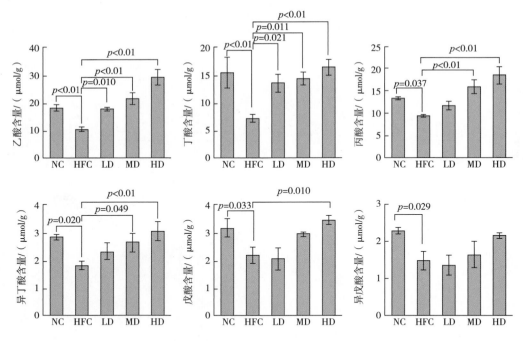

图2-151　广叶绣球菌多糖对大鼠盲肠内容物短链脂肪酸含量的影响

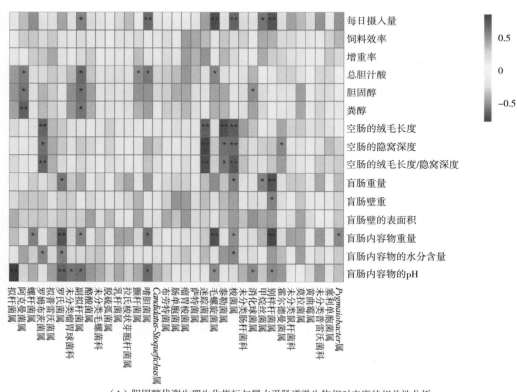

（1）胆固醇代谢生理生化指标与属水平肠道微生物相对丰度的相关性分析

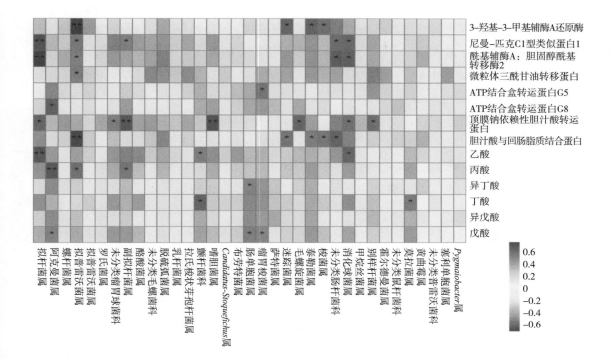

（2）胆固醇代谢生物标志物和属水平肠道微生物相对丰度的相关性分析

图 2-152　肠道微生物群与胆固醇代谢生物标志物的相关性分析

注：图例的颜色表示 Spearmans 相关性的 r 值，$* p < 0.05$，$** p < 0.01$。

本试验发现高脂高胆固醇饲料会显著降低大鼠摄食量，这可能是因为高脂高胆固醇膳食在肠道中不易消化吸收，排空时间较长。多糖既可以吸附胆汁酸，阻止胆汁酸重吸收到肝脏，促进胆汁酸随粪便排出，加快肝脏胆固醇代谢和胆汁酸合成（杨立娜等，2020），又能够吸附胆固醇，减少胆固醇与肠道黏膜的接触面积和时间，从而保护小肠免受高脂高胆固醇膳食的损伤（陆红佳等，2015）。本试验研究发现高脂高胆固醇膳食会使小肠绒毛变短，排列不规则，隐窝加深，从而影响小肠消化吸收的能力，广叶绣球菌多糖富含 β-葡聚糖，能够大量吸附肠道中的胆固醇和胆汁酸，促使胆固醇和胆汁酸随粪便排出，这也减少了高脂高胆固醇膳食与小肠上皮细胞的接触，保护肠道结构的完整性。另外，广叶绣球菌多糖不被小肠消化吸收，进入盲肠中吸水膨胀，使盲肠内容物体积增大，盲肠壁表面积也随之变大（Xia et al. 2017）。在盲肠中，肠道菌群酵解广叶绣球菌多糖产生短链脂肪酸，降低肠道 pH，改善肠道内环境（刘荣瑜等，2021）。

HMGCR 是胆固醇生物合成过程中的重要靶点，有研究发现诱导 HMGCR 蛋白降解能够有效降低机体胆固醇水平（Luo et al. 2020）。NPC1L1 作为调控胆固醇吸收的关键靶点能够与 ACAT2、MTP 共同调节胆固醇在肠上皮细胞中的吸收和转运，研究发现 NPC1L1 或 ACAT2 基因敲除小鼠的胆固醇吸收能力显著降低，能够有效抵抗高胆固醇血症，改善动脉粥样硬化（Davis and Altmann 2009；Zhang et al. 2012），而 MTP 的清除会显著增加肠道甘油三酯和胆固醇水平并减少与乳糜微粒的转运（Iqbal et al. 2014）。Li et al.（2019）的研究发现通过促进 ABCG5/8 的基因表达，能够增强胆固醇的排泄。本试验结果显示，广叶绣球菌多糖通过下调 HMGCR、NPC1L1、ACAT2、MTP 的基因和蛋白表达量，可抑制内源胆固醇的合成及小肠上皮细胞对胆固醇的吸收和转运；通过促进 ABCG5/8 的基因表达，增强未被酯化的胆固醇排出小肠上皮细胞。由此可见广叶绣球菌多糖对高脂高胆固醇膳食大鼠肠道胆固醇代谢的调控作用主要与其合成、吸收、转运、排泄等过程有关。

ASBT 调控肠道胆汁酸的重吸收，能够与 IBABP 共同参与胆汁酸的转运过程。研究发现抑制 ASBT 和 IBABP 会增加粪便中胆汁酸的排泄，促进肝脏胆固醇向胆汁酸转化，维持肝肠循环的平衡（Li et al. 2004；Praslickova et al. 2012）。广叶绣球菌多糖通过降低 ASBT 和 IBABP 的基因表达量，抑制胆汁酸的重吸收，促使其随粪便排出，从而调控胆固醇代谢。

多糖通过改变肠道菌群的结构组成影响宿主对饮食中能量的收集和储存。研究发现肥胖者的肠道菌群中厚壁菌门相对丰度较高而拟杆菌门相对丰度较低（Turnbaugh et al. 2006），广叶绣球菌多糖能够改变这一变化，促进肠道微生态平衡。进一步对属分类水平的变化分析，发现广叶绣球菌多糖可以使拟杆菌属、丁酸球菌属、副拟杆菌属、副萨特菌属、拟普雷沃菌属的相对丰度显著升高，而这些菌群与胆固醇及胆汁酸代谢有着密切的关系。拟杆菌属具有单一的示例性多糖利用位点，能够降解广叶绣球菌多糖加速胆固醇向胆汁酸转化，进而推动机体代谢（Déjean et al. 2020）。丁酸球菌属可以酵解广叶绣球菌多糖产生丁酸，为宿主提供能量并促进肠上皮细胞的发育。副拟杆菌属具有转化胆汁酸和产琥珀酸的功能，其相对丰度的升高能够降低肥胖、增加脂肪组织产热、增强肠道完整性（Wang et al. 2019；Wu et al. 2019）。副萨特菌属被认为是机体肠道菌群的核心组成部分，能够酵解广叶绣球菌多糖，维持胆汁酸平衡并参与胆固醇代谢（Ju et al. 2019）。拟普雷沃菌属是健康肠道中的优势菌群，其相对丰度的升高与血清胆固醇、低密度脂蛋白胆固醇、胆汁酸水平成负相关（周昕，2018）。另外，消化球菌属被认为是一种条件致病菌，常在感染性疾病或炎症中分离得到，广叶绣球菌多糖的干预能够抑制消化球菌属，降低其致病风险。

肠道菌群酵解广叶绣球菌多糖能够产生大量短链脂肪酸，这些功能代谢物不仅能够参与机体能量代谢，发挥多种生理功能，而且可以降低肠道 pH，抑制部分有害菌群（苗晶囡等，2019），其中乙酸可以预防饮食诱导的肥胖和胰岛素抵抗（Lin et al. 2012）。丙酸可以促进肽 YY 和胰高血糖素样肽-1 分泌，减少能量摄入（Chambers et al. 2015）。丁酸能够防止载脂蛋白 E 缺乏症小鼠肠道胆固醇吸收并减轻动脉粥样硬化（Chen et al. 2018）。这些短链脂肪酸均可直接或间接地发挥调控肠道胆固醇代谢的作用（图 2-153）。

综上所述，研究表明 SLPs 通过改善肠道的形态结构和生理指标，促进粪便中胆汁酸、胆固醇及粪醇的排出，说明广叶绣球菌多糖对肠道内环境及形态具有保护作用，能够促进

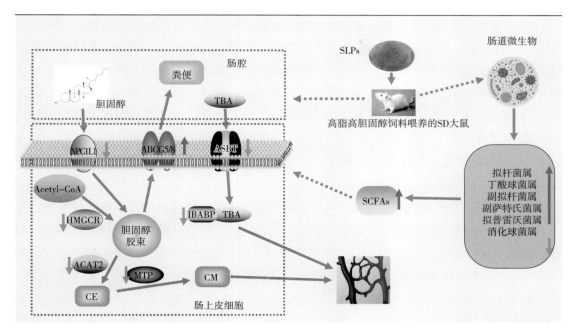

图 2-153　广叶绣球菌多糖调节肠道胆固醇代谢机制信号通路

胆固醇排出体外，从而维持肠道健康。SLPs 通过降低高脂高胆固醇膳食大鼠小肠中 HMGCR、NPC1L1、ACAT2、MTP 的基因和蛋白表达量，抑制肠道胆固醇的合成、吸收和转运过程；升高 ABCG5、ABCG8 的基因表达量，促进未被酯化的胆固醇排泄回肠腔。在回肠末端，广叶绣球菌多糖还可以降低 ASBT、IBABP 的基因表达量，阻碍胆汁酸的重吸收，促进肝脏消耗更多胆固醇补充胆汁酸。说明广叶绣球菌多糖通过影响肠道胆固醇及胆汁酸代谢过程中的关键靶点发挥调控作用。SLPs 促进多种有益菌生长，抑制有害菌或条件致病菌，其中与胆固醇和胆汁酸代谢密切相关的菌属（如拟杆菌属、丁酸球菌属、副拟杆菌属、副萨特菌属、拟普雷沃菌属）升高，而与感染性疾病或炎症有关的菌属（消化球菌属）被抑制。广叶绣球菌多糖还可以增加短链脂肪酸的含量，主要包括乙酸、丙酸和丁酸，这些功能性代谢物又可以参与到肠道胆固醇的调控过程中，说明广叶绣球菌多糖可以针对高脂高胆固醇膳食选择性富集具有降解胆固醇功能的菌属，这些菌属及其功能代谢物可以协同调控肠道胆固醇代谢，改善肠道微生态。

第八节　广叶绣球菌多糖的酵解特征体系及其对小鼠肠道微生态系统的影响

一、广叶绣球菌多糖体外酵解特征体系的研究

大分子物质的多糖对人体的健康有很大的好处，但不能在人体内被直接利用，而其被人体摄入后必须经胃肠道的消化酵解成小分子物质才能被人体吸收利用（Claudio et al.

2014）。因此，研究多糖的消化酵解是了解多糖作用机理的至关重要的部分。

广叶绣球菌多糖属于可溶性膳食多糖的一种，经研究证明可溶性膳食多糖不能在胃和小肠中消化吸收，只能被位于结肠中的肠道菌群酵解成小分子物质，进而被人体吸收和利用（Xu et al. 2013）。许多研究表明肠道健康尤其是大肠的健康与许多种疾病的发生呈显著相关性，如肥胖及糖尿病的代谢类疾病，而膳食结构的改变如益生元、益生菌及其他膳食成分的摄入等，均可以改善肠道环境（Martens et al. 2014）。研究表明许多植物多糖均可作为益生元，这些多糖在酵解过程中可被肠道菌群利用并产生短链脂肪酸，其中主要为乙酸、丙酸和丁酸，这些短链脂肪酸的产生对维护肠道微生态系统具有重要的作用（Sa'ad et al. 2010）。

由于目前还没有对广叶绣球菌多糖在肠道中的酵解特征体系的报道，因此，本节以人体粪便为酵解模型，进行体外实验来模拟肠道代谢的酵解体系，通过测定酵解不同时间后糖酵解液中的 pH 和 OD_{600nm} 值、总糖和还原糖的含量，以及单糖和短链脂肪酸的组成及变化情况，初步探索广叶绣球菌多糖在肠道中的酵解特征。

1. 广叶绣球菌多糖对酵解液 OD_{600nm} 值和 pH 的影响

由图 2-154 和图 2-155 可知，随着发酵时间的延长，酵解液中 OD_{600nm} 值呈先升高后降低的趋势，pH 呈先降低后升高的趋势。与 0h 比较，24h 时 OD_{600nm} 值达到最大值，差异显著（$p<0.05$），pH 达到最小值，差异显著（$p<0.05$）。与 24h 比较，48h 时 OD_{600nm} 值下降，差异显著（$p<0.05$），pH 升高，差异不显著（$p>0.05$）。说明在 0~24h，粪便菌群能够利用 SLPs 大量生长，且其中产酸菌生长较多，使 pH 显著下降，但在 24~48h，由于 SLPs 耗尽，粪便菌群出现衰亡，产酸能力下降，pH 有所升高。

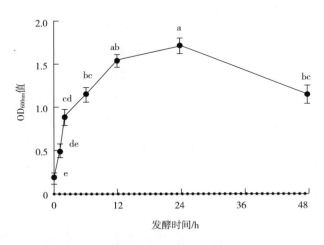

图 2-154　广叶绣球菌多糖对酵解产物 OD_{600nm} 值的影响

注：不同字母表示具有显著性差异（$p<0.05$）。

2. 广叶绣球菌多糖对酵解液中总糖和还原糖含量的影响

如表 2-21 所示，随着发酵时间的延长，酵解液中总糖含量呈降低趋势，还原糖含量

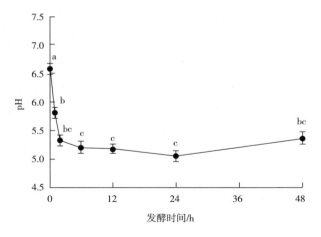

图 2-155　广叶绣球菌多糖对酵解液 pH 的影响

注：不同字母表示具有显著性差异（$p<0.05$）。

呈先升高后降低趋势。与 0h 比较，总糖含量在发酵 48h 时达到最小值，差异显著（$p<0.05$）；还原糖含量在发酵 1h 时达到最大值，差异显著（$p<0.05$），之后开始下降并在 48h 时达到最小值，差异不显著（$p>0.05$）。说明在 0~1h，粪便菌群主要进行酵解 SLPs 为还原糖的反应，酵解液中还原糖含量显著增加，而总糖指所有糖类的总和，所以并没有剧烈的变化；随着发酵时间的延长，粪便菌群开始利用还原糖进行生长代谢，酵解液中的总糖含量和还原糖含量均出现显著降低。

表 2-21　　　　　　　　　　　　　酵解产物中总糖和还原糖含量变化

时间/h	还原糖含量/（mg/mL）*	总糖含量/（mg/mL）*
0	0.141±0.001[a][**]	1.866±0.007[a][**]
1	0.677±0.001[b]	1.762±0.004[a]
2	0.538±0.003[b]	1.206±0.003[b]
6	0.270±0.007[c]	0.933±0.001[c]
12	0.211±0.003[b]	0.832±0.008[c]
24	0.199±0.001[b]	0.703±0.007[c]
48	0.153±0.009[d]	0.699±0.001[c]

注：* 表示平均值±标准偏差（$n=3$）；** 表示同一列之间进行的显著性比较，不同字母表示具有显著性差异（$p<0.05$）。

3. 广叶绣球菌多糖对酵解液中各单糖组分的影响

由表 2-22 可知，酵解液的单糖主要由葡萄糖、甘露糖、果糖、木糖和半乳糖 5 种单糖构成。开始发酵时，除葡萄糖外，其余 4 种单糖均呈上升的趋势，其中果糖的相对含量最高，发酵 2h 后，果糖的相对含量开始下降，48h 后达到峰值且利用率达到 90% 以上；

葡萄糖的相对含量仅在前 1h 内略有上升，随后一直呈下降趋势，酵解时间达到 24h 后，酵解液中基本检测不到葡萄糖的存在，利用率可达百分之百；酵解液中的甘露糖在发酵 2h 后相对含量达到最高，发酵 48h 后酵解液中基本检测不到其存在，利用率可达百分之百；木糖相对含量的变化趋势与前几种糖十分相似，酵解 2h 后相对含量达到最高，经过 48h 的发酵后相对含量下降但仍高于未发酵时的相对含量，利用率在 5 种单糖组分中最低仅为 51.9%；半乳糖在发酵过程中一直呈缓慢上升趋势，发酵 12h 后开始呈下降趋势，24h 后继续急剧下降，经过发酵，半乳糖的利用率为 86.2%。

表 2-22　　　　　　　　　　　　酵解产物中单糖的组成及变化

酵解时间/h	相对含量/%				
	葡萄糖	甘露糖	果糖	木糖	半乳糖
0	$30.09\pm0.02^{a**}$	4.09 ± 0.03^{a}	11.92 ± 0.01^{a}	1.53 ± 0.03^{a}	0.73 ± 0.01^{a}
1	21.23 ± 0.03^{b}	6.24 ± 0.02^{b}	19.77 ± 0.01^{b}	5.27 ± 0.02^{b}	1.74 ± 0.04^{b}
2	9.33 ± 0.07^{c}	7.26 ± 0.01^{b}	20.34 ± 0.02^{b}	5.28 ± 0.02^{b}	2.03 ± 0.03^{b}
6	3.06 ± 0.01^{d}	5.88 ± 0.04^{c}	10.77 ± 0.05^{c}	4.11 ± 0.02^{b}	2.87 ± 0.01^{c}
12	1.29 ± 0.01^{e}	3.54 ± 0.01^{d}	5.21 ± 0.02^{d}	3.02 ± 0.01^{b}	3.11 ± 0.04^{c}
24	—	1.74 ± 0.03^{e}	3.11 ± 0.03^{e}	2.88 ± 0.01^{b}	2.03 ± 0.03^{d}
48	—	—	1.89 ± 0.02^{f}	2.54 ± 0.03^{b}	0.43 ± 0.01^{d}

注：** 表示同一列之间进行的显著性比较，不同字母表示具有显著性差异（$p<0.05$）。

4. 广叶绣球菌多糖对酵解液中短链脂肪酸含量的影响

如表 2-23 所示，酵解初始时，酵解液中含有一定量的短链脂肪酸，随着酵解时间的增加，酵解液中的短链脂肪酸的相对含量均显著性增加，但各个时间点浓度最高的短链脂肪酸各不相同，这可能与不同酵解时间下，酵解液中的微生物和碳水化合物的组成不同有关。其中，0~6h 相对含量最高的为乙酸，12h 时丙酸的相对含量最高，24h 时丁酸的相对含量最高，48h 时戊酸的相对含量最高，且发酵前期（2h 内）检测不到其存在，此外在 48h 时还检测到微量的庚酸和丙二酸。

表 2-23　　　　　　　　　　　酵解产物中各短链脂肪酸含量及总量变化

酵解时间/h	相对含量/%						总含量/%
	乙酸	丙酸	丁酸	戊酸	丙二酸	庚酸	
0	$1.104\pm0.004^{d**}$	0.299 ± 0.08^{c}	0.460 ± 0.01^{e}	—	—	—	1.863 ± 0.02^{e}
1	3.105 ± 0.007^{cd}	2.001 ± 0.02^{c}	1.817 ± 0.03^{e}	—	—	—	6.923 ± 0.04^{d}
2	2.576 ± 0.009^{cd}	2.369 ± 0.07^{c}	2.806 ± 0.01^{de}	—	—	—	7.751 ± 0.03^{d}
6	18.354 ± 0.08^{a}	2.806 ± 0.07^{c}	6.5532 ± 0.03^{cd}	0.782 ± 0.002^{b}	—	—	28.474 ± 0.03^{c}

续表

酵解时间/h	相对含量/%						总含量/%
	乙酸	丙酸	丁酸	戊酸	丙二酸	庚酸	
12	3.381 ± 0.03^{cd}	39.698 ± 0.06^{a}	20.884 ± 0.02^{b}	0.782 ± 0.003^{b}	—	—	64.745 ± 0.06^{a}
24	4.393 ± 0.07^{c}	20.723 ± 0.04^{b}	30.613 ± 0.05^{a}	0.437 ± 0.009^{b}	—	—	56.166 ± 0.02^{b}
48	13.478 ± 0.03^{b}	3.450 ± 0.03^{c}	9.177 ± 0.08^{c}	35.489 ± 0.007^{a}	0.070 ± 0.04	1.620 ± 0.08	65.481 ± 0.11^{a}

注: ** 表示同一列之间进行的显著性比较, 不同字母表示具有显著性差异 ($p<0.05$)。

整个酵解过程中酵解液的总短链脂肪酸含量随着酵解时间的增加呈先上升后减少再上升的趋势, 但各短链脂肪酸的增加趋势各不相同。其中, 乙酸 2~6h 急剧增加, 6~12h 含量减少后缓慢增加; 丙酸 1~6h 含量基本不变, 6~12h 含量急剧增加后下降; 丁酸 0~24h 含量增加, 24~48h 含量减少; 戊酸含量 6h 检测到直径 24h 基本不变, 24h 后急剧增加。

5. 酵解液中肠道菌生长情况的变化

如图 2-156 所示, 随发酵时间的延长, 酵解液中乳酸杆菌呈先升高、后下降的趋势, 双歧杆菌呈升高的趋势, 大肠杆菌变化无稳定规律。与 0h 比较, 乳酸杆菌在发酵 12h 时达到最大值, 差异显著 ($p<0.05$); 双歧杆菌在发酵 48h 时达到最大值, 差异显著 ($p<0.05$), 说明 SLPs 能够选择性富集乳酸杆菌和双歧杆菌, 而这 2 种菌的生长对大肠杆菌有抑制作用。

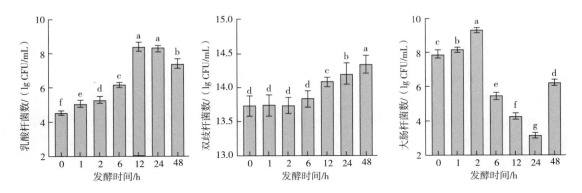

图 2-156 酵解不同时间酵解液中 3 种肠道菌菌落总数变化

注: lgCFU 在肠道菌落计数时常用。不同字母表示具有显著性差异 ($p<0.05$)。

6. 各单糖组分对 3 种肠道菌生长情况的影响

如图 2-157 所示, 经培养, 以广叶绣球菌多糖为碳源的培养基中乳酸菌和双歧杆菌的菌落总数均大于任何一种以单糖为碳源的培养基中的菌落总数, 说明广叶绣球菌多糖可以使乳酸菌和双歧杆菌增殖, 其中以葡萄糖、甘露糖为碳源培养乳酸菌时, 24h 后培养基中均可见大量乳酸菌菌落, 且数量相差无几, 这可能与葡萄糖与甘露糖在乳酸菌体内的代谢方式基本一致有关; 以果糖为碳源培养乳酸菌时, 培养基中几乎未见乳酸菌菌落, 说明乳酸菌不能利用果糖作为碳源；以木糖为碳源培养乳酸菌时，培养基中存在极少量的菌落，说明乳酸菌可以利用木糖但对其利用率非常低；以半乳糖作为碳源培养时，活菌数为葡萄糖为碳源时活菌数的 0.5 倍；而以提取出的广叶绣球菌多糖为碳源时的活菌数与单糖发酵相比显著增加了 $1.7×10^5$ 倍。双歧杆菌在分别以五种单糖为碳源的培养基中的生长情况与乳酸菌基本相同，可以利用葡萄糖、甘露糖和半乳糖，木糖和果糖不能作为碳源被其利用。以广叶绣球菌多糖为碳源时的活菌数与葡萄糖为碳源时的活菌数相比增长了 $4.45×10^4$ 倍。经培养，大肠杆菌对 5 种单糖均可以利用。

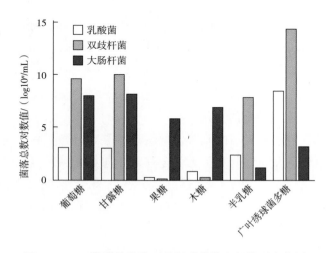

图 2-157　5 种单糖发酵 3 种肠道菌的生长情况变化图

　　研究发现与在消化道中仅被破坏糖苷键不同，多糖可以被肠道菌群酵解成单糖。0~2h 时产生的单糖主要有木糖、果糖、甘露糖、葡萄糖；2~12h 时，半乳糖大量产生。而在 2h 之后，单糖开始被酵解利用含量减少，由于单糖的化学结构以及空间构造的不同，其作为能源物质被酵解的先后顺序、酵解程度都不同。2~6h，木糖、甘露糖、葡萄糖、果糖作为主要的能源物质被利用，6~12h，木糖、果糖、甘露糖、葡萄糖作为主要的能源物质被利用。12~24h，葡萄糖、甘露糖、木糖作为主要能源物质被利用，24h 后，基本检测不到葡萄糖的存在，而半乳糖则开始作为主要的能源物质被利用，木糖含量未发生较大的变化。本试验表明广叶绣球菌多糖的酵解过程中，微生物主要利用的单糖为葡萄糖和甘露糖。

　　膳食与肠道微生态有着紧密的相互作用，一方面膳食中的多糖能够调节人体肠道微生物的组成和丰度，另一方面肠道微生物能够酵解膳食中的多糖，产生短链脂肪酸等代谢产物，对宿主的代谢过程发挥作用（赵敏洁等，2018；聂启兴等，2019）。本实验通过体外模拟大肠的酵解过程，发现人体粪便菌群能够酵解 SLPs，并在不同的发酵时间点表现出不同的酵解特性。

　　在体外发酵的过程中，粪便菌群可以将 SLPs 酵解为小分子还原糖并进一步利用。

Ndeh et al.（2018）报道人体肠道菌群能够感测、捕获和利用膳食中不同来源且不被消化酶降解的多糖，进而对人体健康产生影响。微生物通过利用还原糖得以大量生长并产生短链脂肪酸，进而使酵解液 pH 发生变化。在 0~6h，乳酸杆菌数量显著升高，产生乳酸和乙酸，使酵解液 pH 降低，并在 6h 时显著抑制大肠杆菌的生长。Den Besten et al.（2013）研究报道，肠道内较低的 pH 能够改变微生物组成并防止致病菌（如肠杆菌科和梭菌属）过度生长。在 6~24h，乳酸杆菌数量和双歧杆菌数量都显著升高，乙酸含量逐渐降低，丙酸和丁酸含量相继升高。研究发现，乙酸能够作为碳源参与某些肠道微生物的生长代谢，而乳酸既可以作为前体物质参与丙烯酸酯途径转化为丙酸，也能够被厚壁菌门细菌利用生成丁酸（Koh et al. 2016；Flint et al. 2015）。微生物对乳酸和乙酸的利用能够防止两者的蓄积，维持肠道环境的稳定。研究表明，乙酸在肠道中并不是一个稳定的终产物，许多人类粪便细菌能够在以乙酸为唯一碳源的培养基上生，其中包括多种产丁酸的细菌，它们能够利用乙酸形成丁酸，从而为大肠上皮细胞提供能量（Duncan et al. 2004）。在 24~48h，酵解液中可被利用的营养物质逐渐耗尽，乳酸杆菌数量显著下降，短链脂肪酸总含量也相应下降，酵解液的 pH 随之升高。此时大肠杆菌的数量出现上升可能是因为其受到的抑制作用有所缓解，而且在一定程度上可以利用其他微生物不能利用的碳源进行生长繁殖。另外，大肠杆菌具有混合酸发酵能力，在厌氧条件下能够通过碳源合成琥珀酸、乳酸、甲酸、乙酸等有机酸（Bai and Mansell，2020），从而使乙酸的含量再次升高。

综上所述，广叶绣球菌多糖可以被肠道菌群酵解利用。整个酵解过程中酵解液中 pH 先降低后升高、OD 值先升高后降低、总糖含量逐渐降低，而还原糖含量先增加后减少。酵解产物中单糖由半乳糖、木糖、甘露糖、果糖、葡萄糖五种构成，各单糖的相对含量均呈先上升、后下降的趋势，其中葡萄糖 24h 后检测不到其存在，果糖的利用率达 90% 以上，甘露糖 48h 后检测不到其存在，木糖的利用率最低仅为 51.9%，而半乳糖则在发酵 12h 后其相对含量才开始下降，利用率为 86.2%；短链脂肪酸由己酸、戊酸、丙酸、丁酸、庚酸、丙二酸六种构成，0~6h，己酸含量最多，12h 时丙酸含量最多占总短链脂肪酸的 28.15%，24h 时丁酸含量最多占总短链脂肪酸的 24.42%，48h 时戊酸的含量最多占总短链脂肪酸的 28.47%；广叶绣球菌多糖可以使乳酸菌和双歧杆菌增殖，且单糖组分中葡萄糖、甘露糖和半乳糖是乳酸菌和双歧杆菌的主要发酵底物，同时广叶绣球菌多糖可以抑制大肠杆菌的增殖。

二、绣球菌多糖在体内的酵解特征体系及其对小鼠肠道微生态系统的影响

肠道微生态系统是最为主要、最为复杂的人体微生态系统，由肠道菌群及其所生活的环境共同构成，稳定的肠道菌群是其核心部分。肠道菌群具有重要的生理功能，参与宿主的免疫与代谢，并受到宿主内外环境因素的影响（刘丽丽和赵清喜，2019）。肠道微生态失衡与疾病密切相关，其中肠道菌群的组成种类与相对丰度是关键因素。肠道菌群多样性的减少，容易诱发肥胖及各种低水平型炎症；菌群结构的改变与诱发糖尿病、冠心病及卒中等密切相关。研究表明，通过调节饮食和摄入定量的膳食多糖，可以调节肠道菌群的种

类和比例，进而改善肠道微生态，维持人体健康（栾英桥等，2018；马巧灵等，2018）。

多糖是一类具有降血糖、降血脂、免疫调节、整肠通便、抗炎症、抗氧化和保护肠道屏障结构功能的完整性等，对人体维持健康具有很大作用的大分子物质，且不能被人体直接消化吸收而是转入大肠中被肠道微生物所酵解利用，产生乳酸、乙醇和琥珀酸等中间产物，之后转变为短链脂肪酸（SCFA），进而发挥其生理功能。近年来，关于多糖对肠道功能影响的研究越来越引起学者的关注。不同种类的多糖对肠道微生态的调节作用不完全相同，不同结构的多糖对肠道微生态的影响也存在差异，链长、糖苷键类型、连接方式以及分子质量都会对肠道菌群的结构产生影响。

因此，本节采用动物试验，在第 1w、2w、3w 和 4w（w 表示周，余同）后，采集样品，测定新鲜粪便的含水量，小鼠结肠长度、指数及绒毛长度等生理指标，大肠内容物的短链脂肪酸、还原糖和单糖，采用传统培养法和高通量技术对其肠道菌群的组成和多样性进行分析，深入探究绣球菌多糖在动物肠道中酵解特征及其对肠道微生态系统的影响。

实验中，将 96 只重量为（25±2）g 的昆明种雄性小鼠按照动物管理条例标准饲养，基本膳食组成如表 2-24 所示，将小鼠适应性喂养 1w 后随机分为四组空白对照组（BG 组），广叶绣球菌多糖低、中、高剂量组（LDG 组、MDG 组、HDG 组），分别灌胃 0.9% 生理盐水，和三个浓度梯度［50mg/（kg 小鼠体重）、100mg/（kg 小鼠体重）和 200mg/（kg 小鼠体重）］的广叶绣球菌多糖溶液，灌胃期间，自由饮水和摄食。分别在 1w、2w、3w 和 4w 后随机对每组小鼠中的 6 只进行眼球采血后处死，并取其肠道组织备用，整个过程均在无菌工作台中进行。

表 2-24　　　　　　　　　　　　　　　基本膳食组成

成分	含量/（g/kg 干重）	成分	含量/（g/kg 干重）
玉米淀粉	454	纤维素	50
大豆饼	240	糊化淀粉	10
蔗糖	100	维生素混合物 [a]	10
玉米油	60	矿物质混合物 [b]	76

注：a 表示 g/（kg 干重）：0.250（2.50×10^{5}IU）维生素 A；0.002（6.50×10^{4}IU）维生素 D$_3$；2.00（2.00×10^{3}IU）维生素 E；0.410 甲萘醌；0.070 叶酸；1.25 烟酸；0.500 泛酸钙；0.200 核黄素；0.250 硫胺素；0.500 吡哆醇；0.003 氰钴胺；0.025 生物素；70.0 氯化胆碱。b 表示 g/（kg 干重）：69.6 碳酸钙；313 四水柠檬酸钙；115 二水合磷酸氢钙；222 磷酸氢二钾三水合物；127 氯化钾；78.3 氯化钠；38.9 碳酸镁；0.204 硫酸锰；0.042 碘化钾；0.515 氟化钠；0.091 硫酸铝铵。

1. 绣球菌多糖对小鼠粪便含水量的影响

由图 2-158 可知，灌胃初始时由于小鼠均生长在相同的环境中，并且饮食、饮水都是严格一样的，因此各组小鼠粪便的湿重、干重和最终含水量在实验开始时均没有显著差异。随着不同剂量绣球菌多糖的摄入，在开始的 3w 内与空白对照组相比小鼠粪便含水量均显著性增高（$p<0.01$），且呈一定剂量依赖性。而随着试验的继续，各组小鼠的粪便含

水量均呈下降的趋势，这与小鼠本身的生长状况有关，表明绣球菌多糖的摄入可以显著提高小鼠粪便持水力，增加粪便转运量和排除毒素的能力，从而降低患肠道疾病的风险。

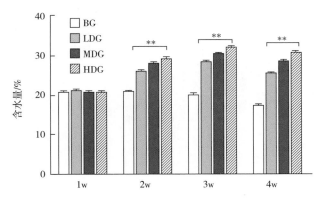

图 2-158　绣球菌多糖对小鼠粪便含水量的影响

注：** 表示与空白对照组相比差异极显著（$p<0.01$）。

2. 绣球菌多糖对小鼠结肠生理状况的影响

由图 2-159 可知，随着不同剂量的绣球菌多糖的摄入，与空白对照组相比，多糖组小鼠的结肠指数和结肠长度极显著增加（$p<0.01$），其中空白对照组的小鼠结肠指数和长度在 4w 内均先缓慢上升再缓慢下降，这与小鼠自然生长生理状况相一致。而在不同剂量绣球菌多糖的影响下，多糖组小鼠的结肠器官指数与结肠长度均呈上升的趋势且具有剂量依赖性，说明绣球菌多糖的摄入可以导致结肠的指数和长度的增加，从而改善结肠的生理状态。

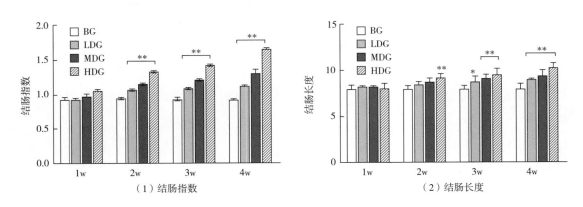

（1）结肠指数　　　　　　　　　　　　（2）结肠长度

图 2-159　绣球菌多糖对小鼠结肠指数和长度的影响

注：* 表示与空白对照组对照相比差异显著（$p<0.05$）；** 表示与空白对照组对照相比差异极显著（$p<0.01$），本部分余同。

观察饲养 4w 后各组小鼠的结肠末端，结果如图 2-160 所示。对照组小鼠绒毛排列较为整齐，与多糖组相比长度较短，形状较粗。随着不同剂量绣球菌多糖的摄入，多糖组小鼠的绒毛平均长度显著性增加（$p<0.01$），高剂量组的小鼠结肠绒毛长度最长，约为空白

对照组小鼠的 2.22 倍且排列最为齐整。说明绣球菌多糖的摄入可以改善结肠绒毛的长度及排列状态，可以有效地增加结肠组织的吸收能力。

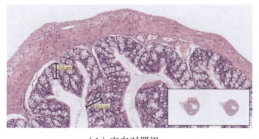
（1）空白对照组

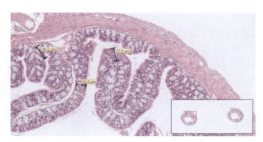
（2）低剂量组

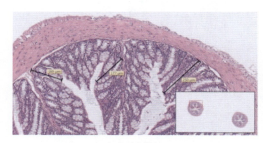
（3）中剂量组

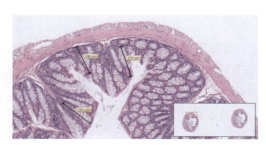
（4）高剂量组

图 2-160　绣球菌多糖对小鼠结肠绒毛的影响

3. 绣球菌多糖对小鼠大肠内容物中短链脂肪酸的影响

图 2-161 表示的是多糖处理组和空白对照组的总短链脂肪酸（SCFA）水平，图 2-162 表示的是乙酸、丙酸、丁酸和戊酸的浓度水平。如图 2-161 所示，多糖处理组的总 SCFA 含量在各时间点均高于空白对照组，差异极显著（$p < 0.01$），其中乙酸、丙酸、丁酸和戊酸为 SCFA 的主要组成成分。其中，多糖处理组的总 SCFA 浓度随着时间的增加而显著增加，并在灌胃周期 3w 时达到最高水平，此后随着试验的继续，SCFA 的相对含量开始下降。

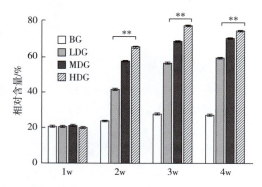

图 2-161　绣球菌多糖对小鼠大肠内容物中总短链脂肪酸的影响

注：＊＊表示与空白对照组相比差异极显著（$p < 0.01$）。

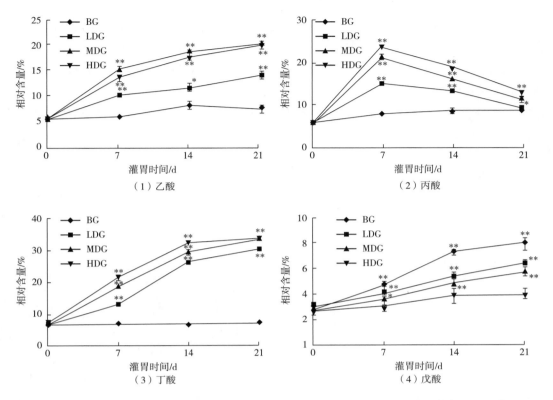

图 2-162 绣球菌多糖对小鼠大肠内容物中各短链脂肪酸含量的影响

注：＊表示与空白组相比差异显著（$p<0.05$），＊＊表示与空白组相比差异极显著（$p<0.01$）。

由图 2-162（1）可知，多糖组小鼠大肠内容物中的乙酸相对含量始终高于空白对照组，且均在第 21 天达到最高水平，此时多糖剂量组均显著升高。而空白对照组小鼠大肠内容物中的乙酸相对含量呈先上升、后减少的趋势。由图 2-162（2）可知，与乙酸的变化趋势不同，丙酸呈先上升、后下降的趋势，在第 7 天各多糖组小鼠大肠内容物中丙酸的相对含量达到最高水平，而对照组小鼠则在第 14 天达到最高水平。丙酸的这种变化趋势，可能与其在体内的生理活性有关。由图 2-162（3）可知，丁酸的变化趋势与乙酸基本相似。多糖组小鼠大肠内容物中丁酸的相对含量始终高于对照组小鼠，且在第 21 天达到最高水平，此时高剂量与中剂量组未见显著性差异。空白对照组小鼠大肠内容物中的丁酸相对含量基本不变。由图 2-162（4）可知，与乙酸、丙酸和丁酸相比，戊酸的相对含量较少，变化趋势与乙酸基本相似。

不同剂量绣球菌多糖的摄入可以显著增加小鼠大肠内容物中各短链脂肪酸的相对含量，但不同短链脂肪酸的变化趋势不完全相同，已知膳食多糖进入人体后可被肠道菌群酵解成为短链脂肪酸等小分子物质，这些小分子物质再进一步发挥其生理活性，推测本试验中各短链脂肪酸的变化是由于绣球菌多糖的摄入改变了肠道菌群的组成和结构而导致。

4. 绣球菌多糖对小鼠肠道内还原糖及各单糖组分的影响

如图 2-163 所示，初始时，检测到各组小鼠肠道内还原糖的含量相差无几，这是由于小鼠均生长在相同的环境中，并且严格一致饮食和饮水。随着不同剂量绣球菌多糖的摄入，与空白对照组相比，小鼠肠道内还原糖的含量增加，差异极显著（$p<0.01$），且呈一定的剂量依赖性，其中多糖组小鼠肠道内的还原糖含量呈上升趋势，且在 3w 时达到最高水平，此后缓慢下降，而空白对照组小鼠肠道内的还原糖始终呈逐渐降低的趋势，说明绣球菌多糖能在肠道中被酵解成为还原糖，增加小鼠肠道中还原糖水平，从而影响肠道菌群的生长情况。

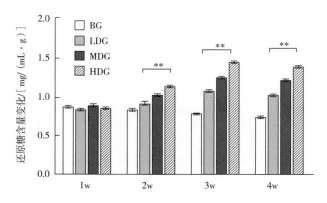

图 2-163　绣球菌多糖对小鼠肠道内还原糖含量的影响

注：** 表示与空白组相比差异极显著（$p<0.01$）。

由于绣球菌多糖主要由五种单糖组分构成，分别为葡萄糖、木糖、甘露糖、果糖和半乳糖，因此本试验中主要检测了这五种单糖组分在小鼠肠道内的变化情况，如图 2-164 所示，与空白对照组相比，小鼠体内各单糖组分的相对含量均增加，差异显著或极显著（$p<0.05$，$p<0.01$）。

如图 2-164（1）所示，初始时各组小鼠肠道内的葡萄糖的相对含量相差无几，这是因为未灌胃绣球菌多糖时，各组小鼠均生长在相同的生长环境下，且饮食饮水严格一致。随着不同剂量绣球菌多糖的摄入，小鼠肠道内的葡萄糖含量显著增加，但与其他单糖组分含量相比涨幅不大，说明绣球菌多糖可以被肠道菌群酵解为葡萄糖，这些葡萄糖又能继续被肠道菌群利用酵解为其他小分子物质，这可能是肠道内短链脂肪酸含量升高的原因之一。如图 2-164（2）、（4）和（5）所示，随着不同剂量绣球菌多糖的摄入，与空白对照组相比，木糖、果糖和半乳糖含量均显著性增加，且趋势基本一致，说明绣球菌多糖可以被肠道菌群酵解为木糖、果糖和半乳糖，已知木糖和果糖可以作为益生元使肠道益生菌增殖，因此绣球菌多糖的摄入可以使肠道益生菌如乳酸菌和双歧杆菌增殖。如图 2-164（3）所示，与其他单糖组分不同，甘露糖的涨幅最大，且呈先上升后下降的趋势，在 3w 时甘露糖的相对含量达到最高水平，这可能与肠道菌群利用半乳糖的能力有关。

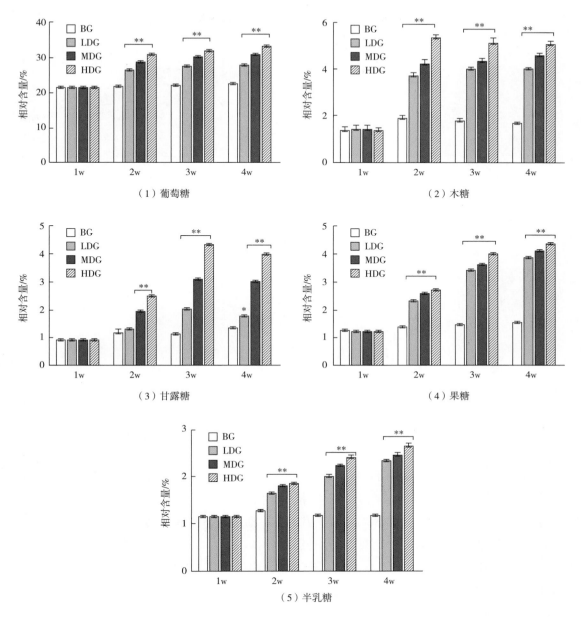

图 2-164　绣球菌多糖对小鼠肠道内各单糖含量的影响

注：** 表示与空白组相比差异极显著（$p<0.01$）。

5. 绣球菌多糖对小鼠肠道内乳酸菌、双歧杆菌和大肠杆菌数量的影响

由图 2-165 可知，初始时，小鼠体内乳酸菌的相对丰度最多，双歧杆菌次之。随着小鼠的生长，空白对照组小鼠体内乳酸菌和双歧杆菌的数量均呈下降的趋势，而大肠杆菌的相对丰度则逐渐上升，整个试验过程结束后，小鼠肠道内乳酸菌的数量仍然最多，但低于初始时的相对丰度，而双歧杆菌的相对丰度则低于大肠杆菌的相对丰度。

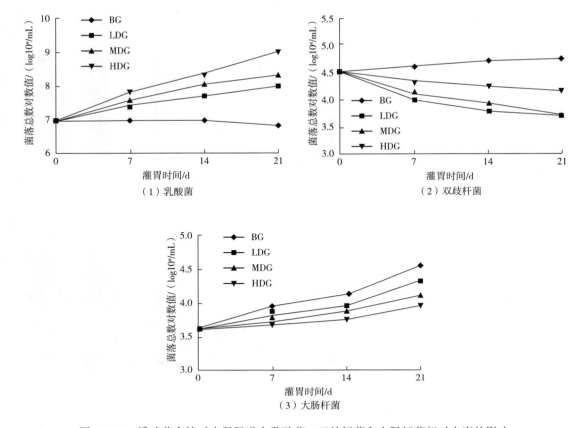

图2-165 绣球菌多糖对小鼠肠道内乳酸菌、双歧杆菌和大肠杆菌相对丰度的影响

由图2-165（1）可知，与空白对照组相比，多糖处理组小鼠肠道内乳酸菌的相对丰度增加，空白对照组小鼠肠道内乳酸菌的相对丰度呈先基本不变，后下降的趋势，第14天对照组小鼠肠道内的乳酸菌相对丰度达到峰值，而随着不同剂量绣球菌多糖的摄入，小鼠肠道内的乳酸菌在14天后依然保持上升的趋势。

由图2-165（2）可知，与空白对照组相比，多糖组小鼠肠道内双歧杆菌的相对丰度增加，差异极显著（$p<0.01$），与乳酸菌变化趋势不同，空白对照组小鼠肠道内双歧杆菌数量的相对丰度始终呈下降的趋势，而随着不同剂量的绣球菌多糖的摄入，低剂量组和中剂量组下降速度减缓，而高剂量组则呈略微上升的趋势。说明绣球菌多糖的摄入可以减缓双歧杆菌数量的减少，高剂量的绣球菌多糖甚至可以使双歧杆菌增殖，因此绣球菌多糖可以作为益生元被开发和利用。

由图2-165（3）可知，与空白对照组相比，大肠杆菌的相对丰度显著降低（$p<0.01$），其中各组小鼠肠道内的大肠杆菌相对丰度均呈上升的趋势，与空白对照组相比，多糖组小鼠肠道内的大肠杆菌相对丰度上升的趋势有所减缓。说明绣球菌多糖可以抑制大肠杆菌在肠道内的增殖。

6. 高通量测序法研究绣球菌多糖对小鼠肠道菌群的影响

（1）绣球菌多糖对小鼠肠道菌群物种丰度及多样性的影响　利用 Mothur 软件计算相似水平在 97% 以上每组样本的 OTU 数量及进行 alpha 多样性分析，其中 OTU 数量可以用来表示样品中的物种丰度，结果如表 2-25 所示。试验组小鼠肠道菌群的 OTU 值均高于空白对照组且差异较大，说明小鼠大肠内容物中微生物的丰度很高且随着绣球菌多糖的摄入，小鼠肠道内容物中肠道菌群的丰度增加但不呈剂量依赖性。同时对 alpha 多样性进行分析表明，高剂量组的 alpha 多样性分析也表明，试验组小鼠肠道菌群的多样性指数均优与空白对照组，且高剂量组的 ACE 值和 Chaol 值最高，Shannon 指数最低，alpha 多样性指数最优。说明随着绣球菌多糖会对小鼠肠道菌群产生影响，物种丰度和物种多样性均增加，差异显著（$p<0.05$）。

表 2-25　　绣球菌多糖对小鼠肠道菌群的 OTU 数量及 alpha 多样性的影响

组别	OTU 数量	ACE 值	Chaol 值	Shannon 值
BG	299	228	243	4.13
LDG	312	264*	278*	3.79*
MDG	304	273*	283*	3.66*
HDG	331	291*	301*	3.21*

注：* 表示与空白对照组相比，差异显著（$p<0.05$）。

（2）绣球菌多糖对小鼠肠道菌群结构的影响　本试验样品通过对其 16S rDNA 基因 V4 区序列进行 illumina 测序，共检测到 9 个菌门，结果如表 2-26 所示，其中厚壁菌门和拟杆菌门占样品中肠道菌群的 93.1% 以上。

表 2-26　　　　　　门分类水平下绣球菌多糖对小鼠肠道菌群的影响

门类	不同处理组			
	BG/%	LDG/%	MDG/%	HDG/%
厚壁菌门	55.19	45.94**	41.55**	36.75**
拟杆菌门	40.76	49.54**	52.29**	56.38**
变形菌门	0.63	0.88	1.33	2.68
脱铁杆菌门	0.27	0.24	0.94	0.49
蓝藻门	0.48	0.32	0.67	0.43
糖杆菌属	0.19	0.13	0.16	0.13
软壁菌门	0.14	0.06	0.06	0.11
疣微菌门	0.1	0.09	0.17	0.08
放线菌门	0.009	0.01	0.02	0.01

注：** 表示与空白对照组相比，差异极显著（$p<0.01$）。

在门水平上，与空白对照组相比，随着不同剂量绣球菌多糖的摄入，多糖组的最优势菌门发生了变化，由厚壁菌门变为拟杆菌门。多糖组拟杆菌门的相对丰度增加，差异极显著（$p<0.01$），厚壁菌门的相对丰度降低，差异极显著（$p<0.01$）。

通过对 4 组样品的 16S rDNA 基因 V3、V4、V5 可变区序列的 Illumina 测序，共检测到 18 个菌科并绘制热图，结果如图 2-166 所示。随着不同剂量绣球菌多糖的摄入，各菌科的相对丰度均发生了变化，说明绣球菌多糖的摄入可以改变肠道菌群的组成和结构。

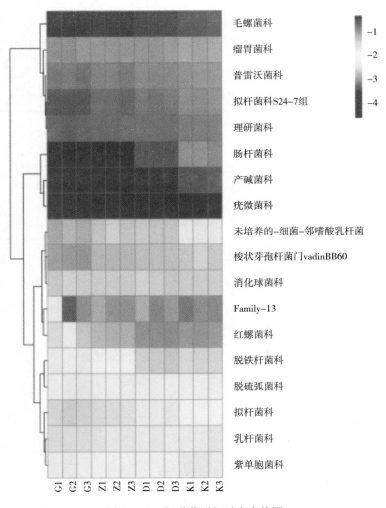

图 2-166　肠道菌群相对丰度热图

由图 2-166 可知，与空白对照组相比，毛螺菌科、瘤胃菌科、拟杆菌目科 S24-7 组、紫单胞菌科、理研菌科、普雷沃菌科和拟杆菌科相对丰度增加，差异显著（$p<0.05$），乳酸菌科相对丰度增加，差异极显著（$p<0.01$）；产碱菌科和肠杆菌科相对丰度降低，差异显著（$p<0.05$）或极显著（$p<0.01$）。

（3）KEGG 通路差异分析　KEGG 通路差异分析可以显示不同处理组的样品之间微生

物群落的功能基因在代谢途径上的差异和变化，可以表明随着不同剂量组绣球菌多糖的摄入，小鼠肠道菌群所发生的代谢功能的改变情况。如图2-167和表2-27所示，随着绣球菌多糖的摄入，试验组小鼠与空白组小鼠的肠道菌群的38种功能基因在代谢途径上产生了显著差异（$p<0.05$），组间没有剂量依赖性。说明随着绣球菌多糖的摄入不仅改变了小鼠肠道菌群的组成和结构，还改变了其代谢途径上的功能基因，这是由于肠道菌群在机体中具有强大的代谢功能，在内分泌系统、排泄系统、免疫系统、循环系统以及消化系统中均有参与，因此肠道菌群在宿主体内具有十分重要的生物学活性。

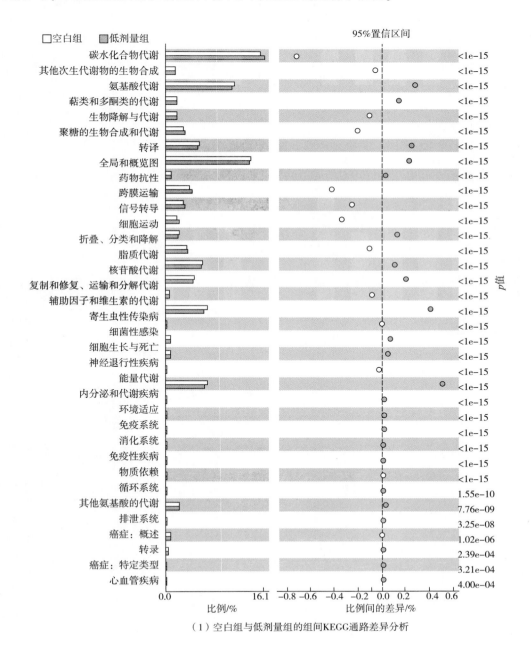

（1）空白组与低剂量组的组间KEGG通路差异分析

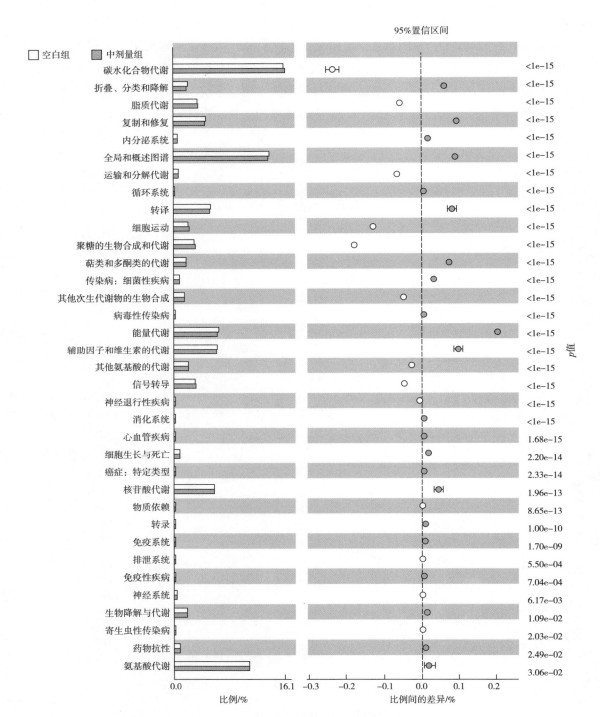

（2）空白组与中剂量组的组间KEGG通路差异分析

（3）空白组与高剂量组的组间KEGG通路差异分析

图 2-167 组间 KEGG 通路差异分析图

注：图 2-167（1）所示为不同功能在两个样品或者两组样品中的丰度比例，图 2-167（2）所示为 95% 置信度区间内功能丰度的比例间的差异，图 2-167（3）的值为 p 值。

表 2-27   **KEGG 通路中英文对照表**

序号	英文名称	中文名称
1	Carbohydrate metabolism	碳水化合物代谢
2	Lipid metabolism	类脂化合物代谢作用
3	Metabolism of cofactors and vitamins	辅因子和维生素的代谢
4	Energy metabolism	能量代谢
5	Nucleotide metabolism	核苷酸代谢
6	Biosynthesis of other secondary metabolites	其他次生代谢物的合成
7	Amino acid metabolism	氨基酸代谢
8	Metabolism of terpenoids and polyketides	萜类和聚酮类化合物的代谢
9	Xenobiotics biodegradation and metabolism	异物生物降解与代谢
10	Metabolism of other amino acids	其他氨基酸代谢
11	Glycan biosynthesis and metabolism	糖基生物合成与代谢
12	Translation	翻译
13	Global and overview maps	全局和概览地图
14	Drug resistance	药物抗性
15	Membrane transport	膜转运
16	Signal transduction	信号传导
17	Cell motility	细胞运动
18	Folding, sorting and degradation	折叠、分类和降解
18	Transcription	转录
20	Replication and repair	复制与修复

（4）COG 功能差异分析　原核生物同源蛋白簇数据库（Clusters of Orthologous Groups of proteins，COG）是原核生物常用的蛋白功能分类数据库。COG 功能预测分析方法与 KEGG 基本相同，分析结果如图 2-168 所示，反映了样品中序列的功能分布及所占丰度。

OCG 功能差异分析可以表明不同处理组样品之间微生物的各功能蛋白含量的差异和变

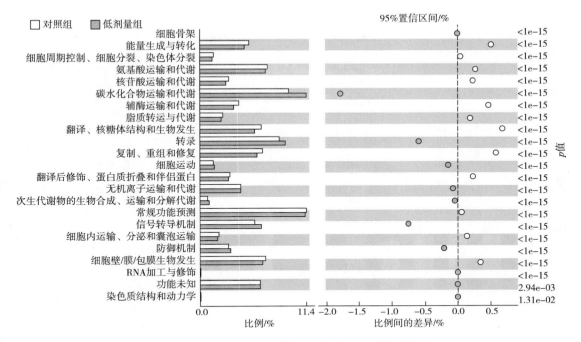

（1）对照组与低剂量组的组间COG功能差异分析

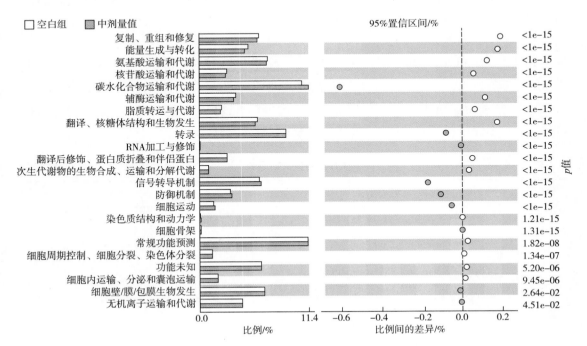

（2）对照组与中剂量组的组间COG功能差异分析

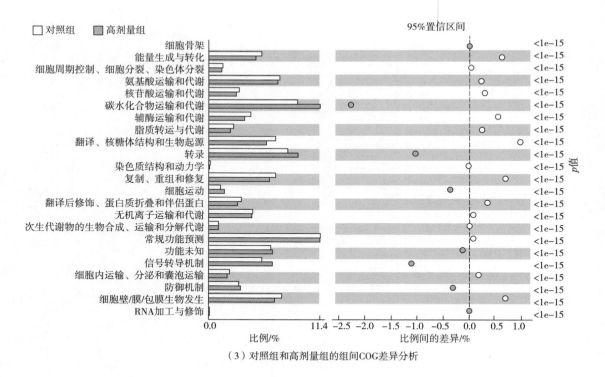

（3）对照组和高剂量组的组间COG差异分析

图 2-168　组间 COG 功能差异分析

注：图 2-168（1）所示为不同功能在两个样品或者两组样品中的丰度比例，图 2-168（2）所示为 95% 置信度区间内功能丰度的比例间的差异，图 2-168（3）的值为 p 值。

化，由图 2-168 和表 2-28 可知，本试验中主要检测出 23 种功能蛋白，且随着不同剂量组绣球菌多糖的摄入，各组小鼠肠道菌群的功能蛋白均产生显著差异（$p < 0.05$），各剂量组间差异不同，没有剂量依赖性。说明绣球菌多糖可以通过改变肠道菌群的功能蛋白从而改善其组成和多样性，从而对健康产生积极的影响。

表 2-28　　　　　　　　　　　　　COG 中英文对照表

序号	英文名称	中文名称
1	RNA processing and modification	RNA 加工和修饰
2	Chromatin structure and dynamics	染色质结构与动力学
3	Energy production and conversion	能源生产与转换
4	Cell cycle control cell division，chromosome partitioning	细胞周期控制、细胞分裂、染色体分裂
5	Amino acid transport and metabolism	氨基酸转运与代谢
6	Nucleotide transport and metabolism	核苷酸转运与代谢
7	Carbohydrate transport and metabolism	碳水化合物转运与代谢

续表

序号	英文名称	中文名称
8	Coenzyme transport and metabolism	辅酶转运与代谢
9	Lipid transport and metabolism	脂质转运与代谢
10	Translation，ribosomal structure and biogenesis	翻译、核糖体结构与生物合成
11	Transcription	转录
12	Replication，recombination and repair	复制、重组和修复
13	Cell wall/membrane/envelope biogenesis	细胞壁/膜/包膜生物合成
14	Cell motility	细胞运动
15	Posttranslational modification，protein turnover，chaperones	翻译后修饰/蛋白质周转、伴侣
16	Inorganic ion transport and metabolism	无机离子转运与代谢
17	Secondary metabolites biosynthesis，transport and catabolism	次生代谢物生物合成、运输和分解代谢
18	General function prediction only	一般基因功能预测
19	Function unknown	未知功能
20	Signal transduction mechanisms	信号转导机制

研究表明在 SCFA 的组分中，厌氧细菌发酵葡萄糖与甘露糖产生乙酸，木糖对丁酸的产生具有重要影响，丙酸可以由葡萄糖、木糖和阿拉伯糖酵解而产生（Jacobs et al. 2009；Saura-Calixto et al. 2010；Wong & Jenkins，2007）。前期研究发现绣球菌多糖主要由葡萄糖、木糖、半乳糖、甘露糖、果糖构成，因此绣球菌多糖可以很容易被肠道菌群酵解产生大量的短链脂肪酸，这是第八节第二部分试验中与空白组相比多糖组小鼠大肠内容物中丁酸与乙酸相对含量显著增高且始终呈上升趋势的原因，但与丁酸和乙酸均大量留在肠道中参加代谢不同，只有少量丙酸会停留在肠道中，其余均转移并参与外周血循环，约90%由肠道菌群代谢产生的丙酸，最终会在肝脏中参与代谢（Vadder et al. 2014）。因此，丙酸的变化趋势为先增加后减少，但始终高于空白组。据报道乙酸和丙酸具有抗炎作用，而乙酸和丁酸均可调节肠道菌群的组成和结构（Vinolo et al. 2011），同时丁酸是肠道黏膜细胞的重要能量来源，因此短链脂肪酸的增加可以对肠道微生态产生积极作用，同时，研究表明，丁酸可以促进餐后胰岛素的分泌，而丙酸含量的增加则会提高 2 型糖尿病的风险（Sanna et al. 2019），这可能是多糖降血糖的机制之一，本试验结果也显示随着绣球菌多糖的摄入，丁酸含量上升及丙酸含量下降，说明绣球菌多糖可以通过调控短链脂肪酸的含量从而起到降血糖的作用，但具体效果与机制如何有待进一步研究。

结肠作为消化系统的最末端，具有在粪便排出体外前吸收水分和盐分的作用，同时也是肠道微生态的组成部分，肠道疾病会导致结肠指数下降、结肠长度缩短，结肠绒毛长度缩短等情况，结肠的生长状态通常可以决定多糖的酵解效果（Jädert et al. 2014）。第八节第二部分试验结果显示，与空白组相比，多糖组小鼠的结肠指数、长度和绒毛长度显著增加，表明绣球菌多糖的摄入可以改善结肠的生理状态，这可能是由于绣球菌多糖被肠道菌群酵解后所产生的 SCFA 降低了结肠中的 pH 从而抑制了有害病原菌的增殖，且丁酸是结肠上皮细胞最重要的能量物质。与空白组相比，绣球菌多糖组小鼠的粪便含水量显著增加，据报道膳食纤维的摄入能使得物质通过肠道的时间缩短并能促进粪便干物质的排出，同时碳水化合物的摄入能使得粪便的湿重增加，因此含水量较高、干重较低且较松弛的粪便的排出被认为能对结肠健康产生积极影响（Lala et al. 2006）。

肠道菌群可通过酵解多糖，产生脂肪酸作为其代谢的营养物质，提高菌群丰度（胡婕伦，2014），反过来，肠道菌群丰度增加后，可以更好地利用碳水化合物（闵芳芳等，2013）。许多肠道有益菌均属于拟杆菌门，主要功能是降解人体难以利用的植物多糖，可以强化结肠内肠黏膜屏障，防止肠道功能紊乱，抑制结肠炎症反应，第八节第二部分结果显示，绣球菌多糖的摄入可以显著提高拟杆菌门的相对丰度，降低厚壁菌门的丰度从而对肠道健康产生积极作用。随着绣球菌多糖的摄入，小鼠肠道内乳酸菌、紫单胞菌、理研菌、普雷沃菌和拟杆菌的相对丰度增加，这与其他报道中这些菌科均可利用膳食纤维且在膳食纤维的酵解中表现活跃并产生可被检测的 SCFA 的结果相似，且有研究表明这些菌群在患肠炎及某些代谢性疾病如肥胖、糖尿病人群的肠道中相对丰度较低（Gill et al. 2006；Moon and Pacheco 2008；Simons and Amansec 2006；Cani et al. 2007；Kreznar et al. 2017）。肠道菌群中的产碱菌和肠杆菌的数量如果过量则会对人体肠道健康产生不利影响，本试验中，随着多糖的摄入，这两科菌群的相对丰度明显降低，说明绣球菌多糖的摄入可以显著地改变肠道菌群的结构。据报道可酵解利用碳水化合物而增殖的结肠菌种大部分属于拟杆菌属、真杆菌属和双歧杆菌属。其他菌如乳杆菌和多种革兰阴性菌也因多糖的摄入而大量增加。

综上所述，绣球菌多糖在结肠中发酵可被酵解为小分子单糖，可被检测到五种单糖与其组分一致，并显著增加大肠内容物中 SCFA 的含量，其中主要成分为乙酸、丁酸、丙酸和戊酸。绣球菌多糖的摄入，可显著改善结肠生理状况，其中结肠指数、结肠长度和结肠的绒毛长度均显著增加，同时增加了粪便的含水量，有利于结肠的健康。多糖组小鼠肠道菌群的多样性高于空白组。随着多糖摄入的增加，拟杆菌门与厚壁菌门的比例增加；乳酸菌科、紫单胞菌科、普雷沃菌科、理研菌科和拟杆菌科的相对丰度增加，产碱菌科和肠杆菌科的相对丰度降低，表明绣球菌多糖可以改善肠道菌群的结构，且这些因绣球菌多糖摄入而增加的菌群在对多糖的酵解和利用中发挥有益作用。

第九节 广叶绣球菌多糖对 AOM/DSS 诱导小鼠结肠癌的抑制作用

一、广叶绣球菌多糖对结肠癌小鼠结肠组织形态及内环境的影响

慢性炎症的持续性刺激是导致癌症发生和发展的关键，当肠道上皮细胞产生炎症时，会产生不同种类的炎性细胞因子，随着其对肠道不断反复地损伤及修复，机体免疫系统为达到某种平衡，众多免疫细胞包括巨噬细胞、B 淋巴细胞、粒细胞等均会趋化至炎症微环境，构成其主要基质细胞，继而出现异常增生，进一步发展成腺瘤，威胁机体的健康。大量研究表明多糖可以促进肠道健康，缓解慢性炎症对肠道的损伤，减少炎性细胞的浸润，升高结肠黏膜内癌的分化程度，最终抑制结肠癌的发生和发展。本节拟使用不同剂量的广叶绣球菌多糖对 AOM/DSS 诱导的结肠癌小鼠进行干预，研究其体征的变化、结肠组织结构的变化、免疫细胞的浸润程度及血清中炎性细胞因子的含量，综合分析广叶绣球菌多糖对结肠癌小鼠肠道内环境和形态的影响。

试验中，90 只 6~8w 龄雄性健康 C57BL/6 小鼠适应性喂养一周后，根据体重随机分为 6 组，分别为空白对照组（NC）、结肠癌模型组（CM）、广叶绣球菌多糖低剂量组（LD）、广叶绣球菌多糖中剂量组（MD）、广叶绣球菌多糖高剂量组（HD）、阳性对照组（PC），每组 15 只。其中除空白对照组外，其余组小鼠均单次腹腔注射氧化偶氮甲烷（Azoxymethane，AOM）10mg/（kg·bw），空白对照组单次腹腔注射等量生理盐水，正常饮水 7d 后连续饮用硫酸葡聚糖（Dextran sulfate sodium，DSS）水溶液 7d，然后恢复正常饮水 14d，如此循环重复三次。DSS 水溶液按照 2.5% 浓度配制，2~3d 更换一次 DSS 溶液，自腹腔注射 AOM 开始，LD、MD、HD 组分别灌胃浓度为 100、200、400mg/（kg·bw·d）的广叶绣球菌多糖，PC 组灌胃浓度为 200mg/（kg·bw·d）的卡培他滨片，NC 组和 CM 组分别灌胃等体积生理盐水。实验周期总共 13w，记录小鼠摄食量和体重，期间自由饮水摄食并保持温度和湿度适宜，动物模型设计如图 2-169 所示。

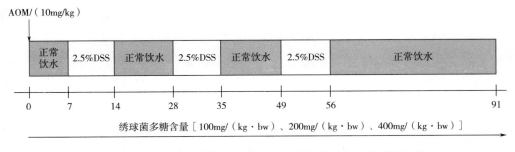

图 2-169 结肠癌小鼠模型的建立及广叶绣球菌多糖的干预方案

1. 广叶绣球菌多糖对小鼠体征变化的影响

为探索广叶绣球菌多糖对结肠癌小鼠的作用，试验建立了 AOM/DSS 诱导的结肠癌动

物模型。在饲喂期间对小鼠的体重、摄食量及其疾病活动指数进行记录，得到的结果如图 2-170 所示。空白对照组小鼠毛发光泽，反应灵敏，粪便呈现麦粒状，无肉眼可见便血情况，且小鼠体重随饲养时间的延长而稳步增加。

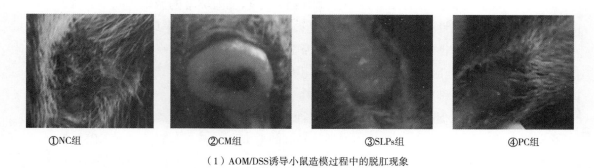

①NC组　　　　②CM组　　　　③SLPs组　　　　④PC组

（1）AOM/DSS诱导小鼠造模过程中的脱肛现象

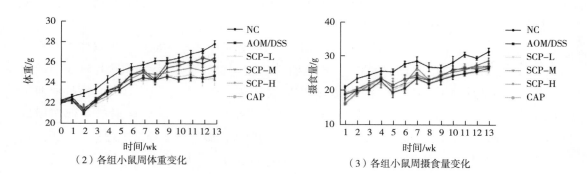

（2）各组小鼠周体重变化　　　　（3）各组小鼠周摄食量变化

图 2-170　广叶绣球菌多糖对结肠癌小鼠体征变化的影响

注：NC 代表 NC 组，CM 代表 AOM/DSS 组，LD 代表 SCP-L 组，MD 代表 SCP-M 组，HD 代表 SCP-H 组，PC 代表 CAP 组，第九节第一部分余同。

第一次腹腔注射 AOM 后，各组小鼠体征并没有明显的差异。在第一个 DSS 水溶液处理循环时除空白对照组，其余各组小鼠均出现软便、体重下降、食欲减退，部分小鼠出现便血或肛周有血迹，各组小鼠 DAI 指数显著升高。停止饮用 DSS 水溶液后各组体征均有恢复，但无明显差异。第二个 DSS 水溶液处理循环时各组小鼠便血情况加重，大便不成形，其余体征及 DAI 指数较前一个循环略有缓解（表 2-29）。第三个 DSS 水溶液处理循环时 CM 组小鼠出现脱肛现象 ［图 2-170（1）］，大便不成形且出现肉眼可见便血，各组 DAI 指数显著升高，与模型组相比，SLPs 组部分小鼠在第 9~10 周出现脱肛现象，HD 组 DAI 指数明显下降，恢复正常饮水后，与 CM 组相比，MD 组、HD 组及 PC 组体重回升更为明显。实验结束后，CM 组小鼠体重较 NC 组明显下降，HD 组小鼠可显著提高小鼠摄食量及体重、缓解 AOM/DSS 对模型小鼠造成的影响，毛色、精神状态均恢复较好。

表 2-29　　　　　广叶绣球菌多糖对结肠癌小鼠疾病活动指数（DAI）的影响

组别	天数/d													
	0	7	14	21	28	35	42	49	56	63	70	77	84	91
NC	0.00± 0.00	0.13± 0.35	0.93± 0.26	0.67± 0.55	0.27± 0.46	0.27± 0.46	0.28± 0.25	0.27± 0.46	0.28± 0.33	0.26± 0.54	0.26± 0.23	0.27± 0.33	0.26± 0.43	0.28± 0.37
CM	0.00± 0.00	0.80± 0.68	3.53± 1.00##	2.05± 0.99#	1.85± 0.80#	3.38± 1.66#	2.46± 0.67#	2.01± 0.74##	6.02± 0.77##	4.87± 1.11##	4.51± 0.56##	3.84± 0.76##	2.43± 0.87##	1.98± 0.84##
LD	0.00± 0.00	0.77± 0.52	3.67± 2.50	2.16± 2.35	1.81± 1.36	3.44± 1.94	2.87± 2.45	2.21± 1.27	5.89± 1.33	4.98± 1.54	4.32± 1.22	3.45± 1.45	2.34± 1.67	1.96± 0.75
MD	0.00± 0.00	0.80± 0.63	3.39± 1.52	2.03± 1.65	1.82± 0.98	3.06± 2.16	2.66± 1.34	1.54± 1.75*	5.52± 1.67	4.37± 1.86	3.23± 1.54**	2.89± 1.34*	2.01± 1.45	1.87± 0.33
HD	0.00± 0.00	0.79± 0.64	3.27± 2.77	1.85± 2.71	1.77± 0.98	2.45± 1.51*	2.02± 1.78	1.55± 1.66*	5.01± 0.23	3.83± 1.21*	3.02± 1.21**	2.47± 1.46*	1.93± 1.77	1.36± 0.23*
PC	0.00± 0.00	0.79± 0.12	3.53± 3.52	2.01± 2.22	1.86± 1.36	3.64± 1.36	2.51± 1.22	1.67± 1.76*	5.61± 1.44	4.67± 1.78	4.02± 1.45	3.87± 1.65	2.77± 1.88	1.85± 0.45

注：与 NC 组相比，#$p<0.05$，##$p<0.01$；与 CM 组相比，*$p<0.05$，**$p<0.01$，第九节第一部分余同。

2. 广叶绣球菌多糖对小鼠结肠形态的影响

（1）小鼠结肠外观形态的变化　各组小鼠解剖后取出结肠，去除脂肪及结缔组织，用生理盐水冲洗干净，沿着纵轴方向剪开肠管，展开后其形态如图 2-171 所示，NC 组小鼠结肠平滑完整，肠壁厚薄均匀，无黏连；CM 组小鼠结肠部分黏连，难以分离，靠近肛门处的结肠出现多个较大瘤组织，与 NC 组相比，CM 组小鼠结肠明显增厚，肠腔狭窄，且显著缩短（$p<0.01$）；与 CM 组相比，SLPs 组和 PC 组小鼠结肠黏连、厚薄及缩短情况有明显缓解，均出现少数较小的瘤组织，其中 MD 组结肠瘤组织大小和数目均显著下降（$p<0.05$），HD 组结肠显著长于 CM 组，其瘤组织大小和个数均极显著下降（$p<0.01$），PC 组瘤组织大小和个数均显著下降（$p<0.05$）。

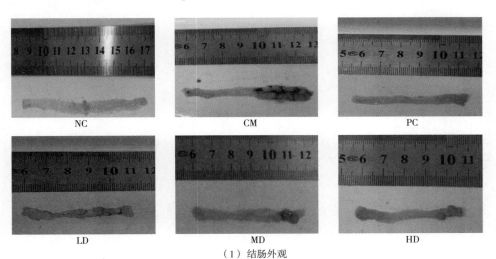

（1）结肠外观

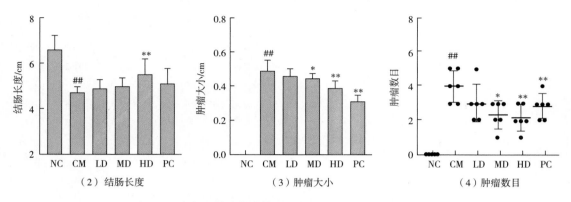

（2）结肠长度　　　　　（3）肿瘤大小　　　　　（4）肿瘤数目

图 2-171　广叶绣球菌多糖对结癌小鼠结肠外观形态的影响

（2）小鼠结肠组织结构的变化　对小鼠结肠组织切片进行 HE 染色，如图 2-172 所示，NC 组结肠绒毛完整，上皮腺状结构排列整齐，细胞大小均匀完整，有大量杯状细胞及正常隐窝，且未见异常细胞；CM 组结肠上皮绒毛结构被破坏，组织处有肿瘤样结构，腺体结构边缘不清晰，杯状细胞较 CM 组大大减少，隐窝消失，细胞大小不一。SLPs 组和 PC 组较 CM 组结肠损伤较小，细胞结构相对紧密，其中 PC 组结肠腺状结构较为松散，而 HD 组与空白组无显著差异，上皮腺体结构规则，细胞排列整齐。

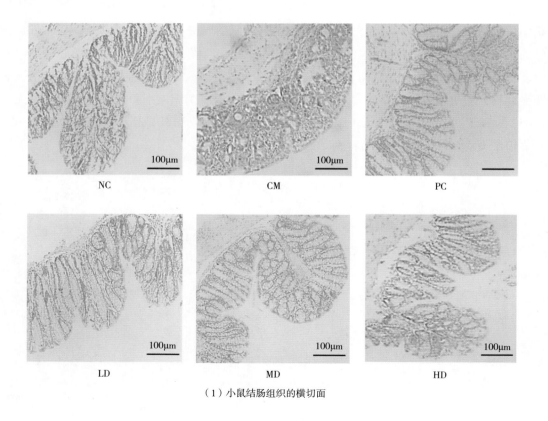

（1）小鼠结肠组织的横切面

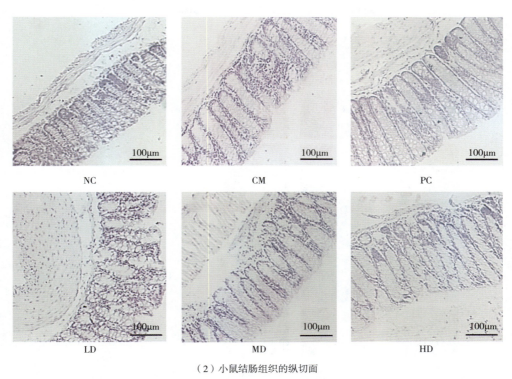

（2）小鼠结肠组织的纵切面

图 2-172　广叶绣球菌多糖对小鼠结肠组织结构的影响（100×）

（3）小鼠结肠组织免疫细胞的浸润　结肠组织中的免疫细胞浸润情况如图 2-173 所

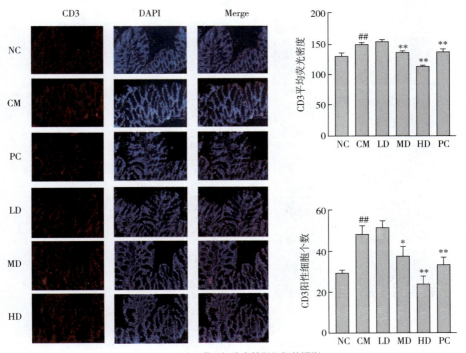

（1）B淋巴细胞在结肠组织的浸润

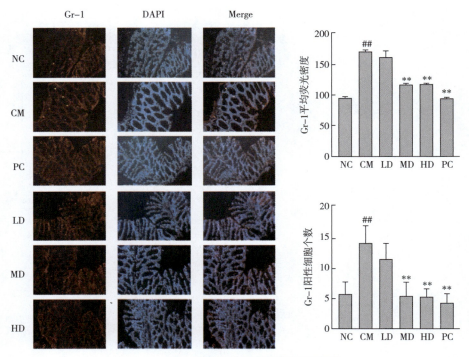

（2）嗜中性粒细胞在结肠组织中的浸润

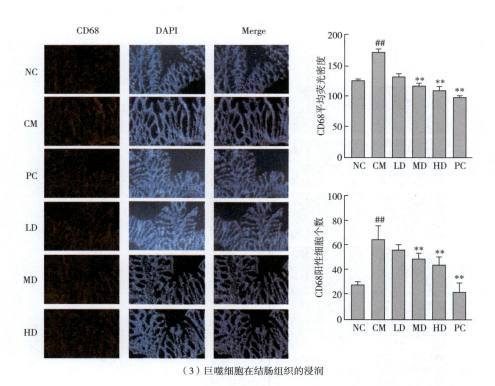

（3）巨噬细胞在结肠组织的浸润

图2-173　广叶绣球菌多糖抑制免疫细胞在结肠组织中的浸润程度

示，用不同的抗体标记不同的免疫细胞，B 淋巴细胞、嗜中性粒细胞和巨噬细胞分别用 CD3、Gr-1 和 CD68 标记。与 NC 组相比，CM 组免疫细胞均极显著增加（$p<0.01$）；与模型组相比，SLPs 组和 PC 组免疫细胞均减少，其中 HD 组和 PC 组差异极显著（$p<0.01$）。

3. 广叶绣球菌多糖对小鼠血清炎性相关细胞因子含量的影响

广叶绣球菌多糖对结肠癌小鼠血清中炎性相关细胞因子含量的影响如图 2-174 所示。与 NC 组相比，CM 组小鼠血清的促炎因子 IL-6、IL-1β 和 TNF-α 含量极显著升高（$p<0.01$），抑炎因子 IL-2、IL-10 和 IFN-γ 含量极显著降低（$p<0.01$）；与 CM 组相比，SLPs 组可下调血清中促炎因子的含量，上调抑炎因子的含量，其中 LD 组显著下调 IL-6 的含量（$p<0.05$），极显著上调 IL-2 的含量；MD 组极显著下调 IL-6、IL-1β 和 TNF-α 的含量，极显著上调 IL-2、IL-10 含量（$p<0.01$）；HD 组极显著下调 IL-1β 的含量（$p<0.01$），显著升高 IL-2 的含量（$p<0.01$），SLPs 组和 PC 组均上调结肠癌小鼠血清中 IFN-γ 含量，但差异均不显著（$p>0.05$）。

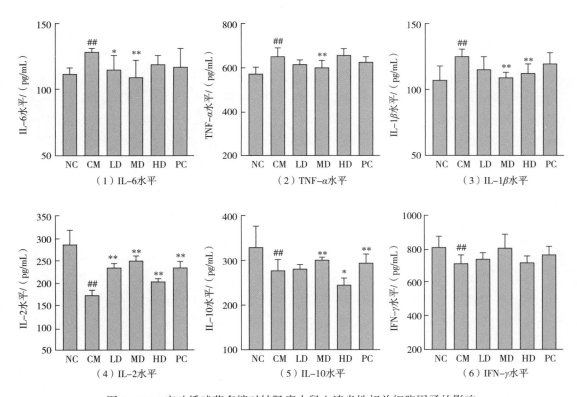

图 2-174 广叶绣球菌多糖对结肠癌小鼠血清炎性相关细胞因子的影响

葡聚糖硫酸钠（DSS）是一种对结肠上皮细胞具有毒性的硫酸化多糖，多次循环喂食可进入肠道黏膜破坏上皮细胞屏障的完整性，增强结肠黏膜对肠腔抗原和微生物的透过性，进而造成炎症反应，氧化偶氮甲烷（AOM）是一种可以烷基化 DNA、促进碱基错配的前致癌物，两者结合可诱发稳定的炎症性结肠癌的发生，AOM/DSS 处理可显著缩短结直肠长度，促进结直肠腺瘤的增殖。结直肠长度、肿瘤个数及大小是反映结肠癌小鼠造模成功与否的标志。

本试验通过 AOM/DSS 诱导小鼠结肠癌，经 AOM/DSS 处理小鼠在第 8~10w 出现脱肛现象，解剖后小鼠结肠长度显著缩短，出现肉眼可见的肿瘤，成瘤率达 100%，且病理学切片试验证明 AOM/DSS 诱导小鼠结肠癌模型建立成功。造模过程中，体重和摄食量的变化和 DSS 摄入具有一定的相关性，DSS 摄入后小鼠摄食量降低，间接导致了小鼠体重的降低，广叶绣球菌多糖的摄入可以缓解 AOM/DSS 对小鼠体重及摄食量的影响，本试验研究发现 AOM/DSS 组小鼠明显缩短结肠长度，绒毛结构消失，腺状结构边缘不清晰，黏膜层破坏，有瘤状结构，广叶绣球菌多糖组可缓解 AOM/DSS 对结肠的损伤，其中高剂量组效果最为明显，广叶绣球菌多糖处理组还延缓了小鼠便血和脱肛现象，表明广叶绣球菌多糖可以缓解 AOM/DSS 对小鼠结肠造成的损伤，这是由于天然多糖具有抗炎、抗肿瘤、免疫调节等功能，通过广叶绣球菌多糖膳食干预结肠癌小鼠，可缓解 AOM/DSS 对结肠组织结构的损伤，尽可能促使结肠发挥正常功能，延缓结肠癌的发生。

细胞因子将慢性炎症和肿瘤连接起来，在结肠炎症与肿瘤的微环境中，结肠上皮细胞分泌细胞因子刺激机体免疫系统，免疫细胞被活化、迁移至肠黏膜层及黏膜固有层中浸润并发挥免疫功能，活化的免疫细胞可以分泌炎性细胞因子，而这些细胞因子又会反过来诱导肠上皮细胞恶化，进而促使炎性细胞分泌更多的促肿瘤生长因子，使得肿瘤无限增殖（Lin and Karin，2007；McAllister and Weinberg，2014）。本试验研究表明 AOM/DSS 组小鼠血清内促炎细胞因子显著增加，结肠处巨噬细胞、嗜中性粒细胞、B 淋巴细胞浸润程度明显。有研究表明，使免疫细胞功能消失或减少免疫细胞在炎症区域内聚集可以有效抑制肿瘤的发展和转移，本试验的广叶绣球菌多糖中/高剂量组血清内促炎因子显著减少，抑炎因子显著增加，结肠处免疫细胞浸润明显减少，这是因为多糖可以调节机体相关炎性细胞因子的分泌，抑制结肠组织炎性细胞浸润，进而抑制其产生更多的炎性细胞因子，抑制炎-癌之间的恶性循环，从而对结肠癌的发生和发展具有一定的抑制作用（刘丽乔，2018）。

综上，本试验使用 AOM/DSS 诱导 C57BL/6 小鼠结肠癌动物模型，成瘤率为 100%。广叶绣球菌多糖可以延缓结肠癌小鼠便血和脱肛现象的发生，增加小鼠结肠长度，减少肿瘤大小及数量，缓解 AOM/DSS 对结肠癌小鼠结肠组织结构的损伤；显著上调血清内抑炎因子的含量，下调血清内促炎因子的含量；显著降低结肠 B 淋巴细胞、嗜中性粒细胞及巨噬细胞的浸润，说明广叶绣球菌多糖对肠道内环境及其形态结构具有一定的保护作用，但其对小鼠结肠癌的抑制作用机制还需进一步的研究。

二、广叶绣球菌多糖对结肠癌小鼠炎性相关基因及蛋白质表达的影响

NF-κB 是重要的肿瘤内源性促进因子，在机体免疫反应中整合多种应急刺激和调节炎症反应等方面起至关重要的作用，在正常细胞中，NF-κB 位于细胞质中，IκB 与 NF-κB 二聚体结合，防止它进入细胞核，当机体产生炎症反应时，免疫细胞受到刺激会分泌 TNF-α、IL-6 等炎症介质，刺激 IκB 通过 IκB 激酶磷酸化，IκB 蛋白水解等过程激活 NF-κB，将其转运到细胞核，调节靶基因如炎症细胞因子、酶和黏附分子的表达，如 IL-1β、COX-2，从而调节免疫和炎症反应，进而抑制癌症的发生和发展（王颜天池，2019）。本部分通过实时荧光定量 PCR 技术对以上途径中主要标志物的基因表达量进行检测，并对 IL-6、NF-κB、IκB、COX-2 进行蛋白免疫印迹试验，测定其蛋白表达量，以便探究广叶绣球菌多糖对小鼠结肠癌相关代谢的作用机制。动物模型构建方法同第九节第一部分。

1. 广叶绣球菌多糖对小鼠结肠癌代谢相关基因表达量的影响

由图 2-175 可知，与 NC 组相比，CM 组 COX-2、NF-κB、IL-6、TNF-α 和 IL-1β mRNA 相对表达量显著升高（$p<0.05$ 或 $p<0.01$），IκB mRNA 表达量极显著降低（$p<0.01$）；与 CM 组相比，LD、MD 组 COX-2、NF-κB、IL-6、TNF-α 和 IL-1β mRNA 相对表达量显著降低（$p<0.05$ 或 $p<0.01$），HD 组 COX-2、NF-κB、TNF-α 和 IL-1β mRNA 相对表达量极显著降低（$p<0.01$）；SLPs 组 IκB mRNA 相对表达量呈剂量依赖性升高，其中 MD 和 HD 差异极显著（$p<0.01$）；PC 组的 COX-2、NF-κB、TNF-α 和 IL-1β mRNA 相对表达量极显著降低（$p<0.01$），IκB mRNA 相对表达量极显著升高（$p<0.01$）。

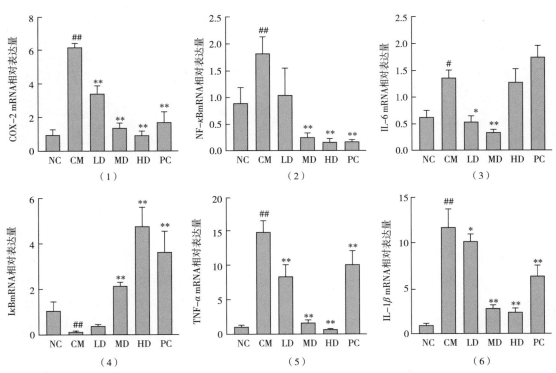

图 2-175　广叶绣球菌多糖对小鼠结肠癌代谢相关基因相对表达量的影响

注：与 NC 组相比，# $p<0.05$；## $p<0.01$；与 CM 组相比，* $p<0.05$，** $p<0.01$，第九节第二部分余同。

2. 广叶绣球菌多糖对小鼠结肠癌代谢相关蛋白表达量的影响

由图 2-176 可知，与 NC 组相比，CM 组 COX-2、IL-6 和 NF-κB 蛋白表达量极显著升高（$p<0.01$），IκB 蛋白表达量极显著降低（$p<0.01$）；与 CM 组相比，SLPs 组和 PC 组

COX-2、IL-6 以及 NF-κB 蛋白表达量显著降低（$p<0.05$ 或 $p<0.01$），IκB 蛋白相对表达量显著升高（$p<0.05$ 或 $p<0.01$）。

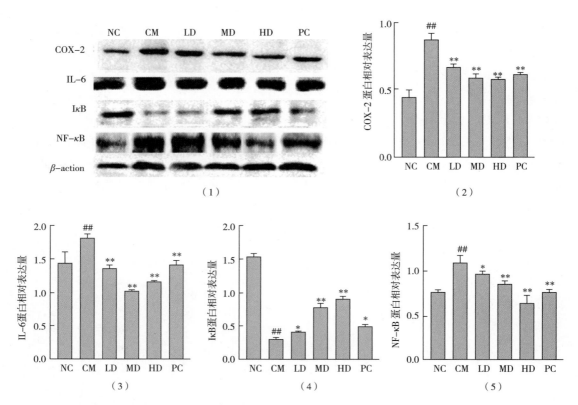

图 2-176　广叶绣球菌多糖对小鼠结肠癌代谢相关蛋白相对表达量的影响

大量动物模型的证据表明，中性粒细胞、巨噬细胞等炎症细胞产生的炎症介质，如 TNF-α、IL-6，在促进肿瘤的发生和发展中起着至关重要的作用（Popivanova et al. 2008）。IL-6 是恶性肿瘤的重要生长因子，也是连接炎-癌转化的重要细胞因子之一，研究表明 IL-6 在肿瘤组织和 CRC 患者外周血中表达增加（Mantovani et al. 2008；Grivennikov and Karin, 2008；Knüpfer and Preiss, 2010），还有研究表明 IL-6 表达水平与结肠癌肿瘤大小、转移及存活息息相关。TNF-α 是一种多效性的调节性促炎细胞因子（Tracey et al. 2008），参与免疫系统的维持和动态平衡，炎症与宿主防御（Balkwill, 2006），同时也是导致 NF-κB 转录因子激活途径的关键因子。本试验结果表明广叶绣球菌多糖可以降低结肠组织中 TNF-α、IL-6 等的表达，这可能是因为多糖被肠道微生物降解后的产物可直接作用于结肠上皮细胞，从而降低其基因的表达（冀晓龙，2019）。

免疫细胞中，NF-κB 信号通路在调节免疫应答中起着重要的作用，细胞静息时，无活性的 NF-κB 与 IκB 以二聚体的形式存在于细胞质中，当细胞受到刺激，IκB 通过 IκB 激酶磷酸化，IκB 蛋白水解等过程，NF-κB 会被激活而对感染因子、炎性细胞因子等释放的危险信号作出反应，并被转运到细胞核，启动相关的基因和蛋白的表达，从而调节免疫和炎症反应（王颜天池，2019）。本试验研究结果表明广叶绣球菌多糖可以显著降低结肠组织 NF-κB 基因和蛋白的表达，显著升高 IκB 基因和蛋白的表达。有研究表明多糖能够通过 TLR4 受体的识别启动免疫应答，激活相关的 NF-κB 信号通路（张莘莘，2014）。

IL-1β 是由 NF-κB 调节的多功能细胞因子之一（Onizawa et al. 2009），参与炎症反应的启动和级联放大的关键促炎细胞因子（Du Clos 2000）。Yang 研究发现 IL-1β 在 AOM/DSS 诱导的结肠癌小鼠结肠组织中表达量显著升高（Liu et al. 2003）。此外，NF-κB 还可以调节诱导型一氧化氮合酶（iNOS）和环氧合酶-2（COX-2）在结肠癌组织中的高表达。COX-2 是合成前列腺素的重要介质，是结肠癌发生的重要因素之一，大量研究表明 COX-2 参与肿瘤的发生和发展，在结肠癌试验模型肿瘤组织中表达显著升高（Koehne and Dubois，2004），已成为肿瘤治疗的重要药物靶点。本试验结果表明广叶绣球菌多糖可以显著降低 IL-1β 和 COX-2 在结肠组织中的表达。

综上所述，广叶绣球菌多糖能够降低 AOM/DSS 诱导的结肠癌小鼠结肠 TNF-α、IL-1β 基因的表达量，IL-6、NF-κB、COX-2 基因及蛋白质的表达量，同时提高 IκB 基因及蛋白质的表达量。说明广叶绣球菌多糖能够通过促进炎症介质的表达，激活 NF-κB 信号通路，释放炎症细胞因子和酶等靶基因，从而调节免疫和炎症反应，间接抑制结肠癌的发生和发展，但其对肠道微生物代谢的影响还需进一步研究。

三、广叶绣球菌多糖对结肠癌小鼠肠道微生物菌群及其代谢产物的影响

机体肠道内寄居着复杂多样的微生物群落，这些菌群按照一定的比例构成肠道微生态，共同维护着宿主的健康，保护其免受损伤，而肠道菌群的失调会导致肠道微生态的改变，导致消化道疾病的发生，如炎症性肠炎、结肠癌等消化道疾病（于志丹，2018；刘航，2017）。近年来，大量研究表明肠道菌群在预防结肠癌和提高肠道免疫力方面发挥着重要作用，肠道微生态的改变往往会诱导结肠腺瘤或者腺癌的发生。有研究表明，多糖进入肠道后被肠道细菌分解，其代谢产物可以有效提高免疫细胞对抗病原体和肿瘤细胞的能力，降低结肠炎和结肠癌的发病率（Seidel et al. 2017）。通过高通量测序技术和超高效液相色谱串联质谱法研究广叶绣球菌多糖对盲肠微生物菌群及其代谢产物的影响，以便探究广叶绣球菌多糖对肠道菌群的调节作用。本部分动物模型构建方法同第九节第一部分，主要结果如下：

1. 广叶绣球菌多糖对结肠癌小鼠肠道菌群的影响

（1）韦恩图　各组分比较的花瓣图。利用 Uparse 软件对不同处理组样品中所有有效 Tags 进行聚类得到 OTU，一致性为 97.0%。韦恩图用于表示不同组样品间 OTU 数目的共有和特有情况，通过对比 NC、CM、LD、MD、HD 和 PC 组的 OTU 共有和独有的情况，绘制韦恩图（图 2-177）。结果表明，6 个实验组共有的 OTU 为 524 种，NC 组特有的 OTU 有 43 种，CM 组特有的 OTU 有 22 种，SLPs 组特有的 OTU 依次有 80、87、119 种。

（2）Alpha 多样性分析　Alpha 多样性分析可以直接反映单个样品微生物菌落的多样

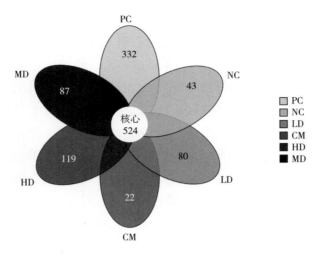

图 2-177　各组分比较花瓣图

性和丰度种类，结果如图 2-178 所示，其中 Observed species、Chao1 和 ACE 数值与菌落丰富度有关，Shannon 和 Simpson 指数与物种多样性有关。由图可知，与 NC 组相比，CM 组

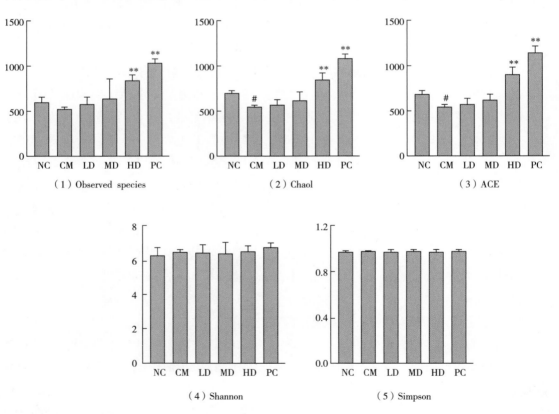

图 2-178　广叶绣球菌多糖对小鼠肠道微生物多样性指数的影响

注：与 NC 组相比，# $p<0.05$，## $p<0.01$；与 CM 组相比，* $p<0.05$，** $p<0.01$，第九节第三部分余同。

的 ACE 和 Chao1 指数显著降低（$p<0.05$），与 CM 组相比，HD 和 PC 组的 Observed species、Chao1 和 ACE 数值显著增加，且差异极显著（$p<0.01$），各组的 Shannon 和 Simpson 指数无显著性差异变化（$p>0.05$）。

（3）Beta 多样性分析　PCoA 分析是一种可视化研究不同数据间差异的最基本方法，选取各组样品中贡献率最大的主坐标组合，对各组样品进行 PCoA 分析，样品距离越接近表示物种组成结构越相似。由图 2-179 可知 NC 组与 CM 组明显分开，CM 组和 MD、HD、PC 组可以明显分开，其中 HD 组距离 CM 组最远，说明不同处理组间差异较大，其肠道微生物菌群组成结构与 CM 组明显不同，与 NC 组相比，CM 对小鼠肠道微生物菌群结构改变产生了极大的影响，而广叶绣球菌多糖缓解了其肠道微生物菌群的改变，但存在一定的差异性。

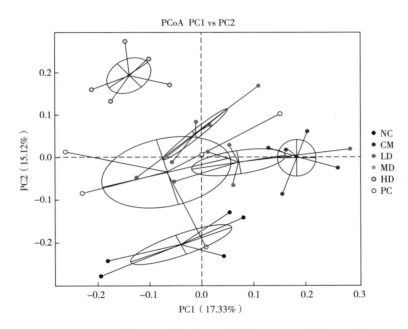

图 2-179　PCoA 图（PC1 表示第一主成分，PC2 表示第二主成分）

（4）门分类水平菌群物种相对丰度分析　肠道菌群在门分类水平的物种相对丰度柱形图如图 2-180（1）所示，样品中的微生物主要归属于厚壁菌门（Firmicutes）、拟杆菌门（Bacteroidota）、疣微菌门（Verrucomicrobia）、变形菌门（Protebacteria）、放线杆菌门（Actinobacteriota）、蓝细菌门（Cyanobacteria）等，其中厚壁菌门和拟杆菌门总占比的相对丰度超过 75%，是主要优势菌门，其他种类菌群含量较低，与 NC 组相比，CM 组厚壁菌门显著增加（$p<0.05$）；与 CM 组相比，HD 和 PC 组的厚壁菌门的相对丰度显著下降（$p<0.05$），HD 组的拟杆菌门的相对丰度极显著上升（$p<0.01$）。各组样品中厚壁菌门与拟杆菌门的相对丰度比值如图 2-180（2）所示，与 NC 组相比，CM 组厚壁菌门与拟杆菌门相对丰度的比值极显著增加（$p<0.01$）；与 CM 组相比，SLPs 组和 PC 组比值极显著减

少（$p<0.01$）。

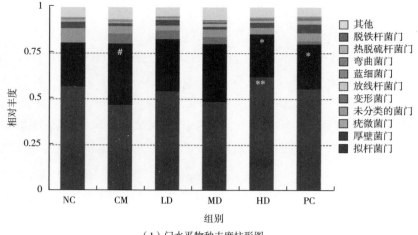

（1）门水平物种丰度柱形图

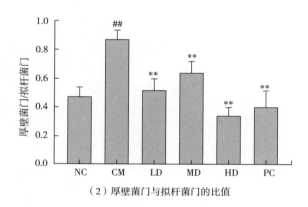

（2）厚壁菌门与拟杆菌门的比值

图2-180 各组样品在门水平上的物种相对丰度

（5）属分类水平物种相对丰度分析 如图2-181，选择样本属水平丰度前100OTU的序列绘制进化图，比较组间样本物种差异。与NC组相比，CM组中有益菌属相对丰度降低，包括别枝菌属（*Alistipes*）、布劳特菌属（*Blautia*），有害菌或者炎症相关菌属相对丰度提高，包括丹毒梭菌属（*Erysipelatoclostrium*）、梭状芽孢杆菌（*Clostridium*）、消化球菌属（*Peptococcus*）、脱硫弧菌属（*Desulfovibrio*）；与CM组相比，SLPs组以上各菌属的相对丰度均有不同程度的回调。进一步分析肠道菌群在属分类水平上有显著性差异的优势菌属，与NC组相比，CM组的拟杆菌属（*Bacteroides*）、毛螺菌属（*Lachnospiraceae*）相对丰度均升高，差异极显著（$p<0.01$），阿克曼菌属（*Akkermansia*）、拟普雷沃菌属（*Alloprevotella*）、红蜱杆菌属（*Colidextribacter*）、杜氏乳杆菌属（*Dubosiella*）、狄氏副拟杆菌属（*Parabacteroides*）、毛螺旋菌属（*Parasutterella*）均降低，其中拟普雷沃菌属差异显著（$p<0.05$），杜氏乳杆菌属、狄氏副拟杆菌属和毛螺旋菌属差异极显著（$p<0.01$）；与CM组相

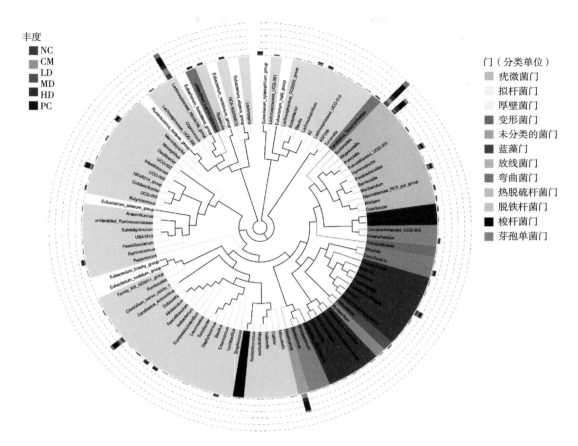

（1）属水平物种进化树（前100）

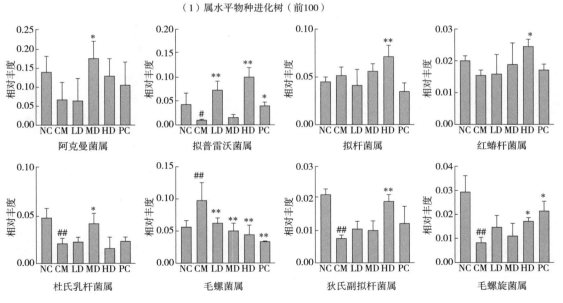

（2）肠道菌群在属分类水平上有显著性差异的优势菌属

图2-181　各组样品属水平上的物种相对丰度

比，SLPs 组和 PC 组均有不同程度的回调，其中多糖各剂量组毛螺菌属极显著降低（$p<$ 0.01），阿克曼菌属、拟普雷沃菌属、红蝽杆菌属、狄氏副拟杆菌属和毛螺旋菌属均升高，其中 MD 组的阿克曼菌属、HD 组的红蝽杆菌属和毛螺旋菌属差异显著（$p<0.05$），拟普雷沃菌属和狄氏副拟杆菌属差异极显著（$p<0.01$），PC 组毛螺菌属极显著降低（$p<$ 0.01），拟普雷沃菌属和毛螺旋菌属显著升高（$p<0.05$）。

（6）组间差异显著物种　LEfSe 分析可以识别组间差异显著物种，结果如图 2-182 所示，图 2-182（1）为不同组中丰度差异显著的物种，柱状图是预设具有统计学差异的 Biomaker 值为 3 的差异物种的影响大小，然后将差异映射到已知的层级结构分类树上，得到进化分支图［图 2-182（2）］，从外至内的圆圈分别代表门、纲、目、科、属、种的分类级别，其上的每一个小圆圈直径大小与该水平下此分类的相对丰度大小呈正比（刘航，2017）。由图 2-182 可知，NC 组除正常菌群外，伯克氏菌属（*Burkholderial*）菌群含量较高，CM 组发现丹毒梭菌属、消化球菌属含量较多，HD 组疣微菌纲、阿克曼菌属含量相对较多。

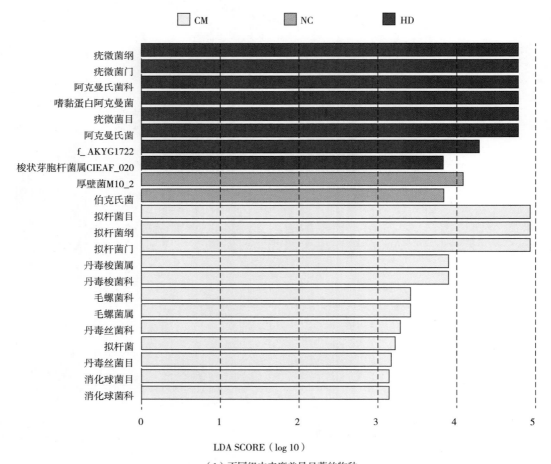

（1）不同组中丰度差异显著的物种

分枝图

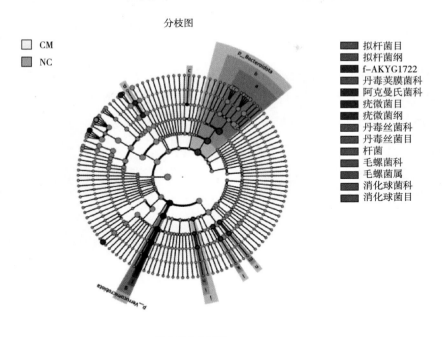

| | CM |
| | NC |

拟杆菌目
拟杆菌纲
f-AKYG1722
丹毒荚膜菌科
阿克曼氏菌科
疣微菌目
疣微菌纲
丹毒丝菌科
丹毒丝菌目
杆菌
毛螺菌科
毛螺菌属
消化球菌科
消化球菌目

（2）进化分枝图

图 2-182　不同处理组 Lefse 分析

2. 广叶绣球菌多糖对结肠癌小鼠菌群代谢产物的影响

（1）韦恩图　基于韦恩图，可比较分析各组之间差异代谢物的关系，结果如图 2-183 和表 2-30 所示。与 NC 组相比，CM 组有 124 种差异代谢物发生了变化，下调了 45 种差

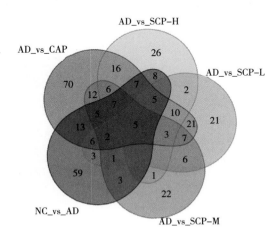

图 2-183　各组分比较花瓣图

注：中心的"5"表示 6 个组有 5 种相同的差异代谢物；黄色圈中的"26"表示 AD 组和 SCP-H 组有 26 种共同的差异代谢物；黄色圈与粉色圈重叠的"16"表示 AD 组、SCP-H 组和 CAP 组有 26 种共同的差异代谢物，以此类推。NC 代表 NC 组；AD 代表 CM 组；SCP-L 代表 LD 组，SCP-M 代表 MD 组，SCP-H 代表 HD 组。

异代谢物，上调了 79 种差异代谢物，其中 59 种为其特有的代谢产物。与 CM 组相比，LD、MD、HD、PC 组分别有 92、80、96、195 种差异代谢物发生了变化，其中 LD 组下调了 73 种，上调了 19 种差异代谢物，其特有的差异代谢物有 21 种；MD 组下调了 53 种，上调了 27 种差异代谢物，其特有的差异代谢物有 22 种；HD 组下调了 68 种，上调了 28 种差异代谢物，其特有的差异代谢物有 26 种；PC 组下调了 176 种，上调了 19 种差异代谢物，其特有的差异代谢物有 70 种。

表 2-30 各组差异代谢物统计

比较组别名称	总差异代谢物数	下调差异代谢物数	上调差异代谢物数
NC 对比 CM	124	45	79
CM 对比 LD	92	73	19
CM 对比 MD	80	53	27
CM 对比 HD	86	68	28
CM 对比 PC	195	176	19

（2）代谢组主成分分析 代谢组主成分分析（PCA）是对代谢组进行降维处理来反映组间总体代谢差异和组内样本之间差异大小的变化情况，结果如图 2-184 所示。CM 组与其余 5 组明显分开，说明 CM 组与 SLPs 组、NC 组、PC 组微生物菌群代谢物组成差异显著，而 CM 和 HD 组内相距较其余组远，表明其组内肠道微生物代谢产物存在一定的差异，所以应对其进行进一步的筛选分析。

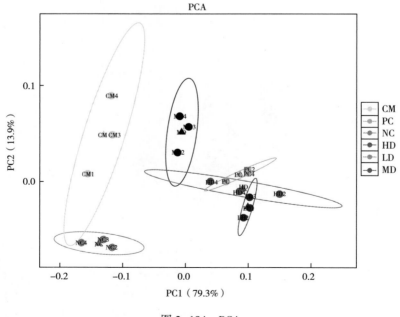

图 2-184 PCA

（3）组间差异代谢物筛选　对有生物学重复的，采用差异倍数，t 检验的 p 值和倍数变化（FC）比较 NC 组、CM 组、SLPs 组及 PC 组代谢物的变化，通过火山图比较代谢物在两组间表达水平的差异及差异的统计学显著性，每一个点代表一种代谢物，蓝色为下调差异代谢物，红色为上调代谢物，灰色为差异不显著代谢物。结果如图 2-185 所示，与 NC 组相比，CM 组主要上调了肾上腺素等代谢物含量，与 CM 组相比，SLPs 组显著下调了半胱氨酸、泛醌等代谢物含量，上调了色氨酸等代谢物含量；PC 组显著下调了脯氨酸谷氨酰胺、脱氧核苷等代谢物的含量。

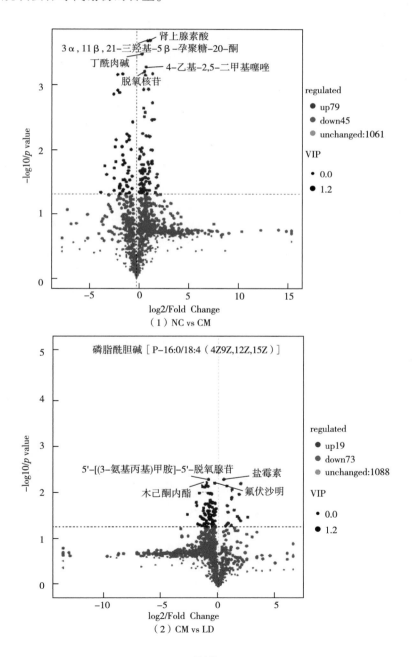

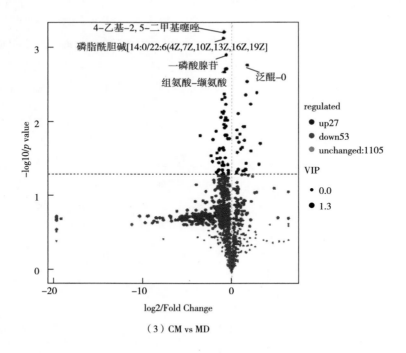

（3）CM vs MD

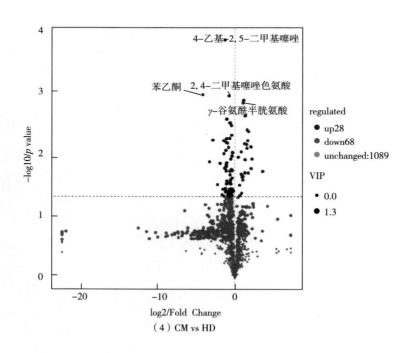

（4）CM vs HD

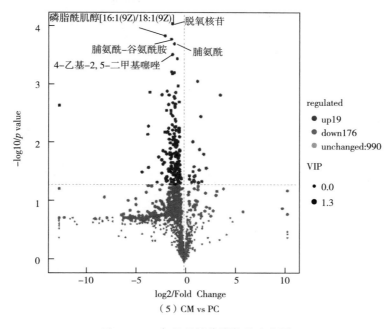

图 2-185　各组差异代谢物的火山图

（4）广叶绣球菌参与调控结肠癌相关的菌群代谢产物差异分析　对所有代谢物进行对比分析，筛选出广叶绣球菌多糖参与调控结肠癌相关的菌群代谢产物共 35 种，结果如表 2-31 所示，与 NC 组相比，CM 组下调了磷脂酰胆碱、四氢生物蝶呤、苯甲酸、肾上腺素等 8 种差异代谢物，上调了色氨酸、精氨酸等 27 种差异代谢物，SLPs 组和 PC 组都在不同程度上有所回调。将以上差异代谢物映射到 KEGG 数据库，进行注释分类，结果如图 2-186 所示，这些显著差异代谢物主要参与调控结肠癌小鼠的癌症中心碳代谢、氨基酸代谢、甘油磷脂代谢等代谢过程。

（5）关键代谢物的验证　将上述广叶绣球菌多糖参与调控结肠癌相关的菌群代谢产物，按照差异代谢物相关的代谢途径，筛选出色氨酸、磷脂酰胆碱、四氢生物蝶呤 3 种关键代谢物进行验证试验，结果如图 2-187 所示，与 NC 组相比，CM 组色氨酸含量极显著上升（$p < 0.01$），磷脂酰胆碱、四氢生物蝶呤含量下降，其中磷脂酰胆碱差异极显著（$p < 0.01$），四氢生物蝶呤差异显著（$p < 0.05$），与 CM 组相比，MD 组磷脂酰胆碱含量显著上升（$p < 0.05$），色氨酸含量极显著下降（$p < 0.01$），HD 组色氨酸含量极显著下降（$p < 0.01$），磷脂酰胆碱、四氢生物蝶呤含量均下降，其中四氢生物蝶呤差异显著（$p < 0.05$），磷脂酰胆碱差异极显著（$p < 0.01$），PC 组磷脂酰胆碱极显著上升（$p < 0.01$）。

表2-31　不同处理组菌群代谢产物含量差异分析

代谢物名称	组别					
	NC	CM	LD	MD	HD	PC
1-十四烷基-2-海藻糖-酰基-3-胆碱	7.13E-05±4.01E-06	11.78E-05±1.25E-05*#	8.83E-05±5.51E-05	6.38E-05±1.20E-05*	7.16E-05±3.34E-05*	5.04E-05±1.58E-05**
1-十六碳醛-2-十八烷酰基-酰基-3-胆碱	9.69E-05±2.80E-05	20.36E-05±5.65E-05##	20.43E-05±1.48E-04	6.19E-05±1.11E-05*	20.22E-05±1.50E-04	8.16E-05±2.48E-05*
1-十六碳醛-2-二十碳五烯醛-酰基-3-胆碱	3.68E-03±1.29E-03	10.22E-03±2.98E-03##	4.98E-03±4.46E-04*	4.99E-03±3.21E-04*	6.09E-03±7.95E-04*	7.9E-03±2.10E-03
2-庚酮	8.78E-06±3.90E-06	2.50E-05±4.63E-06##	1.92E-05±1.46E-05	1.39E-05±3.78E-06*	1.17E-05±4.29E-06*	7.48E-06±3.93E-06**
阿拉伯糖酸	1.24E-05±1.41E-06	1.84E-05±2.19E-06#	1.65E-05±4.00E-06	1.38E-05±2.62E-06	1.02E-05±1.77E-06*	1.21E-05±4.19E-06*
四氢生物蝶呤	4.07E-06±1.10E-06	1.82E-06±1.14E-06##	2.14E-06±1.86E-06	3.66E-06±1.77E-06	4.40E-06±2.34E-07*	3.78E-06±1.69E-06
半乳糖醇	1.37E-05±4.66E-06	4.49E-06±4.95E-06	1.44E-05±1.06E-05	9.98E-06±5.13E-06	1.86E-05±6.77E-06*	5.79E-06±2.36E-06*
精氨酸	2.31E-05±3.19E-06	3.63E-05±3.27E-06*	2.21E-05±4.87E-06*	2.27E-05±3.92E-06*	4.82E-05±1.26E-05*	2.34E-05±2.11E-06*
丁酰肉碱	1.34E-04±6.82E-06	1.90E-04±1.10E-05#	1.67E-04±6.89E-06	1.61E-04±1.33E-05*	1.63E-04±1.67E-05*	1.35E-04±2.55E-05**
十七酸	1.28E-04±3.95E-05	5.06E-04±1.86E-04##	2.40E-04±1.88E-04*	1.65E-04±1.10E-04**	2.28E-04±1.60E-04*	1.05E-04±5.01E-05**
孕固醇酮	1.05E-04±4.34E-05	2.77E-04±7.25E-05	1.38E-04±6.60E-05	1.38E-04±4.37E-05	2.14E-04±1.51E-04	1.14E-04±2.42E-05
甘氨脱氧胆酸	3.98E-04±8.98E-05	6.62E-04±1.56E-04#	4.35E-04±9.68E-05	5.93E-04±1.14E-04	4.17E-04±1.15E-04	1.23E-04±1.23E-04
二氢胸腺嘧啶脱氧酶	7.17E-05±5.08E-06	8.90E-05±7.75E-06##	7.69E-05±1.55E-05	7.40E-05±1.08E-05	6.65E-05±1.42E-05*	6.06E-05±1.36E-05**
癸内酯	9.99E-04±1.66E-04	1.57E-03±1.55E-04	1.39E-03±5.15E-04	1.01E-03±2.46E-04	1.90E-03±1.11E-03	1.07E-03±4.00E-04
磷脂酰胆碱	9.48E-07±1.52E-07	3.77E-07±1.76E-07#	2.32E-07±3.63E-08	5.53E-07±7.45E-08	8.15E-07±2.85E-07	6.44E-07±6.04E-07
脱氧尿嘧啶核苷酸	4.13E-04±1.08E-04	6.26E-04±1.17E-04#	4.08E-04±2.90E-05*	6.29E-04±8.92E-05	5.74E-04±1.32E-04	3.21E-04±5.64E-05*

色氨酸	1.45E-05±2.48E-06	1.90E-05±1.78E-06##	1.89E-05±9.45E-06	1.39E-05±2.04E-06	1.42E-05±3.43E-06	1.32E-05±2.06E-06
脱氧胸苷	5.79E-04±8.35E-05	9.06E-04±2.05E-04##	5.36E-04±3.35E-05*	9.31E-04±3.15E-04	7.90E-04±2.55E-04	4.12E-04±9.37E-05**
乙酰神经氨酸	9.81E-06±3.28E-06	1.68E-05±3.08E-06#	9.09E-06±1.60E-06*	1.31E-05±5.80E-06	1.36E-05±5.92E-06	7.41E-06±2.29E-06*
苯甲酸	7.86E-05±8.43E-06	1.07E-04±1.84E-05#	7.72E-05±8.05E-06*	8.76E-05±2.02E-05	7.23E-05±7.37E-06**	6.16E-05±1.06E-05**
硫辛酰胺	2.98E-05±2.99E-06	4.08E-05±5.76E-06#	2.31E-05±6.31E-06*	2.61E-05±2.56E-06	2.77E-05±6.88E-06*	2.17E-05±9.20E-06**
胸腺嘧啶脱氧核苷	1.95E-03±4.69E-04	2.93E-03±6.05E-04#	1.88E-03±2.02E-04*	3.14E-03±3.34E-04	2.83E-03±9.23E-04	1.95E-03±1.68E-04*
硫胺素	2.05E-05±3.32E-06	3.27E-05±5.39E-06##	2.53E-05±2.77E-06*	2.55E-05±5.18E-06*	2.09E-05±1.12E-06*	2.03E-05±6.17E-06*
二甲基噻唑	3.75E-05±6.33E-06	5.33E-05±2.94E-06##	4.79E-05±3.76E-06	4.30E-05±8.42E-06	3.12E-05±5.47E-06*	3.44E-05±9.72E-06*
缬氨酸	3.39E-06±1.55E-06	7.62E-06±1.30E-06##	5.36E-06±1.84E-06*	8.60E-06±2.02E-06	3.39E-06±1.72E-06	6.48E-06±1.29E-06
丁酸	1.61E-03±1.02E-04	2.01E-03±2.06E-04#	1.64E-03±8.97E-05*	1.80E-03±3.65E-04	1.53E-03±1.55E-04	1.51E-03±2.97E-04
1-磷脂酰基-D-肌醇	1.82E-04±7.02E-05	4.05E-04±1.07E-04	4.97E-04±3.33E-04	5.09E-04±2.75E-04	1.51E-04±6.78E-05	2.41E-04±9.53E-05
4-乙基-2,5-二甲基噻唑	3.54E-06±4.24E-07	6.61E-06±6.70E-07##	5.25E-06±1.54E-06*	3.71E-06±4.54E-07*	2.65E-06±4.39E-07	2.88E-06±7.42E-07**
蔗糖-6-磷酸盐	2.66E-05±9.20E-06	8.84E-06±9.63E-06#	2.35E-05±5.49E-06*	2.54E-05±8.60E-06	2.85E-05±7.90E-06	2.40E-05±2.92E-06
丙烯酸	2.21E-05±4.80E-06	3.08E-05±1.62E-06#	2.51E-05±2.73E-06	2.41E-05±4.39E-06	2.14E-05±5.20E-06	2.00E-05±4.74E-06*
抗真菌色素	6.81E-05±8.15E-06	1.60E-04±4.16E-05##	1.28E-04±1.06E-05	1.14E-04±1.94E-05	9.58E-05±2.49E-05	6.00E-05±2.20E-05**
苯甲酸咪唑二醇	1.33E-05±4.23E-06	5.53E-05±2.40E-05##	1.59E-05±4.34E-06*	3.14E-05±2.00E-05	2.20E-05±4.91E-06*	1.72E-05±9.20E-06**
二氢硫辛酸	1.45E-05±5.91E-06	4.77E-06±5.29E-06#	9.42E-06±2.49E-06	1.21E-05±6.37E-06	1.93E-05±5.18E-06	1.23E-05±3.59E-06
哌替啶	6.34E-04±1.45E-04	1.33E-03±3.24E-04#	7.56E-04±1.04E-04*	9.41E-04±4.69E-04	7.81E-04±3.92E-04*	7.40E-04±1.67E-04*
肾上腺素	4.41E-04±1.16E-04	1.06E-03±1.01E-04##	1.08E-03±6.13E-04	5.64E-04±1.94E-04*	3.37E-04±1.46E-03**	6.28E-04±4.81E-04

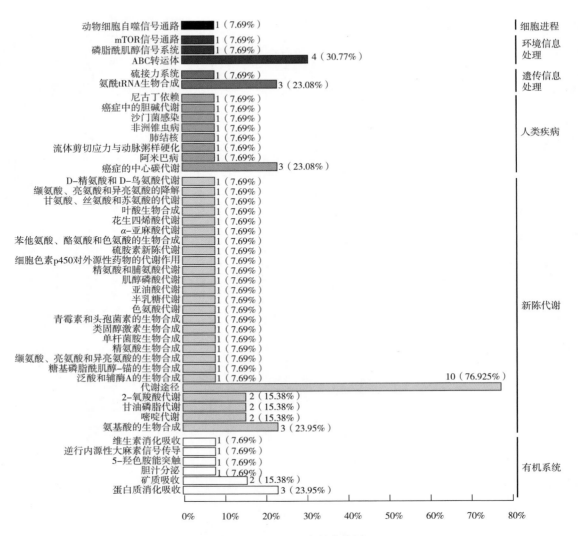

图 2-186 KEGG 注释分类图

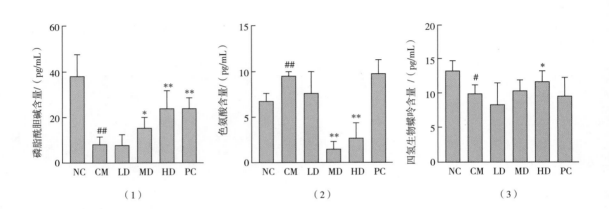

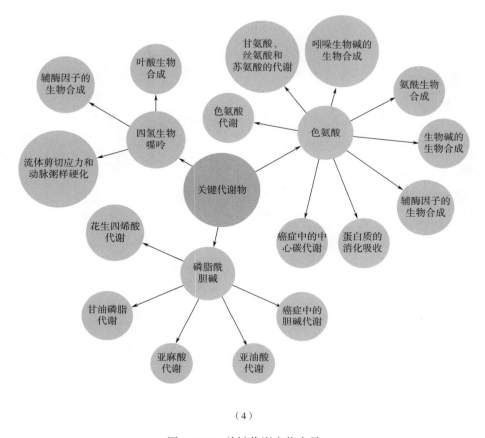

（4）

图 2-187 关键代谢产物含量

3. 肠道微生物与相关生化指标及关键代谢产物相关性分析

通过 Spearman 分析来研究小鼠结肠癌相关代谢生物指标与肠道菌群微生物之间的相互变化关系，结果如图 2-188 所示，回肠杆菌属（*lleibacterium*）结肠 NF-κB 表达量、T淋巴细胞的浸润呈正相关（$p<0.01$），与巨噬细胞的浸润差呈正相关（$p<0.05$）。杜氏乳杆菌属（*Dubosiella*）与血清中 IL-10 的含量呈正相关（$p<0.01$），与结肠中 IκB 的表达水平呈正相关（$p<0.05$），与 TNF-α 的表达水平呈负相关（$p<0.05$）。狄氏副拟杆菌属（*Parabacteroides*）与巨噬细胞、B 淋巴细胞的浸润呈负相关（$p<0.05$），与磷脂酰胆碱和四氢生物蝶呤含量成正相关（$p<0.05$）。

机体肠道中复杂多样的微生物菌群和宿主健康密切相关，当机体消化道处于炎症状态时，肠道微生态失衡会导致肠道微生物菌群结构和组成的改变（冀晓龙，2019）。通过肠道微生物多样性研究分析结果表明广叶绣球菌多糖可以调节 AOM/DSS 诱导的结肠癌小鼠肠道微生物菌群结构，影响其相对丰度。本试验结果表明 AOM/DSS 会使厚壁菌门和拟杆菌门的比值升高，有研究表明，结肠癌患者肠道菌群中厚壁菌门与拟杆菌门比值较正常人群升高（Borges-Canha et al. 2015；Baxter et al. 2014）。广叶绣球菌多糖可以扭转这一变

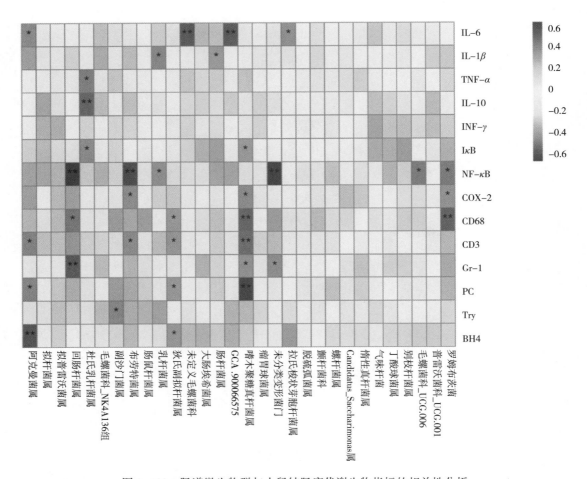

图 2-188　肠道微生物群与小鼠结肠癌代谢生物指标的相关性分析

化，促进肠道微生态平衡，这与红枣多糖抑制结肠癌的研究结果是一致的（冀晓龙，2019），这可能是因为肠道中厚壁菌门在很大程度上会受到植物多糖及其代谢物的抑制，从而使平衡向拟杆菌门倾斜（Tang *et al.* 2018；Marzorati *et al.* 2010）。

　　进一步对属分类水平的变化分析，发现 AOM/DSS 诱导的结肠癌小鼠会增加丹毒梭菌属、梭状芽孢杆菌属、消化球菌属、脱硫弧菌属的相对丰度，丹毒梭菌属是结肠癌患者肠腔微生物群落的核心菌群之一，结肠癌模型的形成与其相对丰度的增加呈正向关系（陈伟光，2012），与其具有类似性质的还有梭状芽孢杆菌，可直接感染人类导致结肠炎和结肠癌（朱小飞，2011）。消化球菌属被认为是一种条件致病菌，常在感染性疾病或炎症中分离得到（高渊，2021）。脱硫弧菌属是亚硫酸盐还原菌的代表属，可以通过降解短链脂肪酸和氨基酸产生硫化氢损伤肠上皮细胞，进而导致小鼠结肠癌的发生。广叶绣球菌多糖可以降低肠道菌群拟杆菌属、脱硫弧菌属、红蝽菌属、丹毒梭菌属、梭状芽孢杆菌相对丰度，提高阿克曼菌属、拟普雷沃菌属、布劳特氏菌属、杜氏乳杆菌属、狄氏副拟杆菌属、毛螺旋菌属的相对丰度。有研究表明拟杆菌属易降解宿主来源的植物类聚糖（冀晓龙，2019）。阿克曼菌属是众所周知的定义健康肠道菌群的生物指标，在炎症反应过程中，可以保护肠道上皮细胞及黏液层的完整性，还可以通过调节性 T 细胞发挥抗炎作用（Schneeberger et al. 2015；Dao et al. 2016；Cani and de Vos 2017）。毛螺旋菌属和拟普雷沃菌属被认为是人体肠道菌群的核心部分，可以酵解多糖、抵抗炎症从而保护肠道稳态，保护机体健康（Ju et al. 2019；周昕，2018）。布劳特菌属是可以产生丁酸的菌属，通过产生短链脂肪酸进而抑制肿瘤细胞的增殖，保护肠道免受结肠炎或癌症的侵害，维持机体健康。有研究表明布劳特菌属可以消化复杂的碳水化合物，其相对丰度的增加与结肠癌的风险降低有关（Gentile and Weir, 2018；O'Keefe, 2016）。LEfSe 分析可知广叶绣球菌膳食多糖组除正常菌群外，疣微菌门含量相对较多。疣微菌门在肠道内负责调节肠道健康，有研究表明升高其相对丰度，可以减轻结肠黏膜的损伤（Yang et al. 2020）。综上所述，广叶绣球菌多糖膳食可以缓解 AOM/DSS 对小鼠肠道微生态紊乱，增加有益菌群，降低有害菌群，从而抑制小鼠结肠癌的发生和发展。

肠道微生物菌群通过发酵、分解不易消化的饮食成分，如植物多糖，进而产生大量的小分子寡糖和短链脂肪酸或中间代谢产物，然后作用于肠上皮细胞，参与机体循环，以便维持机体的正常新陈代谢（Xu et al. 2019；Shang et al. 2018）。本试验研究结果表明AOM/DSS 诱导结肠癌小鼠肾上腺素显著上升，有研究表明肾上腺素可以促进肿瘤细胞生长，调节参与多种肿瘤发生发展的过程，包括炎症、细胞侵袭、DNA 损伤修复等（赵璐和许建华，2014）。广叶绣球菌多糖中的半乳糖易被拟杆菌降解分解成丙酮酸，进入三羧酸循环后再经拟杆菌及柠檬酸双重作用，产生短链脂肪酸或色氨酸、精氨酸等各类氨基酸代谢产物（冀晓龙，2019），其中色氨酸的影响最为显著，主要参与结肠癌小鼠体内氨酰生物合成、辅酶因子生物合成、蛋白质的消化吸收、癌症中心碳代谢。有研究表明色氨酸在炎症微环境中会代谢产生犬尿氨酸及其衍生物，其大量积累会抑制免疫细胞的免疫应答（Santhanam et al. 2016）。此外，研究结果还发现广叶绣球菌多糖膳食干预后小鼠粪便中磷脂酰胆碱和四氢生物蝶呤含量显著升高，四氢生物蝶呤具有抗氧化、抗肿瘤功能，在体内参与苯丙氨酸代谢、色氨酸代谢及肾上腺素合成，有研究表明阻断四氢生物蝶呤在体内的合成可以消除 T 细胞介导的自身免疫和炎症反应（Leiva et al. 2016；Miclescu and Gordh 2009）。磷脂酰胆碱是一种含磷的化合物脂质，具有肠道黏膜保护物质的功能，磷脂酰胆碱覆盖于肠道黏膜细胞，对溃疡性肠炎及结肠癌有防治作用（Stremmel, 2004）。

综上，广叶绣球菌多糖可使结肠癌小鼠肠道微生物结构发生改变，增加阿克曼菌属、拟普雷沃菌属、布劳特菌属、狄氏副拟杆菌属、毛螺旋菌属等有益菌群，抑制拟杆菌属、脱硫弧菌属、丹毒梭菌属、梭状芽孢杆菌属等炎症相关菌属，调节磷脂酰胆碱、色氨酸和四氢生物蝶呤等 35 种差异代谢物的显著变化，影响癌症中心碳代谢、氨基酸代谢、甘油磷脂代谢等代谢途径，从而抑制结肠癌的发生和发展。

第十节　广叶绣球菌多糖对铅致小鼠骨骼钙代谢紊乱的调节作用

铅是一种环境中普遍存在的有毒重金属，由于铅在环境中不可降解且长期蓄积，其可通过水、空气、土壤和食物链进入人体（王晶等，2019）。铅进入机体后，约95%蓄积在骨骼之中，影响骨骼的新陈代谢和功能发挥，铅中毒与骨骼发育畸形、骨质疏松、骨关节炎等多种疾病密切相关（郝称莉等，2016）。铅可以取代机体内钙、锌、铁二价矿物元素的位置，从而影响其他二价矿物元素的代谢，破坏其在机体内的平衡（高文静等，2020；Yu et al. 2020）。铅可以作为钙离子的类似物，直接影响钙代谢并阻碍骨骼发育，还可以通过间接途径影响骨代谢，主要表现为对一些与骨代谢有关激素的影响（卢洪可，2014；靳翠红，2005；马雨水，2009），并且铅在骨骼中的沉积还会对其形态结构、硬度、体积和厚度等产生影响，对骨骼造成损伤（乔增运等，2020；何剪太等，2017）。

通过摄入天然食品组分，进而对铅进行干预是预防慢性铅损伤的发展趋势。李茜等（2018）研究表明，杏鲍菇多肽能够显著降低骨骼中铅含量，调控 TRPV 通路相关基因的表达，从而改善染铅导致的大鼠骨骼损伤。多糖是构成生命的四大基本物质之一，具有广泛的生物学效应，还能直接影响机体的物质和能量代谢（刘昭曦等，2021；Zhan et al. 2020）。姬松茸多糖（程红艳等，2012）、海藻多糖（胡明月等，2020）等均有促进排铅的作用，基于此，本试验以染铅小鼠模型为基础，通过研究小鼠骨骼中二价矿物质元素的含量、钙代谢相关激素和酶水平、骨组织形态以及钙代谢相关基因表达情况的影响，进而探究 SLPs 对染铅小鼠骨骼钙代谢的影响。

试验中，将70只3周龄的 SPF 级雄性昆明小鼠，适应性喂养7d后，随机分为5组：对照组（NC）、染铅组（Pb）、低剂量多糖组［100mg/（kg·bw），L-SLPs］、中剂量多糖组［200mg/（kg·bw），M-SLPs］、高剂量多糖组［400mg/（kg·bw），H-SLPs］，每组14只，均给予普通饲料，NC组给予去离子水，其余各组给予1.84g/L醋酸铅溶液。广叶绣球菌多糖低、中、高剂量组小鼠每天灌胃一次，灌胃量根据小鼠当天的体质量计算，空白组和染铅组每天灌胃等量生理盐水。期间小鼠自由饮水摄食，记录小鼠每天的体质量变化情况。饲养56d后，采集骨骼组织称质量。一部分右侧股骨浸泡于4%多聚甲醛溶液中用于骨骼切片，其余在液氮中速冻后保存于-80℃冰箱待用。

一、广叶绣球菌多糖对染铅小鼠体质量变化的影响

从图 2-189 可以看出，在饲养56d时间里，各组小鼠体质量均呈现增长趋势，并且在同一时间内，各组小鼠之间体质量差异不显著（$p>0.05$）。

二、广叶绣球菌多糖对染铅小鼠骨骼 Pb^{2+}、Ca^{2+}、Fe^{2+}、Cu^{2+}、Zn^{2+}、Mn^{2+}、Mg^{2+}含量的影响

广叶绣球菌多糖对染铅小鼠骨骼组织 Pb^{2+}、Ca^{2+}、Fe^{2+}、Cu^{2+}、Zn^{2+}、Mn^{2+}、Mg^{2+}含量的影响如图 2-190 所示，可以看出，与对照组相比，染铅组骨骼组织中 Pb^{2+} 含量升高了

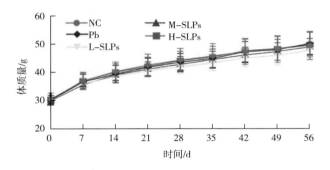

图2-189 广叶绣球菌多糖对染铅小鼠体质量变化的影响

3948.78%，差异极显著（$p < 0.01$），Ca^{2+}、Fe^{2+}、Cu^{2+}、Mn^{2+}含量分别降低了27.04%、43.00%、55.04%、72.34%，差异极显著（$p < 0.01$），Mg^{2+}、Zn^{2+}含量下降，但差异不显著。与染铅组相比，高剂量SLPs组Pb^{2+}含量降低了21.66%，差异显著（$p < 0.05$），Ca^{2+}含量升高了26.65%，差异极显著（$p < 0.01$）；中剂量SLPs组Fe^{2+}含量升高了40.74%，差异极显著（$p < 0.01$）；低、中、高剂量SLPs组在骨骼组织中Cu^{2+}、Zn^{2+}、Mg^{2+}含量上升，但差异不显著。

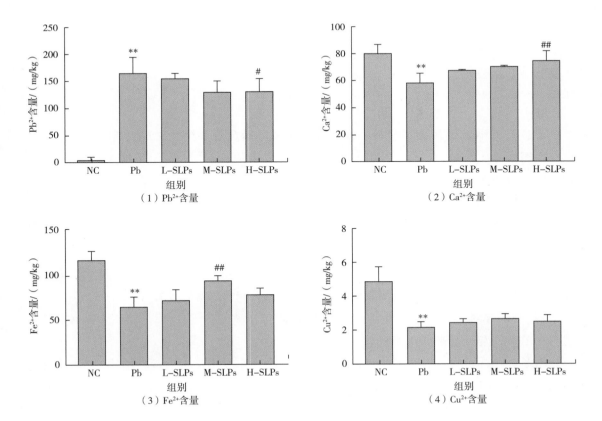

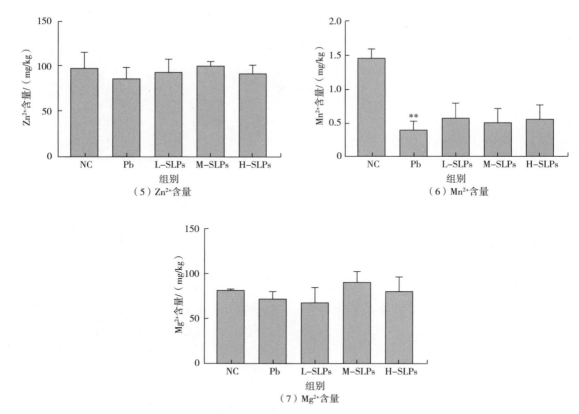

图2-190　广叶绣球菌多糖对染铅小鼠骨骼组织 Pb^{2+}、Ca^{2+}、Fe^{2+}、Cu^{2+}、Zn^{2+}、Mn^{2+}、Mg^{2+} 含量的影响

　　注：与对照组相比，* 表示 $p<0.05$，** 表示 $p<0.01$；与染铅组相比，#表示 $p<0.05$，##表示 $p<0.01$，图2-191、图2-193 同。

三、广叶绣球菌多糖对染铅小鼠钙代谢相关激素含量和酶活性的影响

　　由图2-191可知，与对照组相比，染铅组骨骼中甲状旁腺激素（PTH）含量升高了 10.61%，差异极显著（$p<0.01$），骨钙素（BGP）、降钙素（CT）含量和碱性磷酸酶（AKP）活性分别下降了 12.42%、15.25% 和 26.03%，差异极显著（$p<0.01$）；与染铅组相比，各剂量 SLPs 组骨骼中 PTH 含量均有所下降，其中，高剂量 SLPs 组 PTH 含量降低了 8.63%，差异显著（$p<0.05$），低、中、高剂量 SLPs 组骨骼中 BGP 含量均有所上升，但差异不显著，中、高剂量 SLPs 组骨骼中 CT 含量分别升高了 7.73% 和 11.11%，差异极显著（$p<0.01$），高剂量 SLPs 组 AKP 活性升高了 25.54%，差异显著（$p<0.05$）。

四、SLPs 对染铅小鼠骨骼组织形态的影响

　　SLPs 对染铅小鼠股骨组织形态的影响如图2-192所示。

　　由图2-192可知，对照组的股骨组织切片中的骨小梁正常，呈网状结构，光滑饱满、粗细一致，骨细胞分布均匀，清晰可见，可见正常的髓腔；染铅组的骨小梁稀疏不均，分布紊乱，部分区域骨小梁出现中断甚至消失，且骨小梁边缘出现了陷窝。与染铅组相比，高剂量 SLPs 组的骨小梁分布较均匀，骨小梁边缘陷窝较少，可见部分正常的髓腔。

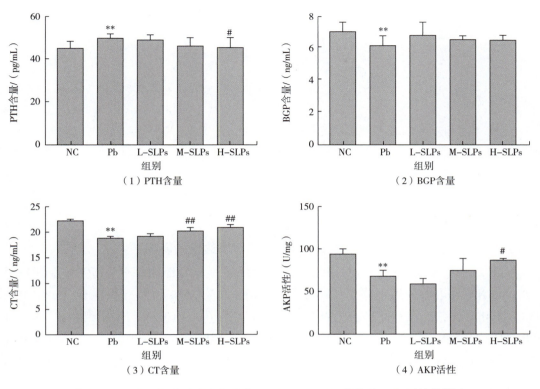

图 2-191　SLPs 对染铅小鼠骨骼中 PTH、BGP、CT 含量及 AKP 活性的影响

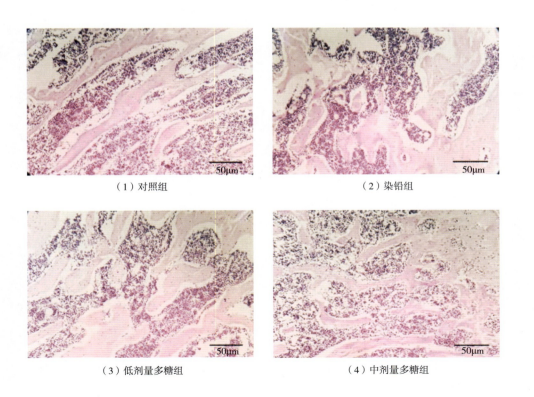

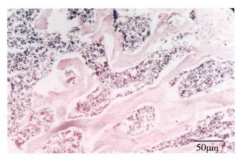

（5）高剂量多糖组

图 2-192　SLPs 对染铅小鼠股骨组织形态的影响（HE，150×）

五、SLPs 对染铅小鼠骨骼中钙代谢相关基因表达量的影响

从图 2-193 可以看出，与对照组相比，染铅组小鼠骨骼组织中 TRPV5、TRPV6 和 NCX1 mRNA 表达量分别下降了 90.81%、73.03% 和 44.68%，差异极显著（$p < 0.01$），PMCA1b mRNA 表达量升高了 157.75%，差异极显著（$p < 0.01$）。与染铅组相比，高剂量 SLPs 组中 TRPV5 mRNA 表达量升高了 439.59%，差异极显著（$p < 0.01$）；高剂量 SLPs 组 PMCA1b mRNA 表达量下降了 63.79%，差异极显著（$p < 0.01$）；中、高剂量 SLPs 组中

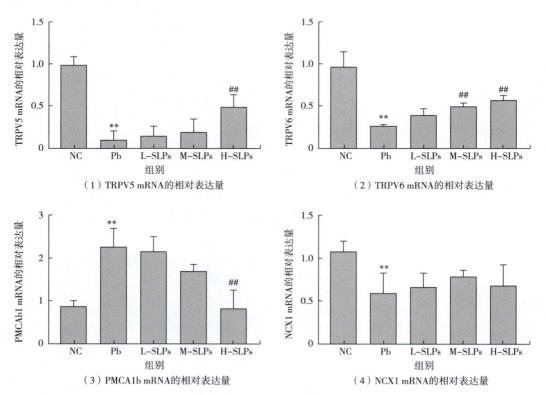

（1）TRPV5 mRNA的相对表达量　　　　　（2）TRPV6 mRNA的相对表达量

（3）PMCA1b mRNA的相对表达量　　　　　（4）NCX1 mRNA的相对表达量

图 2-193　SLPs 对染铅小鼠骨骼中 TRPV5、TRPV6、PMCA1b 和 NCX1 mRNA 相对表达量的影响

TRPV6 mRNA 表达量分别升高了 90.53% 和 116.06%，差异极显著（$p<0.01$），各剂量 SLPs 组 NCX1 mRNA 表达量均有上升，但差异不显著（$p>0.05$）。

铅是一种有毒重金属，由于其不可降解，很容易通过食物链沉积在人和动物体内，从而对血液、肠道、免疫、骨骼等系统造成危害（Xing et al. 2019；Zhai et al. 2018；李洁薇等，2022）。本节试验结果表明，与对照组相比，染铅组小鼠骨骼中铅含量极显著升高，说明铅暴露引起小鼠骨骼中铅的蓄积，也证明了本试验造模成功。同时铅引起小鼠骨骼中钙、铁、铜、锰元素失衡，这可能是由于 Pb^{2+} 与这些二价元素共用一个离子通道并存在竞争拮抗作用，且铅与骨骼组织的亲和性更强（Yu et al. 2020）。而染铅小鼠在摄入 SLPs 后可有效调节骨骼中铅、钙、铁含量，其机制可能是多糖以分子形式进入机体，提供氨基、硫酸基等官能团与铅结合促进铅的排出，同时 SLPs 与 Ca^{2+}、Fe^{2+} 等形成复合物从而抑制肠腔吸收，进而影响钙、铁的代谢，但其具体作用机制还有待探究（高文静等，2020；程红艳等，2012）。

PTH 是调节机体内钙、磷平衡的重要激素之一，CT 是 PTH 的拮抗物，可降低血钙，促进骨细胞向成骨细胞转化，降低破骨细胞活性和数量，从而促进骨骼的生长发育（肖振平等，2022；鲍根强等，2020）。BGP 和 AKP 均由成骨细胞合成，BGP 会与 Ca^{2+} 结合促进骨矿化，二者常用来评价成骨细胞生成骨质情况（王国宾和王少华，2022）。研究发现，铅可显著降低小鼠骨骼中 BGP、CT 含量和 AKP 活性，显著升高 PTH 含量，与李茜等（2018）的研究结果一致。AKP 活性的降低可能是由于体内微量元素失衡引起的。铅暴露导致的骨骼中 BGP 含量和 AKP 活性的降低，使成骨细胞凋亡增加，从而影响骨的矿化和成骨细胞正常功能的发挥，对骨骼造成了损伤，表现为骨小梁稀疏不均，分布紊乱，且骨小梁边缘出现了陷窝。同时，机体钙含量的降低促进了 PTH 的合成和分泌，以维持机体钙平衡（洪燕等，2002）。CT 与 PTH 拮抗，CT 含量降低，减缓生骨细胞向成骨细胞转换的过程，破坏了机体正常骨形成和代谢。而高剂量 SLPs 可以有效逆转这种趋势，缓解铅致骨骼系统功能的失衡，维持机体的骨代谢平衡，改善铅致小鼠骨组织结构的损伤，使骨小梁分布更均匀，骨小梁边缘陷窝较少。

TRPV5 及 TRPV6 与钙离子代谢有关，在肠道、肾脏、骨骼等器官中均有表达，NCX1 和 PMCA1b 是细胞内钙离子运出相关的通道（Chamoux et al. 2021；马骏，2019；侯焘，2017）。本节结果表明，与对照组相比，染铅组的 TRPV5、TRPV6 和 NCX1 mRNA 表达量均极显著下降，而 PMCA1b mRNA 表达量极显著上升，与文前研究结果一致（孟静等，2016）。TRPV5 和 TRPV6 mRNA 表达量的下降，可能是由于 TRPV5、TRPV6 通路具有高度的钙选择性，当细胞外钙离子浓度较低时，受到钙依赖性反馈调节的作用，将钙离子向细胞内转运。同时，染铅小鼠骨骼中铅取代钙主要以磷酸铅的形式蓄积，为维持机体内骨钙和血钙平衡，骨骼组织中的钙释放进入血液，钙的排出量增大，使 PMCA1b mRNA 表达量上升。而在 PMCA1b mRNA 表达量极显著上升的同时 NCX1 mRNA 表达下降，二者之间在转运运出钙过程中的具体机制还有待进一步研究。染铅小鼠摄入 SLPs 后，上调了 TR-

PV5 及 TRPV6 mRNA 的表达量，促进了机体对钙离子的吸收，增加了骨骼的钙含量，而骨钙的增加减少了钙向血液流动，PMCA1b mRNA 表达量下调，使骨骼组织对钙的运出减少。

综上，SLPs 可以促进机体对铅的排泄，降低骨骼中铅的含量，改善骨骼钙、铁元素失衡，使骨骼中 PTH 水平降低、CT 含量和 AKP 活性提高，同时会提高钙离子向细胞内转运通道 TRPV5 和 TRPV6 mRNA 表达量，使细胞内吸收的钙离子增加。钙离子进入细胞后，钙结合蛋白会与其立即结合，将钙离子转运至基底外侧膜，并通过 PMCA1b 将钙离子转运出细胞外。SLPs 降低了 PMCA1b mRNA 表达量，减少了钙离子向细胞外转运，从而提高了骨骼中钙离子的含量，促进骨骼的生长发育，有效缓解了铅致小鼠骨骼组织结构的损伤，调节小鼠骨骼钙代谢紊乱。

本节研究表明，铅暴露导致小鼠骨骼中铅蓄积，降低了 Ca^{2+}、Fe^{2+}、Cu^{2+}、Mn^{2+} 含量，BGP、CT 含量和 AKP 活性，升高了 AKP 含量；小鼠骨骼组织结构损伤，骨小梁稀疏不均，分布紊乱，TRPV5、TRPV6 和 NCX1 mRNA 表达量下调，PMCA1b mRNA 表达量上调。而 SLPs 可以逆转这种趋势，能够促进机体对铅的排泄，降低骨骼中 Pb^{2+} 的含量，提高骨骼中 Ca^{2+} 和 Fe^{2+} 的含量，有效改善铅致骨骼中钙、铁元素失衡，降低骨骼中 PTH 水平，提高 CT 含量和 AKP 活性，从而促进骨骼的生长发育，有效缓解铅对小鼠骨组织结构的损伤，促进 TRPV5、TRPV6 mRNA 表达，抑制 PMCA1b mRNA 表达，调控钙代谢相关基因，提示 SLPs 可以有效缓解铅致小鼠骨骼钙代谢紊乱。

参考文献

Afonso M S, Lavrador M S F, Kiyomi M K, et al. Dietary interesterified fat enriched with palmitic acid induces atherosclerosis by impairing macrophage cholesterol efflux and eliciting inflammation [J]. The Journal of Nutritional Biochemistry, 2016, 32: 91−100.

Afouda P, Durand G A, Lagier J C, et al. Noncontiguous finished genome sequence and description of Intestinimonas massiliensis sp. nov strain GD2T, the second Intestinimonas species cultured from the human gut [J]. Microbiology Open, 2019, 8 (1): 1−11.

Bai Y F, Mansell T J. Production and sensing of butyrate in a probiotic *Escherichia coli* strain [J]. International Journal of Molecular Sciences, 2020, 21 (10): 3615.

Balkwill, F. TNF−alpha in promotion and progression of cancer [J]. Cancer and Metastasis Reviews, 2006, 25 (3): 409−416.

Barrera G N, Piloni R V, Moldenaers P, et al. Rheological behavior of the galactomannan fraction from *Gleditsia triacanthos* seed in aqueous dispersion [J]. Food Hydrocolloids, 2022, 132: 107848.

Baxter N T, Zackular J P, Chen G Y, et al. Structure of the gut microbiome following colonization with human feces determines colonic tumor burden [J]. Microbiome, 2014, 17 (2): 20.

Boatright K M, Salvesen G S. Mechanisms of caspase activation [J]. Current Opinion in Cell Biology, 2003, 15 (6): 725−731.

Bolam D N, Sonnenburg J L. Mechanistic insight into polysaccharide use within the intestinal microbiota [J]. Gut Microbes, 2011, 2 (2): 86-90.

Bolli B, Dawn B, Xuan Y T. Role of the JAK-STAT pathway in protection against myocardial ischemia/reperfusion injury [J]. Trends in Cardiovascular Medicine, 2003, 13 (2): 72-79.

Borges-Canha M, Portela-Cidade J P, Dinis-Ribeiro M, et al. Role of colonic microbiota in colorectal carcinogenesis: a systematic review [J]. Revista Española de Enfermedades Digestivas, 2015, 107 (11): 659-671.

Cai B, Cai J P, Luo Y L. The specific roles of JAK/STAT signaling pathway in sepsis [J]. Inflammation, 2015, 38 (4): 1599-1608.

Cani P D, Amar J, Iglesias M A, et al. Metabolic endotoxemia initiates obesity and insulin resistance [J]. Diabetes, 2007, 56: 1761-1772.

Cani P D, de Vos W M. Next-Generation Beneficial Microbes: The Case of Akkermansia muciniphila [J]. Frontiers in Microbiology, 2017, 8: 1765.

Chambers E S, Viardot A, Psichas A, et al. Effects of targeted delivery of propionate to the human colon on appetite regulation, body weight maintenance and adiposity in overweight adults [J]. Gut, 2015, 64 (11): 1744-1754.

Chamoux E, Bisson M, Payet M D, et al. TRPV-5 mediates a receptor activator of NF-kappaB (RANK) ligand-induced increase in cytosolic Ca^{2+} in human osteoclasts and down-regulates bone resorption [J]. The Journal of Biological Chemistry, 2010, 285 (33): 25354-25362.

Chen J. Food oral processing-A review [J]. Food Hydrocolloid, 2009, 23 (1): 1-25.

Chen Y, Xu C F, Huang R, et al. Butyrate from pectin fermentation inhibits intestinal cholesterol absorption and attenuates atherosclerosis in apolipoprotein E-deficient mice [J]. The Journal of Nutritional Biochemistry, 2018, 56: 175-182.

Chesnokova V, Robert N R N, Wawrowsky K. Chronic peripheral inflammation, hippocampal neurogenesis, and behavior [J]. Brain, Behavior, and Immunity, 2016, 58: 1-8.

Chiang H M, Chan S Y, Chu Y, et al. Fisetin ameliorated photodamage by suppressing the mitogen-activated protein kinase/matrix metalloproteinase pathway and nuclear factor-κB pathways [J]. Journal of Agricultural & Food Chemistry, 2015, 63 (18): 4551-4560.

Cho J H, Kim H O, Kim K S, et al. Unique features of naive $CD8^+T$ cell activation by IL-2 [J]. Journal of Immunology, 2013, 191 (11): 5559-5573.

Choi H, Mitchell J R, Gaddipati S R, et al. Shear rheology and filament stretching behaviour of xanthan gum and carboxymethyl cellulose solution in presence of saliva [J]. Food Hydrocolloids, 2004, 40: 71-75.

Claudio H C, Milica N, Patricia L, et al. Exopolysaccharide-producing Bifidobacterium animalis subsp. lactis strains and their polymers elicit different responses on immune cells from blood and gut associated lymphoid tissue [J]. Anaerobe, 2014, 26: 24-30.

Dantas G, Sommer M O. A. , Oluwasegun R D, et al. Bacteria subsisting on antibiotics [J]. Science, 2008, 320 (5872): 100-103.

Dao M C, Everard A, Aron-Wisnewsky J, et al. Akkermansia muciniphila and improved metabolic health during a dietary intervention in obesity: relationship with gut microbiome richness and ecology [J]. Gut, 2016, 65 (3): 426-436.

Davis H R, Altmann S W. Niemann-Pick C1 Like 1 (NPC1L1) an intestinal sterol transporter [J]. Biochimica et Biophysica Acta（BBA）-Molecular and Cell Biology of Lipids, 2009, 1791（7）: 679-683.

De Lavergne M D, Young A K, Engmann Jan, et al. Food Oral Processing-An Industry Perspective [J]. Frontiers in Nutrition, 2021, 8: 634410.

Déjean G, Tamura K, Cabrera A, et al. Synergy between cell surface glycosidases and glycan-binding proteins dictates the utilization of specific beta（1,3）-glucans by human gut Bacteroides [J]. mBio, 2020, 11（2）: e00095-20.

Den Besten G, Van Eunen K, Groen A K, et al. The role of short-chain fatty acids in the interplay between diet, gut microbiota, and host energy metabolism [J]. Journal of Lipid Research, 2013, 54（9）: 2325-2340.

Du Clos T W. Function of C-reactive protein [J]. Annals of Medicine, 2000, 32（4）: 274-278.

Dudek H, Farbiszewski R, Rydzewska M, et al. Evaluation of antioxidant enzymes activity and concentration of non-enzymatic antioxidants in human brain tumours [J]. Wiadomosci Lekarskie, 2004, 57（1-2）: 16-19.

Dudek H, Farbiszewski R, Rydzewska M, et al. Concentration of glutathione（GSH）, ascorbic acid（vitamin C）and substances reacting with thiobarbituric acid（TBA-rs）in single human brain metastases [J]. Wiadomosci Lekarskie, 2005, 58（7-8）: 379-381.

Duncan S H, Holtrop G, Lobley G E, et al. Contribution of acetate to butyrate formation by human faecal bacteria [J]. The British journal of nutrition, 2004, 91（6）: 915-923.

Fan Y P, Ren M M, Hou W F, et al. The activation of Epimedium polysaccharide-propolis flavone liposome on Kupffer cells [J]. Carbohydrate Polymers, 2015, 133: 613-623.

Figueiredo R T, Bittencourt V C B, Lopes L G L, et al. Toll-like receptors（TLR2 and TLR4）recognize polysaccharides of Pseudallescheria boydii cell wall [J]. Carbohydrate Research, 2012, 356（15）: 260-264.

Flint H J, Duncan S H, Scott K P, et al. Links between diet, gut microbiota composition and gut metabolism [J]. The Proceedings of the Nutrition Society, 2015, 74（1）: 13-22.

Funami T, Nakauma M. Instrumental characteristics from extensional rheology and tribology of polysaccharide solutions [J]. Journal of Texture Studies, 2021, 52（5-6）: 567-577.

Funami T, Noda S, Nakauma M, et al. Molecular structures of gellan gum imaged with atomic force microscopy（AFM）in relation to the rheological behavior in aqueous systems in the presence of sodium chloride [J]. Food Hydrocolloids, 2009, 23（2）: 548-554.

Garcia M C, Alfaro M C, Muñoz J. Influence of the ratio of amphiphilic copolymers used as emulsifiers on the microstructure, physical stability and rheology of α-pinene emulsions stabilized with gellan gum [J]. Colloids and Surfaces B: Biointerfaces, 2015, 135: 465-471.

Gascoigne N R, Rybakin V, Acuto O, et al. TCR signal strength and T-cell development [J]. Annual Review of Cell and Developmental Biology, 2016, 32（1）: 327-348.

Gentile C L, Weir T L. The gut microbiota at the intersection of diet and human health [J]. Science, 2018, 362（6416）: 776-780.

Gill S R, Pop M, DeBoy R T, et al. Metagenomic analysis of the human distal gut microbiome [J]. Science, 2006, 312: 1355-1359.

Gilliet M, Liu Y J. Generation of human CD8 T regulatory cells by CD40 ligand-activated plasmacytoid dendritic cells [J]. Journal of Experimental Medicine, 2002, 195（6）: 695-704.

Go H, Hwang H J, Nam T J. Polysaccharides from Capsosiphon fulvescens stimulate the growth of way [J]. Marine Biotechnology, 2011, 13（3）: 433-440.

Goodrich J K, Davenport E R, Waters J L, et al. Cross-species comparisons of host genetic associations with the microbiome [J]. Science, 2016, 352 (6285): 532-535.

Grivennikov S, Karin, M. Autocrine IL-6 signaling: a key event in tumorigenesis? [J]. Cancer Cell, 2008, 13 (1): 7-9.

Guo Y M, Cong S, Zhao J, et al. The combination between cations and sulfated polysaccharide from abalone gonad (*Haliotis discus hannai* Ino) [J]. Carbohydrate polymers, 2018, 188: 54-59.

Gupta A, Pulliam L. Exosomes as mediators of neuroinflammation [J]. Journal of Neuroinflammation, 2014, 11 (1): 68.

Hamad B. The antibiotics market [J]. Nature reviews Drug discovery, 2010, 9 (9): 675.

Hammar'en H M, Virtanen A T, Raivola J, et al. The regulation of JAKs in cytokine signaling and its breakdown in disease [J]. Cytokine, 2018, 118 (3): 48-63.

Hao Z Q, Chen Z J, Chang M C, et al. Rheological properties and gel characteristics of polysaccharides from fruit-bodies of *Sparassis crispa* [J]. International Journal of Food Properties, 2018, 21 (1): 2283-2295.

Hattori M, Miyachi K, Hada S, et al. Effects of long-chain fatty acids and fatty alcohols on the growth of *Streptococcus mutans* [J]. Chemical and pharmaceutical bulletin, 1987, 35 (8): 3507-3510.

He Q F, Li Y J, Li H, et al. Hypolipidemic and antioxidant potential of bitter gourd (*Momordica charantia* L.) leaf in mice fed on a high fat diet [J]. Pakistan Journal of Pharmaceutical Sciences, 2018, 31 (5): 1837-1843.

Iqbal J, Boutjdir M, Rudel L L, et al. Intestine-specific MTP and global ACAT2 deficiency lowers acute cholesterol absorption with chylomicrons and HDLs [J]. Journal of Lipid Research, 2014, 55 (11): 2261-2275.

Iwamoto S, Iwai S, Tsujiyama K, et al. TNF-α drives human CD14$^+$ monocytes to differentiate into CD70$^+$ dendritic cells evoking Th1 and Th17 responses [J]. Journal of Immunology, 2007, 179 (3): 1449-1457.

Iwasaki A, Medzhitov R. Regulation of adaptive immunity by the innate immune system [J]. Science, 2015, 16 (4): 343-353.

Jacobs D M, Gaudier E, Van Duynhoven J, et al. Non-digestible food ingredients, colonic microbiota and the impact on gut health and immunity: A role for metabolomics [J]. Current Drug Metabolism, 2009, 10: 41-54.

Jädert C, Phillipson M, Holm L, et al. Preventive and therapeutic effects of nitrite supplementation in experimental inflammatory bowel disease [J]. Redox Biology, 2014, 2: 73-81.

Ju T T, Kong J Y, Stothard P, et al. Defining the role of Parasutterella, a previously uncharacterized member of the core gut microbiota [J]. The ISME Journal, 2019, 13 (6): 1520-1534.

Kelly C J, Zheng L, Campbell E L, et al. Crosstalk between microbiota-derived short-chain fatty acids and intestinal epithelial HIF augments tissue barrier function [J]. Cell Host & Microbe, 2015, 17 (5): 662-671.

Khan S H, Badovinac V P. Listeria monocytogenes: a model pathogen to study antigen-specific memory CD8 T cell responses [J]. Seminars Immunopathology, 2015, 37 (3): 301-310.

Kim H H, Lee S, Singh T S, et al. *Sparassis crispa* suppresses mast cell-mediated allergic inflammation: Role of calcium, mitogen-activated protein kinase and nuclear factor-κB [J]. International Journal of Molecular Medicine, 2012, 30 (2): 344-350.

Kim H S, Kim J Y, Ryu H S, et al. Induction of dendritic cell maturation by β-glucan isolated from *Sparassis crispa* [J]. International Immunopharmacology, 2010, 10 (10): 1284-1294.

Kim Y S, Ho S B. Intestinal goblet cells and mucins in health and disease: recent insights and progress [J]. Current Gastroenterology Reports, 2010, 12 (5): 319-330.

Kimura T. Natural products and biological activity of the pharmacologically active cauliflower mushroom *Sparassis crispa* [J]. Biomed Research International, 2013, 8 (3): 501–508.

Knüpfer H, Preiss R. Serum interleukin−6 levels in colorectal cancer patients−a summary of published results [J]. International Journal of Colorectal Disease, 2010, 25 (2): 135–140.

Koehne C H, Dubois R N. COX−2 inhibition and colorectal cancer [J]. Seminars in Oncology, 2004, 31 (2 Suppl 7): 12–21.

Koh A, De Vadder F, Kovatcheva−Datchary P, *et al.* From Dietary Fiber to Host Physiology: Short−Chain Fatty Acids as Key Bacterial Metabolites [J]. Cell, 2016, 165 (6): 1332–1345.

Kragten A M, Behr M, Vieira A, *et al.* Blimp−1 induces and Hobit maintains the cytotoxic mediator granzyme B in CD8 T cells [J]. European Journal of Immunology, 2018, 48 (10): 1644–1662.

Kreznar J H, Keller M P, Traeger L L, *et al.* Host Genotype and Gut Microbiome Modulate Insulin Secretion and Diet−Induced Metabolic Phenotypes [J]. Cell Reports, 2017, 18 (7): 1739–1750.

Lala G, Malik M, Zhao C, *et al.* Anthocyanin−rich extracts inhibit multiple biomarkers of colon cancer in rats [J]. Nutrition and Cancer, 2006, 54 (1): 84–93.

Lavi I, Friesem D, Geresh S, *et al.* An aqueous polysaccharide extract from the edible mushroom *Pleurotus ostreatus* induces anti−proliferative and pro−apoptotic effects on HT−29 colon cancer cells [J]. Cancer Letters, 2006, 244 (1): 61–70.

Le Floc'h N, Otten W, Merlot E. Tryptophan metabolism, from nutrition to potential therapeutic applications [J]. Amino Acids, 2011, 41 (5): 1195–1205.

Lee S G, Jung J Y, Shin J S, *et al.* Immunostimulatory polysaccharide isolated from the leaves of *Diospyros kaki* Thunb. modulate macrophage via TLR2 [J]. International Journal of Biological Macromolecules, 2015, 79: 971–982.

Lei L, Zeng J M, Wang L Y, *et al.* Quantitative acetylome analysis reveals involvement of glucosyltransferase acetylation in *Streptococcus mutans* biofilm formation [J]. Environmental Microbiology Reports, 2021, 13 (2): 86–97.

Leiro J, Álvarez E, Arranz J A, *et al.* Effects of cis−resveratrol on inflammatory murine macrophages: Antioxidant activity and down−regulation of inflammatory genes [J]. Journal of Leukocyte Biology, 2004, 75 (6): 1156–1165.

Leiva A, Fuenzalida B, Salsoso R, *et al.* Tetrahydrobiopterin Role in human umbilical vein endothelial dysfunction in maternal supraphysiological hypercholesterolemia [J]. Biochimica et Biophysica Acta (BBA)−Molecular Basis of Disease, 2016, 1862 (4): 536–544.

Li H, Xu G R, Shang Q, *et al.* Inhibition of ileal bile acid transport lowers plasma cholesterol levels by inactivating hepatic farnesoid X receptor and stimulating cholesterol 7α−hydroxylase [J]. Metabolism−clinical & Experimental, 2004, 53 (7): 927–932.

Li R Q, Liu Y, Shi J J, *et al.* Diosgenin regulates cholesterol metabolism in hypercholesterolemic rats by inhibiting NPC1L1 and enhancing ABCG5 and ABCG8 [J]. Biochimica et Biophysica Acta. Molecular and Cell Biology of Lipids, 2019, 1864 (8): 1124–1133.

Li X Q, Xu W. TLR4−mediated activation of macrophages by the polysaccharide fraction from *Polyporus umbellatus* (pers.) Fries [J]. Journal of Ethnopharmacology, 2010, 3 (6): 168–176.

Li Y H, Wang Q. A review of the studies on the relationship between activity and structure of polysaccharides from Fungi [J]. Journal of Jilin Agricultural University, 2002, 24 (02): 70-74.

Lin H V, Frassettto A, Kowalik E J, et al. Butyrate and propionate protect against diet-induced obesity and regulate gut hormones via free fatty acid receptor 3-independent mechanisms [J]. PLoS One, 2012, 7 (4): e35240.

Lin W W, Karin M. A cytokine-mediated link between innate immunity, inflammation, and cancer [J]. Journal of Clinical Investigation, 2007, 117 (5): 1175-1183.

Lisa A P, Cynthia A W, Daniel T, et al. Role for toll-like receptor 4 in TNF-α secretion by murine macrophages in response to polysaccharide krestin, a *Trametes versicolor* mushroom extract [J]. Fitoterapia, 2010, 81 (2): 914-919.

Liu W, Reinmuth N, Stoeltzing O, et al. Cyclooxygenase-2 is up-regulated by interleukin-1 in human colorectal cancer cells via multiple signaling pathways [J]. Cancer Research, 2003, 63 (13): 3632-3636.

Liu X, Wu X P, Zhu X L, et al. IRG1 increases MHC class I level in macrophages through STAT-TAP1 axis depending on NADPH oxidase mediated reactive oxygen species [J]. International Immunopharmacology, 2017, 48 (4): 76-83.

Lu C D. Pathways and regulation of bacterial arginine metabolism and perspectives for obtaining arginine overproducing strains [J]. Applied Microbiology and Biotechnology, 2006, 70 (3): 261-272.

Luo G S, Li Z B, Lin X, et al. Discovery of an orally active VHL-recruiting PROTAC that achieves robust HMGCR degradation and potent hypolipidemic activity in vivo [J]. Acta Pharmaceutica Sinica B, 2020, 151: w20470.

Lv X C, Chen D D, Yang L C, et al. Comparative studies on the immunoregulatory effects of three polysaccharides using high content imaging system [J]. International Journal of Biological Macromolecules, 2016, 86: 28-42.

Macia L, Tan J, Vieira A T, et al. Metabolite-sensing receptors GPR43 and GPR109A facilitate dietary fibre-induced gut homeostasis through regulation of the inflammasome [J]. Nature Communications, 2015, 6 (1): 6734.

Madondo M T, Quinn M, Plebanski M. Low dose cyclophosphamide: mechanisms of T cell modulation [J]. Cancer Treatment Reviews, 2016, 42: 3-9.

Mantel L, Sadiq A, Blander M. Spotlight on TAP and its vital role in antigen presentation and crosspresentation [J]. Molecular Immunology, 2022, 142 (12): 105-119.

Mantovani A, Allavena P, Sica A, et al. Cancer-related inflammation [J]. Nature, 2008, 454 (7203): 436-444.

Martens E C, Kelly A G, Tauzin A S, et al. The devil lies in the details: how variations in polysaccharide fine-structure impact the physiology and evolution of gut microbes [J]. Journal of Molecular Biology, 2014, 426 (23): 3851-3865.

Marzorati M, Verhelst A, Luta G, et al. In vitro modulation of the human gastrointestinal microbial community by plant-derived polysaccharide-rich dietary supplements [J]. International Journal of Food Microbiology, 2010, 139 (3): 168-176.

McAllister S S, Weinberg R A. The tumour-induced systemic environment as a critical regulator of cancer progression and metastasis [J]. Nature Cell Biology, 2014, 16 (8): 717-727.

Miclescu A, Gordh T. Nitric oxide and pain: ' Something old, something new' [J]. Acta Anaesthesiologica Scandinavica, 2009, 53 (9): 1107-1120.

Mills E L, Pierce K A, Jedrychowski M P, *et al*. Accumulation of succinate controls activation of adipose tissue thermogenesis [J]. Nature, 2018, 560: 102-106.

Mitsuharu M, Ryoko K, Takushi O, *et al*. Cerebral low-molecular metabolites influenced by intestinal microbiota: a pilot study [J]. Frontiers in Systems Neuroscience, 2013, 7: 9.

Moon C D, Pacheco D M. Reclassification of *Clostridium proteoclasticum* as *Butyrivibrio proteoclasticus* comb. nov., a butyrate-producing ruminal bacterium [J]. International Journal of Systematic and Evolutionary Microbiology, 2008, 58, 2041-2045.

Morrison D J, Preston T. Formation of short chain fatty acids by the gut microbiota and their impact on human metabolism [J]. Gut Microbes, 2016, 7 (3): 189-200.

Nalina T, Rahim Z H A. The crude aqueous extract of Piper betle L. and its antibacterial effect towards *Streptococcus mutans* [J]. American Journal of Biochemistry and Biotechnology, 2007, 3 (1): 10-15.

Ndeh D, Gilbert H J. Biochemistry of complex glycan depolymerisation by the human gut microbiota [J]. FEMS Microbiology Reviews, 2018, 42 (2): 146-164.

Ndiaye S M, Hopkins D P, Shefer A M, *et al*. Interventions to improve influenza, pneumococcal polysaccharide, and hepatitis B vaccination coverage among high-risk adults: a systematic review [J]. American journal of Preventive Medicine, 2005, 28 (5): 248-279.

Ögren S O, Eriksson T M, Elvander-Tottie E, *et al*. The role of 5-HT (1A) receptors in learning and memory [J]. Behavioural Brain Research, 2008, 195 (1): 54-77.

O'Keefe S J. Diet, microorganisms and their metabolites, and colon cancer [J]. Nature Reviews Gastroenterology & Hepatology, 2016, 13 (12): 691-706.

Okekunle A P, Wu X, Feng R, *et al*. Higher intakes of energy-adjusted dietary amino acids are inversely associated with obesity risk [J]. Amino Acids, 2019, 51 (3): 373-382.

O'Mahony S M, Clarke G, Borre Y E, *et al*. Serotonin, tryptophan metabolism and the brain-gut-microbiome axis [J]. Behavioural Brain Research, 2015, 277: 32-48.

Onizawa M, Nagaishi T, Kanai T, *et al*. Signaling pathway via TNF-alpha/NF-kappaB in intestinal epithelial cells may be directly involved in colitis-associated carcinogenesis [J]. American Journal of Physiology-Gastrointestinal and Liver Physiology, 2009, 296 (4): G850-859.

Peláez B, Campillo J A, López-Asenjo J A, *et al*. Cyclophosphamide induces the development of early myeloid cells suppressing tumor cell growth by a nitric oxide-dependent mechanism [J]. The Journal of Immunology, 2001, 166 (11): 6608-6615.

Peterson L W, Artis D. Intestinal epithelial cells: regulators of barrier function and immune homeostasis [J]. Nature Reviews Immunology, 2014, 14 (3): 141-153.

Petrus P, Lecoutre S, Dollet L, *et al*. Glutamine links obesity to inflammation in human white adipose tissue [J]. Cell Metabolism, 2020, 31 (2): 375-390.

Popivanova B K, Kitamura K, Wu Y, *et al*. Blocking TNF-α in mice reduces colorectal carcinogenesis associated with chronic colitis [J]. The Journal of Clinical Investigation, 2008, 118 (2): 560-570.

Praslickova D, Torchia E C, Sugiyama M G, *et al*. The ileal lipid binding protein is required for efficient absorption and transport of bile acids in the distal portion of the murine small intestine [J]. PLoS One, 2012, 7 (12): e50810.

Ren G M, Yu M, Li K K, *et al*. Seleno-lentinan prevents chronic pancreatitis development and modulates gut microbiota in mice [J]. Journal of Functional Food, 2016, 22: 177-188.

Ren N N, Gong Y H, Lu Y Z, et al. Surface tension measurements for seven imidazolium based dialkylphosphate ionic liquids and their binary mixtures with water at 298. 15 K and 1 atm [J]. Journal of Chemical & Engineering Data, 2014, 59 (2): 189-196.

Rock K L, Farfán-Arribas D J, Shen L. Proteases in MHC class I presentation and cross-presentation [J]. The Journal of Immunology, 2010, 184 (9): 9-15.

Rodionov D A, Vitreschak A G, Mironov A A, et al. Regulation of lysine biosynthesis and transport genes in bacteria: yet another RNA riboswitch? [J]. Nucleic acids Research, 2003, 31 (23): 6748-6757.

Sa'ad H, Peppelenbosch M P, Roelofsen H, et al. Biological effects of propionic acid in humans: metabolism, potential applications and underlying mechanisms [J]. Biochimica et Biophysica Acta (BBA)-Molecular and Cell Biology of Lipids, 2010, 1801 (11): 1175-1183.

Samal J, Kelly S, Shatal-A N, et al. Human immunodeficiency virus infection induces lymphoid fibrosis in the BM-liver-thymus-spleen humanized mouse model [J]. Journal of Clinical Investigation Insight, 2018, 3 (18): e120430.

Sanna S, van Zuydam N R, Mahajan A, et al. Causal relationships among the gut microbiome, short-chain fatty acids and metabolic diseases [J]. Nature Genetics, 2019, 51 (4): 600-605.

Sanpinit S, Kotchakorn M, Siriporn J, et al. Selected Thai traditional polyherbal medicines suppress the cariogenic properties of Streptococcus mutans by disrupting its acid formation and quorum sensing abilities [J]. South African Journal of Botany, 2022, 144: 355-363.

Santhanam S, Alvarado D M, Ciorba M A. Therapeutic targeting of inflammation and tryptophan metabolism in colon and gastrointestinal cancer [J]. Translational Research, 2016, 167 (1): 67-79.

Saura-Calixto F, Pérez-Jiménez J, Touriño S, et al. Proanthocyanidin metabolites associated with dietary fibre from in vitro colonic fermentation and proanthocyanidin metabolites in human plasma [J]. Molecular Nutrition & Food Research, 2010, 54: 939-946.

Schepetkin I A, Faulkner C L, Nelson-Overton L K, et al. Macrophage immunomodulatory activity of polysaccharides isolated from Juniperus scopolorum [J]. International Immunopharmacology, 2005, 5 (13-14): 1783-1799.

Schneeberger M, Everard A, Gómez-Valadés A G, et al. Akkermansia muciniphila inversely correlates with the onset of inflammation, altered adipose tissue metabolism and metabolic disorders during obesity in mice [J]. Scientific Reports, 2015, 5 (1): 16643.

Seidel D V, Azcárate-Peril M A, Chapkin R S, et al. Shaping functional gut microbiota using dietary bioactives to reduce colon cancer risk [J]. Seminars in Cancer Biology, 2017, 46: 191-204.

Shang Q S, Jiang H, Cai C, et al. Gut microbiota fermentation of marine polysaccharides and its effects on intestinal ecology: An overview [J]. Carbohydrate Polymers, 2018, 179: 173-185.

Shen L, Patel M K. Life cycle assessment of polysaccharide materials: a review [J]. Journal of Polymers and the Environment, 2008, 16 (2): 154-167.

Simons L A, Amansec S G. Effect of Lactobacillus fermentum on serum lipids in subjects with elevated serum cholesterol [J]. Nutrition Metabolism and Cardiovascular Diseases, 2006, 16: 531-535.

Singh N, Gurav A, Sivaprakasam S, et al. Activation of gpr109a, receptor for niacin and the commensal metabolite butyrate, suppresses colonic inflammation and carcinogenesis [J]. Immunity, 2014, 40 (1): 128-139.

Somers E, Ptacek D, Gysegom P, *et al*. *Azospirillum brasilense* produces the auxin−like phenylacetic acid by using the key enzyme for indole−3−acetic acid biosynthesis [J]. Applied and Environmental Microbiology, 2005, 71 (4): 1803−1810.

Stone W L, Krishnan K, Campbell S E, *et al*. The role of antioxidants and pro−oxidants in colon cancer [J]. World Journal of Gastrointestinal Oncology, 2014, 6 (03): 55−66.

Stremmel W. Phosphatidylcholine as medication with protective effect large intestinal mucosa: US, US6677319 B1 [P]. 2004.

Sun X Z, Zhao D Y, Zhou Y C, *et al*. Alteration of fecal tryptophan metabolism correlates with shifted microbiota and may be involved in pathogenesis of colorectal cancer [J]. World Journal of Gastroenterology, 2020, 26 (45): 7173.

Sushama S, Dixit N, Gautam R K, *et al*. Cytokine profile (IL−2, IL−6, IL−17, IL−22, and TNF−α) in vitiligo−New insight into pathogenesis of disease [J]. Journal of Cosmetic Dermatology, 2019, 18 (1): 337−341.

Takeyama A, Nagata Y, Shirouchi B, *et al*. Dietary *Sparassis crispa* reduces body fat mass and hepatic lipid levels by enhancing energy expenditure and suppressing lipogenesis in rats [J]. Journal of Oleo Science, 2018, 67 (9): 1137−1147.

Tanda N, Hoshikawa Y, Ishida N, *et al*. Oral malodorous gases and oral microbiota: From halitosis to carcinogenesis [J]. Journal of Oral Biosciences, 2015, 57 (4): 175−178.

Tang C, Sun J, Zhou B, *et al*. Effects of polysaccharides from purple sweet potatoes on immune response and gut microbiota composition in normal and cyclophosphamide treated mice [J]. Food & Function, 2018, 9 (2): 937−950.

Tejinder S, Bhupinder K, Harinder K. Low behavior and functional properties of barley and oat water−soluble β−D−glucan rich extractions [J]. International Journal of Food Properties, 2000, 3 (2): 259−274.

Teymoori F, Asghari G, Salehi P, *et al*. Are dietary amino acids prospectively predicts changes in serum lipid profile? [J]. Diabetes & Metabolic Syndrome: Clinical Research & Reviews, 2019, 13 (3): 1837−1843.

Tian L M, Zhao Y, Guo C, *et al*. A comparative study on the antioxidant activities of an acidic polysaccharide and various solvent extracts derived from herbal *Houttuynia cordata* [J]. Carbohydrate Polymers, 2011, 83 (02): 537−544.

Tracey D, Klareskog L, Sasso E H, *et al*. Tumor necrosis factor antagonist mechanisms of action: a comprehensive review [J]. Pharmacology & Therapeutics, 2008, 117 (2): 244−279.

Turnbaugh P J, Ley R E, Mahowald M A, *et al*. An obesity−associated gut microbiome with increased capacity for energy harvest [J]. Nature, 2006, 444 (7122): 1027−1031.

Tzianabos A O. Polysaccharide immunomodulators as therapeutic agents: structural aspects and biologic Function [J]. Clinical Microbiology Reviews, 2000, 13 (04): 523−533.

Vadder F D, Kovatcheva−Datchary P, Goncalves D, *et al*. Microbiota−generated metabolites promote metabolic benefits via gut−brain neural circuits [J]. Cell, 2014, 156 (1−2): 84−96.

Vinolo M A R, Ferguson G J, Kulkarni S, *et al*. SCFAs induce mouse neutrophil chemotaxis through the GPR43 receptor [J]. PLoS One, 2011, 6 (6): e21205.

Wang F, Yu T, Huang G H, *et al*. Gut Microbiota community and its assembly associated with age and diet in Chinese centenarians [J]. Journal of Microbiology and Biotechnology, 2015, 25 (8): 1195−1204.

Wang K, Liao M F, Zhou N, *et al*. Parabacteroides distasonis alleviates obesity and metabolic dysfunctions via production of succinate and secondary bile acids [J]. Cell Reports, 2019, 26 (1): 222–235.

Wang Y Q, Mao J B, Zhou M Q, et al. Polysaccharide from *Phellinus igniarius* activates TLR4−mediated signaling pathways in macrophages and shows immune adjuvant activity in mice [J]. International Journal of Biological Macromolecules, 2018, 12 (3): 157–166.

Wei J, Barr J, Kong L Y. Glioma−associated cancer−initiating cells induce immunosuppression [J]. Clinical Cancer Research, 2010, 16 (2): 461–473.

Wen Z S, Xiang X W, Jin H X, et al. Composition and anti−inflammatory effect of polysaccharides from *Sargassum horneri* in RAW 264. 7 macrophages [J]. International Journal of Biological Macromolecules, 2016, 88: 403–413.

Wong J M W, Jenkins D J A. Carbohydrate digestibility and metabolic effects [J]. Journal of Nutrition, 2007, 137: 2539S–2546S.

Wu T R, Lin C S, Chang C J, et al. Gut commensal Parabacteroides goldsteinii plays predominant role in the anti−obesity effects of polysaccharides isolated from *Hirsutella sinenss* [J]. Gut, 2019, 68 (2): 248–262.

Xia X J, Li G N, Ding Y B, et al. Effect of whole grain Qingke (Tibetan *Hordeum vulgare* L. Zangqing 320) on the serum lipid levels and intestinal microbiota of rats under high−fat diet [J]. Journal of Agricultural and Food Chemistry, 2017, 65 (13): 2686–2693.

Xia, Y L, Luo F F, Shang Y F, et al. Fungal cordycepin biosynthesis is coupled with the production of the safeguard molecule pentostatin [J]. Cell Chemical Biology, 2017, 24, 1479–1489.

Xing S C, Huang C B, Mi J D, et al. Bacillus coagulans R11 maintained intestinal villus health and decreased intestinal injury in lead−exposed mice by regulating the intestinal microbiota and influenced the function of faecal microRNAs [J]. Environmental Pollution, 2019, 255: 113139.

Xu S Y, Aweya J J, Li N, et al. Microbial catabolism of *Porphyra haitanensis* polysaccharides by human gut microbiota [J]. Food Chemistry, 2019, 289: 177–186.

Xu W T, Zhang F F, Luo Y B, et al. Antioxidant activity of a water−soluble polysaccharide purified from *Pteridium aquilinum* [J]. Carbohydrate research, 2009, 344 (2): 217–222.

Xu X F, Xu P P, Ma C, et al. Gut microbiota, host health, and polysaccharides [J]. Biotechnology Advances, 2013, 31 (2): 318–337.

Xu X F, Yan H D, Zhang X W. Structure and immuno−stimulating activities of a new heteropolysaccharide from *Lentinula edodes* [J]. Journal of Agricultural and Food Chemistry, 2012, 60 (46): 11560–11566.

Yang T H, Jia M, Meng J, et al. Immunomodulatory activity of polysaccharide isolated from *Angelica sinensis* [J]. International Journal of Biological Macromolecules, 2006, 39 (4): 179–184.

Yang R, Le G, Li A, et al. Effect of antioxidant capacity on blood lipid metabolism and lipoprotein lipase activity of rats fed a high−fat diet [J]. Nutrition, 2006, 22 (11–12): 1185–1191.

Yang R, Li Y D, Mehmood S, et al. Polysaccharides from *Armillariella tabescens* mycelia ameliorate renal damage in type 2 diabetic mice [J]. International Journal of Biological Macromolecules, 2020, 162: 1682–1691.

Yi Y, Liao S T, Zhang M W, et al. Immunomodulatory activity of polysaccharide−protein complex of longan (*Dimocarpus longan* Lour.) pulp [J]. Molecules, 2011, 16 (12): 10324–10336.

Yu Y Q, Yu L L, Zhou X T, et al. Effects of acute oral lead exposure on the levels of essential elements of mice: a metallomics and dose−dependent study [J]. Journal of Trace Elements in Medicine and Biology, 2020, 62: 126624.

Yuan B, Ritzoulis C, Chen J S. Extensional and shear rheology of okra polysaccharides in the presence of artificial saliva [J]. NPJ Science of Food, 2018, 2 (1): 20.

Yuan B, Ritzoulis C, Chen J. Extensional and shear rheology of okra hydrocolloid-saliva mixtures [J]. Food Research International, 2018, 106: 204-212.

Zeng G, Shen H, Tang G, et al. A polysaccharide from the alkaline extract of *Glycyrrhiza inflata* induces apoptosis of human oral cancer SCC-25 cells via mitochondrial pathway [J]. Tumor Biology, 2015, 36 (9): 1-8.

Zhai Q X, Yang L, Zhao J X, et al. Protective effects of dietary supplements containing probiotics, micronutrients, and plant extracts against lead toxicity in mice [J]. Frontiers in Microbiology, 2018, 9: 2134.

Zhan Y F, An X N, Wang S, et al. Basil polysaccharides: a review on extraction, bioactivities and pharmacological applications [J]. Bioorganic and Medicinal Chemistry, 2020, 28 (1): 115179.

Zhang J, Cai C Y, Wu H Y, et al. Corrigendum: CREB-mediated synaptogenesis and neurogenesis is crucial for the role of 5-HT1a receptors in modulating anxiety behaviors [J]. Scientific Reports, 2017, 7: 43405.

Zhang J, Kelley K L, Marshall S M, et al. Tissue-specific knockouts of ACAT2 reveal that intestinal depletion is sufficient to prevent diet-induced cholesterol accumulation in the liver and blood [J]. Journal of Lipid Research, 2012, 53 (6): 1144-1152.

Zhang Y, Li H, Yang X D, et al. Cognitive-enhancing effect of polysaccharides from *Flammulina velutipes* on Alzheimer's disease by compatibilizing with ginsenosides [J]. International Journal of Biological Macromolecules, 2018, 112: 788-795.

Zhao L Y, Huang W, Yuan Q X, et al. Hypolipidaemic effects and mechanisms of the main component of *Opuntia dillenii* Haw. polysaccharides in high-fat emulsion-induced hyperlipidaemic rats [J]. Food Chemistry, 2012, 134 (2): 964-971.

Zuo T, Cao L, Xue C, et al. Dietary squid ink polysaccharide induces goblet cells to protect small intestine from chemotherapy induced injury [J]. Food & Function, 2015, 6 (3): 981-986.

丁银润. 主要食药用菌降血脂作用及其机理研究 [D]. 广州: 华南理工大学, 2017.

于志丹. 黑根霉胞外多糖抗结肠癌的作用机理研究 [D]. 济南: 山东大学, 2018.

马巧灵, 张发, 刘朝芹, 等. 2 型糖尿病肠道菌群研究进展 [J]. 中国微生态学杂志, 2018, 30 (11): 1361-1364.

马雨水. 铅对 SD 乳鼠成骨细胞毒性机理的研究 [D]. 扬州: 扬州大学, 2009.

马骏. 钙离子通道蛋白 TRPV6 对小鼠骨代谢和破骨细胞形成的调控作用及其机制研究 [D]. 上海: 中国人民解放军海军军医大学, 2019.

王可鑫, 姜宁, 张爱忠. 短链脂肪酸介导的宿主肠道免疫调控机制 [J]. 动物营养学报, 2020, 32 (4): 1544-1550.

王国宾, 王少华. 活络骨康丸对兔酒精性股骨头坏死骨特异性碱性磷酸酶和骨钙素的影响 [J]. 风湿病与关节炎, 2022, 11 (6): 1-4+10.

王春杰. 5-HT$_{1A}$ 受体拮抗剂对七氟烷致老年大鼠认知功能障碍的治疗作用 [D]. 呼和浩特: 内蒙古医科大学, 2019.

王思芦, 汪开毓, 陈德芳. 食用真菌多糖免疫调节作用及其机制研究进展 [J]. 动物医学进展, 2012, 33 (11): 104-108.

王海蛟. 代谢工程改造大肠杆菌合成 5-羟基色氨酸的研究 [D]. 杭州: 浙江大学, 2019.

王海颖, 张晋军, 张艳敏, 等. 芍药红花煎剂对肝损伤细胞氧自由基及凋亡因子影响研究 [J]. 中华中医药学刊, 2016, 34 (06): 1348-1350.

王萌皓, 郝正祺, 常明昌, 等. 绣球菌多糖表征及其抗氧化和免疫活性 [J]. 菌物学报, 2019, 38 (5): 707-716.

王晶, 翟齐啸, 赵建新, 等. 双孢蘑菇粉复配益生菌的微生态制剂缓解铅暴露小鼠的效果评价 [J]. 食品与发酵工业, 2019, 45 (12): 20-27.

王霄, 韩超, 陶金良, 等. 丹参糖对免疫性肝损伤小鼠肝脏过氧化指标、炎症细胞因子和 ICAM-1 的影响 [J]. 中国兽医学报, 2019, 39 (04): 745-750.

王颜天池. 黑根霉胞外多糖联合奥沙利铂对二甲肼诱导的大鼠结肠癌的抑制作用 [D]. 芜湖: 皖南医学院, 2019.

卢洪可. 铅镉联合中毒对大鼠骨骼损伤的研究 [D]. 雅安: 四川农业大学, 2014.

叶守姣, 张硕, 常柏. 肥胖与 2 型糖尿病患者并发症的关系 [J]. 山东医药, 2015, 55 (37): 41-42.

仝倩倩, 李亚亮, 王顺昌, 等. 禽畜抗生素维吉尼亚霉素研究进展 [J]. 辽宁大学学报 (自然科学版), 2020, 47 (02): 188-192.

朱小飞. 病原体 Clostridum difficile 的乙酰辅酶 A 合成通路中某些关键金属蛋白的基因克隆、重组表达与纯化及其结构与功能研究 [D]. 上海: 复旦大学, 2011.

乔宏兴, 张立恒, 张晓静, 等. 基于 LC-MS 代谢组学的植物乳杆菌发酵黄芪的代谢产物分析 [J]. 中国畜牧兽医, 2021, 48 (09): 3283-3292.

乔增运, 李昌泽, 周正, 等. 铅毒性危害及其治疗药物应用的研究进展 [J]. 毒理学杂志, 2020, 34 (5): 416-420.

刘永娟, 李娜. 他克莫司对小儿原发性肾病综合征高凝状态及超敏 C-反应蛋白的影响 [J]. 血栓与止血学, 2021, 27 (06): 984-985.

刘丽乔. 茶多糖对炎症微环境下结肠肿瘤生物学行为的影响及其作用机制 [D]. 南昌: 南昌大学, 2018.

刘丽丽, 赵清喜. 功能性便秘患者肠道菌群分析及肠道菌群调节作用的研究 [J]. 健康大视野, 2019, (2): 43.

刘松珍, 张雁, 张名位, 等. 肠道短链脂肪酸产生机制及生理功能的研究进展 [J]. 广东农业科学, 2013, 40 (11): 99-103.

刘畅, 王红艳. CD8+ T 细胞活化与分化的分子机制 [J]. 中国免疫学杂志, 2017, 33 (4): 481-487.

刘荣瑜, 王昊, 张子依, 等. 多糖与肠道菌群相互作用的研究进展 [J]. 食品科学, 2022, 43 (05): 363-373.

刘昭曦, 王禄山, 陈敏. 肠道菌群多糖利用及代谢 [J]. 微生物学报, 2021, 61 (7): 1816-1828.

刘航. 高静压处理荞麦淀粉性质研究及其对小鼠肠道微生物菌群的影响 [D]. 杨凌: 西北农林科技大学, 2017.

刘淑贞, 周文果, 叶伟建, 等. 活性多糖的生物活性及构效关系研究进展 [J]. 食品研究与开发, 2017, 38 (18): 211-218.

刘颖文, 钟宇, 江黎明. 产多不饱和脂肪酸微生物的研究与展望 [J]. 基因组学与应用生物学, 2018, 37 (10): 4380-4390.

齐崇海. 固体表面有序单层水对浸润及介电性质的影响研究 [D]. 济南: 山东大学, 2021.

闫华, 李冰, 王宏, 等. 脑损伤免疫耐受治疗研究进展 [J]. 中国现代神经疾病杂志, 2014, 14 (8): 734-737.

江晓凌，马璐，应正河，等．绣球菌的生物学特性研究［J］．食药用菌，2012，20（6）：341-343.

汤小芳，刘想，胡美华，等．多糖对免疫系统调控的研究进展［J］．食品工业科技，2018，39（09）：325-331+341.

安郁宽．毛细管探针法测定液体的表面张力系数［J］．大学物理，2010，29（10）：37-40.

孙国玉，侯新琳，周丛乐．听觉事件相关电位对新生儿大脑皮质认知功能研究进展［J］．中国循证儿科杂志，2016，11（03）：235-238.

芮菁．香菇多糖的药理作用和临床应用概况［J］．天津药学，2000，12（1）：35-37.

杜逸群．黄山石耳凝胶多糖的化学结构及流变学特性的研究［D］．合肥：合肥工业大学，2015.

李茜，冯翠萍，常明昌，等．杏鲍菇多肽对铅致大鼠骨骼损伤的干预作用［J］．营养学报，2018，40（03）：245-249.

李洁薇，池永清，吴钿芳，等．镉铅复合胁迫对草本花卉种子萌发及幼苗生长的影响［J］．河南农业科学，2022，51（12）：122-130.

李健，费潇，王腊梅，等．基于液滴局部轮廓的接触角测量方法［J］．科学技术与工程，2021，21（24）：10134-10139.

李鸿娜，颜红．中医药对抑郁动物模型海马结构影响的研究进展［J］．世界中医药，2015，10（11）：1802-1805.

杨立娜，王子义，雒明朔，等．膳食可溶性多糖与胆汁酸相互作用的研究进展［J］．渤海大学学报（自然科学版），2020，41（2）：119-126.

杨亚茹，郝正祺，常明昌，等．绣球菌酸性多糖的分离纯化、结构鉴定及抗氧化活性研究［J］．食用菌学报，2019，26（03）：105-112.

肖振平，龙慧，邹聪，等．甲状旁腺激素对大鼠脊髓损伤后骨质疏松的作用和机制［J］．中国药理学通报，2022，38（1）：98-104.

吴雅清，冷小鹏．多糖体外抗氧化作用及其影响因素［J］．广州化工，2018，46（4）：4-9+16.

何剪太，朱轩仪，巫放明，等．铅中毒和驱铅药物的研究进展［J］．中国现代医学杂志，2017，27（14）：53-57.

何晴，周梦盈，蔡苏兰，等．制霉素生物合成研究进展［J］．沈阳药科大学学报，2020，37（05）：458-465.

余永红，马建荣，王海洪．细菌脂肪酸合成多样性的研究进展［J］．微生物学杂志，2016，36（04）：76-83.

闵芳芳，聂少平，万宇俊，等．青钱柳多糖在体外消化模型中的消化与吸收［J］．食品科学，2013，34（21）：24-29.

宋德群．蓝莓花色苷对 CP 致脏器损伤的保护及抗衰老作用研究［D］．沈阳：沈阳农业大学，2013.

张作法，王富根，陈建飞，等．绣球菌对肿瘤细胞的抑制作用［J］．浙江农业科学，2019，60（10）：1877-1881.

张迪，王宏雨，肖冬来，等．绣球菌多糖及其体外免疫活性研究［J］．福建农业学报，2019，34（9）：1093-1099.

张盼，徐炜，张利刚，等．黑木耳理化性质的研究及其多糖的提取纯化［J］．现代食品，2019（21）：80-82.

张洁，孙慧娟，严小军，等．藿香对营养性肥胖大鼠降脂的作用及其代谢组学研究［J］．世界科学技术-中医药现代化，2019，21（10）：2081-2087.

张莘莘．黑灵芝多糖的抗肿瘤活性及其分子机制初探［D］．南昌：南昌大学，2014．

张晓菲．绣球菌低分子量葡聚糖的分离及活性分析［D］．杭州：浙江理工大学，2013．

陆红佳，游玉明，刘金枝，等．纳米甘薯渣纤维素对糖尿病大鼠血糖及血脂水平的影响［J］．食品科学，2015，36（21）：227-232．

陈一晴，聂少平，黄丹菲，等．大粒车前子多糖对 RAW 264.7 细胞一氧化氮生成的影响［J］．中国药理学通报，2009，25（8）：1119-1120．

陈文霞，魏小萌，王彩虹．香菇多糖对甲状腺癌荷瘤小鼠肿瘤生长抑制作用研究［J］．中国临床药理学杂志，2019，35（22）：2875-2877．

陈伟光．结直肠癌相关微生态菌群及其宿主相互作用机制研究［D］．杭州：浙江大学，2012．

陈家瑞，黄庆玲，胡丽群，等．荷瘤小鼠脾脏功能紊乱型 CD8$^+$ T 细胞数量的分析研究［J］．蛇志，2019，31（3）：327-330．

苗晶囡，邱军强，李海霞，等．天然多糖对肠道菌群调节作用的研究进展［J］．中国食物与营养，2019，25（12）：52-58．

范丽君，尹琳，张仲惠，等．环磷酰胺对大鼠脑缺血再灌注后脑组织中肿瘤坏死因子-α 影响的研究［J］．中国基层医药，2016，13（8）：1344-1345．

林燕飞，张琴，高芳芳．酸左旋咪唑对免疫功能低下小鼠免疫功能的影响［J］．食品与药品，2018，20（6）：460-464．

尚庆辉，解玉怀，张桂国，等．植物多糖的免疫调节作用及其机制研究进展［J］．动物营养学报，2015，27（1）：49-58．

金玉妍．灰树花胞外多糖的分离纯化及降血糖作用研究［D］．天津：天津科技大学，2009．

金城．食用菌多糖的抗氧化活性［J］．微生物学通报，2013，40（4）：720．

周红，赵冰楠，杨丽，等．琥珀酰多糖的流变特性研究［J］．食品科技，2019，44（02）：209-215．

周昕．黄连吴茱萸等比配伍对高脂模型大鼠胆固醇代谢相关基因及肠道菌群的影响［D］．成都：成都中医药大学，2018．

单晨，叶玮．口源性口臭相关微生物及挥发性含硫化合物的产生机制［J］．口腔医学，2020，40（09）：864-868．

孟静，赵宇宏，王洋，等．钙对染铅大鼠骨骼 TRPV 通路中相关基因 mRNA 表达的影响［J］．营养学报，2016，38（5）：462-465．

赵晨宇，布冠好，陈复生，等．糖基化大豆分离蛋白纳米乳液的制备及其稳定性研究［J］．河南工业大学学报（自然科学版），2021（04）：22-29．

赵敏洁，蔡海莺，蒋增良，等．高脂膳食与肠道微生态相关性研究进展［J］．食品科学，2018，39（5）：336-343．

赵璐，许建华．肾上腺素能受体信号通路与结直肠癌关系的研究进展［J］．世界华人消化杂志，2014，22（34）：5285-5290．

郝正祺，王荣荣，冯翠萍，等．绣球菌多糖及其功能研究［J］．中国食用菌，2017，36（1）：48-51．

郝正祺．绣球菌多糖结构鉴定、流变凝胶学特性及其抗氧化和免疫功能的研究［D］．太谷：山西农业大学，2018．

郝正祺，刘靖宇，孟俊龙，等．绣球菌子实体单组分多糖结构表征及其免疫活性［J］．中国食品学报，2021，21（10）：46-55．

郝称莉，孟静，王洋，等．钙对染铅大鼠骨骼损伤的保护机制［J］．营养学报，2016，38（6）：

572-574.

郝瑞芳, 李荣春. 灵芝多糖的药理和保健作用及应用前景 [J]. 食用菌学报, 2004, 11 (4): 57-62.

胡明月, 梁艳, 郑姗姗. 海藻多糖的促排铅药效初步研究 [J]. 中国处方药, 2020, 18 (1): 32-33.

胡爽. 绣球菌发酵工艺优化及其多糖神经保护研究 [D]. 长春: 吉林大学, 2016.

胡婕伦. 大粒车前子多糖体内外消化与酵解特征体系构建及其促进肠道健康的作用 [D]. 南昌: 南昌大学, 2014.

侯焘. 鸭蛋蛋清肽通过 TRPV6 钙离子通道提高钙生物利用率活性、机制及构效关系研究 [D]. 武汉: 华中农业大学, 2017.

洪燕, 程义勇, 张月红, 等. 钙缺乏对大鼠骨骼发育的影响及其机制探讨 [J]. 卫生研究, 2002, 31 (1): 41-43.

宫下良平, 王建兵. 珍稀食用菌绣球菌 [J]. 食药用菌, 2019, 27 (4): 241-243.

聂启兴, 胡婕伦, 钟亚东, 等. 几类不同食物对肠道菌群调节作用的研究进展 [J]. 食品科学, 2019, 40 (11): 321-330.

聂晨曦. 青稞 β-葡聚糖理化性质及其对肠道菌群的影响 [D]. 杨凌: 西北农林科技大学, 2019.

钱思佳, 王旗春, 林梅. 浅谈口腔溃疡的病因机制及预防 [J]. 科技资讯, 2017, 15 (21): 244+246.

倪柳芳, 余璟, 汪心娉, 等. ATR-IR 分析氢氧化钠对水及离子液体/水体系氢键作用的影响 [J]. 光谱学与光谱分析, 2021, 41 (10): 3106-3110.

徐自慧, 王雅蕾, 万亮琴, 等. 肝癌小鼠外周血及脾脏 T 淋巴细胞亚群的变化极其意义 [J]. 现代生物医学进展, 2019, 19 (8): 1406-1409.

栾英桥, 杨佳幸, 陶嫦立, 等. 肠道菌群影响肠道细胞免疫的研究进展 [J]. 中国免疫学杂志, 2018, 34 (11): 1734-1737+1742.

高文静, 逄高, 郭莹莹, 等. 岩藻多糖对染铅大鼠体内铅及矿物质元素含量的影响 [J]. 食品工业科技, 2020, 41 (9): 303-308.

高坤, 冯杰, 颜梦秋, 等. 灵芝液态发酵高产胞外多糖菌株筛选及多糖特性分析 [J]. 菌物学报, 2019, 38 (06): 886-894.

高渊. 广叶绣球菌多糖对高脂高胆固醇膳食大鼠肠道胆固醇代谢的影响及作用机制 [D]. 太谷: 山西农业大学, 2021.

郭燕君, 袁华, 张俐娜, 等. 灵芝多糖对阿尔茨海默病大鼠海马组织形态学及抗氧化能力的影响 [J]. 解剖学报, 2006, 037 (005): 509-513.

黄慧敏. 基于代谢组学技术分析枯草芽孢杆菌对致龋菌的生长抑制作用 [D]. 兰州: 兰州大学, 2018.

龚敏, 朱勤, 王彤, 等. 冬虫夏草多糖的分子结构与免疫活性 [J]. 中国生物化学与分子生物学报, 1990, 6 (06): 486-492.

康慧琳, 樊卫平, 雷波, 等. 不同剂量环磷酰胺对小鼠免疫功能的影响 [J]. 免疫学杂志, 2018, 34 (4): 308-312.

董艳如. 牛乳蛋白过敏儿童肠道菌群结构及短链脂肪酸分析 [D]. 哈尔滨: 东北农业大学, 2018.

董越, 黄占旺, 牛丽亚, 等. 不同因素对黑木耳全粉流变学特性的影响 [J]. 食用菌学报, 2020, 27 (04): 120-130.

韩亚楠, 李月勤, 王军, 等. 5-羟色胺在肠道疾病中的研究进展 [J]. 中国畜禽种业, 2019, 15 (02): 4-6.

程红艳, 冯翠萍, 王伟娟, 等. 姬松茸多糖对铅中毒大鼠铅代谢及体内铜、钙、锌、铁、锰含量的影响 [J]. 营养学报, 2012, 34 (3): 257-261.

温晓妮. 运动对海马结构及功能的研究进展 [J]. 西安体育学院学报, 2011, 28 (01): 94-98.

靳翠红. 铅对乳鼠成骨细胞毒性的实验研究 [D]. 沈阳: 中国医科大学, 2005.

楚杰, 王莹, 郝永任, 等. 绣球菌菌丝体多糖的抗氧化活性 [J]. 食用菌学报, 2017, 24 (4): 50-54+99.

鲍根强, 肖春来, 张国辉, 等. 甲状旁腺激素联合降钙素对大鼠骨质疏松性骨折骨生长因子的影响 [J]. 中国骨质疏松杂志, 2020, 26 (4): 480-484+489.

冀晓龙. 红枣多糖结构解析及对小鼠结肠癌抑制作用研究 [D]. 杨凌: 西北农林科技大学, 2019.

第三章
姬松茸多糖的功能研究

姬松茸（*Agaricus blazei* Murrill）是一种食药兼用型的珍稀食用菌，属担子菌亚门，层菌纲，伞菌目，蘑菇科，蘑菇属，原产自秘鲁、巴西、美国等地，商品名叫巴西菇。姬松茸口感脆嫩，具杏仁香味，食用价值颇高。据有关资料介绍，姬松茸干品含粗蛋白40%～45%，可溶性糖类38%～45%，粗纤维6%～8%，脂肪3%～4%，灰分5%～7%，是一种含蛋白质和糖质丰富的食用菌。姬松茸不仅营养丰富，还具有多种生理调节功能，姬松茸多糖作为其主要有效成分，受到人们广泛的关注。本章主要针对姬松茸多糖的功能进行介绍。

第一节　姬松茸多糖的排铅作用

一、姬松茸多糖对染铅大鼠神经系统的影响

铅是常见的工业毒物和环境污染物，对人体各组织均有毒害作用，包括神经毒性。特别是儿童处于发育阶段，机体对铅易感性较高，中毒机率较大，直接影响其生长发育、智力和身心健康等。因此，研究和开发具有排铅作用的食品和功能成分对保证人体健康具有重要的意义。

本节主要研究姬松茸多糖对染铅大鼠海马、脊髓组织形态以及对相关基因表达的影响，探讨姬松茸多糖对染铅所致的神经损伤的调控机理。实验中，选用健康45日龄SD大鼠48只，随机分为6组，每组8只，雌雄各半，分别为正常对照组、多糖对照组、染铅模型组、低剂量组、中剂量组、高剂量组。饲养条件为分笼饲养，每笼四只，自然昼夜，节律光照，温度（20±5）℃，相对湿度为40%～60%。染铅模型组、试验组分别给予0.2%醋酸铅饮水，自由饮用，其他组给予蒸馏水。多糖对照组、低剂量、中剂量和高剂量组分别按每天每只100mg/kg、50mg/kg、100mg/kg、200mg/kg体重灌服姬松茸多糖液，各组灌服液体积相等，为1mL。正常对照组和染铅模型组每天每只灌胃1mL的生理盐水，以消除应激反应造成的影响，饲养60d。

1. 姬松茸多糖对染铅大鼠神经系统组织形态的影响

（1）大鼠海马组织形态观察　从图3-1可以看出，正常对照组大鼠海马神经细胞数量多，排列密集有序，细胞核深染。与正常对照组相比，染铅组中星形神经元细胞数量减少，细胞间隙增大，染色质淡染。与染铅组相比，试验组随着多糖剂量的增大，星形神经

元细胞数量增多，细胞排列逐渐密集，染色质变深。

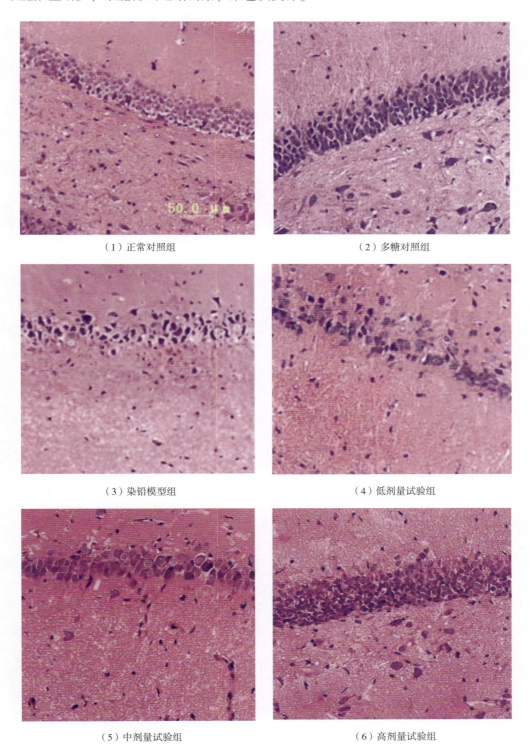

（1）正常对照组　　　　　　　　　　　　　　　（2）多糖对照组

（3）染铅模型组　　　　　　　　　　　　　　　（4）低剂量试验组

（5）中剂量试验组　　　　　　　　　　　　　　（6）高剂量试验组

图 3-1　海马组织 HE 染色

（2）大鼠脊髓组织形态观察　从图3-2可以看出，与正常对照组相比，染铅模型组脊髓神经元胞质呈空泡样变，髓鞘严重变形，髓鞘呈线团状改变，伴有高密度的块状沉积

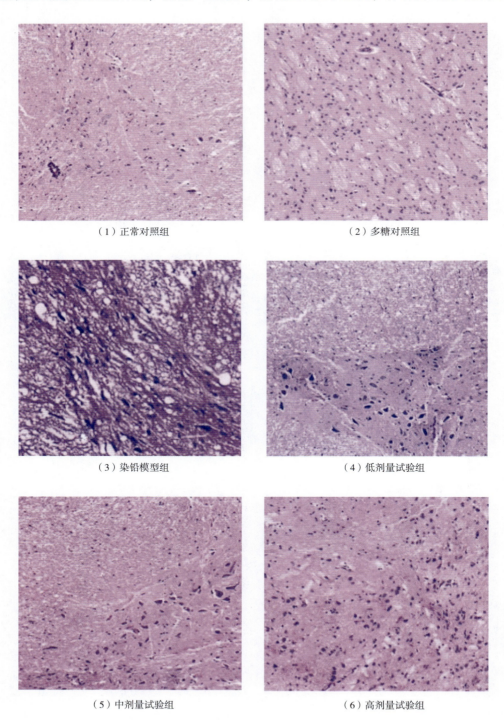

（1）正常对照组　　　　　　　　　　　　　　（2）多糖对照组

（3）染铅模型组　　　　　　　　　　　　　　（4）低剂量试验组

（5）中剂量试验组　　　　　　　　　　　　　　（6）高剂量试验组

图3-2　脊髓组织HE染色

物。与染铅模型组相比，中剂量组和高剂量组脊髓神经元及大部分神经纤维的髓鞘结构清晰，胞质分布均匀，组织间隙正常。从总体上讲，铅暴露可导致神经细胞结构的变化，且高剂量组较染铅组相比，脊髓组织中的病理变化得到一定缓解，即细胞结构遭到破坏的程度减轻。

2. 姬松茸多糖对染铅大鼠脑组织生理生化指标的影响

（1）姬松茸多糖对染铅大鼠脑组织铅含量的测定结果　由表 3-1 可知，与正常对照组相比，染铅模型组脑铅含量极显著升高（$p<0.01$）；与染铅模型组相比，试验组随着多糖浓度的增大，脑铅含量逐渐降低，差异极显著（$p<0.01$）。

表 3-1　　　　　　　　　　姬松茸多糖对染铅大鼠脑铅含量的影响

组别	正常对照组 （NC 组）	多糖对照组 （ABP 组）	染铅模型组 （Pb 组）	低剂量组 （Low dose group）	中剂量组 （Medium dose group）	高剂量组 （High dose group）
铅含量/（μg/g）	0.08±0.01	0.063±0.006	2.25±0.261△△	1.36±0.122△△ **	0.64±0.093△△ **	0.37±0.075△△ **

注：与正常对照组比较，△表示差异显著（$p<0.05$），△△表示差异极显著（$p<0.01$）；与染铅模型组比较，* 表示差异显著（$p<0.05$），** 表示差异极显著（$p<0.01$），本部分余同。

（2）姬松茸多糖对染铅大鼠脑组织中 NO 含量的影响　由图 3-3 可知，与正常对照组相比，染铅模型组、低剂量组脑组织中 NO 含量升高；多糖对照组含量降低，差异显著（$p<0.05$）。与染铅模型组相比，试验组随着多糖浓度的增加，NO 含量逐渐降低。

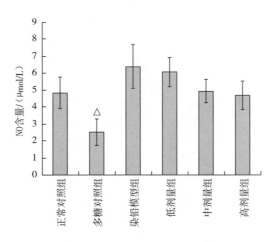

图 3-3　姬松茸多糖对染铅大鼠脑组织中 NO 含量的影响

（3）姬松茸多糖对染铅大鼠脑组织中 TNOS 活性的影响　由图 3-4 可知，与正常对照组相比，染铅模型组 TNOS 活性升高，中剂量组、高剂量组随着多糖浓度的增加，TNOS 活性降低。与染铅模型组相比，试验组随着多糖浓度的增加，TNOS 活性逐渐降低，中剂量组差异显著（$p<0.05$），高剂量组差异极显著（$p<0.01$）。

（4）姬松茸多糖对染铅大鼠脑组织中 iNOS 活性的影响　由图 3-5 可知，与正常对照

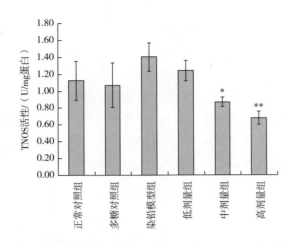

图 3-4　姬松茸多糖对染铅大鼠脑组织中 TNOS 活性的影响

组比较，染铅模型组 iNOS 活性降低，但差异不显著，多糖对照组 iNOS 活性升高，差异极显著（$p<0.01$）。与染铅模型组相比，低剂量组 iNOS 活性降低，高剂量组 iNOS 活性升高，差异显著（$p<0.05$）。

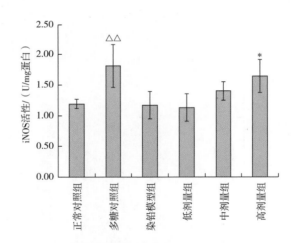

图 3-5　姬松茸多糖对染铅大鼠脑组织中 iNOS 活性的影响

（5）姬松茸多糖对染铅大鼠脑组织中 Glu 含量的影响　由图 3-6 可知，与正常对照组相比，染铅模型组 Glu 含量升高，差异不显著，中剂量组和高剂量组 Glu 含量降低，差异不显著。与染铅模型组相比，低、中、高剂量组随着多糖浓度的增加 Glu 含量逐渐降低，但均无显著差异。

（6）姬松茸多糖对染铅大鼠脑组织中巯基（—SH）含量的影响　由图 3-7 可知，与正常对照组相比，染铅模型组大鼠脑组织中—SH 的含量降低，多糖对照组含量升高。与染铅模型组相比，低、中、高剂量组随着多糖浓度的增加，—SH 含量逐渐升高。

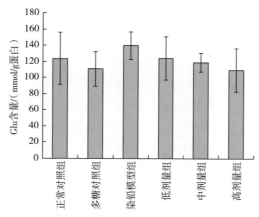

图 3-6　姬松茸多糖对染铅大鼠脑组织中 Glu 含量的影响

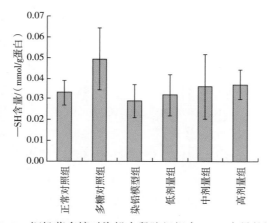

图 3-7　姬松茸多糖对染铅大鼠脑组织中—SH 含量的影响

3. 姬松茸多糖对染铅大鼠酸敏感离子通道基因表达的影响

由表 3-2 可知，与正常对照组相比，染铅极显著影响 ASICla mRNA 的表达水平（$p<$ 0.01）除了低剂量组 ASIC1a mRNA 的表达量较正常对照组极升高（$p<0.01$），其余各剂量组均不影响 ASIC1a mRNA 的表达水平；虽然 ASIC2b mRNA 表达呈现随剂量升高而降低的趋势，但与正常对照组相比，差异无统计学意义（$p>0.05$），染铅不影响 ASIC2b mRNA 的表达水平。

表 3-2　　姬松茸多糖对染铅中毒大鼠海马 ASIC1a、ASIC2b 基因表达量的影响

组别	ASIC1a	ASIC2b
正常对照组	1	1
染铅模型组	3.5088±0.0064△△	0.8613±0.1166
低剂量组	1.5084±0.1007△△ **	1.0517±0.2534
中剂量组	0.8834±0.0660 **	1.0273±0.0795
高剂量组	0.8451±0.0779 **	1.0097±0.2636

铅可破坏海马结构和功能，直接损害学习记忆，如骨铅高者，控制能力、语言能力、记忆力都有显著降低（马海燕等，2006）。付大干等（2002）研究表明，铅可抑制动物胚胎海马神经元轴突的生长，并使突触可塑性下降。此外，Ca^{2+}代谢也会受到影响，抑制神经细胞依赖性Ca^{2+}通道（鲁薇等，2008）。生长发育期铅接触可使海马神经元C蛋白激酶C（PKC）活性降低，从而影响神经递质的释放（Shin et al. 2007）。由此可见，铅所致的学习记忆缺陷与海马组织受损密切相关。

研究结果表明，染铅大鼠星形神经元细胞数量减少，细胞间隙增大，细胞层变薄，在海马和脊髓中均产生了显著的病理变化，其结果与尹爱华等（2013）的研究相似。与染铅组相比，试验组随着剂量的增大，星形神经元细胞数量增多，细胞排列逐渐密集，病理变化得到缓解，与李茂进（2000）研究结果一致。因此，推断染铅可导致神经细胞结构的变化，姬松茸多糖可影响铅的蓄积从而改善其组织结构。

进一步研究发现，与染铅模型组相比，姬松茸多糖组在剂量达到50mg/kg时，脑铅含量下降，表明姬松茸多糖具有明显降低染铅大鼠脑组织中Pb含量的作用。研究表明，多糖能够以分子形式进入机体，提供氨基、羧基、羟基等官能团，与铅结合促进铅的排出。本试验推测姬松茸多糖的排铅作用与此相关。

此外，本部分研究结果显示，染铅使大脑NO含量和总NOS活性升高，iNOS活性却显著降低，可推断出cNOS活性显著升高。与王世鑫等（2002）发现的染铅早期脑皮质NO含量及总NOS活性升高的结果一致。染铅使iNOS活性降低，原因可能是铅影响iNOS基因的表达。实验中同时观察到Glu含量的升高，NO含量及NOS活性升高可能是通过NMDA-Ca^{2+}-NO路径升高引起的，也可能是由铅引起的其他生化变化所引起的代偿反应。姬松茸多糖能够拮抗染铅引起的NO含量和NOS活性的改变，其原因可能是姬松茸多糖对神经细胞内Ca^{2+}水平有调节作用，这与李秋莲（2005）研究结果一致。姬松茸多糖影响Glu的释放也可能是通过激活内质网和线粒体的钙存储功能，从而抑制钙依赖性的Glu释放。安文林等（2001）发现Glu能剂量依赖地使神经元细胞内钙离子浓度升高（可达100%），而牛磺酸能在一定程度上拮抗Glu，引起神经元 $[Ca^{2+}]$ i 的升高，拮抗谷氨酸引起的神经元减少。在大脑中牛磺酸和Glu的水平呈高度正相关，牛磺酸对Glu引起的去极化现象，可通过抑制谷氨酸受体来减轻Glu的神经毒性，推测姬松茸多糖可能通过相同的作用机制保护细胞，维持血脑屏障的正常形态和功能，从而减少铅的侵入，降低铅的神经毒性。

染铅影响ASIC1a mRNA的表达水平。Wang et al. （2006）通过电生理学检测手段证实，铅能抑制ASIC1a、ASIC1b和ASIC3的活性和电流，因为ASIC1b和ASIC3只分布于外周神经系统，所以对于CNS而言，无疑只有1a亚基是铅作用的靶分子，与本研究结果相一致。因此，鉴于ASIC1a在CNS中的重要功能，铅在基因、通道活性水平上对ASIC1a选择性调节可能是铅中枢神经毒性的机制之一。多糖能以分子形式进入机体，促进铅的排出（王园园等，2010；王进等，2011），这些表明姬松茸多糖对染铅引起的海马损伤具有调节作用。

综上，姬松茸多糖对染铅大鼠造成的神经系统损伤具有保护作用，ASICla 亚基是铅作用的靶分子，对 ASICla 选择性调节可能是铅中枢神经毒性的机制之一。

二、姬松茸多糖对染铅大鼠脾脏免疫功能的影响

铅在体内的半衰期长，对动物和人体都能引发广泛的生理、生化和行为损害，主要累及中枢和外周神经系统、造血系统、免疫系统、生殖系统等（陈维新，1993）。本部分主要介绍姬松茸多糖对染铅大鼠免疫系统的调节作用，为姬松茸多糖的进一步开发提供理论依据。动物模型构建方法同本节第一部分，主要结果如下。

1. 姬松茸多糖对染铅大鼠脾脏组织形态的影响

由图 3-8~图 3-13 可知，正常对照组和多糖对照组中大鼠脾脏皮髓交界明显，白髓和红髓中有密集的淋巴细胞分布，淋巴小结界限清楚可见，淋巴结中淋巴细胞数量及白髓中央动脉周围淋巴鞘数量分布均匀，并且细胞排列规整。而染铅模型组大鼠脾脏皮髓交界不明显，白髓和红髓中的淋巴细胞分布较为分散，淋巴小结界限模糊不清，淋巴结中淋巴细胞数量及白髓中央动脉周围淋巴鞘数量减少，排列稀疏，淋巴小结也较难形成，且形状不规则。

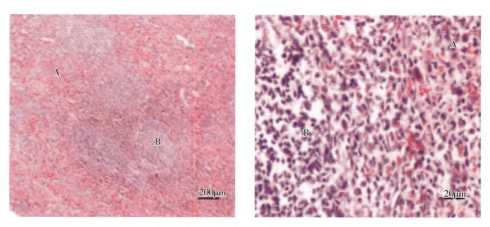

图 3-8　正常对照组脾脏 HE 染色

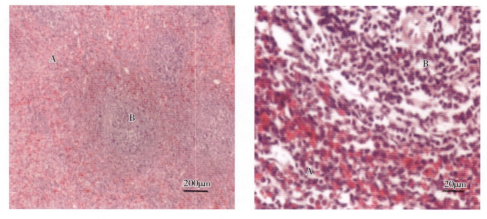

图 3-9　多糖对照组脾脏 HE 染色

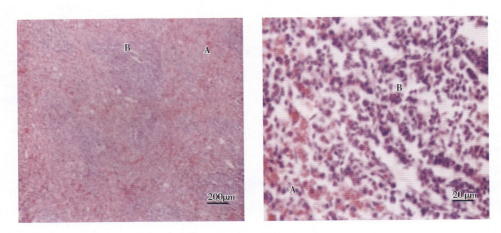

图 3-10　染铅模型组脾脏 HE 染色

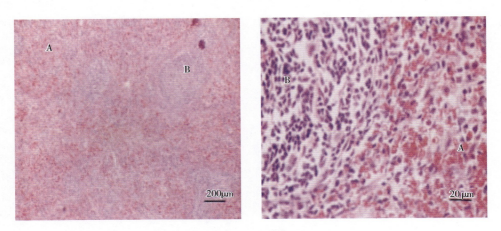

图 3-11　低剂量组脾脏 HE 染色

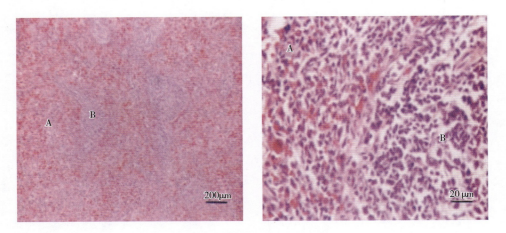

图 3-12　中剂量组脾脏 HE 染色

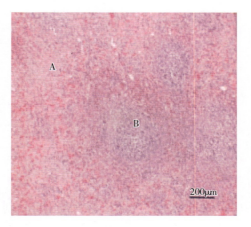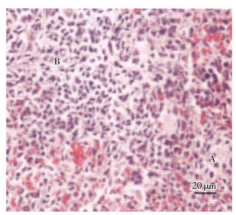

图 3-13　高剂量组脾脏 HE 染色

注：A 为红髓，B 为白髓。

　　此外，与染铅模型组大鼠相比，试验组大鼠脾脏随着姬松茸多糖剂量的增加，大鼠脾脏皮髓交界逐渐明显，白髓和红髓中的淋巴细胞分布逐渐密集，淋巴小结界限逐渐清楚，淋巴结中淋巴细胞数量及白髓中央动脉周围淋巴鞘数量增加，排列逐渐紧密，淋巴小结也较易形成，且形状逐渐变得规则。

　　2. 姬松茸多糖对染铅大鼠脾脏细胞因子 mRNA 表达量的影响

　　由表 3-3 可知，与正常对照组相比，多糖对照组 NF-κB、ICAM-1、MHC I 均下降，但差异不显著；染铅模型组 NF-κB、ICAM-1、MHC I 分别升高 39.6%、67.9%、20.7%，差异显著或极显著（$p<0.05$ 或 $p<0.01$）。与染铅模型组相比，随着试验组多糖浓度的增加，NF-κB、ICAM-1、MHC I mRNA 的相对表达量逐渐降低，低剂量组分别下降 34.8%、43.1%、46.4%，中剂量组分别下降 41.8%、46.7%、58.5%，高剂量组分别下降 43.0%、56.2%、59.9%，差异均达到极显著水平（$p<0.01$）。

表 3-3　　　　姬松茸多糖对染铅大鼠脾脏细胞因子 mRNA 的相对表达量

细胞因子	正常对照组（NC 组）	多糖对照组（ABPS 组）	染铅模型组（Pb 组）	低剂量组（Low dose group）	中剂量组（Medium dose group）	高剂量组（High dose group）
NF-κB	1	0.84±0.04	1.40±0.02 *	0.91±0.02 △△	0.81±0.03 △△	0.80±0.06 △△
ICAM-1	1	0.96±0.05	1.85±0.06 **	0.96±0.04 △△	0.89±0.06 △△	0.74±0.03 △△
MHC I	1	0.82±0.10	1.21±0.13 *	0.65±0.13 △△	0.50±0.08 △△	0.48±0.09 △△
IL-1β	1	1.14±0.06 *	0.78±0.09 **	1.02±0.07 △△	1.08±0.06 △△	1.28±0.11 ** △△
IL-2	1	1.31±0.07 **	0.73±0.12 **	0.81±0.05 **	0.91±0.09 △	1.32±0.07 ** △△

续表

细胞因子	正常对照组 （NC 组）	多糖对照组 （ABPS 组）	染铅模型组 （Pb 组）	低剂量组 （Low dose group）	中剂量组 （Medium dose group）	高剂量组 （High dose group）
IL-6	1	1.13±0.13*	0.54±0.11**	0.91±0.06△△	0.99±0.08△△	1.77±0.06** △△
TNF-α	1	1.17±0.09*	0.79±0.10**	1.01±0.06△△	1.10±0.04△△	1.97±0.14** △△
IFN-γ	1	1.21±0.05**	0.57±0.05**	0.89±0.07△△	1.03±0.08△△	1.48±0.12** △△

注：与正常对照组比较，*表示差异显著（$p<0.05$），**表示差异极显著（$p<0.01$）；与染铅模型组比较，△表示差异显著（$p<0.05$），△△表示差异极显著（$p<0.01$）。

与正常对照组相比，多糖对照组脾脏 IL-1β、IL-6、TNF-α mRNA 的表达量分别上升14.3%、12.6%、17.2%，差异显著（$p<0.05$），IL-2、IFN-γ mRNA 的表达量分别上升31.0%、20.5%，差异极显著（$p<0.01$）；染铅模型组 IL-1β、IL-2、IL-6、TNF-α、IFN-γ mRNA 表达量分别下降22.4%、27.1%、46.3%、20.7%、43.1%，差异极显著（$p<0.01$）；高剂量组 IL-1β、IL-2、IL-6、TNF-α、IFN-γ mRNA 表达量分别升高28.2%、31.8%、27.8%、97.2%、48.2%，差异极显著（$p<0.01$）。与染铅模型组相比，试验组多糖浓度越高，表达量相对升高越多。低剂量组脾脏 IL-1β、IL-6、TNF-α、IFN-γ mRNA 的表达量分别升高30.8%、68.5%、27.8%、56.1%，差异极显著（$p<0.01$）；中剂量组脾脏 IL-2mRNA 的表达量升高24.7%，差异显著（$p<0.05$），IL-1β、IL-6、TNF-α、IFN-γ mRNA 的表达量分别升高38.4%、83.3%、39.2%、80.7%，差异极显著（$p<0.01$）；高剂量组 IL-1β、IL-2、IL-6、TNF-α、IFN-γ mRNA 表达量分别升高64.1%、80.8%、227.8%、149.4%、159.6%，差异极显著（$p<0.01$）。

脾脏是机体最大的免疫器官，内部可分为红髓及白髓。试验显示，染铅组大鼠脾脏皮髓交界不明显，白髓和红髓中淋巴细胞分布较为分散，淋巴结中淋巴细胞数量及白髓中央动脉周围淋巴鞘数量减少，排列稀疏，淋巴小结也较难形成，且形状不规则，说明染铅可引起脾脏组织细胞的病理变化。鲍红丹和孙鹏（2005）研究表明，醋酸铅染毒组的脾脏白髓发育不良，淋巴小结个数较正常对照组明显减少，动脉周围淋巴鞘内淋巴细胞稀疏，白髓与红髓分界不清，这与本部分试验结果一致。而多糖组中大鼠脾脏中央动脉及其周围淋巴鞘、边缘带、淋巴小结、脾窦及脾索结构均无明显异常，说明姬松茸多糖能减轻铅致脾脏组织形态病变，保护大鼠脾脏的免疫功能。

NF-κB 是核内炎性递质基因转录的开关（薛育政等，2007），抑制 NF-κB 的活化，可以减轻组织损伤和炎症反应（Meng et al. 2005）。ICAM-1 是 CD18 的重要配体，是参与介导细胞间黏附、识别的重要黏附分子（Khachigian et al. 1997），能促进 T 细胞活化及白细胞从血管内向炎症部位浸润，在炎症和免疫反应起重要作用，抑制 NF-κB 的活性可减少 ICAM-1 表达及间质单核巨噬细胞浸润（Nakao et al. 1995）。在炎症介质作用下，白细胞上调 CD11/CD18 二者比例，内皮细胞上 ICAM-1 表达也增强（Altannavch et al. 2004）。

MHC I 类分子是有高度多态性的细胞表面糖蛋白，能呈递细胞内病原表位肽段给 CD8T 淋巴细胞。不同的 MHC I 类分子在提呈细胞内病原表位肽段的能力上存在着明显的差异。因此，对 MHC I 的研究对于评价针对病原的动物细胞毒性 T 淋巴细胞（Cytotoxic Tlymphocyte）保护性免疫反应非常重要。张常然等（2009）报道，六君子汤能通过下调 NF-κB 的表达，可能在转录水平上抑制 ICAM-1 的表达，能减轻支气管壁组织损伤的炎症程度。本部分试验结果表明，姬松茸多糖能降低染铅大鼠脾脏 NF-κB、ICAM-1、MHCI mRNA 的表达量，而染铅组其表达量显著升高，说明姬松茸多糖对铅致大鼠免疫损伤有保护作用。

多糖的免疫功能与对细胞因子及其表达水平的影响有关，现已证明很多中药活性成分及其复方对白介素（如 IL-1、IL-2、IL-5），干扰素（如 IFN-α、IFN-γ）、集落刺激因子（CSF）、肿瘤坏死因子（TNF）及其他细胞因子的生成和表达有影响（张彬等，2008）。本部分试验结果表明，姬松茸多糖能显著增加 IL-2、IL-6、IFN-γ 的表达量，且高剂量组能极显著增加各细胞因子的表达量，与邱妍（2007）对其他多糖的研究结果一致。体外试验和动物试验表明铅对 T 淋巴细胞及细胞因子、B 淋巴细胞及抗体、其他细胞如红细胞、巨噬细胞的功能影响较为明显。Undeger et al.（1996）发现铅作业工人 $CD4^+$ 细胞明显减少，$CD4^+$ 细胞在体内是承担辅助细胞免疫和体液免疫的重要细胞群，因此，$CD4^+$ 细胞数量明显减少会影响机体免疫功能。$CD4^+$ 细胞分为 Th1 细胞和 Th2 细胞，分别辅助细胞免疫和体液免疫，从 $CD4^+$ 细胞明显减少这一结果来看，可以看出 Th1 细胞和 Th2 细胞数量减少，进而影响细胞因子的表达。徐培娟（2008）研究也发现：低铅、高铅损伤组儿童血清中 IL-1 的浓度均低于血铅正常组，而且铅对儿童 IL-1 的影响在血铅相对较低的水平时就发生，并且随血铅升高，对儿童 IL-1 的影响越来越明显，而且两者间有非常显著的负相关，说明随血铅浓度的上升，儿童血清 IL-1β 含量呈下降趋势。本部分试验中铅中毒模型组细胞因子的表达量极显著低于其他对照组和试验组，与其他学者的研究结果一致。

综上所述，染铅可引起脾脏组织细胞的病理变化进而影响大鼠脾脏的免疫功能，而姬松茸多糖能够缓解染铅造成的脾脏损伤。姬松茸多糖对铅中毒大鼠脾脏细胞因子 mRNA 表达量有明显的影响，说明姬松茸多糖对铅致大鼠免疫损伤具有保护作用。

三、姬松茸多糖对染铅大鼠抗氧化作用和凋亡基因表达的影响

铅对人体的危害是全身性、多系统的，即铅对消化系统，神经系统，血液系统，免疫系统，心血管系统，泌尿生殖系统等均有毒性作用（廖百基，1989；周锦英等，2006；厉志玉和赵正言，2002；周景明等，2000）。本节第三部分主要研究姬松茸多糖对染铅大鼠二价金属、抗氧化作用和凋亡基因表达的影响，从而为姬松茸多糖的进一步开发提供理论依据。动物模型构建方法同本节第一部分。

1. 姬松茸多糖对各组大鼠体重的影响

由图 3-14 可知，各组大鼠的体重随时间逐渐增加，其中染铅模型组体重增加最少，高剂量组的体重增加最多，但是各组之间差异均不显著。

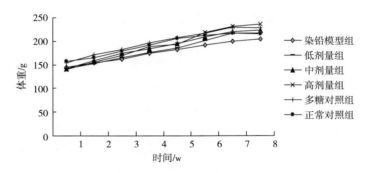

图 3-14 姬松茸多糖对各组大鼠体重的影响

2. 姬松茸多糖对各组大鼠脏器指数的影响

（1）姬松茸多糖对各组大鼠肝脏指数的影响 由图 3-15 可知，与正常对照组比较，染铅模型组肝脏指数降低，多糖组肝脏指数升高，差异不显著；与染铅模型组相比，随着多糖剂量的增加，肝脏指数升高，其中高剂量组的肝脏指数显著升高（$p<0.05$），其他组之间差异不显著。

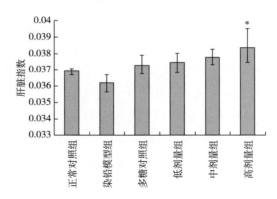

图 3-15 姬松茸多糖对各组大鼠肝脏指数的影响

注：与染铅模型组比较，＊表示差异显著（$p<0.05$）。

（2）姬松茸多糖对各组大鼠肾脏指数的影响 由图 3-16 可知，与正常对照组比较，染铅模型组和多糖组肾脏指数下降，差异不显著；与染铅模型组比较，随着多糖剂量增加，肾脏指数升高，其中高剂量组显著升高（$p<0.05$），其他组之间差异不显著。

3. 二价矿物质元素测定结果

（1）大鼠肝脏、肾脏、心脏和血液中 Pb 的含量 由表 3-4 可知，与正常对照组比较，染铅模型组中各组织中 Pb 含量和所有剂量组中肝脏、肾脏和血液中 Pb 含量均升高（$p<0.01$）；与染铅模型组比较，三个剂量组 Pb 含量随着多糖剂量的增加而下降，其中低、中、高剂量组血液中 Pb，高剂量组肾脏中 Pb 和中、高剂量组心脏中 Pb 的含量均下降明显，差异显著（$p<0.05$ 或 $p<0.01$）。

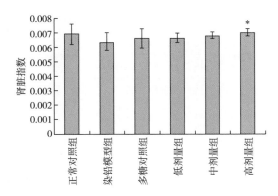

图 3-16　姫松茸多糖对各组大鼠肾脏指数的影响

注：与染铅模型组比较，＊表示差异显著（$p<0.05$）。

表 3-4　　　　　　　　　　大鼠肝脏、肾脏、心脏和血液中 Pb 的含量

分组	含量/（μg/g）			含量/（μg/mL）
	肝脏	肾脏	心脏	血液
正常对照组	0.21±0.011	0.31±0.05	0.01±0.08	0.03±0.01
染铅模型组	2.23±0.28△△	12.87±4.36△△	3.76±0.27△△	2.53±0.27△△
多糖对照组	0.15±0.024**	0.03±0.01**	0.01±0.00**	0.02±0.02**
低剂量组	2.00±0.51△△	12.23±1.77△△	3.58±0.69△△	1.02±0.27△△ **
中剂量组	1.91±0.45△△	11.19±4.05△△	0.65±0.10△ **	0.65±0.09△△ **
高剂量组	1.73±0.24△△	8.75±2.05△△ *	0.39±0.32**	0.40±0.13△△ **

注：与正常对照组比较，△表示差异显著（$p<0.05$），△△表示差异极显著（$p<0.01$）；与染铅模型组比较，＊表示差异显著（$p<0.05$），＊＊表示差异极显著（$p<0.01$），本部分余同。

（2）大鼠肝脏、肾脏、心脏和血液中 Zn 的含量　由表 3-5 可知，与正常对照组比较，染铅模型组各组织中 Zn 含量降低，差异具有统计学意义（$p<0.05$ 或 $p<0.01$），多糖对照组各组织中 Zn 含量均略有升高，其中只有血液中 Zn 差异显著（$p<0.05$）；与染铅模型组比较，三个剂量组各组织中 Zn 含量均升高，并且随多糖剂量升高而升高，其中高剂量组差异具有统计学意义（$p<0.05$ 或 $p<0.01$）。

表 3-5　　　　　　　　　　大鼠肝脏、肾脏、心脏和血液中 Zn 的含量

分组	含量/（μg/g）			含量/（μg/mL）
	肝脏	肾脏	心脏	血液
正常对照组	23.51±2.14	23.01±0.31	22.74±2.06	7.31±0.28
染铅模型组	18.60±1.97△△	20.91±0.39△	19.04±2.31△△	6.53±0.31△
多糖对照组	25.01±2.95**	24.19±0.52**	22.78±2.43**	8.12±0.61△ **

续表

分组	含量/(μg/g)			含量/(μg/mL)
	肝脏	肾脏	心脏	血液
低剂量组	20.11±1.41	21.18±1.40	20.69±0.98[*]	6.81±0.35
中剂量组	21.72±0.93	23.03±1.73	21.73±1.37	7.00±0.64
高剂量组	24.02±1.56[**]	23.72±1.58[*]	23.42±1.96[**]	7.30±0.94[*]

（3）大鼠肝脏、肾脏、心脏和血液中 Ca 的含量　由表 3-6 可知，与正常对照组比较，染铅模型组心脏中 Ca 含量升高，其余均下降，差异显著或极显著（$p<0.05$ 或 $p<0.01$）；肝脏、肾脏和血液中 Ca 含量随着多糖剂量的增加而增加，心脏中 Ca 含量反而下降。与染铅模型组比较，中、高剂量组心脏中 Ca 含量显著下降（$p<0.01$），其余组织中 Ca 含量显著或极显著升高（$p<0.05$ 或 $p<0.01$）。

表 3-6　　　　　　　　大鼠肝脏、肾脏、心脏和血液中 Ca 的含量

分组	含量/(μg/g)			含量/(μg/mL)
	肝脏	肾脏	心脏	血液
正常对照组	373.31±18.03	235.36±9.59	189.37±12.02	181.23±15.42
染铅模型组	317.24±13.91[△△]	175.98±8.79[△△]	212.43±16.34[△△]	160.95±16.41[△]
多糖对照组	375.09±12.36[**]	228.28±12.63[**]	187.27±7.06[**]	192.03±6.67[**]
低剂量组	333.42±20.13[△]	226.19±3.33[**]	190.69±10.81	162.20±11.62[△]
中剂量组	350.27±34.61[*]	228.26±13.32[**]	181.91±10.81[**]	163.20±11.10
高剂量组	390.04±14.13[**]	231.41±14.71[**]	172.02±6.46[△][**]	181.33±6.56[*]

（4）大鼠肝脏、肾脏、心脏和血液中 Fe 的含量　由表 3-7 可知，与正常对照组比较，染铅模型组中血液中 Fe 含量升高，其余均下降，差异均具有统计学意义（$p<0.05$ 或 $p<0.01$），多糖对照组中血液中 Fe 含量下降，其余均升高，但差异不显著；与染铅模型组比较，肝脏、肾脏和心脏中 Fe 含量随着多糖剂量的增加而增加，血液中 Fe 含量反而下降，高剂量组中血液中 Fe 含量极显著下降（$p<0.05$），其余组织中 Fe 含量显著升高，差异均极显著（$p<0.01$）。

表 3-7　　　　　　　　大鼠肝脏、肾脏、心脏和血液中 Fe 的含量

分组	含量/(μg/g)			含量/(μg/mL)
	肝脏	肾脏	心脏	血液
正常对照组	306.23±40.21	183.21±16.89	143.34±6.40	415.10±19.77
染铅模型组	203.10±19.89[△△]	149.19±16.14[△△]	109.22±9.54[△△]	453.03±28.50[△]

续表

分组	含量/(μg/g)			含量/(μg/mL)
	肝脏	肾脏	心脏	血液
多糖对照组	308.16±20.33**	196.27±10.78**	161.01±17.34**	413.16±4.48**
低剂量组	252.12±43.78	156.07±12.93△△	124.08±3.03	434.67±23.03
中剂量组	259.69±21.78*	163.25±5.89△	128.28±24.78	420.86±23.84*
高剂量组	281.09±30.34**	175.03±10.52**	148.44±13.83**	404.49±6.89**

（5）大鼠肝脏、肾脏、心脏和血液中 Cu 的含量　由表 3-8 可知，与正常对照组比较，多糖对照组各组织中 Cu 含量均略有升高，但差异不显著，而染铅模型组中 Cu 含量降低，差异显著或极显著（$p<0.05$ 或 $p<0.01$）；与染铅模型组比较，随着多糖剂量的增加，各组织中 Cu 含量升高，其中高剂量组 Cu 含量显著或极显著升高（$p<0.05$ 或 $p<0.01$）。

表 3-8　　　　　　　　　大鼠肝脏、肾脏、心脏和血液中 Cu 的含量

分组	含量/(μg/g)			含量/(μg/mL)
	肝脏	肾脏	心脏	血液
正常对照组	5.39±1.1	5.84±0.70	8.01±0.99	1.30±0.07
染铅模型组	3.95±0.15△	5.16±0.42△	6.77±0.84△	1.09±0.15△△
多糖对照组	6.18±0.20**	6.22±0.31**	8.92±0.38**	1.35±0.03**
低剂量组	4.29±0.41△	5.60±0.40	7.73±0.86	1.22±0.05
中剂量组	4.46±0.69	5.61±0.34	7.80±0.29	1.23±0.07
高剂量组	5.19±1.10*	6.01±0.50**	8.71±0.79**	1.27±0.15*

（6）大鼠肝脏、肾脏、心脏和血液中 Mn 的含量　由表 3-9 可知，与正常对照组比较，多糖对照组肝脏、心脏和血液中的 Mn 含量均有所升高，但差异不显著，而染铅模型组和低剂量组各组织中 Mn 含量降低，差异显著或极显著（$p<0.05$ 或 $p<0.01$）；与染铅模型组比较，随着多糖剂量的增加，各组织中 Mn 含量升高，其中高剂量组 Mn 含量显著或极显著升高（$p<0.05$ 或 $p<0.01$）。

表 3-9　　　　　　　　　大鼠肝脏、肾脏、心脏和血液中 Mn 的含量

分组	含量/(μg/g)			含量/(μg/mL)
	肝脏	肾脏	心脏	血液
正常对照组	2.58±0.12	2.40±0.24	0.96±0.13	1.18±0.12
染铅模型组	2.21±0.19△	1.73±0.27△△	0.63±0.09△△	0.91±0.14△△

续表

分组	含量/（μg/g）			含量/（μg/mL）
	肝脏	肾脏	心脏	血液
多糖对照组	2.72±0.23 **	2.40±0.28 **	1.06±0.12 **	1.21±0.08 **
低剂量组	2.22±0.20 △	1.83±0.23 △△	0.66±0.08 △△	0.92±0.03 △△
中剂量组	2.45±0.24	2.06±0.23	0.79±0.15	1.07±0.12
高剂量组	2.69±0.15 **	2.11±0.21 *	0.87±0.24 *	1.11±0.19 *

4. 姬松茸多糖对染铅雄性大鼠抗氧化作用的影响

（1）姬松茸多糖对各组大鼠 SOD 活性的影响　由表 3-10 可见，与正常对照组相比，染铅模型组 SOD 活性显著下降（$p<0.05$ 或 $p<0.01$），多糖对照组中肝脏和肾脏 SOD 活性显著升高（$p<0.05$ 或 $p<0.01$）；与染铅模型组相比，多糖对照组 SOD 活性升高，差异极显著（$p<0.01$）。当多糖剂量达 100mg/kg 时，试验组中肾脏和血清中 SOD 活性升高，差异极显著（$p<0.01$），而肝脏中 SOD 活性变化无显著差异。

表 3-10　　　　　　　　　　　姬松茸多糖对各组大鼠 SOD 活性的影响

分组	U/mg 蛋白			U/mL
	肝脏	肾脏	心脏	血清
正常对照组	66.4±1.6	111.0±6.3	81.5±1.5	261.0±9.0
染铅模型组	57.9±3.2 △	89.0±2.7 △△	66.8±3.4 △△	188.6±4.4 △△
多糖对照组	80.9±6.4 △△ **	122.4±10.7 △ **	82.8±2.5 **	271.3±10.5 **
低剂量组	62.4±3.0	99.0±3.8 △	68.1±2.7 △△	218.8±28.3 △△ *
中剂量组	62.6±4.4	113.7±2.4 **	70.0±0.6 △△	251.2±15.3 **
高剂量组	65.0±7.4	116.9±6.6 **	74.5±0.6 △△ **	254.9±8.2 **

（2）姬松茸多糖对各组大鼠 GSH-Px 活性的影响　由表 3-11 可见，与正常对照组相比，染铅模型组中肝脏和血清 GSH-Px 活性下降，差异显著（$p<0.05$），而多糖对照组 GSH-Px 活性升高，差异极显著（$p<0.01$）；与染铅模型组相比，多糖对照组 GSH-Px 活性升高，差异极显著（$p<0.01$），而试验组肾脏和心脏中 GSH-Px 活性变化无显著差异。当多糖剂量达 200mg/kg 时，肝脏和血清中 GSH-Px 活性升高，差异极显著（$p<0.01$）。

表 3-11　　　　　　　　　　姬松茸多糖对各组大鼠 GSH-Px 活性的影响

分组	U/mg 蛋白			U/mL
	肝脏	肾脏	心脏	血清
正常对照组	105.1±0.1	40.2±7.6	86.4±6.0	562.5±5.2
染铅模型组	62.3±11.3 △	38.3±1.7	85.9±7.0	478.0±36.3 △△

续表

分组	U/mg 蛋白			U/mL
	肝脏	肾脏	心脏	血清
多糖对照组	193.4±29.8$^{\triangle\triangle}$ **	62.6±0.5$^{\triangle\triangle}$ **	106.3±3.4$^{\triangle\triangle}$ **	874.6±23.9$^{\triangle\triangle}$ **
低剂量组	76.9±3.2	39.7±2.3	84.5±0.2	487.0±17.5$^{\triangle\triangle}$
中剂量组	93.0±13.1	40.6±1.2	86.5±1.0	529.3±50.7
高剂量组	141.0±38.8**	44.2±2.0	85.3±4.6	589.5±14.9**

（3）姬松茸多糖对各组大鼠 MDA 水平的影响　由表 3-12 可见，与正常对照组相比，染铅模型组 MDA 水平升高，差异极显著（$p<0.01$），而多糖对照组心脏中 MDA 水平极显著下降（$p<0.01$）；与染铅模型组相比，多糖对照组 MDA 水平降低，差异极显著（$p<0.01$）。当多糖剂量达 100mg/kg 时，MDA 水平下降，且差异极显著（$p<0.01$）。

表 3-12　　　　　　　　　　　姬松茸多糖对各组大鼠 MDA 水平的影响

分组	MDA 水平/（nmol/mg Prot）			MDA 水平/（nmol/mL）
	肝脏	肾脏	心脏	血清
正常对照组	1.0±0.0	2.1±0.8	2.9±0.6	5.3±1.2
染铅模型组	1.9±0.4$^{\triangle\triangle}$	3.1±0.2$^{\triangle\triangle}$	4.6±0.5$^{\triangle\triangle}$	12.3±1.4$^{\triangle\triangle}$
多糖对照组	1.0±0.1**	1.6±0.2**	1.6±0.3$^{\triangle\triangle}$ **	3.9±0.3**
低剂量组	1.6±0.1$^{\triangle\triangle}$	2.4±0.3$^{\triangle\triangle}$	3.8±0.2$^{\triangle}$ *	7.9±0.9$^{\triangle\triangle}$ **
中剂量组	1.3±0.2**	1.8±0.3**	2.9±0.5**	5.4±0.4**
高剂量组	1.3±0.3**	1.9±0.1**	2.7±0.0**	4.5±0.1**

（4）姬松茸多糖对各组大鼠 CAT 活性的影响　由表 3-13 可知，与正常对照组相比，染铅模型组心脏 CAT 活性下降，差异极显著（$p<0.01$）；多糖对照组肝脏、肾脏和血清 CAT 活性升高，差异极显著（$p<0.01$）。与染铅模型组相比，多糖对照组 CAT 活性升高，差异极显著（$p<0.01$）。当多糖剂量达 200mg/kg 时，试验组中 CAT 活性均显著升高（$p<0.05$ 或 $p<0.01$）。

表 3-13　　　　　　　　　　　姬松茸多糖对各组大鼠 CAT 活性的影响

分组	CAT 活性/（U/mg Prot）			CAT 活性/（U/mL）
	肝脏	肾脏	心脏	血清
正常对照组	32.0±0.6	24.5±1.8	12.7±0.9	5.5±0.9
染铅模型组	31.8±2.5	23.5±2.5	9.4±0.6$^{\triangle\triangle}$	4.4±0.4
多糖对照组	44.4±0.6$^{\triangle\triangle}$ **	33.8±0.7$^{\triangle\triangle}$ **	13.8±0.4**	7.7±0.5$^{\triangle\triangle}$ **

续表

分组	CAT 活性/（U/mg Prot)			CAT 活性/（U/mL)
	肝脏	肾脏	心脏	血清
低剂量组	34.2±3.4	26.8±2.0	10.6±0.6△	5.4±0.9
中剂量组	34.7±1.5	25.5±1.2	12.4±1.2**	4.9±0.4
高剂量组	36.7±3.5△ *	33.0±3.5△△ **	12.8±1.1**	6.8±0.5△ **

5. 姬松茸多糖对各组大鼠血红蛋白含量的影响

由图 3-17 可知，与正常对照组比较，染铅模型组血红蛋白含量下降，差异不显著，多糖对照组和高剂量组血红蛋白含量升高，差异显著（$p<0.05$）；与染铅模型组比较，多糖对照组和高剂量组中血红蛋白含量升高，差异极显著（$p<0.01$），其他组差异不显著。

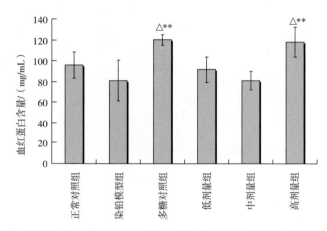

图 3-17　姬松茸多糖对各组大鼠血红蛋白的含量影响（$\bar{x}±s$）

6. 姬松茸多糖对染铅大鼠胸腺 Bax 和 caspase-3 表达的影响

由表 3-14 可知，与正常对照组相比，胸腺 Bax 和 caspase-3 的相对表达量，染铅模型组分别升高了 17% 和 14%，差异显著（$p<0.05$），多糖对照组分别降低 18% 和 31%，差异显著或极显著（$p<0.01$ 或 $p<0.05$）；与染铅模型组相比，三个剂量组多糖浓度越高，两个基因相对表达量越低，中剂量组胸腺 Bax 和 caspase-3 的相对表达量分别降低了 25% 和 35%，差异极显著（$p<0.01$）；高剂量组胸腺 Bax 和 caspase-3 的相对表达量分别降低了 44% 和 60%，差异极显著（$p<0.01$）。

表 3-14　姬松茸多糖对染铅大鼠胸腺 Bax 和 caspase-3mRNA 的相对表达量的影响

组别	Bax mRNA 相对表达量	caspase-3 mRNA 相对表达量
正常对照组	1	1
染铅模型组	1.17±0.13△	1.14±0.05△

续表

组别	Bax mRNA 相对表达量	caspase-3 mRNA 相对表达量
多糖对照组	$0.82\pm0.11^{\triangle}$ **	$0.69\pm0.10^{\triangle\triangle}$ **
低剂量组	1.08 ± 0.02	1.10 ± 0.11
中剂量组	0.88 ± 0.10 **	$0.75\pm0.073^{\triangle\triangle}$ **
高剂量组	$0.65\pm0.07^{\triangle\triangle}$ **	$0.46\pm0.07^{\triangle\triangle}$ **

本部分研究首先探讨姬松茸多糖对各组大鼠体重和脏器指数的影响，结果表明染铅后大鼠体重减轻，脏器指数降低，这与以前的研究结果一致（赵剑等，2006；孙鹏和李珊，2003）。与染铅模型组比较，高剂量组大鼠的体重、肝脏和肾脏指数均升高，可见姬松茸多糖在一定程度上能调节铅引起的发育不良，抑制体重和器官指数的降低。

铜、钙、锌、铁和锰都是人体必需的矿物元素。在本部分试验中发现，Pb 染毒后肝脏和肾脏 Cu、Ca、Zn、Fe、Mn 含量显著下降，这与王雪飞等（2004）的试验结果一致。心脏中 Zn、Fe、Mn、Cu 含量和血液中 Zn、Ca、Mn、Cu 含量也显著下降（$p<0.05$）。当 Pb 离子进入机体时，由于其比较活泼，可率先占领 Cu、Ca、Zn、Fe 等二价金属离子的靶位，而导致机体对 Cu、Ca、Zn、Fe 等离子的吸收减少（曾造和赵云强，2007）。Pb 在肠道吸收过程中，与锌、铁、钙等二价金属共用小肠上皮上的同一离子转运通道，相互间存在竞争性抑制作用（厉有名和姜玲玲，2001），Pb-Zn 拮抗、Pb-Ca 拮抗、Pb-Fe 拮抗，可导致体内相应元素缺乏。

在所有构成人体的无机元素中，Ca 仅次于碳、氢、氧、氮排列在第五位。Ca 代谢的平衡，对维持生命健康的整体平衡起着至关重要的作用。机体能量和蛋白质等代谢所需要的脂肪酶、淀粉酶、ATP 酶、蛋白酶等多种酶和多种激素均需要在 Ca 离子的作用下才有生物活性（常鼎然等，2011）。机体长期与 Pb 接触可导致血压升高、中毒性心肌炎和心肌损害等。Pb 能影响心肌微粒体膜的阳离子转运酶，使主动脉等血管细胞内 Ca^{2+} 离子超负荷，心肌细胞内 Ca^{2+} 聚积，引起膜离子转运失常，导致心肌细胞功能紊乱（厉有名和姜玲玲，2001）。在本部分试验中，心脏 Ca 浓度升高可能与此有关。

Fe 是人体含量最丰富的一种必需微量元素，约占体重的 0.04%。在血液中 Fe 主要参与血红素合成过程（常鼎然等，2011）。当机体内 Pb 负荷过高时，Pb 通过抑制 δ-氨基乙酰丙酸脱水酶（ALAD）和 Fe 络合酶干扰铁与原卟啉结合成血红素，并影响血红蛋白的生成，结果幼红细胞内蓄积铁（形成环性铁粒幼细胞）和游离原卟啉（FEP）（厉有名和姜玲玲，2001）。而 Crowe and Morgan（1996）还发现血 Pb 浓度高低对 Fe 的摄入不会造成多大影响。因此，这可能是大鼠染铅后血 Fe 含量升高的原因。

姬松茸子实体中富含多种人体必需微量元素：Cu、Zn、Fe、Mn、Co、Se 和 Ge 等，其中 Zn 含量达 98.6μg/g，硒含量达 4.10μg/g（魏红福，2005），而且其铅含量只有

0.077μg/g（王小平等，2009），符合国家绿色食品食用菌 NY/T 749—2023 的标准。在本试验中与染铅模型组比较，姬松茸多糖在达到 50mg/kg 时，血 Pb 浓度显著下降且差异极显著（$p<0.01$），表明姬松茸多糖具有明显降低血液中 Pb 浓度的作用。多糖能够以分子形式进入机体，提供氨基，醛基，羧基，羟基等官能团，与铅结合促进铅的排出（王园园等，2010；王进等，2011）。试验推测姬松茸多糖的排铅作用与此相关。与染铅模型组比较，姬松茸多糖剂量达到 200mg/kg 时，肝脏、肾脏和血液中 Ca 含量以及肝脏、肾脏和心脏中 Fe 含量都上升，血液中 Fe 含量下降，肾脏和心脏中 Cu 含量升高，肝脏中 Mn 含量升高，差异均具有统计学意义（$p<0.05$ 或 $p<0.01$），这些都表明姬松茸多糖能促进动物体内 Pb 离子的排出，降低其对机体的伤害，对 Pb 引起的二价金属元素失衡具有调节作用。

研究表明，染铅不仅使机体中产生过多的自由基，而且抑制体内抗氧化酶的活性，从而造成组织损害（陆新华和刘卓宝，1998；陈文华等，2005）。铅通过干扰卟啉代谢，阻碍血红素的合成，导致血红蛋白合成量下降，同时它又诱导活性氧的产生。由于负反馈作用，血红素的合成受阻，刺激 δ-氨基-γ-酮戊酸脱水酶活性，增加 δ-氨基丙酸的合成，使 δ-氨基丙酸在血液和尿中积累。δ-氨基丙酸可发生烯醇化，形成烯醇式 δ-氨基丙酸，后者与氧合血红蛋白偶联产生超氧自由基、过氧化氢和羟自由基（陆新华和刘卓宝，1998）。自由基是脂、蛋白质过氧化和 DNA 结构改变的起因，自由基过剩可诱发炎症，免疫失调，恶性肿瘤等多种疾病（田金强等，2006）。铅通过与 SOD 和 GSH-Px 等酶分子中—SH 及其活性中心金属离子，如 Zn^{2+}、Se^{2+} 作用，使酶活力下降。

试验发现大鼠给予铅后，机体血红蛋白含量下降，抗氧化酶活力降低，丙二醛含量增加，而同时服用姬松茸多糖的大鼠，体内抗氧化酶活力升高，丙二醛含量降低，高剂量组的血红蛋白含量显著高于正常对照组（$p<0.05$），极显著高于染铅模型组（$p<0.01$），说明姬松茸多糖对染铅大鼠具有明显的保护作用。有试验发现姬松茸多糖能提高糖尿病大鼠肾组织中 SOD、GSH-Px、CAT 活性，降低 MDA 含量，从而减轻自由基对肾组织的氧化损伤（杨旭东等，2009）。段县平等（2003）在研究姬松茸多糖对小鼠急性肝损伤的保护作用时发现姬松茸多糖能提高某些抗氧化酶的活性，清除自由基，保护肝细胞膜的完整性，减少其损伤，从而抑制血液中 GPT 和谷草转氨酶（GOT）活性的升高。生物体本身含有很多抗氧化剂，有些处于非活化状态。多糖属于外源性抗氧化剂，当其在生物体内发挥作用时，除直接参与猝灭超氧自由基和羟基自由基外，还可能调动或增强机体内源性抗氧化剂的活性。由于多糖的作用，机体的内源性抗氧化剂不仅数量增多，而且活性增强，进而消灭自由基，减轻自由基对机体的伤害（张卉等，2005）。

胸腺是机体的中枢免疫器官，当胸腺细胞过多凋亡时，必然对机体免疫尤其是细胞免疫造成危害，进而影响机体健康。研究表明，姬松茸多糖的抗肿瘤效应主要是通过对免疫系统的调节继而激活巨噬细胞、嗜中性粒细胞及淋巴细胞而实现的（牛志国等，2007）。崔红霞等（2006）的研究表明，姬松茸多糖体外无直接细胞毒性作用，但可通过增强小鼠脾淋巴细胞功能，抑制 Bel-7402 细胞的生长。牛志国等（2007）的实验结果显示，醋酸铅可以诱发小鼠胸腺细胞的凋亡，并且促进小鼠胸腺细胞中 p53 基因的表达。p53 可能作为调控因子通过调节 Bcl-2 和 Bax 基因的表达参与铅对胸腺损害的毒性过程，高表达的 p53 启动凋亡过程，诱导细胞凋亡。醋酸铅可诱发小鼠胸腺细胞的凋亡，并且促进小鼠胸腺细胞中 Bax 基因的表达（黄青松等，2007），这些与本节试验的结果一致。本节试验中，姬松茸多糖能明显抑制铅引起的 Bax 和 caspase-3 基因表达的增强，抑制胸腺细胞的凋亡，缓解铅造成的毒性作用。姬松茸多糖具有很强的抗氧化作用（吕喜茹等，2010；孙娟等，2011；Watanabe et al. 2008），推测其可能是通过清除自由基和提高机体自身抗氧化作用来抑制铅对凋亡基因表达的作用。

综上所述，姬松茸多糖可以促进铅的排出，调节二价金属在机体内的平衡，提高抗氧化酶活力，减轻铅引起的脂质过氧化损伤，对铅致大鼠凋亡基因 Bax 和 Caspase-3 表达增强具有抑制作用。姬松茸多糖对铅致大鼠机体损伤的保护作用可能与这些调节作用有关。

第二节　姬松茸多糖的降血糖作用

胰岛素抵抗的发病机制主要有胰岛素信号传导障碍、炎性细胞因子及相关因子表达异常等原因（董振咏等，2012）。各种诱发胰岛素抵抗的因素可导致外周靶组织胰岛素信号通路异常，干预细胞对葡萄糖的转运机制，导致葡萄糖不能被细胞正常吸收，或者干预葡萄糖在细胞内的代谢，导致葡萄糖在肝脏内的代谢障碍，从而诱发了外周靶组织胰岛素抵抗的发生。本节主要探讨姬松茸多糖调节血糖的作用。

试验选择体重（30±2）g 的健康雄性小鼠 48 只，共分 6 组，每组 8 只，分别为：空白对照组、糖尿病模型组、姬松茸多糖低剂量组、中剂量组、高剂量组、药物治疗组（阳性对照组以下简称药物组）。模型组、剂量组、药物组按 200mg/（kg 体重）腹腔注射 2% 四氧嘧啶，3d 后禁食 12h，测得血糖值 >11mmol/L 者为高血糖成模动物，建模成功后进行降糖试验。空白对照组和模型组每天给予 0.9% 生理盐水，低、中、高剂量组每天给予 50mg/（kg 体重）、100mg/（kg 体重）、200mg/（kg 体重）的姬松茸多糖，药物组每天给予 200mg/（kg 体重）的阿卡波糖。连续干预 7 周，每周测一次体重，计算各组小鼠的体重变化。

小鼠骨骼肌和附睾脂肪在液氮中处理后，置于 -80℃ 保存备用；用 RNAiso Plus 提取小鼠骨骼肌和附睾脂肪中的 RNA，荧光定量 RT-PCR 法测定各组 GLUT4、PI3K、Akt1 和 Akt2 基因的表达量。

一、姬松茸多糖对糖尿病小鼠体重和空腹血糖的影响

由表 3-15 可知，试验前各组小鼠平均体重无明显差异。试验阶段空白对照组的小鼠，在饲养期间体重不断增长，并且一直高于同一时期其他组。药物组和多糖组小鼠体重略下

降后逐步上升。1周后，糖尿病模型组与空白对照组相比，小鼠的平均体重极显著下降（$p<0.01$）；多糖高剂量组和药物组较模型组显著或极显著上升（$p<0.05$ 或 $p<0.01$）。说明姬松茸多糖高剂量组和药物组在第1周时就表现出了缓解糖尿病小鼠体重下降的作用。给药 2~7 周后，模型组小鼠平均体重均低于其他组，且较空白对照组差异极显著（$p<0.01$）；而姬松茸多糖组和药物组体重较模型组极显著上升（$p<0.01$），且呈现出剂量的依赖性，说明一定剂量的姬松茸多糖可缓解糖尿病所致的体重下降。

表 3-15　　　　　　　　　　　姬松茸多糖对糖尿病小鼠体重的影响

时间	空白对照组	模型组	低剂量组	中剂量组	高剂量组	药物组
第0周	30.98±0.93	30.57±0.75	30.95±0.77	30.38±1.18	30.30±1.19	29.98±0.85
第1周	34.02±0.94	27.57±1.08**	28.13±0.88	28.52±1.23	29.63±1.49△△	29.00±0.80△
第2周	36.50±0.83	26.13±0.90**	28.30±0.98△△	29.67±1.11△△	30.50±0.98△△	29.28±1.31△△
第3周	37.40±0.74	26.52±0.93**	29.80±1.00△△	31.62±1.16△△	32.20±0.80△△	31.17±1.20△△
第4周	39.03±1.08	27.35±0.82**	31.50±0.85△△	32.83±1.17△△	33.67±0.79△△	34.62±1.00△△
第5周	40.12±0.81	28.13±1.16**	32.15±0.91△△	34.00±1.11△△	35.82±0.71△△	35.77±0.84△△
第6周	41.02±1.03	29.40±1.16**	33.65±1.04△△	34.80±0.82△△	36.70±0.88△△	36.57±0.77△△
第7周	41.82±1.05	31.22±1.11**	34.65±0.79△△	36.27±0.89△△	38.00±0.82△△	38.05±0.98△△

注：与空白对照组比较，* 表示差异显著（$p<0.05$），** 表示差异极显著（$p<0.01$）；与糖尿病模型组比较，△ 表示差异显著（$p<0.05$），△△ 表示差异极显著（$p<0.01$），本节余同。

由图 3-18 可知，实验前空白对照组小鼠血糖值为 6.5mmol/L，模型组，多糖低、中、高剂量组和药物组小鼠的血糖值分别为 20.0mmol/L、19.0mmol/L、19.9mmol/L、

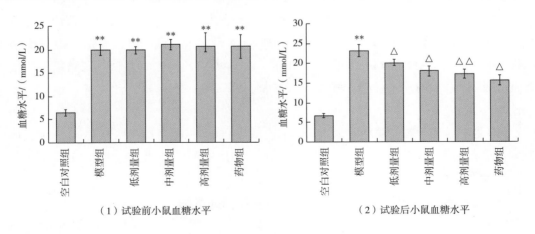

（1）试验前小鼠血糖水平　　　　　　　　（2）试验后小鼠血糖水平

图 3-18　姬松茸多糖对糖尿病小鼠空腹血糖的影响

21.1mmol/L、20.7mmol/L、20.6mmol/L，说明糖尿病动物模型建立成功。7周后，模型组小鼠血糖水平在此基础上仍不断上升。而姬松茸多糖低、中、高剂量组和药物组空腹血糖值显著或极显著下降（$p<0.05$ 或 $p<0.01$），说明随姬松茸多糖浓度升高，其降血糖作用增强。

二、姬松茸多糖对糖尿病小鼠脏器指数的影响

由表3-16可知，与空白对照组相比，糖尿病模型组肝脏指数极显著上升（$p<0.01$），说明糖尿病小鼠出现明显的肝脏肿胀现象。与模型组相比，姬松茸多糖低、中、高剂量组和药物组可降低糖尿病小鼠肝脏指数（$p<0.05$ 或 $p<0.01$），表明姬松茸多糖对糖尿病小鼠肝脏肿大有一定改善作用，呈剂量依赖性。

表 3-16　　　　　　　　　　姬松茸多糖对糖尿病小鼠脏器指数的影响

分组	肝脏指数	肾脏指数	脾脏指数
空白对照组	39.86±1.74	6.00±0.94	3.92±0.09
模型组	54.66±2.13**	11.23±0.41**	2.81±0.07**
低剂量组	50.46±2.92△	8.92±0.90△	3.29±0.10△△
中剂量组	48.90±0.41△	8.67±0.95△	3.47±0.25△
高剂量组	47.13±1.83△△	8.18±0.34△△	3.61±0.05△△
药物组	47.81±2.18△	7.64±0.64△△	3.54±0.19△△

模型组与空白对照组相比较，肾脏指数极显著上升（$p<0.01$）。与模型组相比，姬松茸多糖低、中、高剂量组和药物组可降低糖尿病小鼠肾脏指数（$p<0.05$ 或 $p<0.01$），呈剂量依赖性，说明姬松茸多糖可显著抑制高血糖引起的肾脏肥大现象。

糖尿病模型组小鼠脾脏指数与空白对照组相比极显著下降（$p<0.01$），说明糖尿病小鼠脾器官明显萎缩，免疫功能显著下降。与模型组相比，姬松茸多糖低、中、高剂量组和药物组可显著增加小鼠脾脏指数（$p<0.05$ 或 $p<0.01$）。

三、姬松茸多糖对糖尿病小鼠肾脏组织形态的影响

由图3-19看出，与空白对照组比较，模型组肾小球体积增大，肾小球基底膜弥漫性增厚，系膜细胞增殖，系膜区增宽，基质增生，肾小球发生硬化，血管壁玻璃样变且周围脂肪组织发生空泡变性。姬松茸多糖各剂量组肾小球体积肿大，与模型组相比，肾小球基底膜变薄，系膜细胞轻度增生，肾小球毛细血管轻微淤血，多糖中剂量和高剂量组肾小球基底膜结构基本恢复正常。药物组肾小球体积轻微肿大，系膜细胞轻度增生，系膜区无明显增宽，肾小球基底膜结构基本恢复正常。此外，与模型组小鼠相比，多糖组小鼠肾脏损伤程度随着姬松茸多糖剂量的增加而病变情况逐渐减轻。

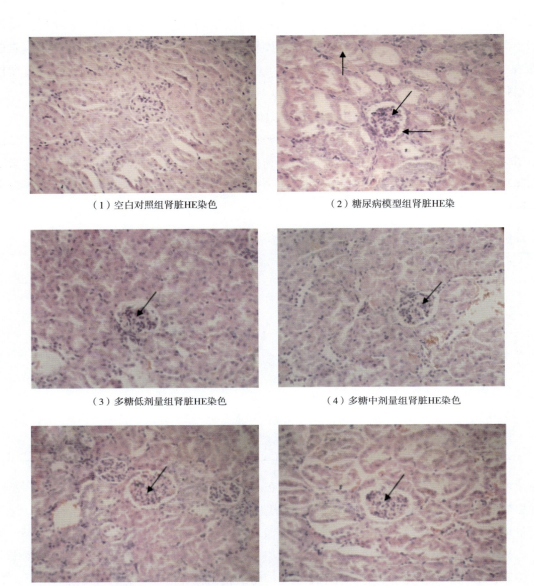

（1）空白对照组肾脏HE染色　　　　　　　　　（2）糖尿病模型组肾脏HE染

（3）多糖低剂量组肾脏HE染色　　　　　　　　（4）多糖中剂量组肾脏HE染色

（5）多糖高剂量组肾脏HE染色　　　　　　　　（6）药物组肾脏HE染色

图3-19　肾脏组织切片图

注：肾小球基底膜（左箭头）、系膜细胞（斜箭头）、血管壁（上箭头）。

四、姬松茸多糖对糖尿病小鼠血清胰岛素含量的影响

由图3-20可知，与空白对照组比较，模型组胰岛素含量极显著降低（$p<0.01$）。与模型组相比，姬松茸多糖低、中、高剂量组小鼠的胰岛素含量都显著或极显著升高（$p<0.05$或$p<0.01$），并存在一定的量效关系。药物组小鼠的胰岛素含量极显著升高（$p<0.01$），说明姬松茸多糖可通过提高胰岛素含量这一途径来影响血糖含量。

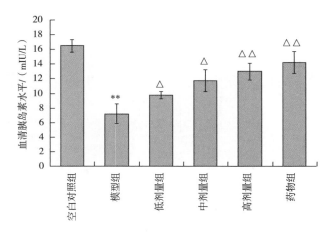

图 3-20　姬松茸多糖对糖尿病小鼠血清胰岛素水平的影响

五、姬松茸多糖对糖尿病小鼠血清蛋白含量的影响

糖化血清蛋白是血清中各种蛋白质与葡萄糖发生缓慢的非酶促糖化反应产物，可反映糖尿病小鼠短期内血糖的控制水平（傅佳，2010）。从图 3-21 可知，糖尿病模型组小鼠的糖化血清蛋白含量与空白对照组相比显著升高（$p<0.05$）。与模型组比较，姬松茸多糖的低剂量组小鼠的糖化血清蛋白含量降低，差异不显著。姬松茸多糖中、高剂量组，药物组较模型组均显著降低（$p<0.05$），说明姬松茸多糖能较好地控制糖尿病小鼠的血糖水平。

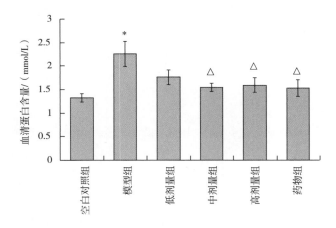

图 3-21　姬松茸多糖对糖尿病小鼠血清蛋白含量的影响

六、姬松茸多糖对糖尿病小鼠血清胆固醇和甘油三酯含量的影响

由图 3-22 可知，模型组小鼠血清 TC 含量与空白对照组比较显著增加（$p<0.05$），说明四氧嘧啶致糖尿病小鼠存在脂代谢紊乱。与模型组比较，姬松茸多糖低、中、高剂量组和药物组可显著或极显著降低血清 TC 含量（$p<0.05$ 或 $p<0.01$）。

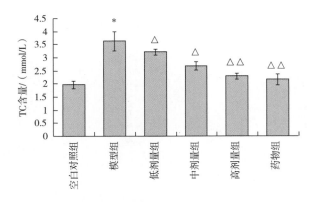

图 3-22　姬松茸多糖对糖尿病小鼠血清胆固醇含量的影响

由图 3-23 可知，模型组小鼠血清 TG 含量较空白对照组极显著增加（$p<0.01$），说明四氧嘧啶致糖尿病小鼠存在脂代谢紊乱。与模型组比较，姬松茸多糖中、高剂量组和药物组可显著或极显著降低血清 TG 含量（$p<0.05$ 或 $p<0.01$）；多糖低剂量组血清 TG 有所降低，与模型组相比没有显著性差异。结果表明，姬松茸多糖具有缓解糖尿病血脂紊乱的功能。

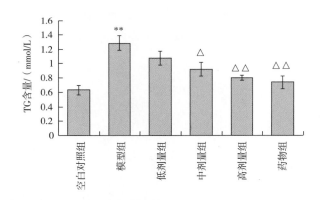

图 3-23　姬松茸多糖对糖尿病小鼠血清甘油三酯含量的影响

七、姬松茸多糖对糖尿病小鼠肝糖原含量的影响

图 3-24 中的结果显示，模型组小鼠肝糖原含量较空白对照组极显著下降（$p<0.01$）；与模型组比较，姬松茸多糖低、中、高剂量组和药物组肝糖原含量显著增加（$p<0.05$），说明姬松茸多糖具有提高肝糖原含量的作用。

八、姬松茸多糖对胰岛素信号通路相关基因表达的影响

1. 肌肉组织中胰岛素信号通路关键基因表达的测定

由图 3-25 可知，与空白对照组相比，模型组肌肉中 GLUT4、PI3K、Akt1 和 Akt2 mRNA 表达量显著或极显著下降（$p<0.05$ 或 $p<0.01$）。随姬松茸多糖浓度增加，肌肉中上述

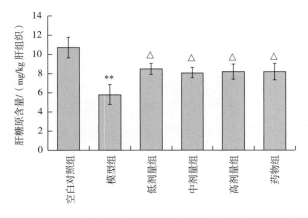

图 3-24　姬松茸多糖对糖尿病小鼠肝糖原含量的影响

mRNA 表达量均较模型组升高，其中姬松茸多糖高剂量组的表达量最高（$p<0.01$）。药物组肌肉中上述 mRNA 表达量均极显著升高（$p<0.01$）。

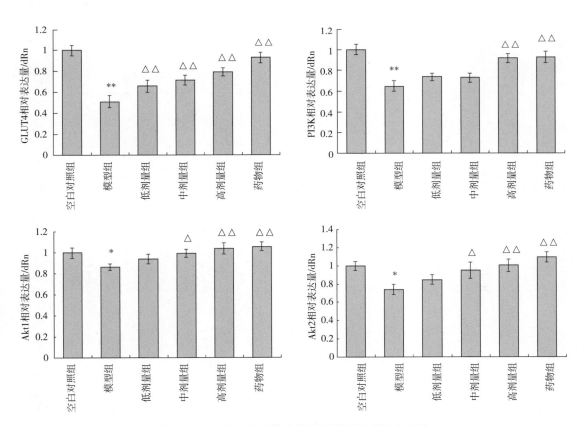

图 3-25　肌肉组织胰岛素信号通路关键基因表达量

2. 脂肪组织胰岛素信号通路关键基因表达的测定

由图 3-26 可知，糖尿病模型组与正常对照组相比，脂肪中 GLUT4、PI3K、Akt1 和

Akt2 mRNA 的相对表达量明显下降，分别下降 42%、21.2%、45.8% 和 28.5%，差异均极显著（$p<0.01$）。与糖尿病模型组相比，试验组多糖浓度越高，GLUT4、PI3K、Akt1 和 Akt2 mRNA 的相对表达量越高，其中低、中和高剂量组 GLUT4 mRNA 的表达量分别上升 36.2%、61.5% 和 65.8%，差异均达到极显著（$p<0.01$）水平；PI3K mRNA 的表达量分别上升 9.3%、11.7% 和 18.7%，但仅高剂量组差异达显著（$p<0.05$）水平；Akt1 mRNA 的表达量分别上升 50.4%、56.3% 和 41.8%，差异均达到极显著（$p<0.01$）水平；Akt2 mRNA 的表达量分别上升 20.4%、32.1% 和 50.7%，但低剂量组差异不显著，中高剂量组差异显著或极显著（$p<0.05$ 或 $p<0.01$）。与糖尿病模型组相比，药物组脂肪中 GLUT4、PI3K、Akt1 和 Akt2 mRNA 的表达量分别升高 79.2%、37.9%、73.3% 和 52.0%，差异均极显著（$p<0.01$）。

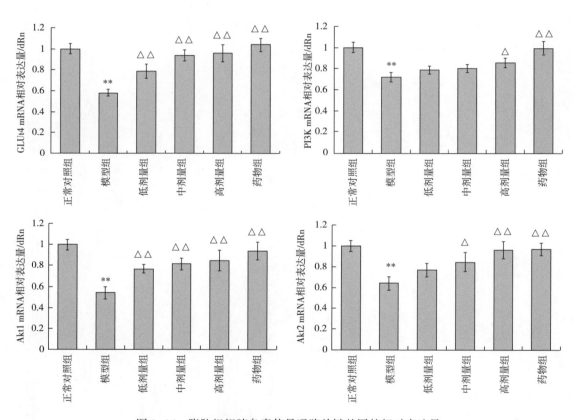

图 3-26　脂肪组织胰岛素信号通路关键基因的相对表达量

糖尿病病理特征是胰岛素抵抗和胰岛 β 细胞分泌功能下降，引起机体糖、脂肪和蛋白质代谢紊乱，最终引发多种并发症从而严重威胁人类健康。空腹血糖多用于检验糖尿病，本部分试验中试验组注射四氧嘧啶，3d 后测定其血糖含量，结果均高于判定标准（11mmol/L），且在 1 周后，除空白对照组外，其他各组小鼠均明显消瘦，体重下降，随后几周，姬松茸多糖各剂量组和药物组与模型组比较，体重极显著升高，说明姬松茸多糖可改善糖尿病所致的体重降低。

　　肝脏在糖代谢中起着关键的作用，机体内糖的储存、分解和血糖调节都与肝脏密切相关。本部分试验发现，糖尿病模型小鼠肝脏指数与空白对照组相比极显著增加，表明高血糖小鼠已出现肝脏肿大的现象。姬松茸多糖各剂量组降低了小鼠肝脏指数，具有保护肝功能的作用。早期糖尿病的肾脏变化主要是肾脏体积增大、重量增加，肾脏脏器指数增加，这是最早出现在糖尿病中的肾脏病理变化（陈瑞，2008）。试验结果表明，糖尿病小鼠经姬松茸多糖干预后，肾脏脏器指数明显降低，表明姬松茸多糖可使糖尿病小鼠的肾脏肥大得到控制。脾脏是机体最大的外周淋巴器官，是各种免疫细胞定居的场所，其中含有大量的 T 细胞和 B 细胞，当这些细胞被血流来源的抗原刺激后，T 及 B 细胞便会经克隆扩增，数目增加，从而使脾脏的体积增大。因此，脾脏指数在一定程度上反映机体的免疫状态（郑杰，2006）。试验结果显示糖尿病模型组小鼠的脾脏指数与空白对照组相比明显降低，而姬松茸多糖组脾脏指数则明显高于糖尿病模型对照组，证明姬松茸多糖在一定程度上增强了小鼠的免疫反应。以上的研究表明姬松茸多糖对糖尿病小鼠的脏器具有一定的保护作用。

　　糖尿病不仅是糖代谢异常，而且常合并脂代谢紊乱（陈瑞，2008）。本部分试验结果显示糖尿病小鼠血清中甘油三酯和总胆固醇含量显著高于对照组，证明糖尿病可导致脂代谢紊乱，这与其他学者的结论一致，而在一定剂量的姬松茸多糖干预后，糖尿病小鼠血清的甘油三酯和总胆固醇含量降低，说明姬松茸多糖可缓解糖尿病小鼠的脂代谢紊乱。

　　目前已被证明的多糖降血糖机制归纳起来有以下几个方面：促进胰岛素分泌，提高血清胰岛素含量；增加胰岛素敏感性，改善胰岛素抵抗；促进肝糖原的合成，调节糖代谢。本部分研究结果显示：

　　（1）姬松茸多糖可促进胰岛素分泌，提高血清胰岛素含量　试验结果表明，姬松茸多糖各剂量组与模型组相比，可显著升高胰岛素的水平，刺激胰岛素的分泌。说明姬松茸多糖可能通过提高糖尿病小鼠胰岛素水平，提高血清胰岛素含量这一途径来达到降血糖目的。胰岛素是由胰岛 β 细胞分泌的激素，它能激活葡萄糖转运子把葡萄糖运入细胞内进行氧化代谢，从而减少机体内葡萄糖的含量，降低血糖水平。此外，胰岛素还能增加糖原的合成水平和脂肪的生成，降低糖原异生（Kahn and Flier，2000），从侧面维持机体血糖的平衡，而达到降血糖的作用。关于多糖通过提高血清胰岛素降低血糖的机制也有过相关的报道，Li et al.（2006）报道冬虫夏草多糖可能通过刺激胰腺释放残留的胰岛素或通过减少胰岛素代谢从而降低血糖。

　　（2）姬松茸多糖可通过对胰岛素受体及其下游相关因子的调控来增加胰岛素敏感性，改善胰岛素抵抗　大量研究表明，许多药物和植物可以通过调控胰岛素相关基因的表达这一途径达到降血糖的目的（Li et al. 2015；Ren et al. 2015；Wang et al. 2014；Gao et al. 2015；Kim et al. 2015）。PI3K 作为该信号传导途径（PI3K/Akt）上的重要节点，其基因表达下调会对这一传导途径产生障碍。Akt 位于 PI3K 下游，是胰岛素信号通路中的远端节点分子，不仅能反映胰岛素信号通路中上游分子的活性状态，对下游的 GLUT4 等效应因子也具有调节作用。试验结果证明，姬松茸多糖能增加 GLUT4、PI3K、Akt1 和 Akt2 的基因表达量。其中，GLUT4 是肌肉和脂肪组织中重要的葡萄糖转运载体，它能通过影响葡萄糖的跨膜转运而升高外周组织对葡萄糖的摄取和利用（杨旭东等，2009）。胰岛素通过与其靶细胞表面的受体结合后，使受体发生自身磷酸化并激活其内在的酪氨酸激酶，导致胰岛素受体底物的磷酸化，磷酸化的受体结合并激活了 PI3K，进而激活了下游激酶 Akt1、Akt2。Akt 的激活也促进了 GLUT4 囊泡的等离子体膜易位，进而促进葡萄糖的转运（Abdul and DeFronzo et al. 2010）。试验结果显示，姬松茸多糖能显著上调 GLUT4、PI3K、Akt1 和 Akt2 的基因表达量，因此认为姬松茸多糖作用于胰岛素受体，同时激活了 PI3K，进而使 Akt1 和 Akt2 活化，从而增强了胰岛素信号传递的效应。活化的 Akt1、Akt2 作用于 GLUT4 向细胞外膜转移，Akt 表达增加使膜外 GLUT4 的数量增加，而激活的 PI3K 作用于 GLUT4，并且使 GLUT4 与膜发生融合，增加其对葡萄糖的转运，以便被外周组织吸收和利用，从而降低血糖水平。

（3）姬松茸多糖可促进肝糖原的合成、调节糖代谢　葡萄糖主要以糖原形式贮存在肝脏中，因此肝糖原的合成与分解能够调节体内糖代谢、维持血糖的平衡。糖尿病病发时，胰岛素作用减弱，机体内糖原合成减少，分解增加，最终导致肝糖原含量降低，机体内葡萄糖含量升高，从而引起高血糖。有研究发现香菇多糖（王慧铭等，2005）和锁阳多糖（Wang et al. 2010）能够通过促进肝糖原合成，加强外围细胞对葡萄糖的代谢来降低糖尿病动物的血糖浓度。试验结果显示，姬松茸多糖能显著增加糖尿病大鼠肝糖原含量，降低血糖水平，说明姬松茸能促进肝糖原的合成，减少肝糖原分解，调节糖代谢，加强外围细胞对葡萄糖的吸收和利用来降低血糖浓度。

综上，姬松茸多糖能够缓解脂代谢紊乱，通过调节血糖指数和体内胰岛素平衡、调控肌肉和脂肪中 GLUT4、PI3K、Akt1 和 Akt2 mRNA 表达量等机制降低血糖，从而缓解糖尿病症状。

第三节　姬松茸多糖的免疫增强作用

姬松茸多糖具有免疫调节作用，本节主要探讨姬松茸多糖对 TLR4 受体信号转导通路的影响，探讨姬松茸多糖的免疫调节机制，为姬松茸多糖的开发利用提供理论依据。

一、姬松茸多糖对 TLR4 受体信号转导通路的影响（NF-κB 信号转导途径）

1. 姬松茸多糖作用不同时间对巨噬细胞 RAW 264.7 增殖的影响

由表 3-17 可知，姬松茸多糖对巨噬细胞 RAW 264.7 作用 12，24，36h 后，与空白对照组相比，浓度为 2000μg/mL，1000μg/mL，500μg/mL，250μg/mL，125μg/mL 和 62.5μg/mL 的姬松茸多糖溶液均能够促进巨噬细胞 RAW 264.7 的增殖，差异极显著（$p<0.01$）。当姬松茸多糖的浓度为 1000μg/mL 时，促进巨噬细胞 RAW 264.7 增殖的作用最大；当其浓度为 31.2μg/mL 和 15.6μg/mL 时，促进巨噬细胞的增殖作用不显著（$p>0.05$）。可见在一定浓度范围，随着多糖浓度的增大，姬松茸多糖溶液促进巨噬细胞增殖的作用越强。

表 3-17　　　　姬松茸多糖不同作用时间对巨噬细胞 RAW 264.7 增殖的影响

多糖浓度/ (μg/mL)	12h		24h		36h	
	OD$_{490}$ 值	平均相对增殖率/%	OD$_{490}$ 值	平均相对增殖率/%	OD$_{490}$ 值	平均相对增殖率/%
0	0.211±0.023	—	0.341±0.011	—	0.428±0.010	—
2000	0.328±0.013**	155.45	0.477±0.014**	139.88	0.532±0.017**	124.30
1000	0.333±0.019**	157.82	0.532±0.009**	156.10	0.632±0.010**	147.66
500	0.319±0.007**	151.18	0.498±0.018**	146.04	0.618±0.016**	144.39
250	0.311±0.019**	147.39	0.443±0.012**	129.91	0.567±0.028**	132.64
125	0.291±0.024**	137.91	0.423±0.005**	124.05	0.509±0.016**	118.93
62.5	0.280±0.026**	132.70	0.437±0.015**	128.15	0.496±0.009**	115.89
31.2	0.239±0.012	113.27	0.357±0.012	104.78	0.447±0.0139	104.44
15.6	0.227±0.017	107.58	0.354±0.008	103.81	0.424±0.006	99.14

注：与空白对照组比较，* 表示差异显著（$p<0.05$），** 表示差异极显著（$p<0.01$）。

对 1000μg/mL 姬松茸多糖作用巨噬细胞 12h、24h 和 36h，促进巨噬细胞增殖相对增殖率进行比较，结果如图 3-27 所示。

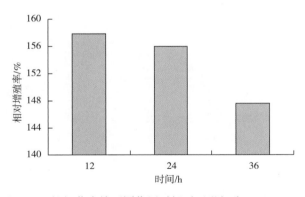

图 3-27　1000μg/mL 姬松茸多糖不同作用时间对巨噬细胞 RAW 264.7 增殖的影响

2. 姬松茸多糖作用巨噬细胞 RAW 264.7 后 NO 生成量的影响

（1）姬松茸多糖和脂多糖作用巨噬细胞 RAW 264.7 不同时间对 NO 生成量的影响
由图 3-28 可知，且在整个试验时间内，1000μg/mL、500μg/mL 姬松茸多糖和 10μg/mL LPS 作用巨噬细胞的 NO 的产量高于对照。12~24h NO 的生成量迅速增加，之后其释放速度下降，但仍高于对照。对照中巨噬细胞的 NO 生成量始终较少。LPS 在每个时间段内，其作用巨噬细胞的 NO 生成量都高于多糖。

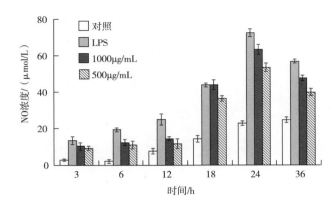

图 3-28　不同时间姬松茸多糖和脂多糖作用于巨噬细胞 RAW 264.7 对 NO 生成量的影响

（2）不同浓度姬松茸多糖作用于巨噬细胞 RAW 264.7 24h 对 NO 生成量的影响　由图 3-29 可知，2000μg/mL、1000μg/mL、500μg/mL 姬松茸多糖溶液和 10μg/mL LPS 作用巨噬细胞 RAW 264.7 24h 后，NO 生成量明显高于对照，差异极显著（$p<0.01$）。LPS 作用巨噬细胞的 NO 生成量明显高于多糖，当多糖浓度为 2000μg/mL、500μg/mL、250μg/mL 时，差异极显著（$p<0.01$）；当多糖浓度为 1000μg/mL 时，差异显著（$p<0.05$）。在一定浓度范围内，多糖作用巨噬细胞的 NO 生成量随浓度增加而增加，当多糖浓度为 1000μg/mL 时，NO 生成量最大。

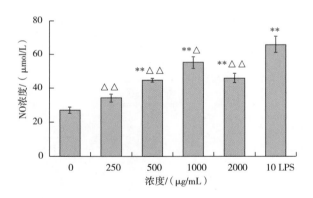

图 3-29　不同浓度姬松茸多糖作用于巨噬细胞 RAW 264.7 24h 对 NO 生成量的影响

注：与空白对照组比较，＊表示差异显著（$p<0.05$），＊＊表示差异极显著（$p<0.01$）；与 LPS 组比较，△表示差异显著（$p<0.05$），△△表示差异极显著（$p<0.01$）。

（3）TLR4 抗体对姬松茸多糖作用于巨噬细胞 RAW 264.7 对 NO 生成量的影响　由图 3-30 可知，姬松茸多糖和脂多糖作用巨噬细胞 RAW 264.7 和经 TLR4 抗体处理（auti-TLR4）的巨噬细胞 RAW 264.7 24h 后，NO 生成量明显高于阴性对照，差异极显著（$p<0.01$）。姬松茸多糖作用巨噬细胞 NO 生成量明显高于经 Toll 样受体（TLR4）处理的巨噬细胞，差异显著（$p<0.05$）。脂多糖作用巨噬细胞 NO 生成量明显高于经 TLR4 处理的巨噬

细胞，差异极显著（$p<0.01$）。TLR4 抗体对姬松茸多糖作用 RAW 264.7 细胞产生 NO 的阻断作用，明显低于 TLR4 对 LPS 的阻断作用，说明 TLR4 可能是姬松茸多糖的受体。

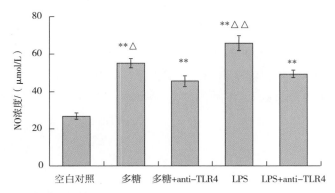

图 3-30　TLR4 抗体对姬松茸多糖作用于巨噬细胞 RAW 264.7 对 NO 生成量的影响

注：与空白对照组比较，** 表示差异极显著（$p<0.01$）；与 TLR4 抗体组比较，△表示差异显著（$p<0.05$），△△表示差异极显著（$p<0.01$）。

3. 不同浓度姬松茸多糖作用于巨噬细胞 RAW 264.7 24h 对 iNOS 含量的影响

由图 3-31 可知，2000μg/mL、1000μg/mL、500μg/mL 姬松茸多糖和 10μg/mL LPS 作用巨噬细胞 RAW 264.7 24h，iNOS 含量明显高于空白对照组，差异极显著（$p<0.01$），其中浓度 250μg/mL 的多糖作用巨噬细胞后 iNOS 的含量与空白对照组相比，差异无统计学意义（$p>0.05$）。LPS 作用巨噬细胞后 iNOS 含量明显高于 2000μg/mL、1000μg/mL、500μg/mL、250μg/mL 多糖组，差异极显著（$p<0.01$）。在一定浓度范围，姬松茸多糖作用巨噬细胞后 iNOS 的产生量随多糖浓度的增加而增加，当多糖浓度为 1000μg/mL 时，iNOS 含量最大。

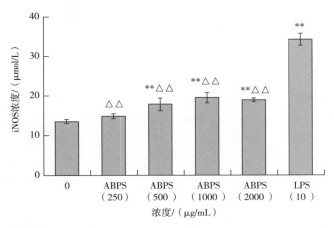

图 3-31　不同剂量姬松茸多糖作用于巨噬细胞 RAW 264.7 24h 对 iNOS 含量的影响

注：与空白对照组比较，** 表示差异显著（$p<0.01$）；与 LPS 组比较，△表示差异显著（$p<0.05$），△△表示差异极显著（$p<0.01$）。

4. 姬松茸多糖对巨噬细胞 RAW 264.7 产生 IL-1β、TNF-α、IFN-β 的影响

（1）姬松茸多糖作用于巨噬细胞 RAW 264.7 不同时间对 IL-1β、TNF-α、IFN-β 生成量的影响　由图 3-32 可知，1000μg/mL 姬松茸多糖和 10μg/mL LPS 作用巨噬细胞 RAW 264.7，在试验时间范围内，多糖和 LPS 作用巨噬细胞后，细胞培养上清液中 IL-1β、TNF-α 和 IFN-β 的含量随时间增加而增加，且高于空白对照组，差异有统计学意义（$p<0.05$ 或 $p<0.01$）。多糖作用巨噬细胞的 IL-1β、TNF-α 和 IFN-β 生成量均低于 LPS，差异有统计学意义（$p<0.05$ 或 $p<0.01$），说明多糖可促进巨噬细胞产生 IL-1β、TNF-α 和 IFN-β。

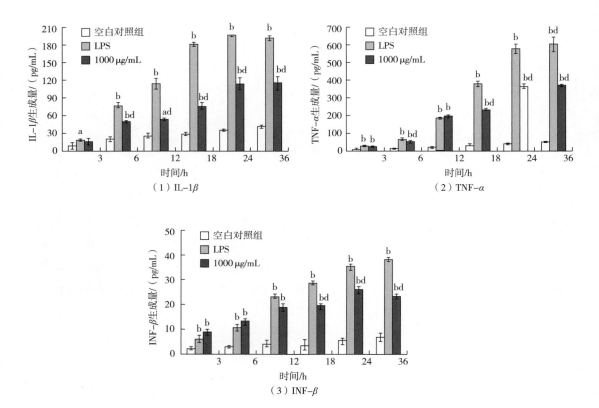

图 3-32　姬松茸多糖作用于巨噬细胞 RAW 264.7 不同时间对 IL-1β、TNF-α、IFN-β 生成量的影响

注：与空白对照组比较，a 表示差异显著（$p<0.05$），b 表示差异极显著（$p<0.01$）；与 LPS 组比较，c 表示差异显著（$p<0.05$），d 表示差异极显著（$p<0.01$）。

（2）不同浓度姬松茸多糖作用于巨噬细胞 RAW 264.7 24h 对 IL-1β、TNF-α、IFN-β 含量的影响　由图 3-33 可知，姬松茸多糖和 LPS 作用巨噬细胞 RWA 264.7 24h 后，在一定浓度范围内，多糖作用的巨噬细胞培养上清液中 IL-1β、TNF-α 和 IFN-β 含量随浓度增大而增大，浓度为 1000μg/mL 时三种细胞因子的生成量达到最大，但多糖各浓度均低于 LPS，差异有统计学意义（$p<0.01$）。

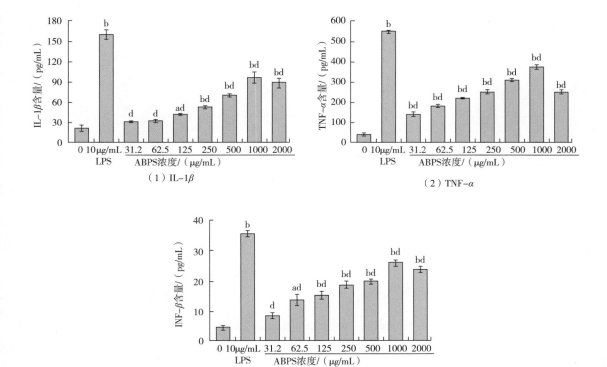

图 3-33　不同浓度姬松茸多糖作用于巨噬细胞 RAW 264.7 24h 对 IL-1β、TNF-α、IFN-β 含量的影响

注：与空白对照组比较，a 表示差异显著（$p<0.05$），b 表示差异极显著（$p<0.01$）；与 LPS 组比较，c 表示差异显著（$p<0.05$），d 表示差异极显著（$p<0.01$）。

（3）TLR4 抗体对姬松茸多糖作用于巨噬细胞 RAW 264.7 对 IL-1β、TNF-α、IFN-β 含量的影响　由图 3-34 可知，姬松茸多糖和 LPS 作用 TLR4 抗体处理的巨噬细胞 RAW 264.7 产生 IL-1β、TNF-α 和 IFN-β，明显低于未经处理的巨噬细胞，差异极显著（$p<0.01$），说明 TLR4 抗体能阻断多糖对巨噬细胞的作用，但对多糖的阻断作用低于 LPS。

5. 姬松茸多糖作用于巨噬细胞对 TNF-α、IL-1β、IL-6、TLR4、MyD88、TRAM、TRAF-6 mRNA 表达量的影响

由图 3-35 可知，姬松茸多糖和 LPS 作用于巨噬细胞 RAW 264.7 24h 后，多糖（1000μg/mL、500μg/mL、250μg/mL 和 125μg/mL）和 10μg/mL LPS 的 TNF-α、IL-1β、IL-6、TLR4、MyD88、TRAM、TRAF-6 mRNA 表达量明显高于空白对照组，差异显著或极显著（$p<0.05$ 或 $p<0.01$）。随着多糖浓度的增大，TNF-α、IL-1β、IL-6、TLR4、MyD88、TRAM、TRAF-6 mRNA 表达量逐渐升高。LPS 作用的巨噬细胞 TNF-α、IL-1β、IL-6、TLR4、MyD88、TRAM、TRAF-6 mRNA 表达量明显高于多糖各浓度组，差异极显著（$p<0.01$）。

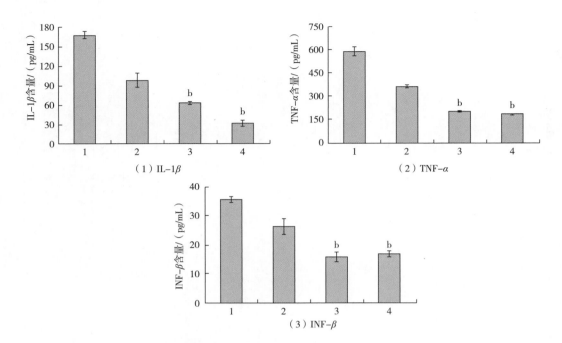

图 3-34　TLR4 抗体对姬松茸多糖作用于巨噬细胞 RAW 264.7 对 IL-1β、TNF-α、IFN-β 含量的影响

注：1—10μg/mL LPS；2—1000μg/mL ABPS；3—anti TLR4+10μg/mL LPS；4—anti TLR4+1000μg/mL ABPS；与空白对照组比较，b 表示差异极显著（$p<0.01$）。

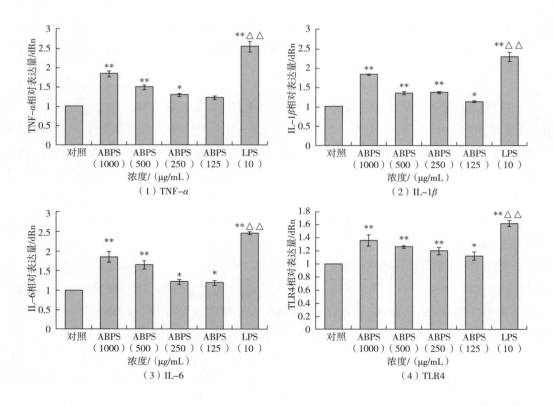

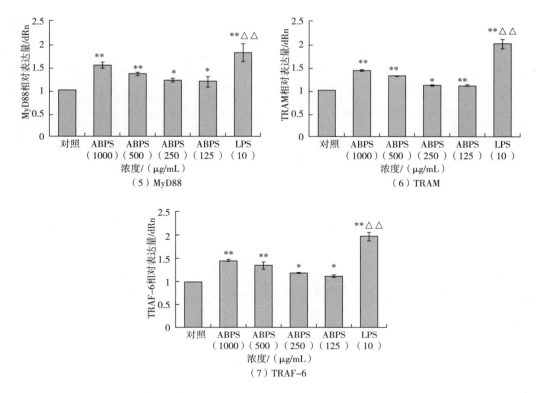

（5）MyD88

（6）TRAM

（7）TRAF-6

图 3-35　姬松茸多糖作用于巨噬细胞对 TNF-α、IL-1β、IL-6、TLR4、MyD88、

TRAM、TRAF-6 mRNA 的表达量的影响

6. TLR4 抗体对姬松茸多糖作用于巨噬细胞 RAW 264. 7 对 TNF-α、IL-1β、IL-6、TLR4、MyD88、TRAM、TRAF-6 mRNA 表达量的影响

由图 3-36 可知，姬松茸多糖（500μg/mL）和 10μg/mL LPS 作用于巨噬细胞 RAW 264. 7 24h 后，TLR4 抗体处理的巨噬细胞 TNF-α、IL-1β、IL-6、TLR4、MyD88、TRAM、TRAF-6 mRNA 表达量与未经 TLR4 处理相比明显降低，差异显著或极显著（$p<0.05$ 或 $p<0.01$），但仍高于空白对照。

姬松茸多糖是姬松茸中主要的活性成分，具有广泛的药理作用。大量研究结果表明其能影响机体多种免疫功能，具有免疫调节作用（王伟娟等，2012；李海杰等，2013；孟俊龙等，2012；Nakajima et al. 2002；刘常金和谷文英，2002）。多糖生物活性依赖于与免疫细胞上的相关受体。多糖经由细胞受体的传导，并通过对下游通路的活化启动免疫应答。

巨噬细胞属免疫细胞，是单核吞噬细胞系统中高度分化、成熟的、长寿命的细胞类型，其主要功能是以固定细胞或游离细胞的形式对细胞残片及病原体进行噬菌作用（即吞噬以及消化），并激活淋巴球或其他免疫细胞，令其对病原体作出反应，在机体免疫过程中起至关重要的作用（李小琼等，2009）。因此，研究巨噬细胞表面多糖受体及其传导途径，对阐明多糖免疫调节机制具有重要的理论意义及应用价值。

脂多糖 LPS 是革兰阴性菌的细胞壁成分，也称为内毒素。LPS 作用具有双重性，低浓

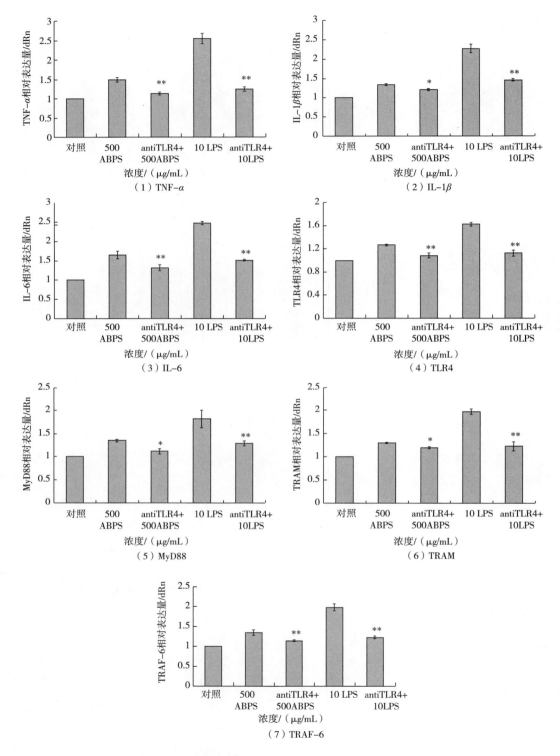

图 3-36　TLR4 抗体作用于巨噬细胞对 TNF-α、IL-1β、IL-6、TLR4、MyD88、
TRAM、TRAF-6 mRNA 的相对表达量的影响

度下可以刺激免疫应答，增强免疫效应；高浓度则会引起炎症反应。研究表明，LPS 是 TLR4 受体的主要配体，能够明显激活 TLR4 受体及其下游通路，并作用细胞产生大量且多种细胞因子。因此，选取 LPS 为本部分实验的阳性对照，以研究姬松茸多糖对巨噬细胞免疫作用的调节及对 TLR4 细胞转导通路的影响。

TLR4 是机体天然免疫系统的重要组成部分。近年来研究发现，天然来源的多糖可以通过 TLR4 介导多种免疫细胞，激活细胞内信号通路，活化转录，促进细胞因子的释放，从而发挥免疫调节作用。如红花多糖（Han et al. 2003）和刺五加多糖（Lin et al. 2006）等可通过 TLR4 活化腹腔巨噬细胞导致 TNF-α 的产生，且与 NF-κB 的活化有关。

细胞产生 NO 的唯一途径是由一氧化氮合酶 NOS 催化左旋精氨酸的产生（Kang et al. 2002）。NO 既是信息分子又是细胞毒性分子，能够参与特异性与非特异性免疫反应，影响淋巴细胞增殖及细胞因子的释放（Schmidt 1994）。NOS 广泛分布于各种组织细胞，主要分为内皮细胞型一氧化氮合酶（Endothelial nitric oxide synthase，eNOS），其主要作用是调节血管紧张度；存在于神经细胞中的神经型一氧化氮合酶（Neuronal nitric oxide synthase，nNOS），它的主要生理功能是通过突触传递生物信号；存在于免疫细胞中的可诱导型一氧化氮合酶（Inducible nitric oxide synthase，iNOS），主要作用是参与炎症反应和免疫细胞对病原体的防御（Mayer and Hemmens，1997）。目前已证明巨噬细胞中的 NOS 系诱导型一氧化氮合酶（iNOS），主要由巨噬细胞、肝细胞和免疫系统中的一些效应细胞合成（柳忠全等，2006）。近年的研究表明，巨噬细胞在受到刺激后产生的 NO，在免疫过程及抑制和杀死肿瘤细胞的过程中起到重要的作用（张晋强等，2013）。近年来的研究表明，巨噬细胞在受到刺激后产生的 NO 在免疫过程及抑制和杀死肿瘤细胞的过程中起到重要作用，且巨噬细胞对肿瘤细胞的抑制作用与 NO 的生成量呈正相关。

本部分试验通过研究姬松茸多糖对巨噬细胞 RAW 264.7 增殖及产生 iNOS、NO 的影响，表明一定浓度的姬松茸多糖能够促进巨噬细胞的增殖及 iNOS、NO 的释放，并存在剂量依赖性，说明姬松茸多糖对巨噬细胞的免疫活性有正向的促进作用。研究还发现姬松茸多糖作用巨噬细胞后 iNOS 的含量和 NO 生成量成正相关，说明姬松茸多糖通过促进 iNOS 的合成来提高 NO 的生成量，从而达到调节机体免疫力的作用。

多糖能够激活巨噬细胞分泌大量的细胞因子，如：TNF-α、IFN-β、IL-1β、IL-10、IL-12 等。TNF-α 参与天然免疫和获得性免疫，是一种能够直接杀伤肿瘤细胞而对正常细胞无明显毒性的细胞因子，另外免疫调节介质和炎症介质的表达也与其有关。本试验由姬松茸多糖作用巨噬细胞 RAW 264.7，经分析细胞培养上清液中 TNF-α、IFN-β、IL-1β 含量，结果显示姬松茸多糖可以促使巨噬细胞分泌细胞因子，且具有时间和剂量关系。细胞因子的分泌增加，可能是姬松茸多糖促进巨噬细胞增殖的原因。在高浓度时，细胞因子的生成量有所下降，可能是由于低浓度的多糖能够促进巨噬细胞活性，但超过一定浓度范围，高浓度的姬松茸多糖反而抑制了细胞活性，从而导致了高浓度姬松茸多糖促使巨噬细胞细胞因子的生成量减少。受到 TLR4 抗体阻隔时，3 种细胞因子生成量明显降低，可以说明姬松茸多糖激活巨噬细胞的免疫应答，与 TLR4 受体有关。但与空白对照相比，经 TLR4 抗体阻隔后 3 种细胞因子的生成量仍高于空白对照组，说明多糖还通过其他途径激活巨噬细胞免疫应答，TLR4 细胞信号转导通路并不是唯一的通路。

试验研究姬松茸多糖作用巨噬细胞 RAW 264.7，探讨 TLR4 在姬松茸多糖激活巨噬细胞中的作用，揭示姬松茸多糖对 TLR4 受体信号转导通路的影响。结果显示：姬松茸多糖能够明显促进 TLR4 受体及其下游通路 MyD88、TRAM、TRAF-6 的 mRNA 的表达。TLR4 抗体一定程度上能够阻断姬松茸多糖刺激巨噬细胞释放 NO 的作用和减弱细胞因子分泌以及降低 TLR4 受体及其下游通路 mRNA 表达，但其效果明显低于 TLR4 抗体对 LPS 的阻断作用，这说明 TLR4 是识别姬松茸多糖的受体，姬松茸多糖通过与 TLR4 受体胞外段结合，将信号转移到 TLR4 受体胞内段，胞内段某区域与 MyD88 结合，进而激活 TRAF-6，TRAF-6 可能通过激活 NF-κB 抑制物的激酶（IKKs），使得 NF-κB 抑制物与 IKKs 复合而磷酸化。这时 NF-κB 被释放出来进入细胞核，与特定的转录区域结合，促使相应的细胞因子表达。另外，信号转移到 TLR4 胞内段后经 TRAM 途径，激活 IRF3，IRF3 进入细胞核诱导核转录，催化细胞因子表达。因此，姬松茸多糖调节巨噬细胞免疫作用是通过 TLR4 的 MyD88 依赖和非依赖途径完成的，但只是其发挥免疫作用的部分途径，这可能与多糖体内作用靶点多而作用较弱等原因有关，如与巨噬细胞 TLR2，葡聚糖受体、甘露糖受体、CR3 受体等有广泛的作用。可见 TLR4 是否为姬松茸多糖的主要受体，尚需更多的结论。

综上，姬松茸多糖能够促进巨噬细胞 RAW 264.7 增殖，并通过 TLR4 受体信号转导通路调节巨噬细胞 RAW 264.7 的免疫功能，TLR4 是姬松茸多糖的受体之一。

二、姬松茸多糖对 TLR4 受体信号转导通路的影响（MAPK 信号转导途径）

TLR4 是姬松茸多糖（*Agaricus blazei* Murrill polysaccharide）的受体之一，本部分针对姬松茸多糖作用 TLR4 受体 MAPK 信号通路的相关机制进行研究，以期阐明姬松茸多糖作用于小鼠巨噬细胞 RAW 264.7 MAPK 信号通路中的分子靶点。

1. 不同浓度姬松茸多糖对巨噬细胞 RAW 264.7 活性的影响

从图 3-37 可以看出，姬松茸多糖对巨噬细胞 RAW 264.7 的抑制率随着浓度的升高先升高后降低，当姬松茸多糖浓度≤1000μg/mL，不仅对细胞活性没有影响，反而能够促进其增殖。而且当姬松茸多糖浓度为 1000μg/mL，促进巨噬细胞的增殖作用更加明显，当姬松茸多糖浓度达到 2000、4000μg/mL 时，巨噬细胞的活性受到明显的抑制，抑制率分别为 27.2%、46.0%。

2. 不同抑制剂浓度对巨噬细胞 RAW 264.7 活性的影响

（1）不同浓度 JNK 抑制剂对巨噬细胞 RAW 264.7 活性影响　从图 3-38 可以看出，*JNK* 抑制剂对巨噬细胞 RAW 264.7 的抑制率随着浓度的升高而逐渐升高，当 *JNK* 抑制剂浓度≤6.25μmol，对细胞活性没有太明显的影响；当 JNK 抑制剂浓度大于 12.5μmol 时，巨噬细胞的活性受到明显的抑制，抑制率分别为 11.0%，43.3%，78.7%，96.3%。

（2）不同浓度 ERK 抑制剂对巨噬细胞 RAW 264.7 活性影响　从图 3-39 可以看出，

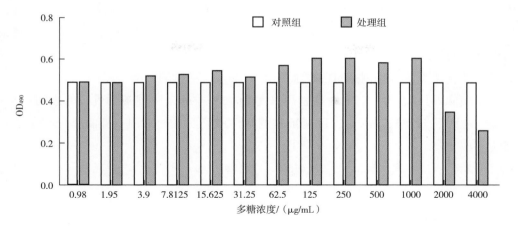

图 3-37　不同浓度姬松茸多糖对巨噬细胞 RAW 264.7 活性的影响

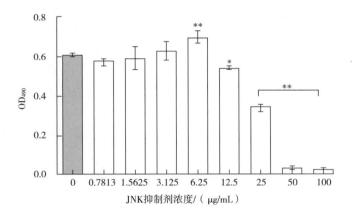

图 3-38　不同浓度 JNK 抑制剂对巨噬细胞 RAW 264.7 活性的影响

注：与空白组比较，＊表示差异显著（$p<0.05$），＊＊表示差异极显著（$p<0.01$），余同。

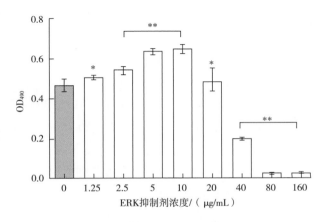

图 3-39　不同浓度 ERK 抑制剂对巨噬细胞 RAW 264.7 活性的影响

ERK 抑制剂对巨噬细胞 RAW 264.7 的抑制率随着浓度的升高而逐渐升高，当 ERK 抑制剂浓度≤20μg/mL，对细胞活性没有影响；当 ERK 抑制剂浓度大于 40μg/mL 时，巨噬细胞的活性受到明显的抑制，抑制率分别为 57.2%，94.8%，94.0%。

（3）不同浓度 p38 抑制剂对巨噬细胞 RAW 264.7 活性的影响

从图 3-40 可以看出，当 p38 抑制剂浓度≤6.25μg/mL，对细胞活性没有影响；当 p38 抑制剂浓度大于 12.5μg/mL 时，巨噬细胞的活性受到明显的抑制，抑制率分别是 3.4%，83.5%，92.4%。

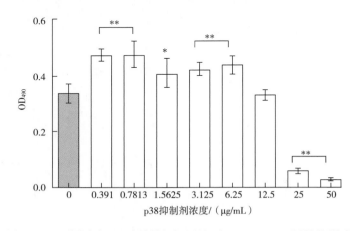

图 3-40　不同浓度 p38 抑制剂对巨噬细胞 RAW 264.7 活性的影响

3. 不同浓度姬松茸多糖对巨噬细胞 RAW 264.7 形态的影响

小鼠巨噬细胞 RAW 264.7 细胞形体大，有伪足，是马蹄状单核细胞，从图 3-41 中可以看出，与对照组细胞分布情况相比，2000μg/mL、4000μg/mL 姬松茸多糖处理下的细胞，细胞未贴壁且叠落生长，胞浆皱缩，未出现网状延伸的伪足；其余各组细胞密度上的差异不显著，细胞形态未见异常。说明高浓度的姬松茸多糖对小鼠巨噬细胞 RAW 264.7 的形态影响较大。

4. 姬松茸多糖对 LPS 诱导的巨噬细胞 RAW 264.7 JNK、ERK、p38 mRNA 表达量的影响

如图 3-42 所示，小鼠巨噬细胞 RAW 264.7，在未受到 LPS 刺激时，JNK mRNA 的相对表达量较低。相对于对照组而言，单独使用 LPS 刺激巨噬细胞其 JNK mRNA 的相对表达量极显著升高（$p < 0.01$），而 500μg/mL、1000μg/mL、2000μg/mL 的姬松茸多糖均能极显著降低 LPS 诱导的 JNK mRNA 的相对表达量，分别降低了 30.7%、21.6%、45.9%。

如图 3-43 所示，小鼠巨噬细胞 RAW 264.7，在未受到 LPS 刺激时，ERK mRNA 的相对表达量较低。相对于对照组而言，单独使用 LPS 刺激巨噬细胞其 ERK mRNA 的相对表达量极显著升高（$p < 0.01$），而 500μg/mL、1000μg/mL、2000μg/mL 的姬松茸多糖均能极显著降低 LPS 诱导的 ERK mRNA 的相对表达量，分别降低了 51.4%、43.2%、25%。

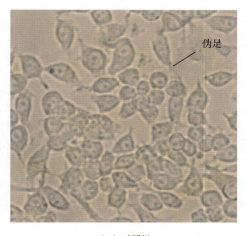

（1）对照组

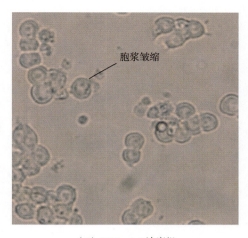

（2）4000 μg/mL浓度组

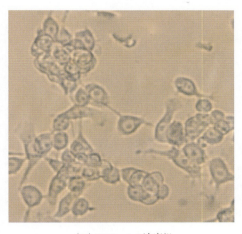

（3）2000 μg/mL浓度组

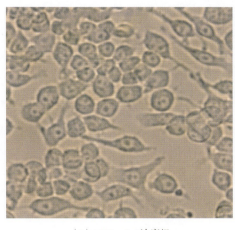

（4）1000 μg/mL浓度组

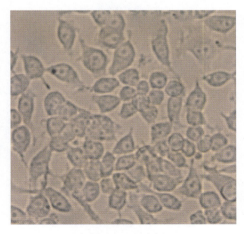

（5）500 μg/mL浓度组

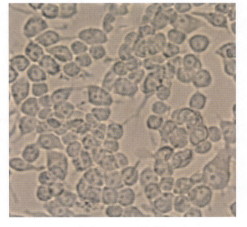

（6）125 μg/mL浓度组

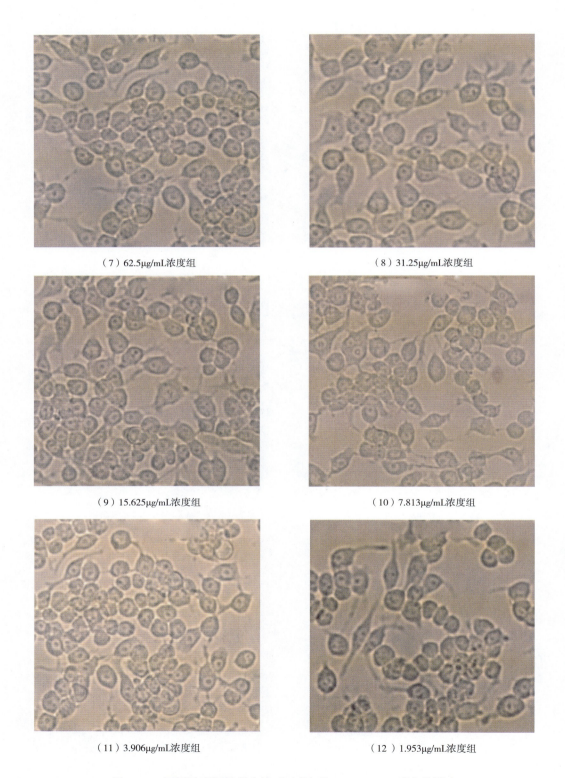

（7）62.5μg/mL浓度组   （8）31.25μg/mL浓度组

（9）15.625μg/mL浓度组   （10）7.813μg/mL浓度组

（11）3.906μg/mL浓度组   （12）1.953μg/mL浓度组

图3-41　不同浓度姬松茸多糖对巨噬细胞 RAW 264.7 形态的影响

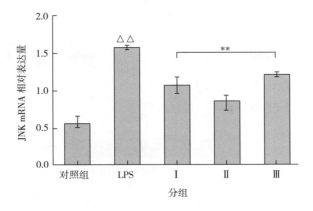

图 3-42　不同浓度姬松茸多糖对 LPS 诱导的巨噬细胞 JNK mRNA 表达的影响

注：Ⅰ—500μg/mL 姬松茸多糖；Ⅱ—1000μg/mL 姬松茸多糖；Ⅲ—2000μg/mL 姬松茸多糖；与对照组比较，△表示差异显著（$p<0.05$），△△表示差异极显著（$p<0.01$）；与 LPS 组比较，＊表示差异显著（$p<0.05$），＊＊表示差异极显著（$p<0.01$），本部分余同。

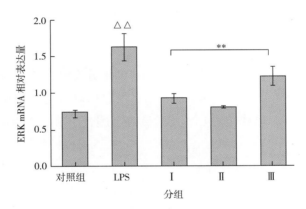

图 3-43　不同浓度姬松茸多糖对 LPS 诱导的巨噬细胞 ERK mRNA 表达的影响

如图 3-44 所示，小鼠巨噬细胞 RAW 264.7，在未受到 LPS 刺激时，p38 mRNA 的相

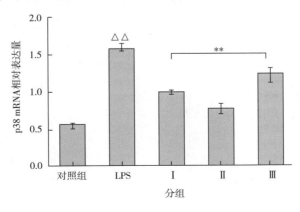

图 3-44　不同浓度姬松茸多糖对 LPS 诱导的巨噬细胞 p38 mRNA 表达的影响

对表达量较低。相对于对照组而言，单独使用 LPS 刺激巨噬细胞，其 p38 mRNA 的相对表达量极显著升高（$p<0.01$），而 500μg/mL、1000μg/mL、2000μg/mL 的姬松茸多糖均能极显著降低 LPS 诱导的 p38 mRNA 的相对表达量，分别降低了 51.2%、37%、22.3%。

5. MAPK 信号通路关键蛋白表达的测定结果

（1）蛋白检测免疫印迹结果

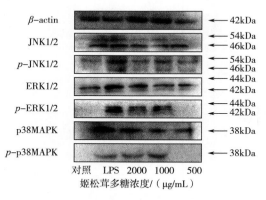

图 3-45　MAPK 信号通路的蛋白检测结果

（2）JNK 1/2、p-JNK 1/2 蛋白检测免疫印迹结果分析　由图 3-46 所示，小鼠巨噬细胞 RAW 264.7，在未受到 LPS 刺激时，JNK 1/2 蛋白相对表达量较低（均以内参进行校正）。相对于对照组而言，单独使用 LPS 刺激巨噬细胞其 JNK 1/2 蛋白的相对表达量显著升高（$p<0.05$），而 500μg/mL、1000μg/mL、2000μg/mL 的姬松茸多糖均能显著降低 LPS 诱导的 JNK 1/2 蛋白的相对表达量（$p<0.05$）。小鼠巨噬细胞 RAW 264.7，在未受到 LPS 刺激时，磷酸化蛋白 JNK 1/2 相对表达量较低（均以内参进行校正）。相对于对照组而言，单独使用 LPS 刺激巨噬细胞，其磷酸化蛋白 JNK 1/2 的相对表达量极显著升高（$p<0.01$），而 500、1000、2000μg/mL 的姬松茸多糖均能极显著降低 LPS 诱导的磷酸化蛋白 JNK 1/2 的相对表达量（$p<0.01$）。二者相比较，可以发现，姬松茸多糖对磷酸化蛋白 JNK 1/2 抑制作用明显，当多糖浓度达到 1000μg/mL 时，抑制效果最为显著。

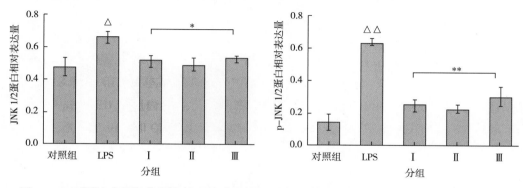

图 3-46　不同浓度姬松茸多糖对 LPS 诱导的巨噬细胞 JNK 1/2 和 p-JNK 1/2 蛋白表达的影响

（3）ERK 1/2、p-ERK 1/2 蛋白检测免疫印迹结果分析　由图 3-47 所示，小鼠巨噬细胞 RAW 264.7，在未受到 LPS 刺激时，ERK 1/2 蛋白相对表达量较低（均以内参进行校正）。相对于对照组而言，单独使用 LPS 刺激巨噬细胞，其 ERK 1/2 蛋白的相对表达量极显著升高（$p < 0.01$）。相对于 LPS 组而言，500μg/mL 的姬松茸多糖能显著降低 ERK 1/2 蛋白的相对表达量（$p < 0.05$）；1000μg/mL 的姬松茸多糖能极显著降低 ERK 1/2 蛋白的相对表达量（$p < 0.01$）；当姬松茸多糖浓度为 2000μg/mL 时，差异不明显。小鼠巨噬细胞 RAW 264.7，在未受到 LPS 刺激时，磷酸化蛋白 ERK 1/2 相对表达量较低（均以内参进行校正）。相对于对照组而言，单独使用 LPS 刺激巨噬细胞，其磷酸化蛋白 ERK 1/2 的相对表达量极显著升高（$p < 0.01$），而 500μg/mL、1000μg/mL、2000μg/mL 的姬松茸多糖均能极显著降低 LPS 诱导的磷酸化蛋白 ERK 1/2 的相对表达量（$p < 0.01$）。当多糖浓度达到 500μg/mL 时，效果最为显著。二者相比较，可以发现，姬松茸多糖对磷酸化蛋白 ERK 1/2 抑制作用明显。

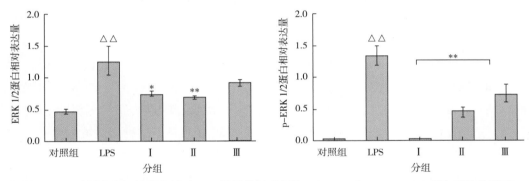

图 3-47　不同浓度姬松茸多糖对 LPS 诱导的巨噬细胞 ERK 1/2 和 p-ERK 1/2 蛋白表达的影响

（4）p38、p-p38 蛋白检测免疫印迹结果分析　由图 3-48 所示，小鼠巨噬细胞 RAW 264.7，在未受到 LPS 刺激时，p38 蛋白相对表达量较低（均以内参进行校正）。相对于对照组而言，单独使用 LPS 刺激巨噬细胞，其 p38 蛋白的相对表达量极显著升高（$p < 0.01$）。相对于 LPS 组而言，500μg/mL、1000μg/mL、2000μg/mL 的姬松茸多糖均能极显著降低 p38 蛋白的相对表达量（$p < 0.01$）；当姬松茸多糖浓度为 1000μg/mL 时，抑制效果最佳。小鼠巨噬细胞 RAW 264.7，在未受到 LPS 刺激时，磷酸化蛋白 p38 相对表达量较低（均以内参进行校正）。相对于对照组而言，单独使用 LPS 刺激巨噬细胞其磷酸化蛋白 p38 的相对表达量极显著升高（$p < 0.01$），而 500μg/mL、1000μg/mL、2000μg/mL 的姬松茸多糖均能极显著降低 LPS 诱导的磷酸化蛋白 p38 的相对表达量（$p < 0.01$）。当多糖浓度达到 500μg/mL 时，抑制效果最为显著，二者相比较，可以发现，姬松茸多糖对磷酸化蛋白 p38 抑制作用明显。

选用 MTT 比色法对细胞活性进行研究，以其灵敏度高、经济的特点被广大学者所认可（Popescu et al. 2015）。MTT 法简单说是一种变色反应，主要是利用活细胞线粒体中的

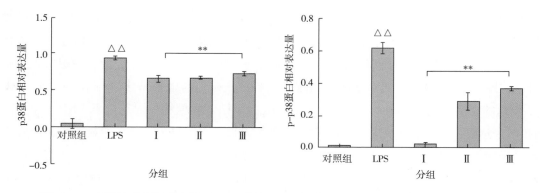

图 3-48　不同浓度姬松茸多糖对 LPS 诱导的巨噬细胞 p38 和 p-p38 蛋白表达的结果分析

琥珀酸脱氢酶使外源性 MTT 发生还原反应，生成不溶于水的甲瓒（蓝紫色结晶）之后，加入二甲基亚砜（DMSO）来溶解细胞中的甲瓒（死细胞中并不能发生此类反应），利用这种物质能够沉积在细胞中并与 DMSO 发生特殊反应的特点对细胞进行活性测定。一定范围内，甲瓒含量与细胞个数呈正比。

姬松茸多糖能促进细胞增殖，贾薇和樊华（2011）发现姬松茸多糖可以通过激活巨噬细胞，增强其吞噬能力而达到抑制肿瘤细胞增殖的功效。李仲娟等（2012）发现浓度为 $100\mu g/mL$ 的灵芝多糖能诱导小鼠巨噬细胞活化，产生 M1 型细胞因子，介导 T 细胞活化增殖。试验还发现一定剂量的姬松茸多糖能够激活正常的巨噬细胞，但不会引起过度的炎症反应，这主要取决于姬松茸多糖中的 β-$(1\rightarrow3)$-D-葡聚糖，这种物质被称为生物免疫应答调节剂（Biological response modifier，BRM）（Schepetkin and Quinn，2006；Paterson，2006；Moradali et al. 2007）。多糖中的 BRM 与小鼠巨噬细胞 RAW 264.7 表面模式识别受体结合后启动免疫应答机制，促进了巨噬细胞的增殖，同时激活了细胞内的信号转导途径。大量研究表明，细胞中 NO 的分泌能够参与免疫反应，影响细胞增殖，而 iNOS 的分泌主要是参与了细胞的炎症反应以及对病原体的防御，前期研究提示一定浓度的姬松茸多糖能够促进巨噬细胞的增殖及 NO、iNOS 的释放，并成剂量依赖性，说明姬松茸多糖对巨噬细胞的免疫活性有正向的促进作用；当体内炎症反应过度时，巨噬细胞停止增殖，转而进行病原体的吞噬。

选择 LPS 作为诱导剂，其主要的原因是 LPS 可导致全身炎症反应综合征、内毒素休克、脓毒症，甚至多器官功能障碍，给人类健康带来严重威胁。因此需要全面研究 LPS 的作用机制，研究有效的 LPS 拮抗剂。LPS 拮抗剂的作用机理包括直接破坏 LPS 分子的网络状结构，作用于 LPS 分子结构（磷酸基团、氨基葡萄糖及其相连的长链脂肪酸）的不同部位达到直接拮抗作用（戚仁斌等，1999）。姬松茸多糖在体外试验中表现出了抗炎活性，表明姬松茸多糖对 LPS 有一定的拮抗作用。

本节第二部分探讨了体外姬松茸多糖对 LPS 诱导的小鼠巨噬细胞 MAPK 信号通路中相关基因 mRNA 表达量的影响，JNK、ERK 和 p38 是 MAPK 信号通路下游的信号分子，主要转导细胞应激及炎症信号因子，其中 LPS 的诱导是 JNK、ERK 和 p38 活化的重要因素，若 LPS 单独作用可增强 JNK、ERK 和 p38 转录活性，最终促使 TNF-α 等炎症因子大量失控表达而致病，因此 TNF-α 可作为下游炎症因子分泌的指示分子。试验表明姬松茸多糖试验组下调了 LPS 引起的 JNK、ERK 和 p38 mRNA 的表达，与阳性对照组相比差异具有统计学意义，说明姬松茸多糖是通过降低 LPS 所引起 JNK、ERK 和 p38 mRNA 的高表达而抑制炎症反应。JNK、ERK 和 p38 mRNA 的高表达量，必然影响末端炎症因子的分泌，本课题组前期研究提示姬松茸多糖能够抑制 LPS 诱导下小鼠巨噬细胞 RAW 264.7 分泌细胞因子 TNF-α。

MAPK 下游 JNK、ERK 和 p38 三种亚类是将信号从表面受体传导至细胞核的关键，当其被磷酸化激活后由胞质转位到核内，进而参与细胞增殖与分化、细胞形态维持、细胞骨架的构建、细胞凋亡等多种生物学反应（胡智，2002；马莲环和刘建，2005），这些位点能够调控它们各自基因的转录，引发相应蛋白的活性改变或表达量的变化，最终影响细胞代谢、细胞分泌炎症因子以及细胞功能。本课题组前期已在细胞水平上对姬松茸多糖作用于巨噬细胞 TLR4/MAPK 通路的部分机制进行探讨，研究姬松茸多糖对 MyD88/TRAF-6/TRAM/TRIF 通路的作用环节和靶点，证实 TLR4 为姬松茸多糖作用受体。本部分试验进一步阐明姬松茸多糖与 ERK/JNK/p38 的关系，明确姬松茸多糖对免疫系统细胞因子作用的分子机制和作用靶点。

本部分试验中，JNK、ERK 和 p38 作为信号通路的重要靶点，在 LPS 诱导下被激活，非磷酸化蛋白 JNK 1/2、ERK 1/2 和 p38 在姬松茸多糖的作用下与阳性对照组相比较，蛋白表达量均有所下降，但差异不明显，说明姬松茸多糖能够抑制 MAPK 信号转导途径下游的三个亚类的非磷酸化途径，且非磷酸化蛋白呈固定表达状态。磷酸化蛋白是调控巨噬细胞生长周期的关键，其作用是调控途径自身活性和底物活性。磷酸化蛋白作为细胞信号转导机制中的基本要素，能够控制细胞生长，通过蛋白磷酸化可激活细胞、刺激生长。MAPK 信号传导途径中的活性成分主要是磷酸化蛋白，其表达量的多少可以衡量其活跃程度。本部分试验发现，不同浓度姬松茸多糖作用 LPS 诱导的巨噬细胞，其非磷酸化蛋白 JNK 1/2、ERK 1/2 和 p38 的表达量随多糖剂量的增加而减少或不变。磷酸化蛋白随姬松茸多糖剂量增多而表达量增加，表明其活化程度随多糖浓度增加而增高，可以得出多糖的作用靶点位于 MAPK 下游的 JNK、ERK、p38 三种亚类。

综上，姬松茸多糖可促进巨噬细胞 RAW 264.7 细胞增殖，并通过 MAPK 信号转导通路调节巨噬细胞 RAW 264.7 的免疫功能，JNK、ERK、p38 均是姬松茸多糖作用的分子靶点。

参考文献

Abdul-Ghani M A, Defronzo, R A. Pathogenesis of insulin resistance in skeletal muscle [J]. Journal of Biomedicine Biotechnology, 2010, 2010: 476279.

Altannavch T S, Roubalová K, Kucera P, et al. Effect of high glucose concentrations on expression of ELAM-

1, VCAM-1 and ICAM-1 in HUVEC with and without cytokine activation [J]. Physiological Research, 2004, 53 (1): 77-82.

Crowe A, Morgan, E H. Interactions between tissue uptake of lead and iron in normal and iron-deficient rats during development [J]. Biological Trace Element Research, 1996, 52 (3): 249-261.

Gao Y F, Zhang M N, Wu T C, et al. Effects of D-Pinitol on sulin resistance through the PI3K/Akt signaling pathway in type 2 diabetes mellitus rats [J]. Journal of Agricultural and Food Chemistry, 2015, 63 (26): 6019-6026.

Han S B, Yoon Y D, Ahn H J, et al. Toll-like receptormediated activation of B cells and macrophages by pelysaccharide isolated from cell culture of Acanthopanax senticosus [J]. International Immunopharmacology, 2003, 3 (9): 1301-1312.

Kahn B B, Flier J S. Obesity and insulin resistance [J]. Journal of Clinical Investigation, 2000, 106: 473-81.

Kang J S, Jeon Y J, Kim H M, et al. Inhibition of inducible nitric-oxide synthase expression by silymarin in lipopolysaecharide-stimulated macrophages [J]. Journal of Pharmacology and Experimental Therapeutics, 2002, 302 (1): 138-144.

Khachigian L M, Collins T. Fries J W. N-acetyl cysteine blocks mesangial VCAM-1 and NF-kappa B expression in vivo [J]. The American Journal of Pathology, 1997, 151 (5): 1225-1229.

Kim K B, Park H J, Song D H, et al. Developing an intelligent automatic appendix extraction method from ultrasonography based on fuzzy ART and image processing [J]. Computational and Mathematical Methods in Medicine, 2015, 2015 (6): 1-10.

Li S P, Zhang G H, Zeng Q, et al. Hypoglycemic activity of polysaccharide with antioxidation isolated from cultured Cordyceps mycelia [J]. Phytomedicine: International Journal of Phytotherapy and Phytopharmacology, 2006, 13 (6): 428-433.

Li S Q, Chen H X, Wang J, et al. Involvement of the PI3K/Akt signal pathway in the hypoglycemic effects of tea polysaccharides on diabetic mice [J]. International Journal of Biological Macromolecules, 2015, 81 (11): 967-974.

Lin K I, Kao Y Y, Kuo H K, et al. Reishi polysaccharides induce immunoglobulin production through the TLR4/TLR2- mediated induction of transcription factor Blimp-1 [J]. Journal of Biological Chemistry, 2006, 281 (34): 24111-24123.

Mayer B, Hemmens B. Biosynthesis and action of nitric oxide in mammalian cells [J]. Trends in Biochemical Sciences, 1997, 22 (12): 477-481.

Meng Y, Ma Q Y, Kou X P, et al. Effect of resveratrol on activation of nuclear factor kappa-B and inflammatory factors in rat model of acute pancreatitis [J]. World Journal of Gastroenterology, 2005, 11 (4): 525-528.

Moradali M F, Mostafavi H, Ghods S, et al. Immunomodulating and anticancer agents in the realm of macromycetes fungi (macrofungi) [J]. International Immunopharmacology, 2007, 7 (6): 701-724.

Nakajima A, Ishida T, Koga M, et al. Effect of hot water extract from Agaricus blazei Murill on antibody-producing cells in mice [J]. International Immunopharmacology, 2002, 2 (8): 1205-1211.

Nakao A, Hasegawa Y, Tsuchiya Y, et al. Expression of cell adhesion molecules in the lungs of patients with idiopathic pulmonary fibrosis [J]. Chest, 1995, 108 (1): 233-239.

Paterson R R M. Ganoderma-A therapeutic fungal biofactory [J]. Phytochemistry, 2006, 67 (18): 1985-2001.

Popescu T, Lupu A R, Raditoiu V, et al. On the photocatalytic reduction of MTT tetrazolium salt on the surface of

TiO₂ nanoparticles：Formazan production kinetics and mechanism ［J］．Journal of Colloid and Interface Science，2015，457（1）：108-120．

Ren C J，Zhang Y，Cui W Z，et al．A polysaccharide extract of mulberry leaf ameliorates hepatic glucose metabolism and insulin signaling in rats with type 2 diabetes induced by high fat-diet and streptozotocin ［J］．International Journal of Biological Macromolecules，2015，72（1）：951-959．

Schepetkin I A，Quinn M T．Botanical polysaccharides：Macrophage immunomodulation and therapeutic potential ［J］．International Immunopharmacology，2006，6（3）：317-333．

Schmidt，H H．Walter U．NO at work ［J］．Cell，1994，78（6）：919-925．

Shin J，Shen F，Huguenard J．PKC and polyamine modulation of GluR2-deficient AMPA receptors in immature neocortical pyramidal neurons of the rat ［J］．The Journal of Physiology，2007，581（2）：679-691．

Undeger U，Başaran N，Caninar H，et al．Immune alterations in lead-exposed workers ［J］．Toxicology，1996，109（2-3）：167-172．

Wang J L，Zhang J，Zhao B T，et al．Structural features and hypoglycaemic effects of *Cynomorium songaricum* polysaccharides on STZ-induced rats ［J］．Food Chemistry，2010，120（2）：443-451．

Wang Y，Zhu Y Y，Ruan K F，et al．MDG-1，a polysaccharide from *Ophiopogon japonicus*，prevents high fat diet-induced obesity and increases energy expenditure in mice ［J］．Carbohydrate Polymers，2014，114（12）：183-189．

Wang W，Duan B，Xu H，et al．Calcium-permeable acid-sensing ion channel is a molecular target of the neurotoxic metal ion lead ［J］．Journal of Biological Chemistry，2006，281（5）：2497-2505．

Watanabe T，Nakajima Y，Konishi T．*In vitro* and *in vivo* anti-oxidant activity of hot water extract of basidiomycetes-X，newly identified edible fungus ［J］．Biological & Pharmaceutical Bulletin，2008，31（1）：111-117．

马莲环，刘建．*ERK* 1/2 的研究进展 ［J］．国外医学（生理、病理科学与临床分册）．2005，25（03）：279-282．

马海燕，李红，王教辰，等．孕期不同阶段铅暴露对大鼠胎盘和仔鼠的影响 ［J］．中华预防医学杂志，2006，40（02）：101-104+145．

王小平，李婷，李柏．姬松茸中 Cu，Zn，Ag，Cd 和 Hg 累积特性的初步研究 ［J］．环境化学，2009，28（01）：94-98．

王世鑫，周蔚，魏茂提，等．染铅对大鼠脾脏 NOS、NO、SOD、MDA 的影响 ［J］．工业卫生与职业病，2002，28（04）：218-221．

王伟娟，冯翠萍，常明昌，等．姬松茸多糖对铅中毒大鼠胸腺 Bax 和 Caspase-3 表达的影响 ［J］．营养学报，2012，34（06）：582-585+590．

王进，张岩，赵德雪，等．岩藻多糖排铅作用研究 ［J］．泰山医学院学报，2011，32（02）：81-83．

王园园，于一，倪倍倍，等．海带多糖排铅作用研究 ［J］．泰山医学院学报，2010，31（06）：440-442．

王雪飞，张杰，张智勇，等．铅对大鼠体内锌、铜、铁和锰含量的影响 ［J］．核化学与放射化学，2004，26（04）：215-219．

王慧铭，黄素霞，孙炜．香菇多糖对小鼠降血糖作用及其机理的研究 ［J］．中国自然医学杂志，2005，7（03）：5-8．

牛志国，黄青松，王煜霞．醋酸铅对胸腺细胞凋亡及 *p53* 基因表达的影响 ［J］．齐齐哈尔医学院学报，2007，28（01）：6-7+10．

厉有名，姜玲玲．铅中毒病理生理机制的若干研究进展 ［J］．广东微量元素科学，2001，8（09）：

8-11.

厉志玉，赵正言. 儿童染铅对红细胞 CD35 影响的研究 [J]. 浙江预防医学，2002，14（7）：16-17.

田金强，朱克瑞，李新明，等. 阿魏菇多糖的抗氧化功能及其对果蝇寿命的影响 [J]. 食品科学，2006，27（04）：223-226.

付大干，李华强，史源，等. 脑发育不同阶段低水平铅暴露对大鼠空间学习记忆能力的影响及海马区超微结构的变化 [J]. 实用儿科临床杂志，2002，17（01）：27-29.

吕喜茹，郭亮，常明昌，等. 姬松茸粗多糖抗氧化作用 [J]. 食用菌学报，2010，17（01）：69-71.

刘常金，谷文英. 巴西蘑菇多糖的免疫调节作用 [J]. 无锡轻工大学学报，2002，21（02）：167-169.

安文林，王惠琴，沈家琴，等. 牛磺酸对海马神经细胞的营养和保护作用 [J]. 营养学报，2001，23（02）：97-101.

孙娟，郑朝辉，刘磊，等. 4 种珍稀食用菌粗多糖的抗氧化活性研究 [J]. 安徽农业大学学报，2011，38（03）：404-409.

孙鹏，李珊. 铅染毒对幼鼠毒性作用的实验研究 [J]. 浙江预防医学，2003，15（11）：14-15.

李小琼，金徽，葛晓军，等. 金钗石斛多糖对脂多糖诱导的小鼠腹腔巨噬细胞分泌 TNF-α、NO 的影响 [J]. 安徽农业科学，2009，37（28）：3634-3635+3672.

李仲娟，杨朝令，喻昕，等. 灵芝多糖对小鼠 M1 巨噬细胞活性的研究 [J]. 时珍国医国药，2012，23（7）：1738-1739.

李茂进. 铅影响学习记忆的研究进展 [J]. 国外医学卫生学分册，2000，27（03）：139-143.

李金. 白藜芦醇对脂多糖诱导的小鼠巨噬细胞系 MAPK 炎症信号转导通路的作用研究 [D]. 广州：南方医科大学，2010.

李秋莲. 牛磺酸对染铅大鼠的保护作用以及机理研究 [D]. 武汉：华中科技大学，2005.

李海杰，冯翠萍，常明昌，等. 姬松茸多糖对染铅大鼠脾脏组织形态及细胞因子 mRNA 表达的影响 [J]. 营养学报，2013，35（02）：176-180.

杨旭东，张杰，崔荣军. 姬松茸多糖对糖尿病大鼠肾脏氧化应激的影响 [J]. 中国食物与营养，2009，（10）：49-51.

邱妍. 四种中药多糖增强免疫和抗病毒的作用及机理研究 [D]. 南京：南京农业大学，2007.

张卉，李长彪，刘长江. 姬松茸胞外多糖体外抗氧化活性的研究 [J]. 中国食用菌，2005，24（03）：48-49.

张晋强，李彦东，马海利，等. 黄芪多糖对小鼠腹腔巨噬细胞 iNOS 基因表达及 NO 生成的影响 [J]. 动物医学进展，2013，34（01）：55-59.

张彬，薛立群，李丽立，等. 多糖对动物免疫调控的作用及其机理 [J]. 家畜生态报，2008，29（01）：1-5.

张常然，牛媛媛，刘小云，等. 六君子汤对慢性支气管炎模型大鼠血清 ICAM-1、NF-κB 影响的研究 [J]. 中国医师杂志，2009，11（10）：1328.

陆新华，刘卓宝. 自由基与铅中毒机制的研究进展 [J]. 中华劳动卫生职业病杂志，1998，16（3）：189-191.

陈文华，王丽萍，潘洪志，等. 铅中毒大鼠抗氧化酶活性的改变及核酸的干预效应 [J]. 中国临床康复，2005，9（43）：78-79.

陈维新. 农业环境保护 [M]. 北京：中国农业出版社，1993.

陈瑞. 青刺果多糖对糖尿病小鼠降血糖效应的研究 [D]. 重庆：西南大学，2008.

周景明, 张文龙, 李权武. 铅对动物的生殖毒性 [J]. 动物医学进展, 2000, (S1): 126-127.

周锦英, 段志, 黄奇松. 34 例职业性染铅致肝损害临床分析 [J]. 职业卫生与应急救援, 2006, 24 (04): 220.

郑杰. 桔梗等植物降血糖功能评价及其相关机理研究 [D]. 北京: 中国农业大学, 2006.

孟俊龙, 冯翠萍, 程红艳, 等. 姬松茸多糖对大鼠脾脏细胞因子 mRNA 表达的影响 [J]. 中国食品学报, 2012, 12 (04): 19-24.

赵剑, 蔡原, 谭成森, 等. 铅和乙醇对雄性小鼠细胞免疫功能影响 [J]. 中国公共卫生, 2006, 22 (01): 52-53.

胡智. MAPK/*JNK* 信号传导通路研究进展 [J]. 国外医学 (分子生物学分册), 2002, 24 (04): 222-225.

柳忠全, 尚筱洁, 罗海清, 等. 一氧化氮化学性质的研究进展 [J]. 有机化学, 2006, 26 (09): 1317-1321.

段县平, 马吉飞, 郑东虎, 等. 姬松茸多糖对小鼠急性肝损伤的保护作用及其霉性反应的研究 [J]. 动物科学与动物医学, 2003, 20 (11): 21-22.

贾薇, 樊华. 姬松茸多糖组分对小鼠巨噬细胞作用研究 [J]. 食品科学, 2011, 32 (11): 277-280.

徐培娟. 婴幼儿血铅含量对细胞因子损伤的影响 [J]. 微量元素与健康研究, 2008, 25 (04): 15-16.

黄青松, 邓保国, 牛志国. 醋酸铅对小鼠胸腺细胞凋亡及 *Bax* 和 *Bcl-2* 基因表达的影响 [J]. 新乡医学院学报, 2007, 24 (02): 130-132.

戚仁斌, 陆大祥, 颜亮, 等. 甘氨酸和多黏菌素 B 拮抗内毒素活性及其机制的研究 [J]. 中国病理生理杂志, 1999, 15 (12): 1078-1082.

常鼎然, 吴欣仪, 程红艳. 五台山杯菌营养成分分析 [J]. 山西农业大学学报 (自然科学版), 2011, 31 (03): 250-252.

崔红霞, 苏富琴, 赵学梅. 姬松茸多糖抗肿瘤作用研究 [J]. 中药药理与临床, 2006, 22 (02): 27-29.

董振咏, 白莉, 王华新. 多糖类化合物改善胰岛素抵抗的研究进展 [J]. 河北医药, 2012, 34 (18): 2833-2835.

傅佳. 海参虫草复剂降血糖作用及其机制的研究 [D]. 青岛: 中国海洋大学, 2010.

鲁薇, 苏瑞斌, 李锦. Ca^{2+} 及其信号转导途径与长时程增强的关系 [J]. 生理科学进展, 2008, 39 (02): 165-168.

曾造, 赵云强. 微量元素缺乏对儿童健康的影响 [J]. 微量元素与健康研究, 2007, 24 (06): 14-16.

鲍红丹, 孙鹏. 低水平铅染毒对小鼠脾脏显微结构的影响 [J]. 杭州师范学院学报 (自然科学版), 2005, 4 (06): 431.

廖自基. 环境中微量重金属元素的污染危害与迁移转化 [M]. 北京: 科学出版社, 1989.

薛育政, 刘宗良, 黄中伟, 等. 核转录因子 κB 在大鼠重症急性胰腺炎中的表达 [J]. 中危重病急救医学, 2007, 19 (03): 176-177.

魏红福. 姬松茸多糖单组分研究及指纹图谱的确定 [D]. 杭州: 浙江工业大学, 2005.

尹爱华, 刘冀, 李硕, 等. 当归多糖对染铅大鼠海马一氧化氮合酶阳性神经细胞的保护作用 [J]. 工业卫生与职业病, 2013, 39 (04): 212-215.